【学研ニューコース】

中1数学

Gakken

はじめに

『学研ニューコース』シリーズが初めて刊行されたのは，1972（昭和 47）年のことです。当時はまだ，参考書の種類も少ない時代でしたから，多くの方の目に触れ，手にとってもらったことでしょう。みなさんのおうちの人が，『学研ニューコース』を使って勉強をしていたかもしれません。

それから，平成，令和と時代は移り，世の中は大きく変わりました。モノや情報はあふれ，ニーズは多様化し，科学技術は加速度的に進歩しています。また，世界や日本の枠組みを揺るがすような大きな出来事がいくつもありました。当然ながら，中学生を取り巻く環境も大きく変化しています。学校の勉強についていえば，教科書は『学研ニューコース』が創刊した約 10 年後の 1980 年代からやさしくなり始めましたが，その 30 年後の 2010 年代には学ぶ内容が増えました。そして 2020 年の学習指導要領改訂では，内容や量はほぼ変わらずに，思考力を問うような問題を多く扱うようになりました。知識を覚えるだけの時代は終わり，覚えた知識をどう活かすかということが重要視されているのです。

そのような中，『学研ニューコース』シリーズも，その時々の中学生の声に耳を傾けながら，少しずつ進化していきました。新しい手法を大胆に取り入れたり，ときにはかつて評判のよかった手法を復活させたりするなど，試行錯誤を繰り返して現在に至ります。ただ「どこよりもわかりやすい，中学生にとっていちばんためになる参考書をつくる」という，編集部の思いと方針は，創刊時より変わっていません。

今回の改訂では中学生のみなさんが勉強に前向きに取り組めるよう，等身大の中学生たちのマンガを巻頭に，「中学生のための勉強・学校生活アドバイス」というコラムを章末に配しました。勉強のやる気の出し方，定期テストの対策の仕方，高校入試の情報など，中学生のみなさんに知っておいてほしいことをまとめてあります。本編では新しい学習指導要領に合わせて，思考力を養えるような内容も多く掲載し，時代に合った構成となっています。

進化し続け，愛され続けてきた『学研ニューコース』が，中学生のみなさんにとって，やる気を与えてくれる，また，一生懸命なときにそばにいて応援してくれる，そんな良き勉強のパートナーになってくれることを，編集部一同，心から願っています。

学研プラス

「何事も基礎(きそ)の積み重ねが大事」
憧(あこが)れの先生からのその教えは
いまでも私の心に刻(きざ)まれている

中間テスト
返しまーす
ザワ
ザワ
どうだった？
そんなぁ……
川島美羽 中1
その顔、
点数悪かったんだろ？
こいつは正木颯太
家がお隣さんの
いわゆる幼なじみってやつ
どれどれ……
って、63点かよ！
正木颯太 中1
そういう颯太は
何点だったの？
74点だ！ 俺の勝ち
いばれた
点数じゃ
ないけどな
こんな点数
小学校のときは
取らなかったのに
わかるわかる
算数から数学にかわって
急に難しくなったよな

特訓しなかったら
俺も60点台だったかも
いや
50点だった
かもな
ん？　特訓？
実は、うちの顧問に
テスト前に勉強みてもらってたんだ
吉田さーん
あっ
吉村さん
ごめん
先生 また
名前 まちがえた
数学教師 山下勇斗
（剣道部 顧問）
山下先生って、剣道部
の顧問だったんだ
あんなに頼りないのに？
お前はまだ気づいてないだけだよ
先生、マジですごいんだぜ
ふーん……
ま、いいや

ありがとうございましたー！
おつかれさまー
またねー
あっ、剣道部練習
終わったんだ
颯太、いるかな？
か、かっこいいー！
……けど、誰だろ？
あれ？　美羽じゃん
なんか用？
あ、颯太
ねぇあの人、誰？

え？　山下先生だよ
……えっ!?
あれ、山下先生なの!?
へぇ〜……
全然イメージと違うや
な、なにボーっとしてんだよ？
……そうだ　お前
これからなんか用事ある？
特にないけど……
なら一緒に数学みてもらおうぜ！
このあと勉強会することになってんだ
べ、勉強会……？

だからこういうときは、
答えにマイナスをつけるのを
忘れないようにね
！
そっか……
ありがとうございます
……？　なんか
お前、今日変じゃね？
せ、先生の感じが
さっきと全然違うからさ
不思議だなーって
だから言ったろ
先生はスゲーんだって
県の社会人大会でも
トップクラスに強い
天才剣士だからな
天才なんかじゃないよ
結果を残せているのは、
地道に練習を重ねてきたからさ
数学の練習
がんばってるでしょ？
それこそ、いまの２人と同じようにね

やっぱり数学でも
練習が大事なんですか
そりゃそうさ
実際、今日の定期テスト
俺のほうが点数よかっただろ？
あはは、正木くん
自信を持つことは大事だけど、
慢心してはダメだよ
マンシン？
ちょっといい結果が出たら
いい気になって気を抜いて
しまうことだよ
剣道も数学も基礎の積み重ねが
結果につながるだけなんだ
気持ちを緩めてはいけないよ
なんか、こっちの山下先生も
かっこよく見えてきたかも
先生、部活のときも
基礎が大事って言ってますもんね

……というわけだから、
一緒に基礎をみがいていこうか！
次回の勉強会にも参加してみてね、川島さん
……へ？　は、はい！
来ます！　絶対！
……な、なんでそんなカチコチなんだ？
うるさい、ほっといて！
?
それから
私たち３人は
週に一回の勉強会を続けた

1か月後
美羽、今日の小テスト何点だった？
ふふーん……
じゃん！
9/10
うお～、負けた！
俺、8点だった！
えへへ、やった！
……ふふ

勉強ってわかるように
なると楽しいね
勉強会に誘ってくれて
ありがとう、颯太！
お、おう
ドキッ
でも、これで安心しちゃ
ダメだよね
気を引き締めて
来週の期末テストでは、目指せ90点
だ、だよな
いや、目標はでっかく
100点にしておこうぜ！
おー、言うね！
よし、それでいこうっ！
目指せ100点
しっかり気を引き締めて臨む分には
慢心とは言いませんよね？

予習復習、日々精進！
私たち、頑張(がんば)ります！

本書の特長と使い方

各章の流れと使い方

解説ページ

教科書の要点

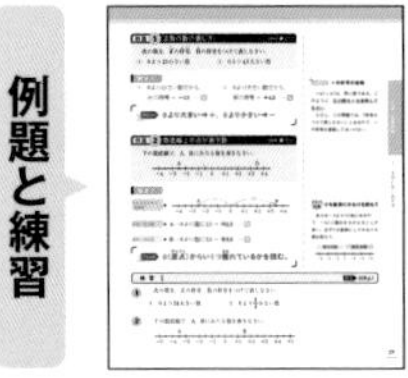

各項目で学習する重要事項のまとめです。テスト前の最終確認にも役立ちます。

例題と練習

本書のメインページです。くわしい解き方の解説と練習問題（類題）を扱っています。

問題

定期テスト予想問題

学校の定期テストでよく出題される問題を集めたテストで，力試しができます。

本文ページの構成

例題

テストによく出る問題を中心に，基本★，標準★★，応用★★★の３段階で掲載。思考力を問う問題には 思考 のマークがついています。

解き方 & Point

解き方をていねいに解説しています。その例題で学べる重要な内容については Point でまとめてあります。

解き方ガイド

「解き方」の左側には，ステップをふんで解き方を解説したガイドがあり，解法の手順がよくわかります。

練習

例題とよく似た練習問題（類題）です。自力で解いてみて，解き方を完全に理解しましょう。

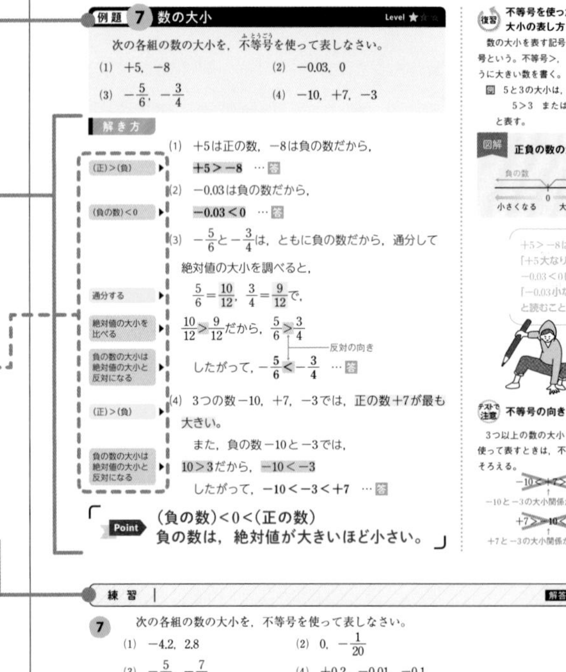

本書の特長

教科書の要点がひと目でわかる

授業の理解から定期テスト・入試対策まで

勉強のやり方や，学校生活もサポート

特集

章末コラム

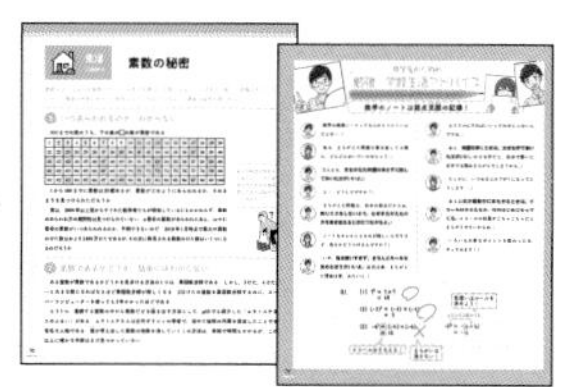

生活に関連する内容や発展的な内容を扱ったコラムと，中学生に知っておいてほしい勉強や学校生活に関するアドバイスを扱ったコラムを，章末に掲載(けいさい)しています。

＋

入試レベル問題

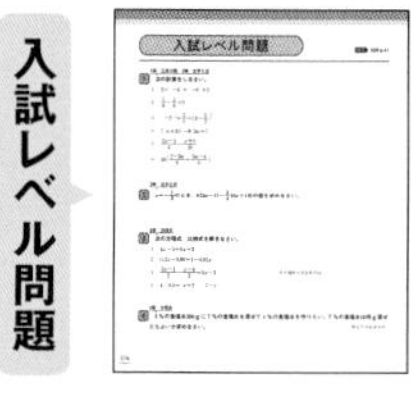

高校入試で出題されるレベルの問題に取り組んで，さらに実力アップすることができます。

＋

［別冊］解答と解説 ＆ 重要公式・定理ミニブック

巻末の別冊には，「練習」「定期テスト予想問題」「入試レベル問題」の解答と解説を掲載しています。
また，この本の最初には切り取って持ち運べるミニブックがついています。

例題 8 数を大きさの順に並べる Level ★★★

次の数を小さい順に並べて書きなさい。

$0.6,\ -0.8,\ -\frac{5}{7},\ 0,\ \frac{3}{4},\ -2,\ \frac{2}{3}$

解き方

それぞれの数を正の数，0，負の数に分け，正の数は正の数どうし，負の数は負の数どうしで大小を比べると，

● 正の数は，$0.6,\ \frac{3}{4},\ \frac{2}{3}$

分数を小数に直す ▶ $\frac{3}{4}=0.75,\ \frac{2}{3}=0.66\cdots$ だから，

$0.6<\frac{2}{3}<\frac{3}{4}$

● 負の数は，$-0.8,\ -\frac{5}{7},\ -2$

分数を小数に直す ▶ $\frac{5}{7}=0.71\cdots$ で，絶対値の大小より，

絶対値の大小を比べる ▶ $2>0.8>\frac{5}{7}$

負の数では，絶対値が大きいほど小さい ▶ $-2<-0.8<-\frac{5}{7}$

(負の数)<0<(正の数)だから，小さい順に並べて書くと，

$-2,\ -0.8,\ -\frac{5}{7},\ 0,\ 0.6,\ \frac{2}{3},\ \frac{3}{4}$ …答

Point まず，正の数，0，負の数に分ける。

図解 大きさの順

大きい →

B　C 0　A　D

右にある数ほど大きい。
大きい順　D，A，C，B
小さい順　B，C，A，D

復習 分数を小数に直す

分数を小数で表すには，分子を分母でわればよい。

$\frac{分子}{分母}=分子÷分母$ より，

$\frac{3}{4}=3÷4=0.75$

$\frac{2}{3}=2÷3=0.66\cdots$

くわしく 分数を小数に直して大小を比べる

数の大小だけを比べるときは，分数を小数に直したほうが簡単。

次のように，小数を分数に直すと，さらに通分して比べることになるのでまちがえやすくなる。

$0.6=\frac{6}{10}=\frac{3}{5}$

$\frac{3}{5}$ と $\frac{3}{4}$ と $\frac{2}{3}$ を通分すると，

$\frac{3}{5}=\frac{36}{60},\ \frac{3}{4}=\frac{45}{60},\ \frac{2}{3}=\frac{40}{60}$

1章 正負の数　1 正負の数と絶対値

練習 解答 別冊p.1

8 次の数を小さい順に並べて書きなさい。

$-1.5,\ 2\frac{1}{3},\ 0,\ -1\frac{3}{4},\ 2.5$

33

サイド解説

本文をより理解するためのくわしい解説や関連事項，テストで役立つ内容などを扱っています。

くわしく　本文の内容をよりくわしくした解説。

発展　発展的な学習内容の解説。

テストで注意　テストでまちがえやすい内容の解説。

復習　小学校や前の学年の学習内容の復習。

確認　重要な性質やきまり，言葉の意味や公式などを確かめる解説。

参考　例題や解き方に関連して，参考となる内容を解説。

図解　図を使ったわかりやすい解説。

別解　知っておくと役立つ，別の解き方を解説。

Column コラム

数学の知識を深めたり広げたりできる内容を扱っています。

学研ニューコース
Gakken New Course for Junior High School Students

中1数学

もくじ

Contents

1章　正負の数

2章　文字と式

3章 方程式

4章 比例と反比例

5章 平面図形

6章　空間図形

7章　データの活用

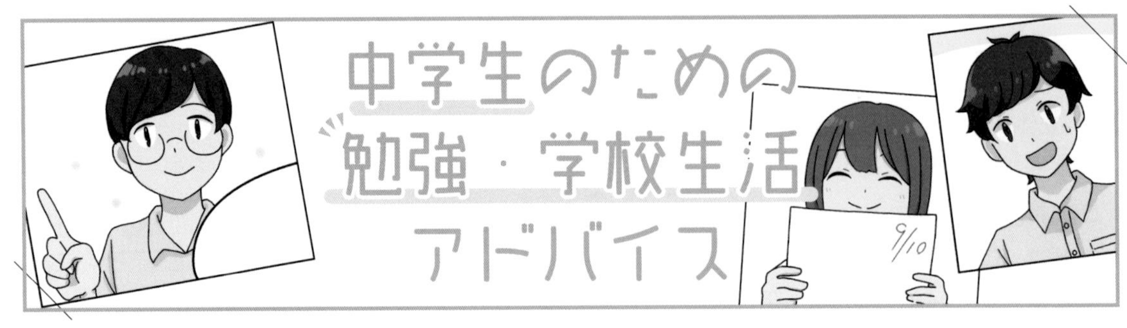

中学校は小学校と大きく変わる

「中学校から勉強が苦手になった」という人はたくさんいます。勉強につまずいてしまうのは，中学に上がると変わることが多いためです。

まず，勉強する内容が高度になり量も多くなります。小学校の1回の授業時間は40～45分で，前回の授業を復習しながら進みましたが，中学校の1回の授業は50～60分で，前回の授業は理解している前提で進みます。

生活面では部活動が始まります。入る部活によっては朝や休日にも練習があるかもしれません。勉強と部活を両立させられるかどうかで，成績に大きく差がつきます。

中1の数学の特徴（とくちょう）

小学校までの「算数」から中学校では「数学」と教科名が変わりますが，内容がガラリと変わるわけではありません。目次を見てもらえれば，比例や図形など，小学校で習ったことが目にとまるでしょう。**新しいことももちろん習いますが，数学は算数の内容を深めたもの。怖（こわ）がる必要はありません。**

中学校でもやはり**計算力が基礎（きそ）**となります。計算を早く正確にできるようになっておくことは数学を得意にする第一歩です。また「数学は暗記科目ではない」ともいわれますが，何も覚えずにいきなり問題が解けるわけではありません。**公式の使い方やポイントを，問題を解きながら覚えていくことも重要**です。

ふだんの勉強は「予習→授業→復習」が基本

中学校の勉強では，**「予習→授業→復習」の正しい勉強のサイクルを回すことが大切**です。

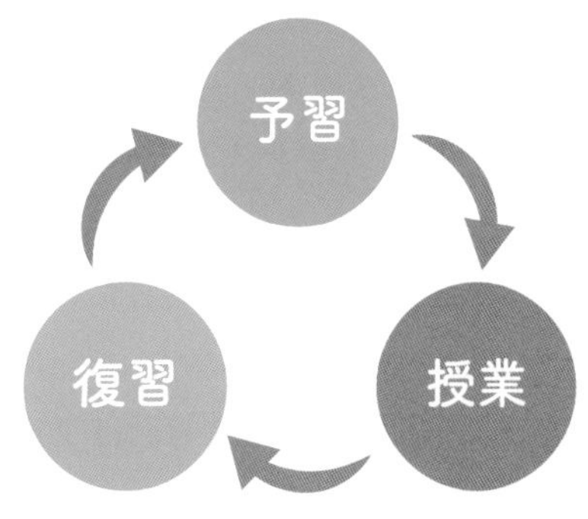

✓ 予習は軽く。要点をつかめばOK！

予習は1回の授業に対して5～10分程度にしましょう。完璧(かんぺき)に内容を理解する必要はありません。「どんなことを学ぶのか」という大まかな内容をつかみ，授業にのぞみましょう。

✓ 授業に集中！ わからないことはすぐに先生に聞く!!

授業中は先生の説明を聞きながらノートを取り，気になることやわからないことがあったら，授業後にすぐ質問をしに行きましょう。

授業中にボーっとしてしまうと，テスト前に自分で理解しなければならなくなるので，効率がよくありません。**「授業中に理解しよう」としっかり聞く人は，時間の使い方が上手く，効率よく学力を伸(の)ばすことができます。**

✓ 復習は遅(おそ)くとも週末に。ためすぎ注意！

授業で習ったことを忘れないために，**復習はできればその日のうちに。それが難しければ，週末には復習をするようにしましょう。**時間を空けすぎて習ったことをほとんど忘れてしまうと，勉強がはかどりません。復習をためすぎないように注意してください。

復習をするときは，教科書やノートを読むだけではなく，問題も解くようにしましょう。問題を解いてみることで理解も深まり記憶(きおく)が定着します。

定期テスト対策は早めに

定期テストは1年に約5回※。一般的(いっぱんてき)に，一学期と二学期に中間テストと期末テスト，三学期に学年末テストがあります。しかし，「小学校よりもテストの回数が少ない！」と喜んではいられません。1回のテストの範囲(はんい)が広く，しかも同じ日に何教科も実施(じっし)されるため，テストの日に合わせてしっかり勉強する必要があります。（※三学期制か二学期制かで回数は異なります）

定期テストの勉強は，できれば2週間ほど前から取り組むのがオススメです。部活動はテスト1週間前から休みに入る学校が多いようですが，その前からテストモードに入るのがよいでしょう。「試験範囲を一度勉強して終わり」ではなく，二度・三度とくり返しやることが，よい点をとるためには大事です。

中1のときの成績が高校受験に影響(えいきょう)することも！

内申点という言葉を聞いたことがある人もいるでしょう。内申点は各教科の5段階の評定（成績）をもとに計算した評価で，高校入試で使用される調査書に記載(きさい)されます。1年ごとに，実技教科を含(ふく)む9教科で計算され，たとえば，「9教科すべての成績が4の場合，内申点は4×9＝36」などといった具合です。

公立高校の入試では，「内申点＋試験の点数」で合否が決まります。当日の試験の点数がよくても，内申点が悪くて不合格になってしまうということもあるのです。住む地域や受ける高校によって，「内申点をどのように計算するか」「何年生からの内申点が合否に関わるか」「内申点が入試の得点にどれくらい加算されるか」は異なりますので，早めに調べておくといいでしょう。

「高校受験なんて先のこと」と思うかもしれませんが，実は**中1のときのテストの成績や授業態度が，入試に影響する場合もあるのです。**

1章

正負の数

1 正負の数と絶対値

正負の数

［例題1～例題4］

0より大きい数を**正**(せい)**の数**といい，**正の符号**(ふごう) ＋(プラス)をつけて表します。

0より小さい数を**負**(ふ)**の数**といい，**負の符号** －(マイナス)をつけて表します。

0は正の数でも負の数でもありません。

■ 正の数と負の数

整数

…, −4, −3, −2, −1, 0, 1, 2, 3, 4, …

負の整数（−4〜−1）　正の整数(自然数(しぜんすう))（1〜4）

※自然数は0をふくまない。

絶対値

［例題5～例題6］

数直線上で，**ある数に対応する点と原点**(げんてん)**(0が対応する点)との距離**(きょり)を，その数の**絶対値**(ぜったいち)といいます。

■ 絶対値

例　＋3の絶対値 ➡ 3

例　−3の絶対値 ➡ 3

例　0の絶対値 ➡ 0

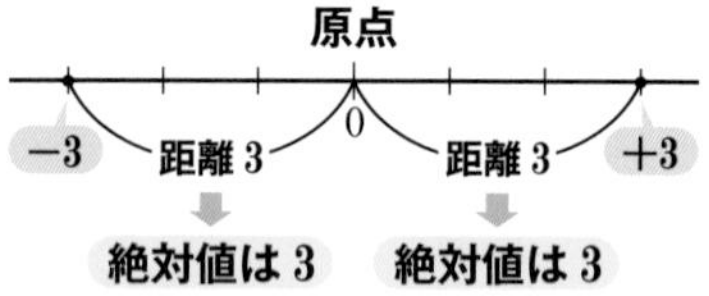

原点

−3　距離3　0　距離3　＋3

絶対値は3　絶対値は3

絶対値は，正負の数からその数の**符号をとりさったもの**とみることもできる。

例　＋7の絶対値 ➡ 7　（符号をとる）

例　$-\frac{2}{3}$の絶対値 ➡ $\frac{2}{3}$　（符号をとる）

数の大小

［例題7～例題8］

正負の数の大小は，**(負の数)＜0＜(正の数)**です。正の数は，絶対値が大きくなるほど大きくなり，**負の数は，絶対値が大きくなるほど小さく**なります。

■ 数直線と数の大小

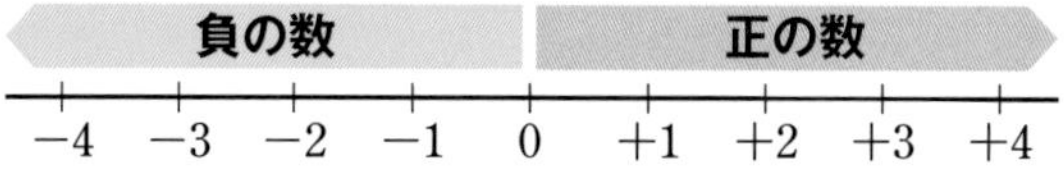

負の数　正の数

−4　−3　−2　−1　0　＋1　＋2　＋3　＋4

右にある数ほど大きく，左にある数ほど小さい。

例題 1 正負の数の表し方 Level ★

次の数を，正(せい)の符号(ふごう)，負(ふ)の符号をつけて表しなさい。

(1) 0より13小さい数　　(2) 0より4.5大きい数

解き方

(1) 0より小さい数だから，
−の符号 ➡ **−13** …答

(2) 0より大きい数だから，
＋の符号 ➡ **＋4.5** …答

Point 0より大きい➡＋，0より小さい➡−

くわしく ＋の符号の省略

＋4.5と4.5は，同じ数である。このように，**正の数は＋を省略してもよい。**

ただし，この問題では，「符号をつけて表しなさい」とあるので，＋の符号を省略してはいけない。

例題 2 数直線上の点が表す数 Level ★

下の数直線で，A，Bにあたる数を書きなさい。

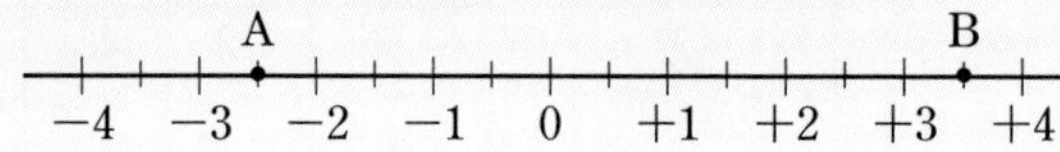

解き方

0からのめもりを読む ▶

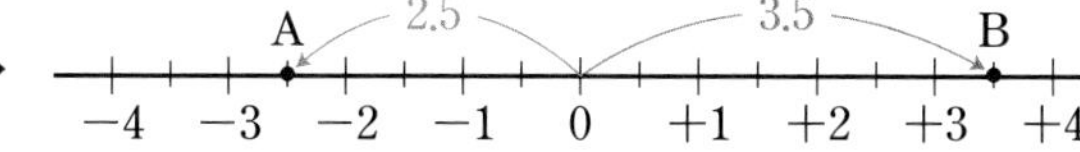

0より左は負 ▶ A…0より左に2.5 ➡ **−2.5** …答

0より右は正 ▶ B…0より右に3.5 ➡ **＋3.5** …答

Point 0(原点(げんてん))からいくつ離(はな)れているかを読む。

テストで注意 0を基準にめもりを読もう

点Aは−3より0.5右にあるので，−3.5と読みまちがえることが多い。必ず0を基準にしてめもりを読み取ろう。

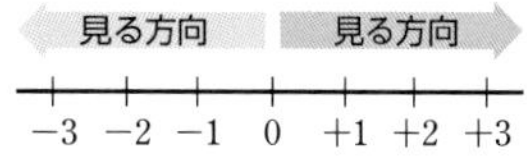

練習

解答 別冊p.1

1 次の数を，正の符号，負の符号をつけて表しなさい。

(1) 0より24大きい数　　(2) 0より$\frac{3}{4}$小さい数

2 下の数直線で，A，Bにあたる数を書きなさい。

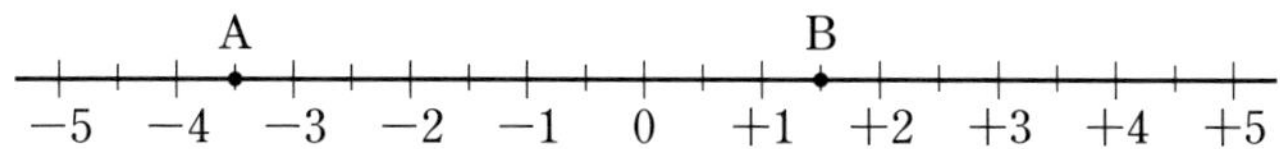

例題 3 反対の性質の表し方

Level ★★☆

次の問いに答えなさい。

(1) 500円の利益を＋500円で表すと，800円の損失はどのように表せますか。

(2) 「7 cm短い」を「長い」ということばを使って表しなさい。

解き方

利益が＋だから損失は－ ▶ (1) 500円の利益 ➡ ＋500円
800円の損失 ➡ **－800円** …答

符号とことばを反対にする ▶ (2) 7 cm 短い ➡ **－7cm 長い** …答

「7 cm短い」の反対で，「7 cm長い」その反対で「－7cm長い」

反対の反対は，もとと同じ意味になるんだ！

例題 4 増減や過不足の表し方

Level ★★★

右の表は，A～E 5人の生徒のテストの得点が，クラスの平均点60点よりどれだけ高いかを表したものです。表の空らんをうめなさい。

生徒	A	B	C	D	E
得点(点)	67	56	72	45	60
平均点とのちがい(点)	＋7	－4			

解き方

平均点より高い ➡＋ ▶ C…平均点との差は，72－60＝12(点)
平均点より高いから，**＋12**(点) …答

平均点より低い ➡－ ▶ D…平均点との差は，60－45＝15(点)
平均点より低いから，**－15**(点) …答

平均点と同じ ➡0点 ▶ E…平均点と同じだから，**0**(点) …答

図解 平均との差

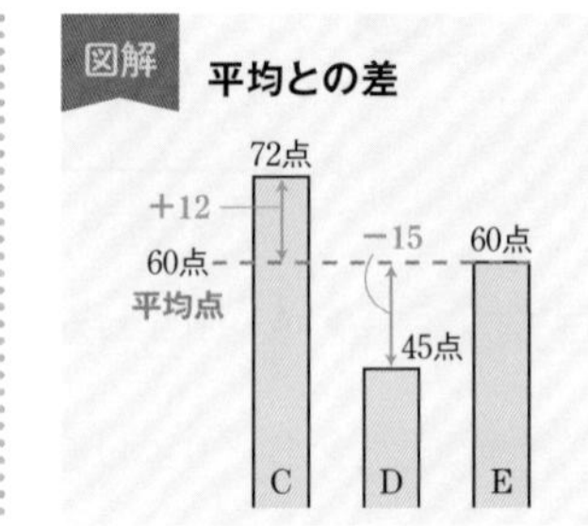

練習

解答 別冊p.1

3 次の問いに答えなさい。

(1) 地点Aから4 m東の地点を＋4 mで表すと，6.5m西の地点はどのように表せますか。

(2) 「9℃高い」を「低い」ということばを使って表しなさい。

(3) 「－3kg減る」を負の数を使わないで表しなさい。

4 右の表は，A～E 5人の生徒の体重が，クラスの平均体重48kgよりどれだけ重いかを表したものです。表の空らんをうめなさい。

生 徒	A	B	C	D	E
体重(kg)	51	43	46	48	56
平均体重とのちがい(kg)	＋3	－5			

例題 5 絶対値を求める Level ★☆☆

次の数の絶対値(ぜったいち)を求めなさい。

(1) $+9$　　(2) -0.8　　(3) $-\frac{2}{3}$

解き方

(1) $+9$の符号「+」をとりさって，**9** …答

(2) -0.8の符号「−」をとりさって，**0.8** …答

(3) $-\frac{2}{3}$の符号「−」をとりさって，$\frac{2}{3}$ …答

例題 6 絶対値からもとの数を求める Level ★★★

次の問いに答えなさい。

(1) 絶対値が6になる数を求めなさい。

(2) 絶対値が3より小さい整数をすべて求めなさい。

解き方

0からの距離を考える ▶ (1) 絶対値が6になる数は，数直線上で0から6の距離にある。

したがって，求める数は，**−6と+6** …答

問題の意味を考える ▶ (2) 絶対値が3より小さい整数とは，絶対値が2，1，0になる数である。

あてはまる数をそれぞれ求める ▶

- 絶対値が2になる数は，-2と$+2$
- 絶対値が1になる数は，-1と$+1$
- 絶対値が0になる数は，0

したがって，求める整数は，

−2，−1，0，+1，+2 …答

確認 絶対値の意味

数直線上である数に対応する点と原点との距離(きょり)を，その数の絶対値という。

別解 原点からの距離を考える

(1) $+9$は，数直線上で原点から9の距離にあるから，$+9$の絶対値は9 …答

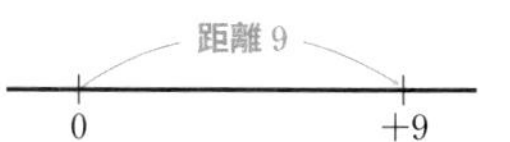

図解 絶対値の範囲

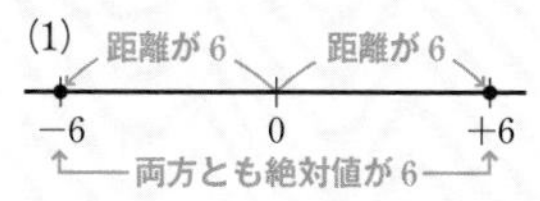

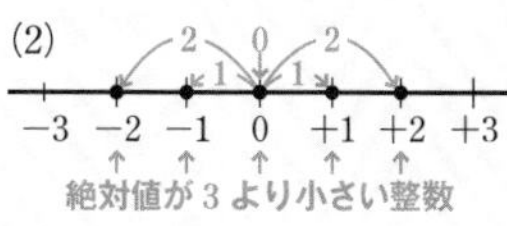

練習

解答 別冊p.1

5 次の数の絶対値を求めなさい。

(1) -18　　(2) $+4$　　(3) $+3.6$　　(4) $-\frac{3}{8}$

6 絶対値が2以上5以下の整数はいくつありますか。

例題 7 数の大小 Level ★☆☆

次の各組の数の大小を，不等号（ふとうごう）を使って表しなさい。

(1)　$+5$，-8　　(2)　-0.03，0

(3)　$-\frac{5}{6}$，$-\frac{3}{4}$　　(4)　-10，$+7$，-3

解き方

(1)　$+5$ は正の数，-8 は負の数だから，

(正)>(負) ▶　**$+5>-8$** …答

(2)　-0.03 は負の数だから，

(負の数)<0 ▶　**$-0.03<0$** …答

(3)　$-\frac{5}{6}$ と $-\frac{3}{4}$ は，ともに負の数だから，通分して絶対値の大小を調べると，

通分する ▶　$\frac{5}{6}=\frac{10}{12}$，$\frac{3}{4}=\frac{9}{12}$ で，

絶対値の大小を比べる ▶　$\frac{10}{12}>\frac{9}{12}$ だから，$\frac{5}{6}>\frac{3}{4}$

反対の向き

負の数の大小は絶対値の大小と反対になる ▶　したがって，**$-\frac{5}{6}<-\frac{3}{4}$** …答

(4)　3つの数 -10，$+7$，-3 では，正の数 $+7$ が最も大きい。

(正)>(負) ▶

また，負の数 -10 と -3 では，

負の数の大小は絶対値の大小と反対になる ▶　$10>3$ だから，$-10<-3$

したがって，**$-10<-3<+7$** …答

Point
(負の数)<0<(正の数)
負の数は，絶対値が大きいほど小さい。

復習 不等号を使った数の大小の表し方

数の大小を表す記号>，<を不等号という。不等号>，<の開いたほうに大きい数を書く。

例　5と3の大小は，

$5>3$　または　$3<5$

と表す。

図解 正負の数の大小

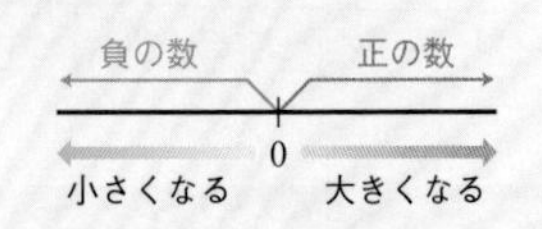

$+5>-8$ は「$+5$ 大（だい）なり -8」，$-0.03<0$ は「-0.03 小（しょう）なり 0」，と読むことがあるよ。

テストで注意 不等号の向きをそろえて!

3つ以上の数の大小を，不等号を使って表すときは，不等号の向きをそろえる。

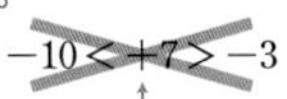

-10 と -3 の大小関係がわからない

$+7$ と -3 の大小関係がわからない

練習

解答 ▶ 別冊p.1

7　次の各組の数の大小を，不等号を使って表しなさい。

(1)　-4.2，2.8　　(2)　0，$-\frac{1}{20}$

(3)　$-\frac{5}{6}$，$-\frac{7}{9}$　　(4)　$+0.2$，-0.01，-0.1

例題 8 数を大きさの順に並べる Level ★★★

次の数を小さい順に並べて書きなさい。

$0.6,\quad -0.8,\quad -\frac{5}{7},\quad 0,\quad \frac{3}{4},\quad -2,\quad \frac{2}{3}$

解き方

それぞれの数を正の数，0，負の数に分け，正の数は正の数どうし，負の数は負の数どうしで大小を比べると，

● 正の数は，$0.6,\ \frac{3}{4},\ \frac{2}{3}$

分数を小数に直す ▶ $\frac{3}{4}=0.75,\ \frac{2}{3}=0.66\cdots$だから，

$0.6<\frac{2}{3}<\frac{3}{4}$

● 負の数は，$-0.8,\ -\frac{5}{7},\ -2$

分数を小数に直す ▶ $\frac{5}{7}=0.71\cdots$で，絶対値の大小より，

絶対値の大小を比べる ▶ $2>0.8>\frac{5}{7}$

負の数では，絶対値が大きいほど小さい ▶ $-2<-0.8<-\frac{5}{7}$

(負の数)＜0＜(正の数)だから，小さい順に並べて書くと，

$-2,\ -0.8,\ -\frac{5}{7},\ 0,\ 0.6,\ \frac{2}{3},\ \frac{3}{4}$ …答

Point まず，正の数，0，負の数に分ける。

図解 大きさの順

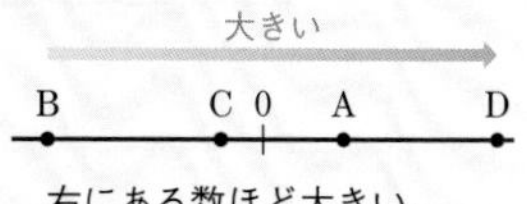

右にある数ほど大きい。

大きい順　D，A，C，B

小さい順　B，C，A，D

復習 分数を小数に直す

分数を小数で表すには，分子を分母でわればよい。

$\frac{分子}{分母}=分子÷分母$より，

$\frac{3}{4}=3÷4=0.75$

$\frac{2}{3}=2÷3=0.66\cdots$

くわしく 分数を小数に直して大小を比べる

数の大小だけを比べるときは，分数を小数に直したほうが簡単。

次のように，小数を分数に直すと，さらに通分して比べることになるのでまちがえやすくなる。

$0.6=\frac{6}{10}=\frac{3}{5}$

$\frac{3}{5}$と$\frac{3}{4}$と$\frac{2}{3}$を通分すると，

$\frac{3}{5}=\frac{36}{60},\ \frac{3}{4}=\frac{45}{60},\ \frac{2}{3}=\frac{40}{60}$

練習

解答 別冊p.1

8 次の数を小さい順に並べて書きなさい。

$-1.5,\quad 2\frac{1}{3},\quad 0,\quad -1\frac{3}{4},\quad 2.5$

教科書の要点

2 加法・減法

加法

[例題 9 ～ 例題 13]

たし算のことを**加法**（かほう）といいます。加法の結果が**和**（わ）です。

同符号の２数の和は，**絶対値の和**に，**共通の符号**をつけます。

異符号の２数の和は，**絶対値の差**に，**絶対値の大きいほうの符号**をつけます。

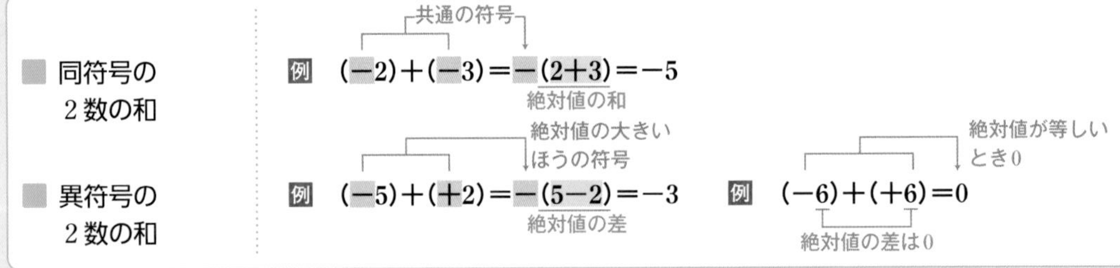

減法

[例題 14 ～ 例題 16]

ひき算のことを**減法**（げんぽう）といいます。減法の結果が**差**（さ）です。

減法は，**ひく数の符号を変えて加法に直して**計算します。

■ 正負の数の減法

例 (−3)−(−2)＝(−3)＋(＋2)＝−1
（減法を加法に／符号を変える）

加減の混じった計算

[例題 17 ～ 例題 20]

■ 加減の混じった計算

①ひく数の符号を変えて，**加法だけの式**に直す。

例 (＋3)＋(−9)−(−7)−(＋5)

＝(＋3)＋(−9)＋(＋7)＋(−5)

＝(＋3)＋(＋7)＋(−9)＋(−5)　（正の項，負の項を集める）

＝(＋10)＋(−14)＝−4　（正の項の和／負の項の和）

②**かっこのない**式に直す。　例 (＋6)−(−3)＋(−7)＝6＋3−7＝2
（(＋6)→6，−(−3)→＋3，＋(−7)→−7）

例題 9 同符号の 2 数の和　Level ★☆☆

次の計算をしなさい。

(1)　$(+8)+(+7)$　　(2)　$(-13)+(-5)$

解き方

共通の符号➡＋ ▶ (1)　$(+8)+(+7)=+(8+7)=+15$　…答

（同符号／共通の符号／絶対値の和）

共通の符号➡－ ▶ (2)　$(-13)+(-5)=-(13+5)=-18$　…答

（共通の符号／絶対値の和）

Point　絶対値の和(わ)に，共通の符号をつける。

図解　同符号の 2 数の和

(1)　+8 より 7 大きい数

➡ +8 から右へ 7 進んだ数

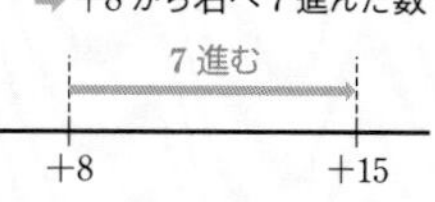

(2)　−13 より −5 大きい数

➡ −13 より 5 小さい数

➡ −13 から左へ 5 進んだ数

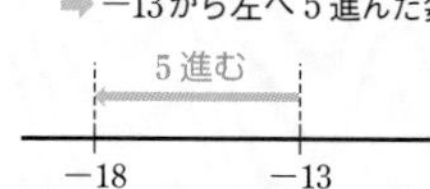

例題 10 異符号の 2 数の和　Level ★☆☆

次の計算をしなさい。

(1)　$(+6)+(-13)$　　(2)　$(-8)+(+24)$

解き方

絶対値の大きいほうの符号➡－ ▶ (1)　$(+6)+(-13)=-(13-6)=-7$　…答

（異符号／絶対値の大きいほうの符号／絶対値の差）

絶対値の大きいほうの符号➡＋ ▶ (2)　$(-8)+(+24)=+(24-8)=+16$　…答

（絶対値の大きいほうの符号／絶対値の差）

Point　絶対値の差(さ)に，絶対値の大きいほうの符号をつける。

図解　異符号の 2 数の和

(1)　+6 より −13 大きい数

➡ +6 より 13 小さい数

➡ +6 から左へ 13 進んだ数

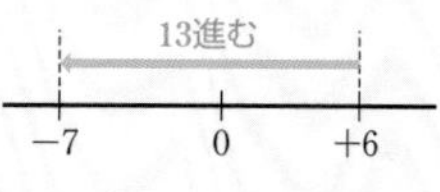

(2)　−8 より +24 大きい数

➡ −8 から右へ 24 進んだ数

24進む
−8　0　+16

1章／正負の数　2／加法・減法

練習　解答 別冊p.1

次の計算をしなさい。

9　(1)　$(+16)+(+19)$　　(2)　$(-25)+(-8)$

10　(1)　$(+19)+(-27)$　　(2)　$(-6)+(+14)$

例題 11 小数や分数の加法 Level ★★☆

次の計算をしなさい。

(1) $(-0.6)+(-1.9)$　　(2) $\left(-\frac{2}{3}\right)+\left(+\frac{4}{5}\right)$

(3) $(+4.7)+(-5)$　　(4) $(+0.5)+\left(-\frac{3}{4}\right)$

解き方

共通の符号➡－ ▶ (1) $(-0.6)+(-1.9)=-(0.6+1.9)$（同符号／絶対値の和）

$=-2.5$ …答

通分する ▶ (2) $\left(-\frac{2}{3}\right)+\left(+\frac{4}{5}\right)=\left(-\frac{10}{15}\right)+\left(+\frac{12}{15}\right)$（異符号）

絶対値の大きいほうの符号➡＋ ▶ $=+\left(\frac{12}{15}-\frac{10}{15}\right)$

$=+\frac{2}{15}$ …答

絶対値の大きいほうの符号➡－ ▶ (3) $(+4.7)+(-5)=-(5-4.7)$

$=-0.3$ …答

小数を分数に直す ▶ (4) $(+0.5)+\left(-\frac{3}{4}\right)=\left(+\frac{1}{2}\right)+\left(-\frac{3}{4}\right)$

通分する ▶ $=\left(+\frac{2}{4}\right)+\left(-\frac{3}{4}\right)$

絶対値の大きいほうの符号➡－ ▶ $=-\left(\frac{3}{4}-\frac{2}{4}\right)$

$=-\frac{1}{4}$ …答

Point 同符号か異符号かを確認して，答えの符号を決める。

テストで注意 分数の計算ではまず通分

分母が異なる分数どうしの加法では，まず通分しよう。

通分しないと，$\frac{2}{3}$と$\frac{4}{5}$の大小もわからないので，答えの符号が決まらない。

復習 小数を分数に直すには?

小数を分母が10，100などの分数で表し，約分できれば約分する。

$0.5=\frac{5}{10}=\frac{1}{2}$

別解 分数を小数に直す

(4) $(+0.5)+\left(-\frac{3}{4}\right)$　（$3\div4=0.75$）

$=(+0.5)+(-0.75)$

$=-(0.75-0.5)$

$=-0.25$ …答

練習

解答 別冊p.1

11 次の計算をしなさい。

(1) $(-4.7)+(-2.5)$　　(2) $(+1.3)+(-4)$

(3) $\left(-\frac{2}{5}\right)+\left(+\frac{3}{4}\right)$　　(4) $\left(-\frac{4}{5}\right)+(-0.6)$

例題 12 $+a$ と $-a$ の加法　Level ★☆☆

次の計算をしなさい。

(1)　$(+8)+(-8)$　　(2)　$(-7.3)+(+7.3)$

解き方

符号と絶対値を確認

▶ (1)　$(+8)+(-8)=0$　… 答

（異符号／絶対値が等しい）

(2)　$(-7.3)+(+7.3)=0$　… 答

（異符号／絶対値が等しい）

Point 絶対値が等しい異符号の 2 数の和は 0

確認 **絶対値が等しい同符号の 2 数の和は?**

同符号の 2 数の和だから，絶対値の和に共通の符号をつける。

例　$(+8)+(+8)$

$=+(8+8)$

$=+16$

例題 13 0 との加法　Level ★☆☆

次の計算をしなさい。

(1)　$0+(-5)$　　(2)　$(-4.1)+0$　　(3)　$0+\left(-\frac{2}{7}\right)$

解き方

$0+a=a$ ▶ (1)　$0+(-5)=-5$　… 答

（その数自身）

$a+0=a$ ▶ (2)　$(-4.1)+0=-4.1$　… 答

（その数自身）

$0+a=a$ ▶ (3)　$0+\left(-\frac{2}{7}\right)=-\frac{2}{7}$　… 答

（その数自身）

Point 0 との和は，その数自身。

小数でも
分数でも，
0との和は
その数自身だよ。

練習　　解答 別冊 p.2

次の計算をしなさい。

12　(1)　$(-13)+(+13)$　　(2)　$\left(+\frac{5}{6}\right)+\left(-\frac{5}{6}\right)$

13　(1)　$(+17)+0$　　(2)　$0+(-8.5)$　　(3)　$\left(-\frac{8}{3}\right)+0$

例題 14　2数の減法　Level ★☆☆

次の計算をしなさい。

(1)　$(+9)-(+16)$　　(2)　$(-7)-(+5)$

(3)　$(+13)-(-27)$　　(4)　$(-32)-(-18)$

解き方

減法➡加法

ひく数の符号を変える

(1)　$(+9)-(+16)$

$=(+9)+(-16)$

$=-7$ …答

異符号の2数の和だから，$-(16-9)=-7$

(2)　$(-7)-(+5)$

$=(-7)+(-5)$

$=-12$ …答

同符号の2数の和だから，$-(7+5)=-12$

(3)　$(+13)-(-27)$

$=(+13)+(+27)$

$=+40$ …答

同符号の2数の和だから，$+(13+27)=+40$

(4)　$(-32)-(-18)$

$=(-32)+(+18)$

$=-14$ …答

異符号の2数の和だから，$-(32-18)=-14$

テストで注意　－(－■)の形には要注意!

(3)　$(+13)-(-27)$

$=(+13)-27$ ✕

とまちがえやすい。

符号の変化は，次のようになる。

－(＋■)➡＋(－■)

－(－■)➡＋(＋■)

Point　減法(げんぽう)は，ひく数の符号を変えて加法に直して計算。

練習　解答▶別冊p.2

14　次の計算をしなさい。

(1)　$(+4)-(+7)$　　(2)　$(+3)-(-5)$

(3)　$(+6)-(+14)$　　(4)　$(-21)-(+9)$

(5)　$(-24)-(-37)$　　(6)　$(-8)-(+8)$

(7)　$(+17)-(-8)$　　(8)　$(-15)-(-15)$

例題 15 小数や分数の減法 Level ★★☆

次の計算をしなさい。

(1) $(-8.2)-(+7.8)$　　(2) $\left(-\frac{3}{4}\right)-\left(-\frac{1}{3}\right)$

(3) $(+0.25)-\left(-\frac{5}{8}\right)$

解き方

減法➡加法 ▶ (1) $(-8.2)-(+7.8)$

ひく数の符号を変える ▶ $=(-8.2)+(-7.8)=-16$ …答

└ $-(8.2+7.8)$

(2) $\left(-\frac{3}{4}\right)-\left(-\frac{1}{3}\right)$

$=\left(-\frac{3}{4}\right)+\left(+\frac{1}{3}\right)$

通分する ▶ $=\left(-\frac{9}{12}\right)+\left(+\frac{4}{12}\right)$ ←分母は4と3の最小公倍数12

$-\left(\frac{9}{12}-\frac{4}{12}\right)$

$=-\frac{5}{12}$ …答

(3) $(+0.25)-\left(-\frac{5}{8}\right)$

$=(+0.25)+\left(+\frac{5}{8}\right)$

小数を分数に直す ▶ $=\left(+\frac{1}{4}\right)+\left(+\frac{5}{8}\right)$

通分する ▶ $=\left(+\frac{2}{8}\right)+\left(+\frac{5}{8}\right)$ ←分母は4と8の最小公倍数8

$+\left(\frac{2}{8}+\frac{5}{8}\right)$

$=+\frac{7}{8}$ …答

テストで注意 ひかれる数の符号を変えてはダメ!

(1) $(-8.2)-(+7.8)$

$=(+8.2)+(-7.8)$ ✕

復習 小数を分数に直す

小数第2位までの小数は，分母を100とする分数で表し，約分する。

$+0.25=+\frac{25}{100}=+\frac{1}{4}$

別解 分数を小数に直して計算することもできる

(3) $(+0.25)-\left(-\frac{5}{8}\right)$　$5\div8=0.625$

$=(+0.25)+(+0.625)$

$=+0.875$ …答

練　習

解答 別冊p.2

15 次の計算をしなさい。

(1) $(+0.4)-(-1.6)$　　(2) $(-1.2)-(-2.8)$

(3) $\left(-\frac{5}{9}\right)-\left(+\frac{2}{3}\right)$　　(4) $\left(+\frac{5}{6}\right)-\left(+\frac{7}{8}\right)$

(5) $(-0.4)-\left(+\frac{1}{2}\right)$　　(6) $\left(-\frac{2}{3}\right)-(-0.75)$

例題 16 0との減法 Level ★☆☆

次の計算をしなさい。

(1) $(-17)-0$　　(2) $0-(-9)$

解き方

$a-0=a$ ▶ (1) $(-17)-0=-17$ …答

減法➡加法 ▶ (2) $0-(-9)$

ひく数の符号を変える ▶ $=0+(+9)=+9$ …答

Point ■$-0=$■，$0-$■$=-$■

例題 17 正の項・負の項 Level ★☆☆

次の式の正の項，負の項をそれぞれ求めなさい。

(1) $(+9)-(+4)-(-2)+(-5)$　　(2) $-8+3-7+6$

解き方

加法だけの式に直す ▶ (1) $(+9)-(+4)-(-2)+(-5)$

$=(+9)+(-4)+(+2)+(-5)$

正の数➡正の項
負の数➡負の項 ▶ だから，**正の項は，$+9$，$+2$**
負の項は，-4，-5 …答

どんな数の和か考える ▶ (2) $-8+3-7+6$ は，4つの数 -8，$+3$，-7，$+6$ の和とみることができる。

正の数➡正の項
負の数➡負の項 ▶ だから，**正の項は，$+3$，$+6$**
負の項は，-8，-7 …答

確認 項

加法と減法の混じった式を，加法だけの式に直したとき，加法の記号＋で結ばれた各数を**項**という。

くわしく （ ）や記号＋がはぶかれた式

$-8+3-7+6$

は，（ ）と加法の記号＋がはぶかれた式である。（ ）と加法の記号＋を使って表すと，次のようになる。

$(-8)+(+3)+(-7)+(+6)$

練習

解答 別冊p.2

16 次の計算をしなさい。

(1) $(-1.5)-0$　　(2) $0-(+28)$

17 次の式の正の項，負の項をそれぞれ求めなさい。

(1) $(-10)-(-13)+(+4)-(+27)$　　(2) $19-25-12+38$

例題 18 加減の混じった計算(1)

Level ★★☆

次の式を，加法だけの式に直して計算しなさい。

(1)　$(+4)-(+7)+(-8)-(-6)$

(2)　$\left(-\frac{3}{4}\right)-(-5)-\left(+\frac{1}{4}\right)+(+2)$

解き方

(1)　$(+4)-(+7)+(-8)-(-6)$

減法➡加法 ▶　$-(+■)=+(-■)$　$-(-■)=+(+■)$

$=(+4)+(-7)+(-8)+(+6)$

交換法則

正の項，負の項を集める ▶ $=(+4)+(+6)+(-7)+(-8)$

正の項の和　負の項の和　結合法則

正の項，負の項を別々に計算 ▶ $=\quad(+10)\quad+\quad(-15)$

$=-5$　…答

(2)　$\left(-\frac{3}{4}\right)-(-5)-\left(+\frac{1}{4}\right)+(+2)$

減法➡加法 ▶ $=\left(-\frac{3}{4}\right)+(+5)+\left(-\frac{1}{4}\right)+(+2)$

正の項，負の項を集める ▶ $=(+5)+(+2)+\left(-\frac{3}{4}\right)+\left(-\frac{1}{4}\right)$

正の項，負の項を別々に計算 ▶ $=\quad(+7)\quad+\quad(-1)$

$=+6$　…答

Point 加法だけの式にしたあと，正の項，負の項の和をそれぞれ求める。

確認 **加法の交換法則と結合法則**

- **交換法則**…加えられる数と加える数を入れかえても，和は変わらない。
  $a+b=b+a$
- **結合法則**…前の2数を先に加えても，うしろの2数を先に加えても，和は変わらない。
  $(a+b)+c=a+(b+c)$

テストで注意 **交換法則や結合法則は減法では使えない！**

減法では，計算の順序を入れかえることはできない。だから，必ず，加法だけの式に直してから項を動かそう。

加法だけの式なら，どの2数の和から求めてもいいんだね。

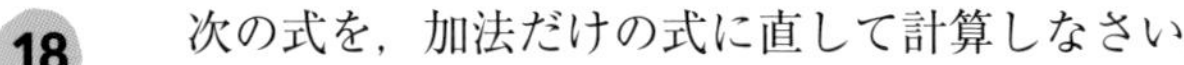

練習

解答 別冊p.2

18　次の式を，加法だけの式に直して計算しなさい。

(1)　$(+6)-(+8)+(-12)-(-3)-(-15)$

(2)　$(-2.4)-(-3.5)-(-4.7)+(-1.6)$

(3)　$\left(-\frac{7}{9}\right)-\left(+\frac{2}{3}\right)-\left(+\frac{4}{3}\right)-\left(-\frac{7}{9}\right)$

(4)　$1-\left(+\frac{1}{2}\right)-\left(-\frac{1}{3}\right)+\left(-\frac{1}{4}\right)$

例題 19 加減の混じった計算(2)　Level ★★

次の計算をしなさい。

(1)　$-15+31-42+12$　　(2)　$-\frac{5}{6}+\frac{2}{3}-\frac{1}{4}$

解き方

(1)　$-15+31-42+12$

正の項，負の項を集める ▶ $=31+12-15-42$ ←式のはじめの項が正の数のときは，符号＋をはぶける

（正の項　負の項）

正の項，負の項を別々に計算 ▶ $=43-57$

$=-14$　…答

(2)　$-\frac{5}{6}+\frac{2}{3}-\frac{1}{4}$

正の項，負の項を集める ▶ $=\frac{2}{3}-\frac{5}{6}-\frac{1}{4}$

（正の項　負の項）

通分する ▶ $=\frac{8}{12}-\frac{10}{12}-\frac{3}{12}$ ←分母は3と6と4の最小公倍数12

正の項，負の項を別々に計算 ▶ $=\frac{8}{12}-\frac{13}{12}$

$=-\frac{5}{12}$　…答

Point　正の項，負の項を集めて，それぞれの和を求める。

別解　はぶかれている(　)や記号＋を使って表すと

$-15+31-42+12$

$=(-15)+(+31)+(-42)+(+12)$

$=(-15)+(-42)+(+31)+(+12)$

$=(-57)+(+43)$

$=-14$　…答

テストで注意　項の入れかえは，符号もセットで!

項を入れかえるとき，数だけを入れかえてはダメ。

$-\frac{5}{6}+\frac{2}{3}$ ➡ ~~$-\frac{2}{3}+\frac{5}{6}$~~

必ず，符号もいっしょに動かそう。

$-\frac{5}{6}+\frac{2}{3}$ ➡ $+\frac{2}{3}-\frac{5}{6}$

正の項，負の項を正しく見分けて計算してね。

練習　　解答 別冊p.2

19　次の計算をしなさい。

(1)　$-4-3$　　(2)　$6-5-2$

(3)　$-15+9+18-17$　　(4)　$7-8+6-10+2$

(5)　$4.6-3.9-6.1+2.8-5.2$　　(6)　$1-\frac{1}{3}-\frac{1}{4}+\frac{1}{8}$

例題 20 加減の混じった計算(3)　Level ★★☆

次の式を，かっこのない式に直して計算しなさい。

(1)　$16-(+43)+38+(-15)$　　(2)　$\frac{3}{4}+\left(-\frac{7}{8}\right)-\left(-\frac{1}{6}\right)$

解き方

(1)　$16-(+43)+38+(-15)$

かっこのない式に直す ▶ $=16-43+38-15$

正の項，負の項を集める ▶ $=16+38-43-15$

正の項，負の項を別々に計算 ▶ $=54-58$

$=-4$　…答

(2)　$\frac{3}{4}+\left(-\frac{7}{8}\right)-\left(-\frac{1}{6}\right)$

かっこのない式に直す ▶ $=\frac{3}{4}-\frac{7}{8}+\frac{1}{6}$

正の項，負の項を集める ▶ $=\frac{3}{4}+\frac{1}{6}-\frac{7}{8}$

通分する ▶ $=\frac{18}{24}+\frac{4}{24}-\frac{21}{24}$　←分母は4と6と8の最小公倍数24

正の項，負の項を別々に計算 ▶ $=\frac{22}{24}-\frac{21}{24}$

$=\frac{1}{24}$　…答

Point　かっこをはずし，正の項，負の項を集める。

テストで注意　かっこのはずし方

+(　)➡そのまま，かっこをはずす。

+(+■)=+■

+(−■)=−■

−(　)➡かっこ内の数の符号を変えて，かっこをはずす。

−(+■)=−■

−(−■)=+■

練習　　解答 別冊p.3

20　次の式を，かっこのない式に直して計算しなさい。

(1)　$-14-(-25)-(-37)+(-6)-9$　　(2)　$0.8-(+0.6)-1.2-(-0.5)$

(3)　$1-\left(-\frac{2}{5}\right)+\left(-\frac{14}{15}\right)$　　(4)　$-3+\frac{7}{15}-(-0.8)$

3 乗法・除法

乗法

[例題 21 ～ 例題 28]

かけ算のことを**乗法**といいます。乗法の結果が**積**です。**同符号**の2数の積は，**絶対値の積**に，**正の符号＋**をつけます。**異符号**の2数の積は，**絶対値の積**に，**負の符号－**をつけます。

■ 2数の積

同符号 例 $(-2)\times(-3)=+(2\times3)=+6$ （正の符号／絶対値の積）

異符号 例 $(-2)\times(+3)=-(2\times3)=-6$ （負の符号／絶対値の積）

■ 3つ以上の数の積の符号

負の数が偶数個ならば＋，奇数個ならば－

例 $(-2)\times(-3)\times(-4)=-(2\times3\times4)=-24$ （負の数が3個（奇数個）→負の符号）

■ 累乗

同じ数をいくつかかけ合わせたもの。 例 $5\times5\times5=5^3$ ← 指数 「5の3乗」と読む

除法

[例題 29 ～ 例題 33]

わり算のことを**除法**といいます。除法の結果が**商**です。**同符号**の2数の商は，**絶対値の商**に，**正の符号＋**をつけます。**異符号**の2数の商は，**絶対値の商**に，**負の符号－**をつけます。

■ 2数の商

同符号 例 $(-8)\div(-2)=+(8\div2)=+4$ （正の符号／絶対値の商）

異符号 例 $(+8)\div(-2)=-(8\div2)=-4$ （負の符号／絶対値の商）

乗除の混じった計算

[例題 34 ～ 例題 35]

■ 乗除の混じった計算

例 $(-12)\div\frac{2}{3}\times(-4)=(-12)\times\frac{3}{2}\times(-4)=+72$ （逆数をかける）

例題 21 同符号の2数の乗法　Level ★☆☆

次の計算をしなさい。

(1) $(+7)\times(+8)$　　(2) $(-15)\times(-2)$

解き方

(+)×(+)➡+ ▶ (1) $(+7)\times(+8)=+(7\times8)=+56$ …答
（同符号 → 絶対値の積）

(−)×(−)➡+ ▶ (2) $(-15)\times(-2)=+(15\times2)=+30$ …答
（同符号 → 絶対値の積）

Point 絶対値の積(せき)に，正の符号＋をつける。

例題 22 異符号の2数の乗法　Level ★☆☆

次の計算をしなさい。

(1) $(+9)\times(-6)$　　(2) $(-12)\times3$

解き方

(+)×(−)➡− ▶ (1) $(+9)\times(-6)=-(9\times6)=-54$ …答
（異符号 → 絶対値の積）

(−)×(+)➡− ▶ (2) $(-12)\times3=-(12\times3)=-36$ …答
（異符号 → 絶対値の積）
＋の符号がはぶかれている。

Point 絶対値の積に，負の符号 − をつける。

テストで注意　2数の積の符号

同符号の2数の積の符号は＋

積の符号に共通の符号の − をつけるまちがいに注意しよう。

−×−=−（×）

正しくは，−×−=＋

異符号の2数の積の符号は −

絶対値の大きいほうの符号をつけてしまうミスに注意しよう。

$(-2)\times(+9)=+18$（×）

練習

解答 別冊p.3

次の計算をしなさい。

21 (1) $(-9)\times(-4)$　(2) $(+18)\times(+3)$　(3) $(-25)\times(-6)$

22 (1) $(-4)\times(+6)$　(2) $(+15)\times(-8)$　(3) $(-9)\times9$

例題 23 小数や分数の乗法 Level ★★☆

次の計算をしなさい。

(1) $(-2.5)\times(+0.6)$　　(2) $\left(-\dfrac{2}{7}\right)\times\left(-\dfrac{3}{4}\right)$

(3) $(+1.8)\times(-5)$　　(4) $\left(-\dfrac{4}{9}\right)\times(-6)$

解き方

異符号の2数の積 ➡ −

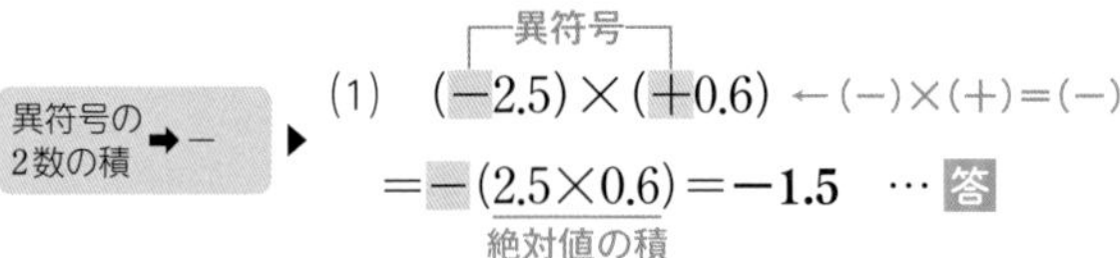

(1) $(-2.5)\times(+0.6)$ ←(−)×(+)=(−)　［異符号］

$=-(2.5\times0.6)=\mathbf{-1.5}$ …答　［絶対値の積］

同符号の2数の積 ➡ ＋

(2) $\left(-\dfrac{2}{7}\right)\times\left(-\dfrac{3}{4}\right)$ ←(−)×(−)=(+)　［同符号］

$=+\left(\dfrac{2}{7}\times\dfrac{3}{4}\right)=\mathbf{\dfrac{3}{14}}$ …答　［絶対値の積］

異符号の2数の積 ➡ −

(3) $(+1.8)\times(-5)$ ←(+)×(−)=(−)　［異符号］

$=-(1.8\times5)=\mathbf{-9}$ …答　［絶対値の積］

同符号の2数の積 ➡ ＋

(4) $\left(-\dfrac{4}{9}\right)\times(-6)$ ←(−)×(−)=(+)　［同符号］

$=+\left(\dfrac{4}{9}\times6\right)=\mathbf{\dfrac{8}{3}}$ …答　［絶対値の積］

テストで注意　はじめに積の符号を決める！

絶対値の計算ができていても，積の符号をまちがえてしまっては意味がない。まずはじめに積の符号をバッチリ決めてから，絶対値の計算に取りかかろう。

復習　(分数)×(分数)

分母どうし，分子どうしをかけ，計算のとちゅうで約分できるときは約分する。

$\dfrac{2}{7}\times\dfrac{3}{4}=\dfrac{\overset{1}{\cancel{2}}\times3}{7\times\underset{2}{\cancel{4}}}=\dfrac{3}{14}$

復習　(分数)×(整数)

分母はそのままにして，分子と整数をかける。

$\dfrac{4}{9}\times6=\dfrac{4\times\overset{2}{\cancel{6}}}{\underset{3}{\cancel{9}}}=\dfrac{8}{3}$

練習

解答 ▶ 別冊p.3

23 次の計算をしなさい。

(1) $(+3.5)\times(-0.8)$　　(2) $-0.7\times(-20)$

(3) $\left(-\dfrac{5}{6}\right)\times\left(+\dfrac{4}{5}\right)$　　(4) $\dfrac{8}{15}\times(-9)$

例題 24 0や−1との積 Level ★☆☆

次の計算をしなさい。

(1) $(-8)\times 0$　　(2) $(-1)\times 9$

解き方

0との積は0 ▶ (1) $(-8)\times 0=\mathbf{0}$ …答

−1との積は符号を変えた数 ▶ (2) $(-1)\times 9=\mathbf{-9}$ …答

Point ■×0＝0，■×(−1)＝−■

例題 25 くふうして計算する乗法 Level ★★☆

次の計算を，くふうしてしなさい。

(1) $(-25)\times(-19)\times(+4)$　　(2) $(+9)\times\left(-\frac{1}{4}\right)\times(+16)$

解き方

どの2数から計算するか考える ▶ (1) $(-25)\times(-19)\times(+4)$　交換法則

$(-25)\times(+4)$を計算 ▶

$=(-25)\times(+4)\times(-19)$

$=(-100)\times(-19)=\mathbf{1900}$ …答

どの2数から計算するか考える ▶ (2) $(+9)\times\left(-\frac{1}{4}\right)\times(+16)$

$\left(-\frac{1}{4}\right)\times(+16)$を計算 ▶

$=(+9)\times\left\{\left(-\frac{1}{4}\right)\times(+16)\right\}$　結合法則

$=(+9)\times(-4)=\mathbf{-36}$ …答

Point 乗法(じょうほう)の計算法則を利用して，計算しやすい2数の積から求める。

くわしく −■＝(−1)×■

(2) この計算結果から，

−9は，(−1)×9

−(−9)は，(−1)×(−9)

であることがわかる。

確認 乗法の交換法則と結合法則

- **交換法則**…かけられる数とかける数を入れかえても，積は変わらない。

  $a\times b=b\times a$

- **結合法則**…前の2数を先にかけても，うしろの2数を先にかけても積は変わらない。

  $(a\times b)\times c=a\times(b\times c)$

暗算しやすい組み合わせや，分母が消せる組み合わせに注目しよう。

練習

解答 別冊p.3

24 次の計算をしなさい。

(1) $0\times(+12)$　　(2) $(-17)\times(-1)$　　(3) $(-1)\times 38$

25 次の計算を，くふうしてしなさい。

(1) $(+7)\times(+125)\times(-8)$　　(2) $(-2.5)\times(-9.3)\times 4$

例題 26 3つ以上の数の乗法 Level ★★★

次の計算をしなさい。

(1) $(-8)\times(+10)\times(-6)$

(2) $(-12)\times\left(-\frac{2}{5}\right)\times7\times\left(-\frac{5}{6}\right)$

(3) $\frac{5}{9}\times0.8\times\left(-\frac{3}{2}\right)$

解き方

負の数の個数を調べる ▶ (1) $(-8)\times(+10)\times(-6)$

負の数が2個

負の数が偶数個➡積の符号は＋ ▶ $=+(8\times10\times6)$ ←絶対値の積

$=480$ …答

負の数の個数を調べる ▶ (2) $(-12)\times\left(-\frac{2}{5}\right)\times7\times\left(-\frac{5}{6}\right)$

負の数が3個

負の数が奇数個➡積の符号は－ ▶ $=-\left(12\times\frac{2}{5}\times7\times\frac{5}{6}\right)$ ←絶対値の積

$=-28$ …答

小数を分数に直す ▶ (3) $\frac{5}{9}\times0.8\times\left(-\frac{3}{2}\right)$

負の数の個数を調べる ▶ $=\frac{5}{9}\times\frac{8}{10}\times\left(-\frac{3}{2}\right)$

負の数が1個

負の数が奇数個➡積の符号は－ ▶ $=-\left(\frac{5}{9}\times\frac{8}{10}\times\frac{3}{2}\right)$ ←絶対値の積

$=-\frac{2}{3}$ …答

Point 積の符号は，負の数が $\begin{cases}\text{偶数個➡＋}\\\text{奇数個➡－}\end{cases}$

復習 偶数と奇数

整数の範囲でわり算を考えるとき，2でわりきれる数を**偶数**といい，2でわりきれない数を**奇数**という。0は偶数とする。

偶数➡0，2，4，6，…

奇数➡1，3，5，7，…

くわしく $12\times\frac{2}{5}\times7\times\frac{5}{6}$ の計算

1つの分数の形で表して，約分できるときは約分する。

$12\times\frac{2}{5}\times7\times\frac{5}{6}$

$=\frac{\overset{2}{\cancel{12}}\times2\times7\times\overset{1}{\cancel{5}}}{1\times\underset{1}{\cancel{5}}\times1\times\underset{1}{\cancel{6}}}=28$

または，次のように，整数と分母で約分する。

$=\overset{2}{\cancel{12}}\times\frac{2}{\underset{1}{\cancel{5}}}\times7\times\frac{\overset{1}{\cancel{5}}}{\underset{1}{\cancel{6}}}=28$

練習

解答 別冊p.3

26 次の計算をしなさい。

(1) $(-3)\times(-2)\times5\times(-9)$

(2) $(-4)\times(-5)\times(+6)\times(-1)\times(-7)$

(3) $\frac{5}{6}\times(-4)\times\left(-\frac{3}{8}\right)\times12$

(4) $-0.5\times\left(-\frac{2}{3}\right)\times(-0.9)$

例題 27 累乗の計算 Level ★★★

次の計算をしなさい。

(1) $(-3)^3$　(2) -7^2　(3) $(4\times2)^2$

解き方

−3を3個かけ合わせる ▶ (1) $(-3)^3=(-3)\times(-3)\times(-3)$

負の数が奇数個➡積の符号は− ▶ $=-(3\times3\times3)$

$=-27$ …答

指数の2は7だけにかかる ▶ (2) $-7^2=-(7\times7)=-49$ …答

( )の中を先に計算 ▶ (3) $(4\times2)^2=8^2=64$ …答

例題 28 累乗をふくむ計算 Level ★★★

次の計算をしなさい。

(1) $(-6)\times2^3$　(2) $-4^2\times(-3)^2$

解き方

累乗の部分を計算 ▶ (1) $(-6)\times2^3=(-6)\times8=-48$ …答

(2) $-4^2\times(-3)^2=-16\times9=-144$ …答

Point 累乗の部分 ➜ 乗法　の順に計算。

確認 累乗

同じ数をいくつかかけ合わせたものを，その数の**累乗**という。

累乗のかけ合わせた個数を示す右かたの小さい数を，**指数**，または，**累乗の指数**という。

$(-3)\times(-3)=(-3)^2$ ←指数

「−3の2乗」と読む

2乗を**平方**（へいほう），3乗を**立方**（りっぽう）ということもある。

テストで注意 -7^2と$(-7)^2$を混同するな!

-7^2は，正の数7の2乗に負の符号−をつけたものだから，

$-7^2=-(7\times7)=-49$

一方，$(-7)^2$は，負の数−7の2乗だから，

$(-7)^2=(-7)\times(-7)$
$=+(7\times7)=+49$

この2つの計算のちがいをしっかり理解しておこう。

練習 解答 別冊p.3，4

次の計算をしなさい。

27 (1) $(-10)^3$　(2) $-(-4)^3$　(3) $(2\times5)^2$

28 (1) $(-7)\times(-3)^2$　(2) $(-5^2)\times(-2)^3$

例題 29 同符号の2数の除法 Level ★☆☆

次の計算をしなさい。

(1) $(+28)\div(+4)$　　(2) $(-4.8)\div(-6)$

解き方

(+)÷(+)➡+ ▶ (1) $(+28)\div(+4)=+(28\div4)=\mathbf{7}$ …答

（同符号／絶対値の商）

(−)÷(−)➡+ ▶ (2) $(-4.8)\div(-6)=+(4.8\div6)=\mathbf{0.8}$ …答

（同符号／絶対値の商）

Point 絶対値の商に，正の符号＋をつける。

テストで注意 商の符号

⊕÷⊕＝⊕　⊖÷⊖＝⊕

⊕÷⊖＝⊖　⊖÷⊕＝⊖

2数の商の符号の決め方は，2数の積の符号の決め方と同じ。

例題 30 異符号の2数の除法 Level ★☆☆

次の計算をしなさい。

(1) $(+24)\div(-3)$　　(2) $(-5)\div6$

解き方

(+)÷(−)➡− ▶ (1) $(+24)\div(-3)=-(24\div3)=\mathbf{-8}$ …答

（異符号／絶対値の商）

(−)÷(+)➡− ▶ (2) $(-5)\div6=-(5\div6)=\mathbf{-\frac{5}{6}}$ …答

（異符号／絶対値の商／＋の符号がはぶかれている。）

Point 絶対値の商に，負の符号－をつける。

くわしく $\frac{-5}{6}=\frac{5}{-6}=-\frac{5}{6}$

● $\frac{-5}{6}=(-5)\div6=-(5\div6)$
$=-\frac{5}{6}$

● $\frac{5}{-6}=5\div(-6)=-(5\div6)$
$=-\frac{5}{6}$

よって，$\frac{-5}{6}=\frac{5}{-6}=-\frac{5}{6}$

ふつう，負の数の分数を表すときは，分数の前に－の符号をつけて，$-\frac{5}{6}$とする。

練習

解答 別冊 p.4

次の計算をしなさい。

29 (1) $(-49)\div(-7)$　(2) $5.4\div(+0.9)$　(3) $(-3)\div(-8)$

30 (1) $28\div(-4)$　(2) $(-56)\div(+7)$　(3) $(-6)\div9$

例題 31 0をわる除法 Level ★

次の計算をしなさい。

(1) $0\div(-8)$　　(2) $0\div(+3.5)$

解き方

$0\div■=0$ ▶ (1) $0\div(-8)=0$ …答

(2) $0\div(+3.5)=0$ …答

Point 0を，0以外のどんな数でわっても商は0

参考 0でわる除法は考えない

どんな数も0でわることはできないので，0でわる除法は考えない。

例題 32 負の数の逆数の求め方 Level ★

次の数の逆数を求めなさい。

(1) $-\frac{5}{8}$　　(2) -6　　(3) -0.8

解き方

符号はそのまま ▶ / 分母と分子を入れかえる ▶ (1) $-\frac{5}{8}$の逆数は，$-\frac{8}{5}$ …答

分母が1の分数に直す ▶ (2) $-6=-\frac{6}{1}$で，$-\frac{6}{1}$の逆数は，$-\frac{1}{6}$ …答

分数に直す ▶ (3) $-0.8=-\frac{8}{10}=-\frac{4}{5}$

$-\frac{4}{5}$の逆数は，$-\frac{5}{4}$ …答

Point 分母と分子を入れかえ，符号はそのまま。

確認 逆数

2つの数の積が1のとき，一方の数を他方の数の**逆数**という。

(1) $\left(-\frac{5}{8}\right)\times\left(-\frac{8}{5}\right)=1$より，

$-\frac{5}{8}$の逆数は，$-\frac{8}{5}$

テストで注意 符号まで逆にしてはダメ!

$-\frac{5}{8}$の逆数を，符号まで逆にして

~~$+\frac{8}{5}$~~としてはまちがい。

$\left(-\frac{5}{8}\right)\times\left(+\frac{8}{5}\right)=-1$

となり，逆数の意味に合わない。

正の数の逆数は正の数，負の数の逆数は負の数である。

また，0にどんな数をかけても積は0となり，1にはならないので，**0の逆数はない。**

練習

解答 別冊p.4

31 次の計算をしなさい。

(1) $0\div(+25)$　　(2) $0\div(-100)$　　(3) $0\div(-7.3)$

32 次の数の逆数を求めなさい。

(1) $-\frac{7}{5}$　　(2) $-\frac{1}{9}$　　(3) -8　　(4) -2.5

例題 33 分数をふくむ除法 Level ★☆☆

次の計算をしなさい。

(1) $\frac{4}{7}\div(-8)$　　(2) $\left(-\frac{5}{6}\right)\div\left(-\frac{10}{9}\right)$

(3) $20\div\left(-\frac{1}{5}\right)$

解き方

わる数を逆数にしてかける ▶

(1) $\frac{4}{7}\div(-8)$

$=\frac{4}{7}\times\left(-\frac{1}{8}\right)$　　-8の逆数は$-\frac{1}{8}$

符号を決める ▶

$=-\left(\frac{4}{7}\times\frac{1}{8}\right)=-\frac{1}{14}$ …答

絶対値の積

(2) $\left(-\frac{5}{6}\right)\div\left(-\frac{10}{9}\right)$

$=\left(-\frac{5}{6}\right)\times\left(-\frac{9}{10}\right)$　　$-\frac{10}{9}$の逆数は$-\frac{9}{10}$

$=+\left(\frac{5}{6}\times\frac{9}{10}\right)=\frac{3}{4}$ …答

絶対値の積

(3) $20\div\left(-\frac{1}{5}\right)$

$=20\times(-5)$　　$-\frac{1}{5}$の逆数は-5

$=-(20\times5)=-100$ …答

絶対値の積

Point わる数を逆数にしてかける。

くわしく 除法と逆数

例 $8\div(-2)=-(8\div2)=-4$

$8\times\left(-\frac{1}{2}\right)=-\left(8\times\frac{1}{2}\right)=-4$

したがって，**正負の数でわることは，その数の逆数をかけることと同じ**であるといえる。

別解 まず商の符号を決める

(1) $\frac{4}{7}\div(-8)$　　符号を決める

$=-\left(\frac{4}{7}\div8\right)$　　逆数をかける

$=-\left(\frac{4}{7}\times\frac{1}{8}\right)$

$=-\frac{1}{14}$ …答

(2) $\left(-\frac{5}{6}\right)\div\left(-\frac{10}{9}\right)$　　符号を決める

$=+\left(\frac{5}{6}\div\frac{10}{9}\right)$　　逆数をかける

$=+\left(\frac{5}{6}\times\frac{9}{10}\right)$

$=\frac{3}{4}$ …答

(3) $20\div\left(-\frac{1}{5}\right)$　　符号を決める

$=-\left(20\div\frac{1}{5}\right)$　　逆数をかける

$=-(20\times5)$

$=-100$ …答

練習

解答 ▶ 別冊p.4

33 次の計算をしなさい。

(1) $-\frac{3}{4}\div(-6)$　　(2) $(-12)\div\frac{9}{8}$

(3) $\left(-\frac{3}{2}\right)\div\left(-\frac{9}{16}\right)$　　(4) $24\div\left(-\frac{2}{3}\right)$

例題 34 乗除の混じった計算(1)　Level ★★☆

次の計算をしなさい。

(1) $24 \div (-9) \times (-6)$

(2) $\left(-\frac{7}{8}\right) \times \left(-\frac{9}{14}\right) \div \left(-\frac{3}{4}\right)$

解き方

(1) $24 \div (-9) \times (-6)$

わる数を逆数にして乗法に ▶ -9 の逆数は $-\frac{1}{9}$

$= 24 \times \left(-\frac{1}{9}\right) \times (-6)$

符号を決める ▶ $= +\left(24 \times \frac{1}{9} \times 6\right)$　絶対値の積

$= 16$ … 答

(2) $\left(-\frac{7}{8}\right) \times \left(-\frac{9}{14}\right) \div \left(-\frac{3}{4}\right)$

$-\frac{3}{4}$ の逆数は $-\frac{4}{3}$

$= \left(-\frac{7}{8}\right) \times \left(-\frac{9}{14}\right) \times \left(-\frac{4}{3}\right)$

$= -\left(\frac{7}{8} \times \frac{9}{14} \times \frac{4}{3}\right)$　絶対値の積

$= -\frac{3}{4}$ … 答

Point　わる数の逆数をかけて，乗法だけの式にしてから計算。

テストで注意　3つ以上の数の積の符号は負の数の個数で決まり！

負の数が { 偶数個 ➡ ＋ / 奇数個 ➡ －

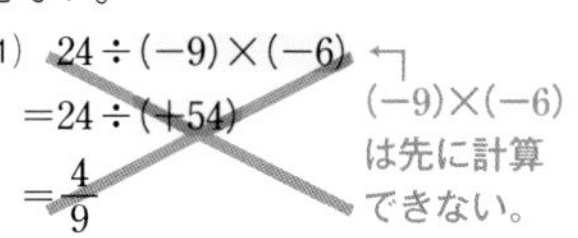

くわしく　交換法則や結合法則は除法では使えない

乗除の混じった計算は，順序や組み合わせを変えて計算することはできない。

(1) $24 \div (-9) \times (-6)$
$= 24 \div (+54)$
$= \frac{4}{9}$
（×）$(-9) \times (-6)$ は先に計算できない。

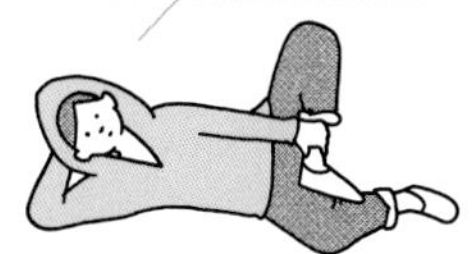

乗法だけの式にすれば，どの2数から計算してもよいので，計算しやすくなるんだね。

練習　解答 別冊p.4

34 次の計算をしなさい。

(1) $-18 \times 4 \div (-8)$

(2) $-2 \div (-3) \times 12 \div (-6)$

(3) $-4 \div \left(-\frac{18}{5}\right) \times 9$

(4) $\frac{8}{15} \div \left(-\frac{4}{9}\right) \times \frac{5}{6}$

例題 35 乗除の混じった計算(2)　Level ★★★

次の計算をしなさい。

(1) $(-3)^2 \div (-12) \times (-2^3)$

(2) $\left(-\frac{4}{9}\right) \div (-2)^3 \div \left(-\frac{5}{6}\right)$

解き方

(1) $(-3)^2 \div (-12) \times (-2^3)$

累乗の部分を計算 ▶ $= 9 \div (-12) \times (-8)$

わる数を逆数にして乗法に ▶ $= 9 \times \left(-\frac{1}{12}\right) \times (-8)$

符号を決める ▶ $= +\left(9 \times \frac{1}{12} \times 8\right)$（絶対値の積）

$= 6$ … 答

(2) $\left(-\frac{4}{9}\right) \div (-2)^3 \div \left(-\frac{5}{6}\right)$

$= \left(-\frac{4}{9}\right) \div (-8) \div \left(-\frac{5}{6}\right)$

$= \left(-\frac{4}{9}\right) \times \left(-\frac{1}{8}\right) \times \left(-\frac{6}{5}\right)$

$= -\left(\frac{4}{9} \times \frac{1}{8} \times \frac{6}{5}\right)$（絶対値の積）

$= -\frac{1}{15}$ … 答

Point 累乗の部分を先に計算し，除法は乗法に直す。

確認 累乗の計算

$(-3)^2 = (-3) \times (-3) = 9$

$(-2^3) = -(2 \times 2 \times 2) = -8$

くわしく 絶対値の積の計算

(1) $\overset{3}{\cancel{9}} \times \frac{1}{\underset{1}{\cancel{12}}} \times \overset{2}{\cancel{8}} = 6$

(2) $\frac{\overset{1}{\cancel{4}}}{\underset{3}{\cancel{9}}} \times \frac{1}{\underset{1}{\cancel{8}}} \times \frac{\overset{1}{\cancel{6}}}{5} = \frac{1}{15}$

練習

解答 ▶ 別冊p.4

35 次の計算をしなさい。

(1) $(-4)^2 \times (-6) \div (-24)$

(2) $\frac{6}{7} \div (-2^2) \times \left(-\frac{1}{3}\right)^2$

4 いろいろな計算

四則の混じった計算

[例題36～例題39]

加法，減法，乗法，除法をまとめて**四則**(しそく)といいます。

四則の混じった計算は，**累乗・かっこの中** ➡ **乗除** ➡ **加減** の順に計算します。

■ 計算の順序

例 $15-(-2)^3\times(3-6)$

$=15-(-8)\times(-3)$ 　累乗・( )の中

$=15-(+24)$ 　乗法

$=15-24=-9$ 　減法

※左から順に計算してはダメ！

分配法則

[例題40]

■ 分配法則

$(a+b)\times c=a\times c+b\times c$ 　　$a\times(b+c)=a\times b+a\times c$

例 $\left(\frac{2}{3}+\frac{5}{2}\right)\times6=\frac{2}{3}\times6+\frac{5}{2}\times6=4+15=19$

正負の数の利用

[例題41]

■ 基準との差を使った平均の求め方

平均 ＝ 基準 ＋ 基準との差の平均

例 下の表で，基準の身長が150cmのとき，4人の身長の平均は？

基準との差の平均 ➡ $\{4+(-5)+(-7)+2\}\div4=-1.5$(cm)

身長の平均 ➡ $150+(-1.5)=148.5$(cm)

生　徒	A	B	C	D
基準との差(cm)	＋4	−5	−7	＋2

例題 36 四則の混じった計算 Level ★☆☆

次の計算をしなさい。

(1) $8+3\times(-6)$　　(2) $-13-(-28)\div4$

(3) $(-4)\times3-15\div(-5)$　　(4) $10-(-7)+(-1)\times5$

解き方

まず乗法を計算 ▶ (1) $8+3\times(-6)$

次に加法を計算 ▶ $=8+(-18)=-10$ …答

まず除法を計算 ▶ (2) $-13-(-28)\div4$

次に減法を計算 ▶ $=-13-(-7)$ ← 減法は，ひく数の符号を変えて加法に直す。

$=-13+7=-6$ …答

まず乗除を計算 ▶ (3) $(-4)\times3-15\div(-5)$

次に減法を計算 ▶ $=(-12)-(-3)$

$=-12+3=-9$ …答

まず乗法を計算 ▶ (4) $10-(-7)+(-1)\times5$

次に加減を計算 ▶ $=10-(-7)+(-5)$

$=10+7-5=12$ …答

Point 乗除 → 加減　の順に計算。

テストで注意　左から計算してはダメ!

左から順に計算して，

$8+3\times(-6)$

$=11\times(-6)$

$=-66$

としないように注意する。

別解　$-15\div(-5)$と考えて計算

15の前の－の記号を数の符号と考えて，計算することもできる。

$(-4)\times3-15\div(-5)$

$=-12+3$

$=-9$ …答

加法・減法・乗法・除法をまとめて四則(しそく)というんだよ。

練習　　解答 ▶ 別冊p.4

36 次の計算をしなさい。

(1) $-18-(-9)\times4$　　(2) $-30+(-20)\div5$

(3) $4\times(-3)+(-2)\times(-5)$　　(4) $24\div(-6)-7\times(-3)$

(5) $-2+(-8)\times3\div(-6)$　　(6) $-8\times6-12\div3\times(-5)$

例題 37 かっこのある式の計算　Level ★★☆

$12-\{8\div(3-5)-2\}$ を計算しなさい。

解き方

( )の中を計算 ▶ { }の中を計算 ▶

$$\begin{aligned}&12-\{8\div(3-5)-2\}\\=&12-\{8\div(-2)-2\}\\=&12-\{-4-2\}\\=&12-(-6)\\=&12+6\\=&18\end{aligned}$$

…答

Point かっこがあるときは，かっこの中を先に計算。

確認　( )➡{ }の順に計算

2種類のかっこ( )と{ }がある計算では，内側の( )，外側の{ }の順に計算して，かっこをはずす。

確認　{ }の中の計算の順序

{ }の中でも，乗除は加減よりも先に計算する。

図解　計算の順序

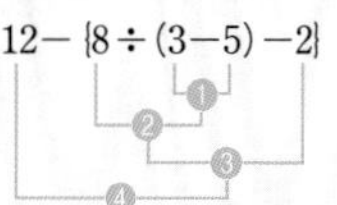

例題 38 累乗をふくむ四則の混じった計算　Level ★★☆

$(-2)^3-6^2\div(-4)$ を計算しなさい。

解き方

累乗を計算 ▶ 除法を計算 ▶

$$\begin{aligned}&(-2)^3-6^2\div(-4)\\=&-8-36\div(-4)\\=&-8-(-9)\\=&-8+9\\=&1\end{aligned}$$

…答

Point 累乗があるときは，累乗を先に計算。

別解　$-36\div(-4)$ とみてもよい

36の前の－の記号を数の符号と考えて，次のように計算してもよい。

$$\begin{aligned}&-8-36\div(-4)\\=&-8+9\\=&1\end{aligned}$$

…答

練習　解答 別冊p.5

次の計算をしなさい。

37
(1) $-9+(23-7)\div(-4)$　(2) $(-3)\times\{16\div(5-7)\}$

38
(1) $7^2-8\div2$　(2) $(-3)^2\times(-2)+(-7)$
(3) $100-2^3\times(-3)^2$　(4) $20\times(-1)^5-4^2\div(-2)$

例題 39 累乗とかっこのある式の計算 Level ★★★

次の計算をしなさい。

(1) $-1+(15-3^2)\div(-3)$

(2) $(-2)^3\times3-\{10-(1-5)\}\div2$

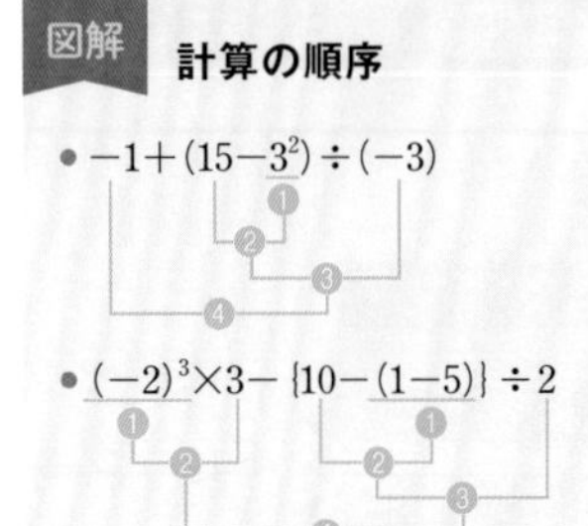

解き方

(1) $-1+(15-3^2)\div(-3)$

累乗を計算 ▶ $=-1+(15-9)\div(-3)$

(　)の中を計算 ▶ $=-1+6\div(-3)$

除法を計算 ▶ $=-1+(-2)$

$=-1-2$

$=-3$ …答

(2) $(-2)^3\times3-\{10-(1-5)\}\div2$

累乗・(　)の中を計算 ▶ $=(-8)\times3-\{10-(-4)\}\div2$

{　}の中を計算 ▶ $=-24-\{10+4\}\div2$

$=-24-14\div2$

乗除を計算 ▶ $=-24-7$

$=-31$ …答

Point 累乗・(　)の中 → 乗除 → 加減の順に計算。

テストで注意 かっこの中と乗法どっちが先?

この計算では，

$(-8)\times3$ と $\{10-(-4)\}\div2$

の計算が別々にできるので，うしろの式のかっこをはずすことを待たないで，前の式の乗法を計算してもかまわない。

練習

解答 別冊p.5

39 次の計算をしなさい。

(1) $25-(3-6)^2\times5$

(2) $4\times(-3)^2-(3-27)\div3$

(3) $-6^2\div(6-3\times5)\times(-2)$

(4) $(-2)^3+(-12)\div\{18-(-4)^2\}$

例題 40 分配法則を利用する計算 Level ★★☆

次の計算を，くふうしてしなさい。

(1) $\left(\frac{1}{6}+\frac{3}{8}\right)\times(-72)$　　(2) $18\times16.4-18\times6.4$

解き方

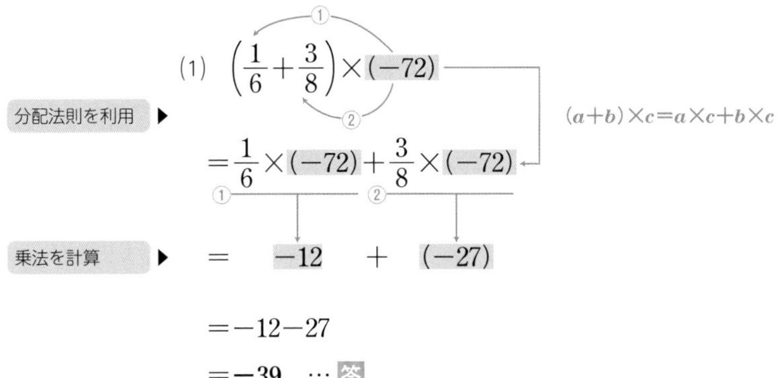

分配法則を利用 ▶ (1) $\left(\frac{1}{6}+\frac{3}{8}\right)\times(-72)$　　$(a+b)\times c=a\times c+b\times c$

$=\frac{1}{6}\times(-72)+\frac{3}{8}\times(-72)$

乗法を計算 ▶ $=\ -12\ +\ (-27)$

$=-12-27$

$=-39$ …答

分配法則を逆向きに利用 ▶ (2) $18\times16.4-18\times6.4$　　$c\times(a-b)=c\times a-c\times b$

( )の中を計算 ▶ $=18\times(16.4-6.4)$

$=18\times10$

$=180$ …答

Point 分配法則
$(a+b)\times c=a\times c+b\times c$ を利用。

図解 分配法則

$(a+b)\times c=a\times c+b\times c$
$c\times(a+b)=c\times a+c\times b$

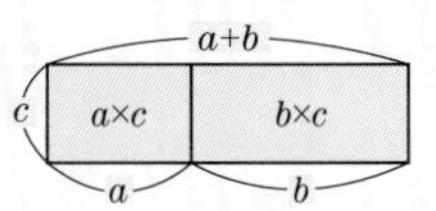

くわしく 分数×整数＝整数のときは，分配法則が便利！

72は6と8の公倍数なので，

$\frac{1}{6}\times(-72)$，$\frac{3}{8}\times(-72)$

の計算の結果はどちらも整数になる。

このような計算では，分配法則を使うと，計算が簡単になる。

練習 　解答 別冊p.5

40 次の計算を，くふうしてしなさい。

(1) $\left(\frac{4}{9}+\frac{5}{6}\right)\times(-18)$　　(2) $(-48)\times\left(\frac{5}{8}-\frac{7}{12}\right)$

(3) $-23\times37+123\times37$　　(4) $3.14\times197-3.14\times297$

例題 41 正負の数の利用 Level ★★★

下の表は，A～E 5人の身長が155cmを基準として，それよりどれだけ高いかを表したものです。次の問いに答えなさい。

生徒	A	B	C	D	E
基準との差(cm)	+8	−3	−9	+1	−2

(1) Aさんの身長は，Bさんの身長より何cm高いですか。

(2) 5人の身長の平均を求めなさい。

解き方

(1) 基準との差は，

A, Bの基準との差は？ ▶ Aさん… +8cm，Bさん… −3cm

だから，これらの差を求めて，

基準との差の差を求める ▶ (+8)−(−3)=(+8)+(+3)=11(cm)

(2) 基準との差の平均は

基準との差の平均を求める ▶ {(+8)+(−3)+(−9)+(+1)+(−2)}÷5=−1(cm)

したがって，5人の身長の平均は，基準の155cmより1cm低いから，

平均＝基準＋基準との差の平均 ▶ 155+(−1)=154(cm)

答 (1) **11cm** (2) **154cm**

Point 平均＝基準＋基準との差の平均

平均

いくつかの数量を，等しい大きさになるようにならしたものを**平均**という。

平均＝合計÷個数

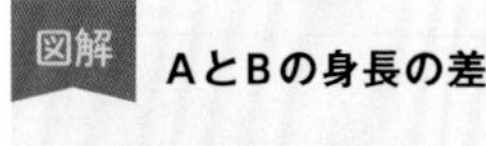

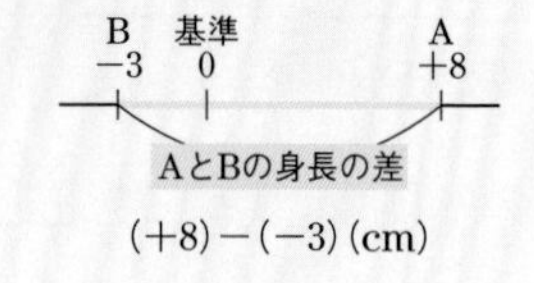

5人の身長をそれぞれ求めてから平均をだすのは大変だよ。

発展 仮（かり）の平均

平均を求めるときに基準とする値を**仮の平均**という。例題41では，155cmが仮の平均である。

練習

解答 別冊p.5

41 下の表は，A～F 6人の体重を表したものです。次の問いに答えなさい。

生　徒	A	B	C	D	E	F
体重(kg)	53	45	50	41	44	58
基準との差(kg)						

(1) 50kgを基準として，基準との差を正の数，0，負の数を使って表しなさい。

(2) 6人の体重の平均を求めなさい。

5 数の集合

数の範囲と四則の関係

［例題 42］

正の整数のことを**自然数**といい，自然数全体の集まりを**自然数の集合**といいます。

■ 数の範囲と四則計算

- 自然数の範囲（はんい）では，減法と除法はいつもできるとは限らない。
- 整数の範囲では，除法はいつもできるとは限らない。

例

例 $2 \div 4 = \frac{2}{4} = \frac{1}{2}$

（2, 4：自然数，整数　$\frac{1}{2}$：自然数，整数ではない）

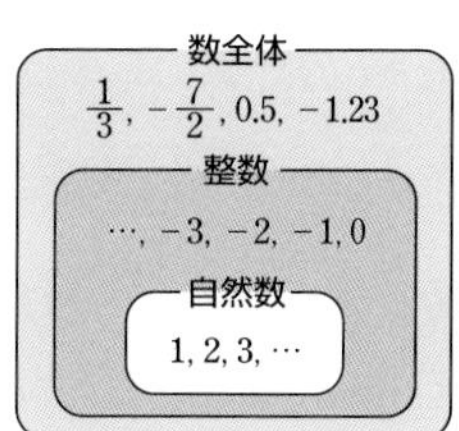

- 除法では，0でわることは考えない。

素数と素因数分解

［例題 43～例題 46］

1とその数自身のほかに約数がない自然数を**素数**といいます。

ある自然数がいくつかの**素数の積の形**で表されるとき，その1つ1つの数をもとの自然数の**素因数**（そいんすう）といいます。**自然数を素因数の積**で表すことを**素因数分解**（そいんすうぶんかい）するといいます。

■ 素数

約数を2個だけもつ自然数が素数

~~1~~, ②, ③, ~~4~~, ⑤, ~~6~~, ⑦, ~~8~~, ~~9~~, …

└1は素数ではない

■ 素因数分解の手順

①わりきれる素数で順にわっていく。
（小さい素数から順にわる）

例
```
2 ) 84
2 ) 42
3 ) 21
     7
```

②商が素数になったらやめる。

③わった数と最後の商との積の形で表す。→ $84 = 2 \times 2 \times 3 \times 7 = 2^2 \times 3 \times 7$

例題 42 四則の計算の可能性 Level ★★★

次の㋐～㋓の式のうち，□にどんな自然数を入れても計算の結果がいつも自然数になるのはどれですか。

㋐ □＋□　　㋑ □－□

㋒ □×□　　㋓ □÷□

解き方

a，bを自然数とすると，

㋐…$a+b$の計算の結果は，$3+5=8$のように，いつも自然数である。

㋑…$a-b$の計算の結果は，$3-5=-2$のように，自然数でない場合がある。

㋒…$a\times b$の計算の結果は，$3\times5=15$のように，いつも自然数である。

㋓…$a\div b$の計算の結果は，$3\div5=\frac{3}{5}(=0.6)$のように，自然数でない場合がある。

答 ㋐，㋒

Point 自然数の集合➜整数の集合➜数全体の集合と数の範囲をひろげて考える。

復習 自然数

正の整数1，2，3，…を**自然数**という。

くわしく 自然数－自然数

(自然数)－(自然数)の計算の結果は，正の整数，0，負の整数のいずれかになる。つまり，整数になる。

くわしく 自然数÷自然数

(自然数)÷(自然数)の計算の結果は，整数，分数，小数のいずれかになる。つまり，数全体である。

自然数どうしの和，積は自然数になるんだね。

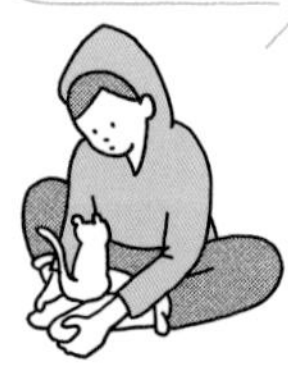

練習　解答 別冊p.5

42 右の表で，左にあげた数の集合で四則を考えます。それぞれの計算がその集合の中だけでいつでもできる場合は○を，いつでもできるとは限らない場合は×を書きなさい。ただし，0でわることは考えないものとします。

	加法	減法	乗法	除法
自然数				
整数				
数全体				

例題 43 素数を選び出す Level ★☆☆

17，49，73のうちから，素数をすべて選びなさい。

解き方

小さい素数から順にわっていく

▶ 17…17÷2，17÷3，17÷5

いずれもわりきれないから，17は素数。

わりきれる数が1つでもあれば，それ以上わる必要はない

▶ 49…49÷7=7

7でわりきれるから，49は素数ではない。

73…73÷2，73÷3，73÷5，73÷7，73÷11

いずれもわりきれないから，73は素数。

答 17，73

Point 小さい素数から順にわっていく。

くわしく **どこまでわるか?**

17÷2=8あまり1

17÷3=5あまり2

商がわる数より大きいときは，さらに大きい素数でわっていく。

17÷5=3余り2

商がわる数以下になってもわりきれなければ，素数。

例題 44 素因数分解 Level ★★☆

150を素因数分解（そいんすうぶんかい）しなさい。

解き方

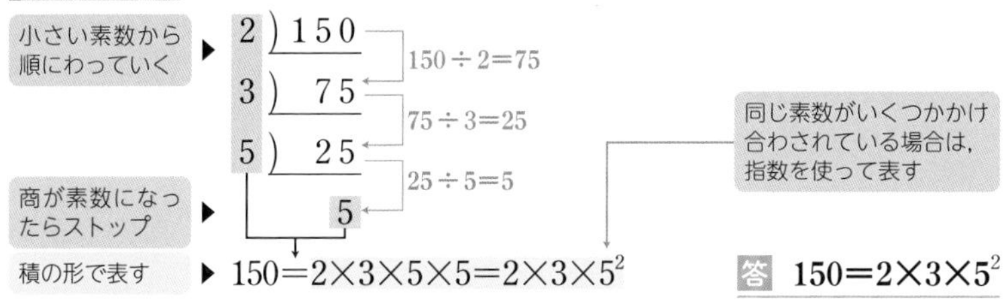

積の形で表す ▶ $150=2\times3\times5\times5=2\times3\times5^2$

答 $150=2\times3\times5^2$

テストで注意 **最後の商のかけ忘れに注意!**

~~150=2×3×5~~

と最後の商をかけ忘れるミスが多く見られるので，素因数分解した結果を計算して確かめよう。

Point 商が素数になるまで，くり返しわっていく。

練習

解答 別冊p.5

43 1，21，29，33，47，51のうちから，素数をすべて選びなさい。

44 次の数を素因数分解しなさい。

(1) 56　(2) 72　(3) 132　(4) 270

例題 45 約数を求める Level ★★★

素因数分解を利用して，135の約数をすべて求めなさい。

解き方

135を素因数分解すると，

素因数分解する ▶ $135=3^3\times5$

3) 135
3) 45
3) 15
5

これより，135の約数は，

約数は「1」「素因数」「素因数の積」 ▶ 1

素因数…3，5

素因数2つの積…3^2，3×5 （→9，→15）

かけ合わせる素因数の数が2つ，3つ，4つの場合に分けて考える ▶ 素因数3つの積…3^3，$3^2\times5$ （→27，→45）

素因数4つの積…$3^3\times5$ （→135）

答 1，3，5，9，15，27，45，135

Point 「1」，「素因数」，「素因数の積」が約数になる。

復習 約数

ある数をわりきることのできる整数を，その数の約数という。

テストで注意 1を忘れないように！

1は素数ではないが，すべての自然数の約数である。

参考 約数の個数を求める方法は?

約数の個数は，

「素因数分解したときの累乗の指数に1を加えたものどうしの積」になる。

$135=3^3\times5^1$

だから，135の約数の個数は，

$(3+1)\times(1+1)=4\times2=8$(個)

練習

解答 別冊p.5

45 素因数分解を利用して，次の数の約数をすべて求めなさい。

(1) 42　　(2) 80

Column 最大公約数・最小公倍数の求め方

素因数分解を利用すると，最大公約数や最小公倍数が手ぎわよく求められます。

ここでは，12と18を例にして，この2つの数の最大公約数と最小公倍数を求めてみましょう。

● **最大公約数** ➡ 共通な素因数を全部かける。

$12=2\times2\times3$
$18=2\times3\times3$
$2\times3=6$ ←最大公約数

● **最小公倍数** ➡ 共通な素因数と残りの素因数をかける。

$12=2\times2\times3$
$18=2\times3\times3$
$2\times2\times3\times3=36$ ←最小公倍数

例題 46 整数の2乗の数をつくる Level ★★★

45にできるだけ小さい自然数をかけて，ある自然数の2乗になるようにします。どんな数をかければよいですか。

解き方

45を素因数分解すると，

$$\begin{array}{r|l} 3 & 45 \\ 3 & 15 \\ & 5 \end{array}$$

素因数分解する ▶ $45=3^2\times5$

指数が偶数　指数が奇数

したがって，これに5をかけると，

指数がすべて偶数になるようにする ▶ $(3^2\times5)\times5=3^2\times5^2=(3\times5)^2=15^2$

└→ $3\times3\times5\times5=(3\times5)\times(3\times5)$

つまり，15の2乗になる。

答 5

Point 素因数分解して，累乗の指数に着目！

テストで注意 問題の条件をしっかり理解

$45=3^2\times5$ に 5^3 をかけると，

$3^2\times5^4=(3\times5^2)^2=75^2$

と自然数の2乗になるが，5^3 は「できるだけ小さい自然数」ではないので，この問題の答えとしては適さない。

練習

解答 別冊p.5

46 次の問いに答えなさい。

(1) 72にできるだけ小さい自然数をかけて，ある自然数の2乗になるようにします。どんな数をかければよいですか。

(2) 375をできるだけ小さい自然数でわって，ある自然数の2乗になるようにします。どんな数でわればよいですか。

Column 素数の見つけ方（エラトステネスのふるい）

次の順で，100までの数から素数を見つけましょう。

①1を消す。

②2を残して2の倍数を消す。

③3を残して3の倍数を消す。

④このようにして，残った数のうち最初にあるものを残して，その倍数を消していくと，素数だけが残る。

この方法は，古代ギリシャの数学者エラトステネスが考えたといわれ，「エラトステネスのふるい」とよばれています。

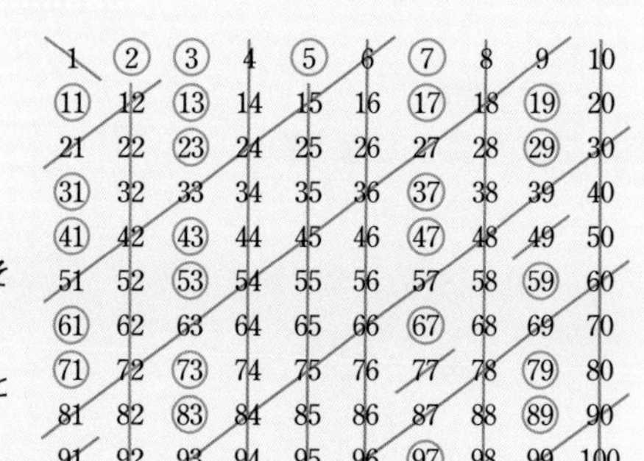

1	2	3	4	5	6	7	8	9	10
11	12	13	14	15	16	17	18	19	20
21	22	23	24	25	26	27	28	29	30
31	32	33	34	35	36	37	38	39	40
41	42	43	44	45	46	47	48	49	50
51	52	53	54	55	56	57	58	59	60
61	62	63	64	65	66	67	68	69	70
71	72	73	74	75	76	77	78	79	80
81	82	83	84	85	86	87	88	89	90
91	92	93	94	95	96	97	98	99	100

定期テスト予想問題 ①

得点 /100

1／正負の数と絶対値

1 下の数直線について，次の問いに答えなさい。 【4点×2】

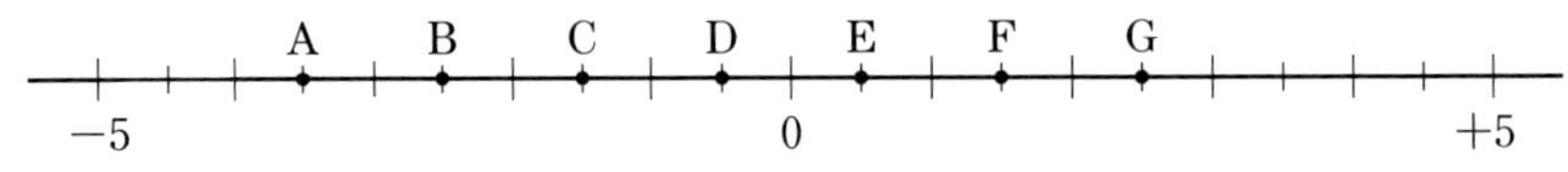

(1) 点Bにあたる数を書きなさい。 〔　　　〕

(2) -0.5 を表す点は，A～G のどれですか。 〔　　　〕

1／正負の数と絶対値

2 次の問いに答えなさい。 【4点×3】

(1) 「5 kg の増加」を「減少」ということばを使って表しなさい。 〔　　　〕

(2) -0.1，-0.05の大小を，不等号を使って表しなさい。 〔　　　〕

(3) 絶対値が3.5より小さい整数をすべて求めなさい。 〔　　　〕

2／加法・減法

3 次の計算をしなさい。 【4点×4】

(1) $(-8)+(-14)$ 〔　　　〕

(2) $-4.6+5.3$ 〔　　　〕

(3) $\frac{5}{9}-\frac{7}{6}$ 〔　　　〕

(4) $-12+5-7+13-6$ 〔　　　〕

3／乗法・除法

4 次の計算をしなさい。 【4点×4】

(1) $(-6)\times(-9)$ 〔　　　〕

(2) $70\div(-5)$ 〔　　　〕

(3) $-\frac{5}{18}\div\left(-\frac{10}{3}\right)$ 〔　　　〕

(4) $-12\times\left(-\frac{5}{8}\right)\div(-6)$ 〔　　　〕

4／いろいろな計算

5 次の計算をしなさい。 【4点×4】

(1) $12-2\times(-9)$ 〔　　　〕

(2) $-30\div\{-3-(-4)\times2\}$ 〔　　　〕

(3) $(-2)^3-3\times2^2$ 〔　　　〕

(4) $\left(\frac{3}{4}-\frac{5}{6}\right)\times(-36)$ 〔　　　〕

4／いろいろな計算

6 あるクラスでゲームをしました。下の表は，クラスの8人の生徒A～Hの得点が，そのクラスの平均点45点より何点高いかを示したものです。次の問いに答えなさい。 【4点×3】

生　徒	A	B	C	D	E	F	G	H
平均点との差(点)	−10	+7	+4	−13	+4	−5	+14	−9

(1) Bの得点はAの得点より何点高いですか。 〔　　　〕

(2) A～Hのうち，得点が最も高い生徒と，得点が最も低い生徒との差は何点ですか。

〔　　　〕

(3) 8人の生徒A～Hの得点の平均点は何点ですか。 〔　　　〕

5／数の集合

7 次のア～エの式のうち，いつでも整数になるものに○，整数になるとは限らないものに×を書きなさい。 【3点×4】

ア　整数＋整数 〔　　　〕

イ　整数－整数 〔　　　〕

ウ　整数×整数 〔　　　〕

エ　整数÷整数 〔　　　〕

5／数の集合

8 次の自然数を素因数分解しなさい。 【4点×2】

(1) 12 〔　　　〕

(2) 275 〔　　　〕

定期テスト予想問題 ②

時間 40分
解答 別冊 p.7

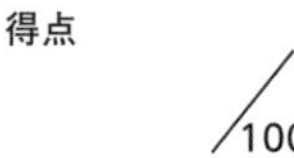
得点 /100

1／正負の数と絶対値

1 次の数の中から，下の(1)〜(3)にあてはまるものをすべて選びなさい。 【4点×3】

$$-\frac{9}{5},\ -14,\ 27,\ 0,\ -6.3,\ 15,\ 38,\ \frac{3}{11},\ 0.6,\ 10.2,\ -5,\ 2$$

(1) 自然数 〔　　　〕

(2) 最も小さい数 〔　　　〕

(3) 絶対値が最も大きい数 〔　　　〕

1／正負の数と絶対値

2 次の問いに答えなさい。 【4点×2】

(1) 絶対値が9以下の整数は何個ありますか。 〔　　　〕

(2) 次の3つの数の大小を，不等号を使って表しなさい。

$\frac{1}{5},\ -0.5,\ \frac{3}{4}$ 〔　　　〕

2／加法・減法

3 次の計算をしなさい。 【4点×4】

(1) $(+5)+(-18)$ 〔　　　〕

(2) $0-(+11)$ 〔　　　〕

(3) $\left(-\frac{3}{5}\right)-(-1.2)$ 〔　　　〕

(4) $(+6)+(-13)-(-19)$ 〔　　　〕

3／乗法・除法

4 次の計算をしなさい。 【4点×4】

(1) $(-4)\times(+7)$ 〔　　　〕

(2) $(+32)\div(-8)$ 〔　　　〕

(3) $(-45)\div\left(+\frac{9}{10}\right)$ 〔　　　〕

(4) $\left(+\frac{3}{16}\right)\times(-24)\div\left(-\frac{6}{7}\right)$ 〔　　　〕

4／いろいろな計算

5 次の計算をしなさい。 【4点×4】

(1) $17+(-8)\times5$ 〔　　〕

(2) $-6-(37-9)\div4$ 〔　　〕

(3) $5^2-8\times2+(-2)^3$ 〔　　〕

(4) $24\times\left(-\frac{3}{4}-\frac{1}{6}\right)$ 〔　　〕

5／数の集合

6 次の(1)～(3)のことがらはいつでも正しいですか。正しくないときは，その例をあげなさい。

【4点×3】

(1) 整数aに整数bをかけると，その積は正の整数になる。 〔　　〕

(2) 自然数aを自然数bでわると，その商は自然数になる。 〔　　〕

(3) 自然数aから自然数bをひくと，その差は整数になる。 〔　　〕

5／数の集合

7 次の中から，素数をすべて選びなさい。 【5点】

0，1，3，8，11，59，91 〔　　〕

5／数の集合

8 350をできるだけ小さい数でわって，ある数の2乗にするには，どんな数でわればよいですか。

【5点】

〔　　〕

思考 4／いろいろな計算

9 下の表のAらんの数は，ある店で6日間に売れたケーキの個数を表し，Bらんの数は，Aらんの数をある個数を基準にして，それよりも多い場合を正の数，少ない場合を負の数で表したものです。次の問いに答えなさい。 【5点×2】

A		50	78		64	
B	+4		+13	−12		+17

(1) 基準にしている個数を求めなさい。 〔　　〕

(2) 6日間に売れたケーキの個数の平均を求めなさい。 〔　　〕

素数の秘密

素数とは，「2以上の整数のうち，1と自分自身でしか割りきることができない数」と定義されている。しかし，素数の性質のすべてが解明されているわけではない。素数の秘密を探ってみよう。

1 いつあらわれるのか，わからない

100までの数のうち，下の表の□の数が素数である。

1	2	3	4	5	6	7	8	9	10	11	12	13	14	15	16	17	18	19	20
21	22	23	24	25	26	27	28	29	30	31	32	33	34	35	36	37	38	39	40
41	42	43	44	45	46	47	48	49	50	51	52	53	54	55	56	57	58	59	60
61	62	63	64	65	66	67	68	69	70	71	72	73	74	75	76	77	78	79	80
81	82	83	84	85	86	87	88	89	90	91	92	93	94	95	96	97	98	99	100

1から100までに素数は25個あるが，素数がどのようにあらわれるか，そのきまりを見つけられただろうか。

実は，2000年以上前からすぐれた数学者たちが研究しているにもかかわらず，素数のあらわれ方の規則性は見つけられていない。n番目の素数があらわれたあと，$(n+1)$番目の素数がいつあらわれるのか，予測できないのだ。2019年1月時点で最大の素数のけた数はおよそ2486万けたであるが，その次に発見される素数のけた数はいくつになるのだろうか。

最大の素数が発見されるたびに，その素数をそのまま全部掲載した本が出版されているんだって。

2 素数であるかどうか，簡単にはわからない

ある整数が素数であるかどうかを見分ける方法の1つは，素因数分解である。しかし，3けた，4けた，…と大きな数になればなるほど素因数分解が難しくなる。232けたの整数を素因数分解するのに，スーパーコンピューターを使っても3年かかったほどである。

もう1つ，連続する整数の中から素数だけを抜き出す方法として，p65でも紹介した「エラトステネスのふるい」がある。エラトステネスは古代ギリシャの学者で，初めて地球の円周を算出したことでも有名な人物である。彼が考え出した素数の倍数を消していくこの方法は，単純で時間もかかるが，これ以上に確かな手段はまだ見つかっていない。

3 よくわからないから，暗号に最適

インターネット通信で重要なのが暗号化の技術である。ウェブページやメール，クレジットカード番号などのあらゆる情報が，第三者に悪用されないよう暗号化されて送受信されている。現在よく利用されている暗号技術の1つが公開鍵（こうかいかぎ）暗号方式である。

〈公開鍵暗号方式のしくみ〉オンラインショッピングでクレジットカード番号を送信するときの例

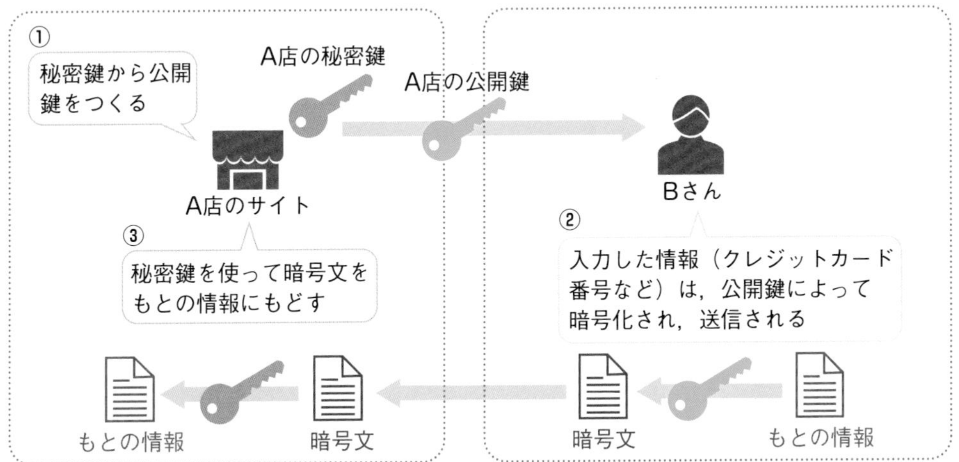

暗号というと，他の人にわからないように情報を伝達するために，情報を送る側と受け取る側が秘密の鍵(ルール)を共有するイメージだろう。たしかに，かつての暗号技術はそうであったが，いまはちがう。公開鍵暗号方式は，暗号化する鍵(公開鍵)ともとに戻す鍵(秘密鍵)が異なる。暗号化する公開鍵が公開されても，暗号が第三者に解読されない方式なのだ。その公開鍵暗号方式では，「素数どうしのかけ算は容易だが，その積からもとの素数を導き出すのは難しい」という性質を利用している。秘密鍵はある素数の組，公開鍵はその素数の積を利用した数式になっているのだ。たとえば，2つの素数21701，1398269から，その積21701×1398269＝30343835569はすぐ計算できるが，整数30343835569を素因数分解して30343835569＝21701×1398269であることを導き出すのは簡単ではない。実際の公開鍵は600けた程度の整数で，スーパーコンピューターを使っても素因数分解するのに相当な時間がかかるといわれているから，秘密鍵を持たない第三者が暗号文を解読するのは不可能であるといってよいだろう。将来も公開鍵暗号方式を利用し続けるためには，素数の秘密は解読されないままのほうがよいのかもしれない。

公開鍵暗号方式に使われている暗号技術をRSA暗号という。開発者であるリベスト(Rivest)，シャミア(Shamir)，エーデルマン(Adleman)の3人の頭文字に由来した名前だよ。

中学生のための 勉強・学校生活アドバイス

数学のノートは弱点克服（こくふく）の記録！

「数学の授業ノートってなんかとりにくいんだよな～。」

「私も、まちがえた問題を書き直してる間に、どんどんおいていかれちゃう。」

「2人とも、**まちがえた問題は消さずに残しておいたほうがいいよ。**」

「え！　どうしてですか？」

「まちがえた問題は、自分の弱点だからね。**同じミスをしないよう、なぜまちがえたのかを書き加えると次につながるよ。**」

「ノートをキレイにとるのが難しいんですけど、色とかどうつけるんですか？」

「いや、**色は使いすぎず、きちんとルールを決めるほうがいいよ。**公式は赤、まちがえた理由は青、みたいに。」

「カラフルにすればいいってわけじゃないんですね。」

「あと、**問題を解くときは、大きな字で書いたほうがいい。**小さな字だと、自分で書いた文字でも読みまちがえてしまうから。」

「たしかに、いつの間にか7が1になってたりします…。」

「あとは**式が複数行にまたがるときは、イコールはそろえるか、行のはじめにもってくる。**イコールの位置がごちゃごちゃだとまちがえやすいからね。」

「いろいろ大事なポイントを教わったな。やってみます！」

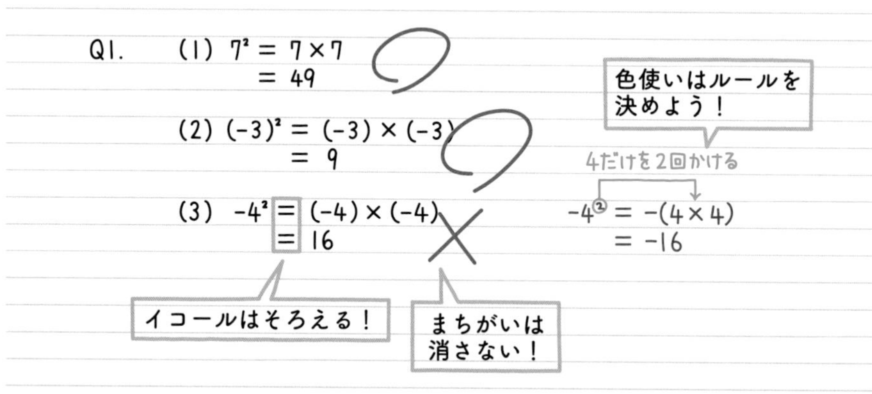

2章

文字と式

Gakken New Course

1 文字を使った式と表し方

文字を使った式

[例題1]

文字を用いると，いろいろな数量や，数量どうしの関係を，一般的に，簡潔に表すことができます。このように，**文字を使って表した式**を**文字式**といいます。

文字を使った式	例　x円の品物を買って，1000円出したときのおつりは， **ことばの式をつくる**　**おつり＝出した金額－代金** ↓ **文字や数をあてはめる**　1000 － x **(円)** ←文字式

文字式の表し方

[例題2～例題7]

積(せき)の表し方	**①記号×をはぶく。** **②文字と数との積では，数を文字の前に書く。** 例　$a\times5=5a$（記号×をはぶく／数は文字の前に書く） **③同じ文字の積は，累乗(るいじょう)の指数を使って書く。** 例　$x\times x\times x=x^3$（xが3個 ➡ 指数は3） ※文字と文字との積…ふつうアルファベット順に書く。 例　$b\times c\times a=abc$
商(しょう)の表し方	**記号÷を使わないで，分数の形で書く。** 例　$a\div3=\frac{a}{3}$（分子／分母）
四則の混じった式の表し方	文字式では，**記号×や÷をはぶく**ことができるが，**記号＋，－は，はぶくことができない。** 例　$a\times3+b\div5=3a+\frac{b}{5}$ ←これ以上簡単にはならない （記号＋は，はぶけない）

▶かっこのついた式の積や商の表し方は?
➡かっこのついた式は，ひとまとまりのものと考えよう。

例　$(a+b)\times4=4(a+b)$　　例　$(a-b)\div3=\frac{a-b}{3}$

例題 1 数量を文字を使った式で表す　Level ★☆☆

次の数量を，文字を使った式で表しなさい。

(1) 1冊a円のノートを2冊買って，500円出したときのおつり

(2) 周の長さが$x$cmの正三角形の1辺の長さ

(3) 1個mgのあめ8個をngの箱に入れたときの全体の重さ

解き方

まず，ノートの代金を式で表す ▶ (1) ノートの代金＝1冊の値段×冊数

だから，ノートの代金は，$a\times2$(円)

（a：1冊の値段，2：冊数）

おつりを求める式に文字や数をあてはめる ▶ おつり＝出した金額－代金

だから，おつりは，$500-a\times2$(円)　…答

（500：出した金額，$a\times2$：代金）

1辺の長さを求める式に文字や数をあてはめる ▶ (2) 正三角形の1辺の長さ＝周の長さ÷3

だから，1辺の長さは，$x\div3$(cm)　…答

（x：周の長さ）

まず，あめ8個の重さを式で表す ▶ (3) 全部のあめの重さ＝1個の重さ×個数

だから，あめ8個の重さは，$m\times8$(g)

（m：1個の重さ，8：個数）

全体の重さを求める式に文字や数をあてはめる ▶ 全体の重さ＝あめ8個の重さ＋箱の重さ

だから，全体の重さは，$m\times8+n$(g)　…答

（$m\times8$：あめの重さ，n：箱の重さ）

確認　**代金，おつりの関係式**

- 代金＝1個の値段×個数
- おつり＝出した金額－代金

別解　$x\times\frac{1}{3}$(cm)としてもよい

(2) 正三角形の1辺の長さは，周の長さの$\frac{1}{3}$と考えることもできるので，$x\times\frac{1}{3}$(cm)と表してもよい。

練習

解答 別冊p.8

1 次の数量を，文字を使った式で表しなさい。

(1) 1個150円のケーキをx個買い，50円の箱に入れてもらったときの代金

(2) 長さamのテープを6等分したときの1つ分の長さ

(3) 5人にm枚配っても，まだn枚余るときの画用紙の枚数

例題 2 積の表し方　Level ★☆☆

次の式を，文字式の表し方にしたがって表しなさい。

(1)　$p\times q$　　(2)　$n\times(-7)$

(3)　$y\times(-1)\times x$　　(4)　$(b+c)\times 8$

解き方

記号×をはぶく ▶ (1)　$p\times q=\boldsymbol{pq}$　…答

数は文字の前に ▶ (2)　$n\times(-7)=(-7)n=\boldsymbol{-7n}$　…答

負の数との積では，かっこをはぶく

(3)　$y\times(-1)\times x=(-1)xy=\boldsymbol{-xy}$　…答

文字の積は，アルファベット順に書く

( )は1つの文字のように扱う ▶ (4)　$(b+c)\times 8=\boldsymbol{8(b+c)}$　…答

数はかっこの前に

例題 3 同じ文字の積の表し方　Level ★☆☆

次の式を，文字式の表し方にしたがって表しなさい。

(1)　$x\times x\times x\times 6$　　(2)　$a\times b\times a\times a\times b$

解き方

累乗の指数を使って表す ▶ (1)　$x\times x\times x\times 6=x^3\times 6=\boldsymbol{6x^3}$　…答

(2)　$a\times b\times a\times a\times b=a^3\times b^2=\boldsymbol{a^3b^2}$　…答

Point **同じ文字の積(せき)は，累乗(るいじょう)の指数を使って書く。**

テストで注意　1，−1と文字の積では，1をはぶいて表す！

例　$1\times a=a$

例　$(-1)\times b\times c=-bc$

ただし，小数の0.1や0.01などの1は，はぶいてはいけない。

テストで注意　$x\times x\times x=3x$ ではない！

$3x$とx^3では，式の意味が全然ちがう。混同しないようにしよう。

- $3x$…3とxをかけ合わせたもの
- x^3…xを3個かけ合わせたもの

練習

解答 別冊p.8

次の式を，文字式の表し方にしたがって表しなさい。

2　(1)　$b\times 4\times a$　　(2)　$x\times(-9)$

(3)　$m\times\left(-\frac{3}{4}\right)$　　(4)　$(p-2)\times 5$

3　(1)　$m\times m\times 7\times m$　　(2)　$y\times x\times(-1)\times x\times y$

例題 4 商の表し方 Level ★☆☆

次の式を，文字式の表し方にしたがって表しなさい。

(1) $n\div7$　(2) $(-5)\div x$

(3) $(a+b)\div8$

解き方

分数の形にする ▶ (1) $n\div7=\dfrac{n}{7}$ …答

分数の形にする ▶ ー は分数の前に ▶ (2) $(-5)\div x=\dfrac{-5}{x}=-\dfrac{5}{x}$ …答

分数の形にし，( )をはぶく ▶ (3) $(a+b)\div8=\dfrac{a+b}{8}$ …答

Point 記号÷を使わずに，分数の形で書く。

別解 別の表し方

(1) $\div7$ は $\times\dfrac{1}{7}$ と同じことだから，

$\dfrac{n}{7}$ は $\dfrac{1}{7}n$ と表してもよい。

同じように，

(3) $\dfrac{1}{8}(a+b)$

と表してもよい。

例題 5 乗除の混じった式 Level ★★☆

次の式を，文字式の表し方にしたがって表しなさい。

(1) $x\div4\times y$　(2) $(x+y)\times5\div z$

解き方

分数の形にする ▶ 記号×をはぶく ▶ (1) $x\div4\times y=\dfrac{x}{4}\times y=\dfrac{xy}{4}$ …答

(2) $(x+y)\times5\div z=5(x+y)\div z=\dfrac{5(x+y)}{z}$ …答

Point 左から順に，×や÷の記号をはぶいていく。

別解 除法を乗法に直してから，×の記号をはぶいてもよい

(1) $x\div4\times y=x\times\dfrac{1}{4}\times y$

└ 逆数をかける

$=\dfrac{1}{4}x\times y=\dfrac{1}{4}xy$ …答

テストで注意 ×の記号を先にはぶいてはダメ!

(1) $x\div4\times y=x\div4y$

$=\dfrac{x}{4y}$ (×)

必ず，左から順に×や÷の記号をはぶいていくこと。

練習

解答 別冊p.8

次の式を，文字式の表し方にしたがって表しなさい。

4 (1) $4x\div5$　(2) $m\div(-7)$　(3) $(x-y)\div4$

5 (1) $8\times m\div5$　(2) $x\div6\times(-y)$

(3) $4\div(-m)\div n$　(4) $(a-4)\times3\div b$

例題 6 四則の混じった式 Level ★★★

次の式を，文字式の表し方にしたがって表しなさい。

(1) $a\times(-3)+4$　　(2) $x\times4-y\div5$

(3) $m\times(-6)\times m+n\times7$　　(4) $2\div(-a)+(b-3)\div8$

解き方

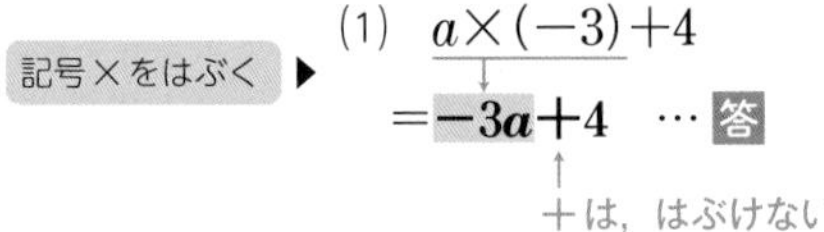

記号×をはぶく ▶ (1) $a\times(-3)+4$

$=-3a+4$ … 答

＋は，はぶけない

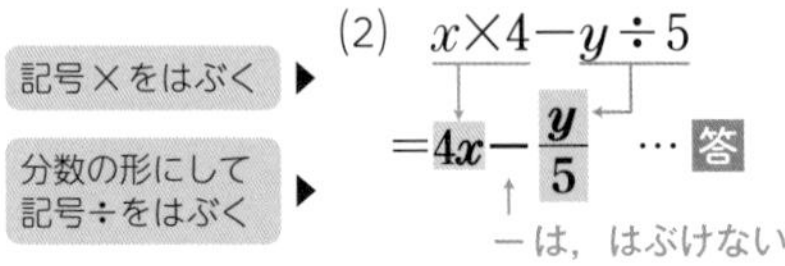

記号×をはぶく ▶ (2) $x\times4-y\div5$

分数の形にして記号÷をはぶく ▶ $=4x-\dfrac{y}{5}$ … 答

－は，はぶけない

累乗の指数を使って表す ▶ (3) $m\times(-6)\times m+n\times7$

$=m^2\times(-6)+7n$

記号×をはぶく ▶ $=-6m^2+7n$ … 答

かっこをひとまとまりとみる

分数の形にして記号÷をはぶく ▶ (4) $2\div(-a)+(b-3)\div8$

$=\dfrac{2}{-a}+\dfrac{b-3}{8}$

－は分数の前に ▶ $=-\dfrac{2}{a}+\dfrac{b-3}{8}$ … 答

Point ×，÷の記号ははぶけるが，＋，－の記号ははぶけない。

復習 四則の混じった計算の順序

四則の混じった計算は，かっこの中・累乗➡乗除(じょうじょ)➡加減(かげん)の順に計算する。

テストで注意 $\dfrac{4x-y}{5}$としてはいけない！

$x\times4$の×をはぶいたあと，$4x-y$全体を5でわってしまい，$\dfrac{4x-y}{5}$とするミスに注意しよう。計算の順序（乗除➡加減）より，まず，$x\times4$と$y\div5$を，それぞれ×，÷の記号をはぶいて表し，減法の記号－は，そのまま残しておく。

文字式に表すときも，計算の順序は数の計算のルールと同じ。順序をまちがえないように注意しよう。

練習　解答 別冊p.9

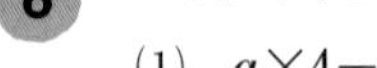

6 次の式を，文字式の表し方にしたがって表しなさい。

(1) $a\times4-b$　　(2) $x\times8-y\times5$

(3) $x\div3-y\times7$　　(4) $a\times(-4)+b\div3$

(5) $t\times t\times7-t$　　(6) $5\div x+(y-1)\div4$

例題 7 式を記号×，÷を使って表す　Level ★★★

次の式を，記号×，÷を使って表しなさい。

(1)　$4xy$　　(2)　$\dfrac{ab}{3}$

(3)　$\dfrac{x+y}{4}$　　(4)　$7-2a^3$

(5)　$5\left(x-\dfrac{6}{y}\right)$

解き方

はぶかれていた×を書く ▶ (1)　$4xy=\mathbf{4\times x\times y}$　… 答

分数をわり算に直す ▶ (2)　$\dfrac{ab}{3}=ab\div3=\mathbf{a\times b\div3}$　… 答

分数をわり算に直す ▶ (3)　$\dfrac{x+y}{4}=\mathbf{(x+y)\div4}$　… 答

累乗をかけ算に直す ▶ (4)　$7-2a^3=7-2\times a^3=\mathbf{7-2\times a\times a\times a}$　… 答

分数をわり算に直す ▶ (5)　$5\left(x-\dfrac{6}{y}\right)=5\times\left(x-\dfrac{6}{y}\right)=\mathbf{5\times(x-6\div y)}$　… 答

かっこの中のまま

くわしく　答えは1つに決まらない

(1)は，$x\times4\times y$，$y\times x\times4$などでも正解である。

(2)は，$b\times a\div3$，$a\div3\times b$，$a\times b\times\dfrac{1}{3}$なども正解である。

このように，記号×，÷を使って表す問題では，いろいろな答えが考えられる。

ふつうは，文字や数字がならんでいる順に書けばよい。

テストで注意　分子の式はかっこでくくる

(3)　答えを$x+y\div4$としてはいけない。

$\dfrac{x+y}{4}$は，$x+y$全体を4でわった式なので，$x+y$にかっこをつけて，$(x+y)\div4$と表す。

練習　　解答 別冊p.9

7　次の式を，記号×，÷を使って表しなさい。

(1)　$-3abc$　　(2)　$\dfrac{4x}{9}$

(3)　$\dfrac{a-b}{8}$　　(4)　$\dfrac{x}{2}-5y^2$

2 数量の表し方，式の値

数量の表し方

［例題 8 ～例題 17 ］

数量を文字を使って表すときは，×や÷の記号を使わないで，**文字式の表し方にしたがって表す**のが基本です。

■ よく使われる公式や表し方

- **代金＝1個の値段×個数**
- **速さ＝道のり÷時間**（時間＝道のり÷速さ，道のり＝速さ×時間）
- **平均＝合計÷個数**
- 十の位の数がa，一の位の数がbの2けたの自然数 ➡ $10a+b$
- **偶数**（ぐうすう） ➡ $2n$，**奇数**（きすう） ➡ $2n+1$　**aの倍数** ➡ an（nは整数）

■ 割合を使った表し方

比べられる量＝もとにする量×割合を利用して式で表す。

1％ ➡ $\frac{1}{100}$ ➡ 0.01　　1割 ➡ $\frac{1}{10}$ ➡ 0.1

例　$x$kgの20％ ➡ $x\times\frac{20}{100}=\frac{20}{100}x=\frac{1}{5}x(=0.2x)$（kg）

例　a円の3割 ➡ $a\times\frac{3}{10}=\frac{3}{10}a(=0.3a)$（円）

▶単位の異なる量の和（わ）や差（さ）は，単位をそろえよう。

例　amのひもから$b$cm切り取った残りの長さ

- 単位をcmにそろえる ➡ $100a-b$（cm）
- 単位をmにそろえる ➡ $a-\frac{1}{100}b$（m）（$=a-0.01b$（m））

式の値

［例題 18 ～例題 23 ］

式の中の文字を数におきかえることを，文字にその数を**代入する**（だいにゅう）といいます。おきかえる数を**文字の値**（あたい）といい，代入して計算した結果を，そのときの**式の値**といいます。

■ 代入と式の値

例　$x=-2$のときの$3x+1$の値は？

$3x+1=3\times x+1$ ←×を使った式に直す

代入 ↓ ←$x=-2$

$=3\times(-2)+1$ ←負の数はかっこをつけて代入する

$=-6+1$

$=-5$ ←式の値

例題 8 代金の表し方　Level ★☆☆

50円のシールをx枚，y円の画用紙を8枚買ったときの代金の合計を表す式を書きなさい。

解き方

ことばの式に文字や数をあてはめる ▶ 代金の合計＝シールの代金＋画用紙の代金

$= 50\times x + y\times 8$

記号×をはぶく ▶ $=\mathbf{50x+8y}$ **(円)** …答

Point ことばの式に文字や数をあてはめ，×や÷の記号を使わずに表す。

確認 代金を求める公式

代金＝1個の値段×個数

シールの代金は，1枚の値段が50円，買った枚数がx枚だから，$50\times x$(円)

画用紙の代金は，1枚の値段がy円，買った枚数が8枚だから，$y\times 8$(円)

例題 9 速さの表し方　Level ★☆☆

$a$kmの道のりを，3時間で歩いたときの速さを表す式を書きなさい。

解き方

公式に文字や数をあてはめる ▶ 速さ＝道のり÷時間

$= a \div 3$

分数の形にする ▶ $=\dfrac{a}{3}$ **(km/h)** …答

└時速を表す単位でhはhourの頭文字

Point 公式に文字や数をあてはめ，×や÷の記号を使わずに表す。

復習 速さ，時間，道のりを求める公式

- 速さ＝道のり÷時間
- 時間＝道のり÷速さ
- 道のり＝速さ×時間

図解 速さ・時間・道のりの関係

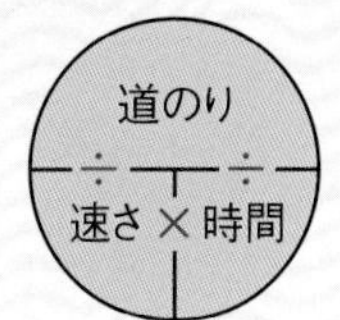

練習　解答 別冊p.9

8 1000円を出して，1個x円のクッキーを6個，1個y円のプリンを3個買ったときのおつりを表す式を書きなさい。

9 次の数量を表す式を書きなさい。

(1) $a$kmの道のりを，時速4kmで歩いたときにかかった時間

(2) $b$km離れたところへ，時速$x$kmの速さで5時間進んだときの残りの道のり

例題 10 単位が異なる数量の表し方

Level ★★☆

次の問いに答えなさい。

(1) amのひもから$b$cmのひもを7本切り取ったときの残りの長さは何cmですか。

(2) $x$kgの品物をygのケースに入れたとき，全体の重さは何kgになりますか。

解き方

(1) はじめのひもの長さamをcmの単位で表すと，

mをcmの単位で表す ▶ $a\text{m}=100a\text{cm}$

切り取ったひもの長さは，$b\times7=7b$(cm)

したがって，残りのひもの長さは，

残りの長さ＝はじめの長さ－切り取った長さ ▶ **$100a-7b$(cm)** …答

(2) ケースの重さygをkgの単位で表すと，

gをkgの単位で表す ▶ $y\text{g}=\dfrac{y}{1000}\text{kg}$

したがって，全体の重さは，

全体の重さ＝品物の重さ＋ケースの重さ ▶ **$x+\dfrac{y}{1000}$(kg)** …答

(2) ケースの重さygをkgの単位で表すと，

1g=0.001kg ▶ $y\text{g}=0.001y\text{kg}$ ←小数で表す

したがって，全体の重さは，

$x+0.001y$(kg) …答

Point 答える単位にそろえて式をつくる。

くわしく 答えの単位を確認

(1)「残りの長さは**何cm**ですか」と問われているので，答えの単位はcmで答えなければならない。これより，cmの単位にそろえて式をつくる。

参考 ほかの単位にそろえると

(1) 単位をmにそろえると，

$b\text{cm}=\dfrac{b}{100}$(m)だから，

$a-\dfrac{b}{100}\times7$

$=a-\dfrac{7b}{100}$(m)

(2) 単位をgにそろえると，

$x\text{kg}=1000x\text{g}$だから，

$1000x+y$(g)

テストで注意 $0.001y$の1は，はぶけない！

$0.001y$の1をはぶいて，

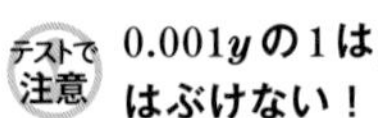

と書いてはいけない。

はぶくことができるのは1と-1の1だけである。

練習

解答 別冊p.9

10 次の問いに答えなさい。

(1) 3辺の長さが$a$cm，bm，$c$cmの三角形の周の長さは何cmですか。

(2) 牛乳がxLあります。ymL飲むと残りは何Lになりますか。

例題 11 割合を使った数量の表し方 Level ★★★

次の数量を表す式を書きなさい。

(1) 濃度3％の食塩水xgにふくまれる食塩の重さ

(2) a円の6割の金額

(3) 定価p円の品物を，定価の3割引きで買ったときの代金

解き方

百分率を分数で表す ▶ (1) 3％を分数で表すと$\dfrac{3}{100}$

ふくまれる食塩の重さは，xgの3％だから，

もとにする量×割合 ▶ $x\times\dfrac{3}{100}=\dfrac{3}{100}\boldsymbol{x}$(g) …答

もとにする量 ↑　↑ 割合

歩合を分数で表す ▶ (2) 6割を分数で表すと，$\dfrac{6}{10}=\dfrac{3}{5}$だから，

もとにする量×割合 ▶ 求める金額は，$a\times\dfrac{3}{5}=\dfrac{3}{5}\boldsymbol{a}$(円) …答

(3) 3割を分数で表すと，$\dfrac{3}{10}$だから，

品物の代金は，

$p\times\left(1-\dfrac{3}{10}\right)=p\times\dfrac{7}{10}=\dfrac{7}{10}\boldsymbol{p}$(円) …答

Point 1％→$\dfrac{1}{100}$，1割→$\dfrac{1}{10}$の関係を利用。

復習 百分率と歩合

割合を表す0.01を1％(パーセント)という。％で表した割合を**百分率**という。

割合を表す0.1を1**割**，0.01を1**分**(ぶ)，0.001を1**厘**(りん)という。このような割合の表し方を**歩合**(ぶあい)という。

食塩水の濃度(％)
$=\dfrac{\text{食塩の重さ}}{\text{食塩水の重さ}}\times100$
だよ。

別解 ほかの表し方

(1) $\dfrac{3x}{100}$(g)と表してもよい。
また，小数を使って，$0.03x$(g)と表してもよい。

(2) $\dfrac{3a}{5}$(円)と表してもよい。
また，小数を使って，$0.6a$(円)と表してもよい。

練習

解答 別冊p.9

11 次の数量を表す式を書きなさい。

(1) xgの15％

(2) yLの4割

(3) 濃度a％の食塩水bgにふくまれる食塩の重さ

(4) 定価p円のおにぎりを，定価の2割引きで買ったときの代金

例題 12 平均の表し方 Level ★★★

1個$x$kgの荷物Aが5個，1個$y$kgの荷物Bが7個あります。

この12個の荷物の平均の重さは何kgですか。

解き方

荷物の重さの合計は，

重さの合計＝A5個の重さ＋B7個の重さ ▶ $x \times 5 + y \times 7 = 5x + 7y$ (kg)

したがって，平均の重さは，

平均＝合計÷個数 ▶ $(5x+7y) \div 12 = \dfrac{5x+7y}{12}$ **(kg)** …答

Point 平均＝合計÷個数 を利用する。

テストで注意 かっこを忘れるな!

平均の重さを式に表すとき，~~$5x+7y \div 12$~~ としてはいけない。

$5x+7y$全体を12でわるのだから，$5x+7y$をかっこでくくろう。

例題 13 2けたの自然数の表し方 Level ★★

十の位の数がx，一の位の数が7である2けたの自然数があります。この自然数を式で表しなさい。

解き方

具体的な数で考える ▶ たとえば，$28 = 10 \times 2 + 1 \times 8$

$73 = 10 \times 7 + 1 \times 3$

となるから，同じように考えて，十の位の数がx，一の位の数が7の自然数は，

例にならって，文字か数をあてはめる ▶ $10 \times x + 1 \times 7 = \mathbf{10x+7}$ …答

図解 2けたの自然数

十の位	一の位
x	7

10のまとまりがx個　1が7個

↓

$10 \times x + 7$

十の位の数がx
一の位の数がy
の数は$10x+y$
と表せるね。

練習 解答 別冊p.10

12 あるテストをしたら，a点の生徒が3人，b点の生徒が5人，c点の生徒が2人いました。この10人の平均点は何点ですか。

13 百の位の数がa，十の位の数が5，一の位の数がbである3けたの自然数があります。この自然数を式で表しなさい。

例題 14 式の表す数量 Level ★★★

1冊a円のノートと1本b円の鉛筆（えんぴつ）があります。このとき，次の式はどんな数量を表していますか。

(1)　$3a$　　(2)　$5b$　　(3)　$4a+8b$

解き方

3aを×を使って表す ▶ (1)　$3a=a\times3$

（1冊の値段 ↑　↑ 冊数）

式が表す意味を考える ▶ したがって，$3a$はノート3冊の代金を表している。

5bを×を使って表す ▶ (2)　$5b=b\times5$

（1本の値段 ↑　↑ 本数）

式が表す意味を考える ▶ したがって，$5b$は鉛筆5本の代金を表している。

$4a+8b$を×を使って表す ▶ (3)　$4a+8b=a\times4+b\times8$

（ノート4冊の代金 ↑　↑ 鉛筆8本の代金）

式が表す意味を考える ▶ したがって，$4a+8b$はノート4冊と鉛筆8本の代金の合計を表している。

答 (1)**ノート3冊の代金**

(2)**鉛筆5本の代金**

(3)**ノート4冊と鉛筆8本の代金の合計**

くわしく 式の意味を考えて

$3a=3\times a$と表せるが，これを

代金＝1個の値段×個数

の式に合わせて，

$a\times3$

とすると，式がどんな数量を表しているか，わかりやすい。

確認 式につく単位

$3a$，$5b$，$4a+8b$は，**代金や代金の合計を表している**ので，これらの式が表す数量の単位は「円」である。

練習

解答 別冊p.10

縦$a$cm，横$b$cm，高さ$c$cmの直方体があります。次の式はどんな数量を表していますか。その単位も書きなさい。

(1)　abc

(2)　$4(a+b+c)$

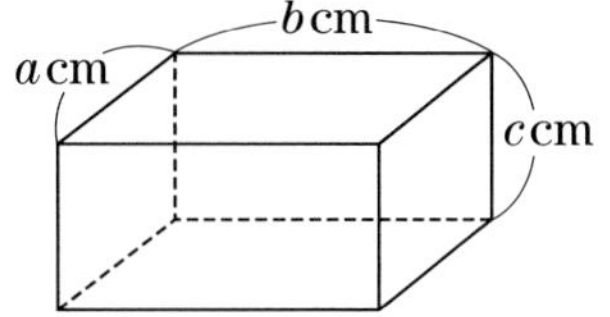

例題 15 偶数，奇数，倍数の表し方 Level ★★★

nを整数として，次の数をnを使って表しなさい。

(1) 偶数（ぐうすう）　(2) 奇数（きすう）　(3) 5の倍数

解き方

まず，数を言葉の式で表してから，文字式におきかえる。

(1) 偶数は，2×(整数)だから，$2\times n=\mathbf{2n}$ …答

(2) 奇数は，(偶数)+1だから，$\mathbf{2n+1}$ …答

(3) 5の倍数は，5×(整数)だから，

$5\times n=\mathbf{5n}$ …答

復習 偶数と奇数

整数の範囲でわり算を考えるとき，2でわりきれる数を**偶数**といい，2でわりきれない数を**奇数**という。

0は偶数とする。

偶数 ➡ 0, 2, 4, 6, …

奇数 ➡ 1, 3, 5, 7, …

例題 16 規則的に並んだ数の表し方 Level ★★★

次のように並んだ数のn番目の数を，nを使って表しなさい。

5, 9, 13, 17, 21, ……

解き方

5=4+1, 9=8+1, 13=12+1, …とみると，それぞれの数は，4の倍数+1 と表せる。

1番目 ➡ 5= 4+1=4×1+1 ← 番目の数と$4\times n$のnが対応する

2番目 ➡ 9= 8+1=4×2+1

3番目 ➡ 13=12+1=4×3+1

4番目 ➡ 17=16+1=4×4+1

5番目 ➡ 21=20+1=4×5+1

⋮

n番目 ➡ $4\times n+1=\mathbf{4n+1}$ …答

くわしく 4ずつ大きくなっていることに着目!

次のように，4の倍数は4ずつ大きくなる。同じように，**4の倍数に1たした数も4ずつ大きくなる。**

- 4の倍数

4, 8, 12, 16, 20, …（+4 +4 +4 +4）

- 4の倍数+1

5, 9, 13, 17, 21, …（+4 +4 +4 +4）

練習 解答 別冊p.10

15 nを整数として，6の倍数，20の倍数をnを使って表しなさい。

16 次のように並んだ数のn番目の数を，nを使って表しなさい。

2, 5, 8, 11, 14, ……

例題 17 規則的に並んだ図形の問題 Level ★★★

1辺が2cmの正方形の紙を，右の図のように，右と下に1cmずつずらしながら重ねていきます。正方形の紙をn枚使ったときにできる図形の面積を，nを使って表しなさい。

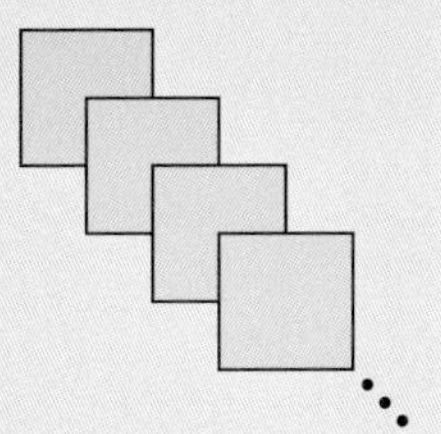

解き方

面積の求め方を考える ▶ 求める図形の面積を，右の図の⌈部分の何個分かと□部分を合わせた面積と考える。

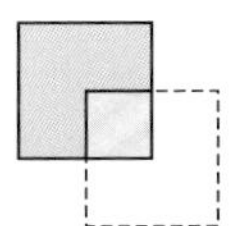

⌈部分の面積は$3cm^2$，□部分の面積は$1cm^2$だから，

正方形の枚数　⌈の部分の数　□の部分の面積

具体的な場合で面積を求める ▶ 1枚のとき ⟶ $3\times1+1=4$

2枚のとき ⟶ $3\times2+1=7$

3枚のとき ⟶ $3\times3+1=10$

4枚のとき ⟶ $3\times4+1=13$

⋮　⋮

枚数をn枚として式をつくる ▶ n枚のとき　$3\times n+1=3n+1$

答 $3n+1(cm^2)$

くわしく ⌈の部分と□の部分の面積

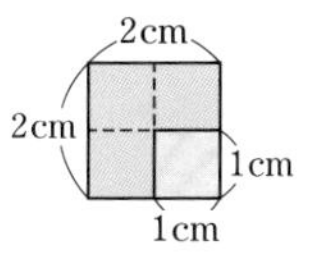

⌈の部分の面積…$1cm^2$の正方形3個分だから，$3cm^2$

□の部分の面積…$1cm^2$の正方形1個分だから，$1cm^2$

図解 ⌈の部分と□の部分の数

・2枚のとき

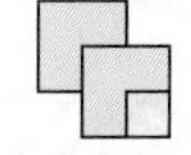

・3枚のとき

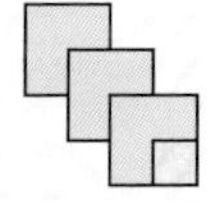

・4枚のとき

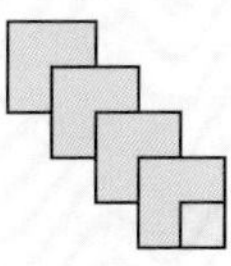

上の図から，正方形の枚数と⌈の部分の数は同じになり，□の部分はいつでも1個である。

練習

解答 別冊p.10

17 1辺が1cmの正方形の板を，右の図のように並べて図形を作ります。板を1枚置いたものを1番目，その周囲を4枚の板で囲んだものを2番目，さらにその周囲を8枚の板で囲んだものを3番目とします。

1番目　2番目　3番目　4番目

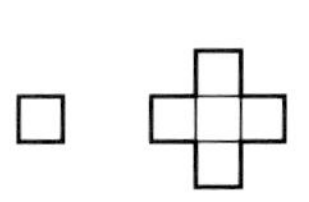

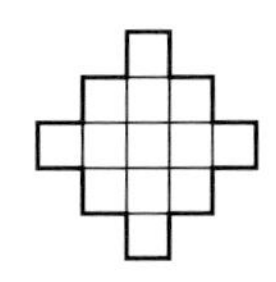

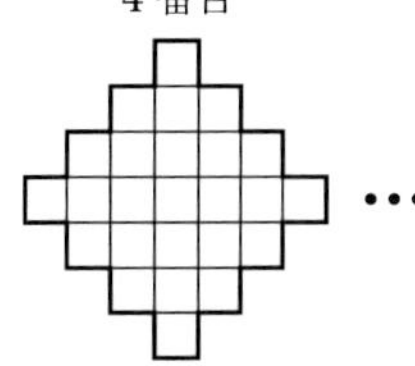

…

n番目の図形のいちばん外側の周の長さを，nを用いて表しなさい。

例題 18 正の整数の代入 Level ★☆☆

$x=8$のとき，$6-5x$の値（あたい）を求めなさい。

解き方

×を使った式に直す ▶ $6-5x=6-5\times x$

そのまま代入

xに数を代入 ▶ $=6-5\times 8$

$=6-40$

$=-34$ …答

例題 19 負の整数の代入 Level ★★☆

$a=-3$のとき，次の式の値を求めなさい。

(1) $5-2a$　(2) $\dfrac{9}{a}+5$

解き方

(1) $5-2a$

×を使った式に直す ▶ $=5-2\times a$

( )をつけて代入 ▶ $=5-2\times(-3)$

$=5+6$

$=11$ …答

分数をわり算に直す

(2) $\dfrac{9}{a}+5=9\div a+5$

$=9\div(-3)+5$

$=-3+5$

$=2$ …答

Point 負の数は，ふつうかっこをつけて代入（だいにゅう）。

確認 代入と式の値

式の中の文字を数におきかえることを，文字にその数を**代入（だいにゅう）する**という。

おきかえる数を**文字の値**といい，代入して計算した結果を**式の値**という。

代入したあとは，数の計算だね。まず乗除，次に加減だよ！

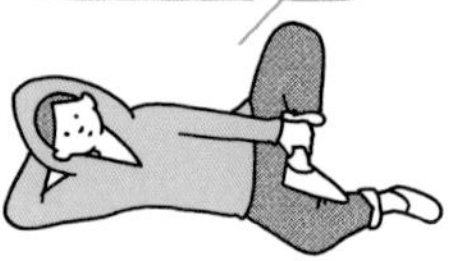

別解 そのまま代入

(2) $\dfrac{9}{a}+5$

$=\dfrac{9}{-3}+5$

$=-3+5$

$=2$ …答

練習

解答 別冊p.10，11

18 $x=6$のとき，次の式の値を求めなさい。

(1) $5x+3$　(2) $7-3x$　(3) $\dfrac{15}{x}$

19 $x=-4$のとき，次の式の値を求めなさい。

(1) $-x+9$　(2) $3x-7$　(3) $\dfrac{16}{x}-9$

例題 20 累乗のある式への整数の代入 Level ★★★

$a=-5$のとき，次の式の値を求めなさい。

(1) $-2a^2$　　(2) $(-a)^2$

解き方

×を使った式に直す ▶
( )をつけて代入 ▶

(1) $-2a^2$

$=-2\times a^2$

$=-2\times(-5)^2$

$=-2\times25$

$=-50$ …答

(2) $(-a)^2$

$=\{-(-5)\}^2$

$=5^2$

$=25$ …答

確認 累乗の計算

(1) $(-5)^2=(-5)\times(-5)$

$=+(5\times5)$

$=25$

くわしく ( )は{ }に!

(2) 小かっこの中に( )がはいるので，もとの小かっこは{ }に直して表す。

そして，{ }の中の計算は，次のようになる。

$\{-(-5)\}^2=(+5)^2=5^2$

例題 21 累乗のある式への分数の代入 Level ★★★

$a=\frac{1}{3}$のとき，$-6a^2$の値を求めなさい。

解き方

×を使った式に直す ▶
( )をつけて代入 ▶

$-6a^2=-6\times a^2$

$=-6\times\left(\frac{1}{3}\right)^2$

$=-6\times\frac{1}{9}=-\frac{2}{3}$ …答

Point 分数は，かっこをつけて代入する。

テストで注意 かっこをつけないで代入すると

分子だけを2乗し，分母をそのままにしてしまうミスをしやすい。

練習 解答 別冊p.11

20 $x=-3$のとき，次の式の値を求めなさい。

(1) $-7x^2$　　(2) $(-x)^2$　　(3) $-x^3$

21 $x=-\frac{1}{2}$のとき，次の式の値を求めなさい。

(1) $8x^2$　　(2) $-x^2$　　(3) $-4x^3$

例題 22 分数の形の式への分数の代入 Level ★★★

$x=\frac{3}{4}$のとき，$-\frac{15}{x}$の値を求めなさい。

解き方

÷を使った式に直す ▶ $-\frac{15}{x}=-15\div x$

xに数を代入 ▶ $=-15\div\frac{3}{4}$

わる数を逆数にしてかける ▶ $=-15\times\frac{4}{3}$

$=-20$ …答

Point 記号÷を使った式に直してから代入。

くわしく 分数の中に分数がある式

$-\frac{15}{x}$に$x=\frac{3}{4}$を直接代入すると，$-\frac{15}{\frac{3}{4}}$となり，式が複雑になる。

例題 23 文字が2つある式への代入 Level ★★★

$x=4$，$y=-2$のとき，$-3x-5y$の値を求めなさい。

解き方

×を使った式に直す ▶ $-3x-5y=-3\times x-5\times y$

そのまま代入 ▶ $=-3\times 4-5\times(-2)$

( )をつけて代入 ▶ $=-12+10$ （かっこをつけて代入）

$=-2$ …答

テストで注意 文字が2つある式の値

文字が2つある式の値を求めるときは，2つの文字に**代入する文字の値をとりちがえない**ようにしよう。

例題23では，xに4，yに-2を代入して計算する。

練習

解答 別冊p.11

22 $a=-\frac{2}{5}$のとき，次の式の値を求めなさい。

(1) $-\frac{6}{a}-20$　　(2) $\frac{a}{4}+\frac{9}{10}$

23 $x=-3$，$y=6$のとき，次の式の値を求めなさい。

(1) $4x-3y$　　(2) $-x+\frac{2}{3}y$

3 式の加減

項と係数

［例題24～例題25］

加法だけの式で，加法の記号＋で結ばれた1つ1つの文字式や数を**項**(こう)といいます。

文字をふくむ項の数の部分を**係数**(けいすう)といいます。

項と係数	例 $2x-3y+4=2x+(-3y)+4$（項：$2x$，$-3y$，4／係数：2，-3）
1次の項と1次式	●**1次の項**…$2x$，$-3y$のように，**文字が1つだけの項**。 ●**1次式**…**1次の項だけ**か，**1次の項と数の項の和**で表すことができる式。　例 $2x$，$-4y+5$，$3a+2b$

▶右のような項の係数は，まちがえやすいので注意しよう。

例 a ➡ $1\times a$だから，係数は1　　例 $-b$ ➡ $(-1)\times b$だから，係数は-1

例 $\frac{x}{3}$ ➡ $\frac{1}{3}\times x$だから，係数は$\frac{1}{3}$

式の加減

［例題26～例題30］

文字の部分が同じ項は，$mx+nx=(m+n)x$ を使って，1つの項にまとめることができます。

式を簡単にすること	例 $2x+3x=(2+3)x=5x$（係数どうしの和）
1次式の加減	●( )＋( ) ➡ **そのまま**かっこをはずす。 例 $(5a+2)+(3a-4)=5a+2+3a-4$ $=5a+3a+2-4$（文字の項，数の項を集める。） $=8a-2$（文字の項，数の項をまとめる。） ●( )－( ) ➡ －( )は**かっこ中の各項の符号を変えて**はずす。 例 $(5a+2)-(3a-4)=5a+2-3a+4$ $=5a-3a+2+4$（文字の項，数の項を集める。） $=2a+6$（文字の項，数の項をまとめる。）

▶－( )をはずすときは，右のような符号のミスに注意しよう。

①すべての項の符号の変え忘れ　例 $-(3a-4)=+3a-4$（×）

②うしろの項の符号の変え忘れ　例 $-(3a-4)=-3a-4$（×）

例題 24 項と係数

Level ★☆☆

$-x+\frac{y}{4}-7$ の項(こう)と係数(けいすう)を求めなさい。

解き方

加法だけの式に ▶ $-x+\frac{y}{4}-7=-x+\frac{y}{4}+(-7)$

＋で結ばれた1つ1つが項 ▶ したがって，項は，$\boldsymbol{-x}$，$\boldsymbol{\frac{y}{4}}$，$\boldsymbol{-7}$ …答

(数)×(文字)の数の部分が係数 ▶ また，$-x=(-1)\times x$，$\frac{y}{4}=\frac{1}{4}\times y$ だから，

x の係数は $\boldsymbol{-1}$，y の係数は $\boldsymbol{\frac{1}{4}}$ …答

確認 項と係数

項…加法だけの式で，加法の記号＋で結ばれた1つ1つの文字式や数。

係数…文字をふくむ項の数の部分。

例題 25 1次式を選ぶ

Level ★☆☆

次の式の中から1次式を選んで，記号で答えなさい。

㋐ $3x-5$　　㋑ xy　　㋒ $5x^2+2$

解き方

㋐ 項は $3x$（1次の項）と -5（数の項）で，1次式である。

㋑ 項は xy の1つだけで，文字が2つあるから1次式ではない。

㋒ 項は $5x^2$ と2で，$5x^2$ には文字が2つあるから1次式ではない。

答 ㋐

Point 1次の項だけか，1次の項と数の項の和でできている式が1次式。

確認 1次の項

$2x$ や $-3a$ のように，**文字が1つだけ**の項を**1次の項**という。

テストで注意 文字の種類で○次式と決めない！

$5x^2$ は $5x^2=5\times x\times x$ だから，x が2つある。

したがって，$5x^2$ は1次の項ではない（2次の項という）。

$2x+9y-5$ のように，文字が2種類以上あっても，それぞれの項が1次の項か数の項からできている式は，1次式である。

練習

解答 別冊p.11

24 次の式の項と係数を求めなさい。

(1) $2a+b$　　(2) $\frac{x}{6}-5y$

25 次の式の中から1次式を選んで，記号で答えなさい。

㋐ $7x+y+8$　　㋑ $-a+4$　　㋒ $-ab$　　㋓ y^2+3　　㋔ $-9b$

例題 26 同じ文字の項のまとめ方 Level ★☆☆

次の計算をしなさい。

(1) $5a+2a$　　(2) $6x-x$

解き方

係数どうし計算 ▶ (1) $5a+2a=(5+2)a$

$=\mathbf{7a}$ …答

(2) $6x-x=(6-1)x$

$=\mathbf{5x}$ …答

Point 係数どうしを計算して，文字の前に書く。

テストで注意 $6x-x=6$としてはダメ！

$6x$からxをとると6が残るから，「答えは6」としてはいけない。

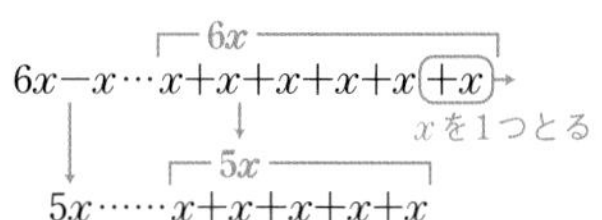

例題 27 同じ文字の項，数の項がある式 Level ★★☆

$7x+4-3x-9$を計算しなさい。

解き方

文字の項，数の項を集める ▶ $7x+4-3x-9$

$=7x-3x+4-9$

文字の項，数の項をまとめる ▶ $=(7-3)x+4-9$

$=\mathbf{4x-5}$ …答

Point 同じ文字の項どうし，数の項どうしをそれぞれまとめる。

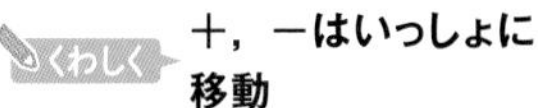

くわしく ＋，－はいっしょに移動

項の順序を変えるときは，＋や－を数や文字といっしょに動かす。

練習

解答 別冊p.11

次の計算をしなさい。

26

(1) $2x-7x$　　(2) $8a+(-9a)$

(3) $\frac{1}{6}a+\frac{1}{2}a$　　(4) $3b-4b+7b$

27

(1) $4x-5+x+2$　　(2) $y+6-8y-9$

(3) $a+5-8a-9+4a$　　(4) $2+\frac{1}{3}x-x-\frac{4}{5}$

例題 28 1次式の加法 Level ★★★

$(3a-2)+(-5a+6)$ を計算しなさい。

解き方

+(　)➡そのままはずす ▶ $(3a-2)+(-5a+6)$

$= 3a-2 \quad -5a+6$

文字の項，数の項をまとめる ▶ $=3a-5a-2+6=-2a+4$ …答

Point +(　)➡そのままかっこをはずす。

例題 29 1次式の減法 Level ★★★

次の計算をしなさい。

(1) $7a-(8a+3)$　　(2) $(4x-7)-(6x-5)$

解き方

−(　)➡符号を変えてはずす ▶ (1) $7a-(8a+3)$

$=7a-8a-3$

文字の項をまとめる ▶ $=-a-3$ …答

+(　)➡そのままはずす ▶ (2) $(4x-7)-(6x-5)$

−(　)➡符号を変えてはずす ▶ $= 4x-7 \quad -6x+5$

文字の項，数の項をまとめる ▶ $=4x-6x-7+5=-2x-2$ …答

Point −(　)➡各項の符号を変えて，かっこをはずす。

テストで注意 うしろの項の符号の変え忘れに注意!

$-(8a+3)=-8a+3$ (×)

と，うしろの項の符号を変え忘れるミスをしやすい。

必ず，(　)の中の全部の項の符号を変えて，(　)をはずすこと。

参考 $(-1)\times(6x-5)$ として計算してもよい

$-(6x-5)$

$=(-1)\times(6x-5)$

$=(-1)\times6x+(-1)\times(-5)$

$=-6x+5$

練習

解答 別冊p.12

次の計算をしなさい。

28 (1) $3a+(4a-9)$　　(2) $7x-4+(-2x-5)$

(3) $(5x+7)+(-6x+2)$　　(4) $(y-3)+(8-9y)$

29 (1) $4x-(6x-7)$　　(2) $5a-3-(-2a+3)$

(3) $(-x-9)-(2x+1)$　　(4) $(6y-5)-(8-5y)$

例題 30 式をたすこと・ひくこと Level ★★★

次の2式をたしなさい。また，左の式から右の式をひきなさい。

(1) $8x+5$, $x-7$　　(2) $2x-3$, $-7x+5$

解き方

式どうしをたしたりひいたりするときは，まず(　)をつけて，＋，－の記号でつなぐ。

(1) ●2式をたす

(　)をつけて，＋で結ぶ ▶ $(8x+5)+(x-7)$

(　)をはずす ▶ $=8x+5+x-7$　（そのまま(　)をはずす）

$=8x+x+5-7=\mathbf{9x-2}$ …答

●左の式から右の式をひく

(　)をつけて，－で結ぶ ▶ $(8x+5)-(x-7)$

(　)をはずす ▶ $=8x+5-x+7$　（符号を変えて(　)をはずす）

$=8x-x+5+7=\mathbf{7x+12}$ …答

(2) ●2式をたす

(　)をつけて，＋で結ぶ ▶ $(2x-3)+(-7x+5)$

(　)をはずす ▶ $=2x-3-7x+5$　（そのまま(　)をはずす）

$=2x-7x-3+5=\mathbf{-5x+2}$ …答

●左の式から右の式をひく

(　)をつけて，－で結ぶ ▶ $(2x-3)-(-7x+5)$

(　)をはずす ▶ $=2x-3+7x-5$　（符号を変えて(　)をはずす）

$=2x+7x-3-5=\mathbf{9x-8}$ …答

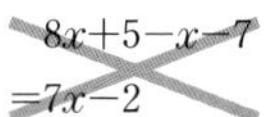

符号ミスに気をつける

ひくときに，うしろの項の符号に注意する。

~~$8x+5-x-7$~~

~~$=7x-2$~~

別解 **縦書きによる計算**

(2) ●**式をたす**

$$\begin{array}{rr} & 2x-3 \\ +) & -7x+5 \\ \hline & \mathbf{-5x+2} \end{array}$$ …答

●**式をひく**

$$\begin{array}{rr} & 2x-3 \\ -) & -7x+5 \\ \hline & \mathbf{9x-8} \end{array}$$ …答

または，ひく式の符号を変えて加えると考えると，

$$\begin{array}{rr} & 2x-3 \\ +) & 7x-5 \\ \hline & \mathbf{9x-8} \end{array}$$ …答

練習

解答 別冊p.12

30 次の2式をたしなさい。また，左の式から右の式をひきなさい。

(1) $4a+7$, $a-3$　　(2) $6x-7$, $-6x+9$

4 式の乗除

項が１つの式と数との乗除

［例題31～例題32］

項が1つの式と数との乗法は，まず**数どうしの積**を求め，それに文字をかけます。

除法は，**分数の形にして**，**数どうしで約分**するか，**わる数を逆数にして乗法に直して**計算します。

■ 項が1つの式×数

例 $2a\times5=2\times5\times a=10a$

数どうしの積

■ 項が1つの式÷数

例 $12a\div4=\dfrac{12a}{4}=3a$

分数の形にして約分

例 $2a\div\dfrac{3}{5}=2a\times\dfrac{5}{3}=\dfrac{10a}{3}$

逆数をかける乗法に直す

項が２つの式と数との乗除

［例題33～例題36］

項が2つの式と数との乗法は，**分配法則** $a(b+c)=ab+ac$ を使って，**かっこの外の数をかっこの中のすべての項にかけます**。除法は，**分数の式で表してから変形する**か，**わる数を逆数にして乗法に直して**計算します。

■ 項が2つの式×数

例 $2(3x+4)=\underset{①}{2\times3x}+\underset{②}{2\times4}=6x+8$

分配法則を利用

■ 項が2つの式÷数

計算1

$(12x-15)\div3$

$=\dfrac{12x-15}{3}$

$=\dfrac{12x}{3}-\dfrac{15}{3}$

$=4x-5$

分数の形にして，$\dfrac{a+b}{m}=\dfrac{a}{m}+\dfrac{b}{m}$ を利用

計算2

$(12x-15)\div3$

$=(12x-15)\times\dfrac{1}{3}$

$=12x\times\dfrac{1}{3}-15\times\dfrac{1}{3}$

$=4x-5$

逆数にしてかける

分配法則

▶分数の形の式と数との乗法は？

➡分母とかける数とで約分し，(　)×数　の形に直す。

例 $\dfrac{2x+3}{4}\times8=\dfrac{(2x+3)\times\overset{2}{\cancel{8}}}{\underset{1}{\cancel{4}}}=(2x+3)\times2=4x+6$

例題 31 項が1つの式と数との乗法 Level ★☆☆

次の計算をしなさい。

(1) $3x\times(-7)$　　(2) $-\frac{3}{4}a\times(-16)$

解き方

(1) $3x\times(-7)$

$=3\times x\times(-7)$

数どうしの積を計算 ▶ $=3\times(-7)\times x$

$=-21x$ …答

(2) $-\frac{3}{4}a\times(-16)$

$=-\frac{3}{4}\times a\times(-16)$

$=-\frac{3}{4}\times(-16)\times a$

$=12a$ …答

例題 32 項が1つの式と数との除法 Level ★☆☆

次の計算をしなさい。

(1) $15a\div(-5)$　　(2) $-6x\div\left(-\frac{3}{5}\right)$

解き方

分数の形にする ▶ (1) $15a\div(-5)=\frac{15a}{-5}$

約分する ▶ $=-3a$ …答

逆数をかける ▶ (2) $-6x\div\left(-\frac{3}{5}\right)=-6x\times\left(-\frac{5}{3}\right)$

数どうしの積を計算 ▶ $=10x$ …答

復習 2数の積の符号

- 同符号の2数の積

(＋)×(＋)＝(＋)

(−)×(−)＝(＋)

- 異符号の2数の積

(＋)×(−)＝(−)

(−)×(＋)＝(−)

くわしく $-\frac{3}{4}\times(-16)$ の計算

(2) $-\frac{3}{4}\times(-16)$

$=+\left(\frac{3}{4}\times 16\right)$

$=12$

わる数が，分数のときは，逆数を使ってかけ算に直そう。

くわしく $-6x\times\left(-\frac{5}{3}\right)$ の計算

(2) $-6x\times\left(-\frac{5}{3}\right)$

$=-6\times x\times\left(-\frac{5}{3}\right)$

$=-6\times\left(-\frac{5}{3}\right)\times x$

$=+\left(6\times\frac{5}{3}\right)\times x$

$=10x$

練習

解答 別冊p.12

次の計算をしなさい。

31 (1) $4a\times 8$　(2) $(-x)\times(-5)$　(3) $\frac{4}{5}a\times(-20)$

32 (1) $28x\div(-7)$　(2) $-\frac{4}{9}a\div(-8)$　(3) $3x\div\left(-\frac{6}{5}\right)$

例題 33 項が２つの式と数との乗法 Level ★★

次の計算をしなさい。

(1) $4(5x+8)$　　(2) $-3(4a-7)$

解き方

分配法則 $a(b+c)=ab+ac$ を利用 ▶

(1) $4(5x+8)$
$=4\times5x+4\times8$
$=\mathbf{20x+32}$ …答

(2) $-3(4a-7)$
$=-3\times4a-(-3)\times7$
$=\mathbf{-12a+21}$ …答

復習 分配法則

- $a(b+c)=ab+ac$
- $(a+b)c=ac+bc$

例題 34 項が２つの式と数との除法 Level ★★

次の計算をしなさい。

(1) $(12x+28)\div4$　　(2) $(3a-15)\div\dfrac{3}{4}$

解き方

分数の形にする ▶ (1) $(12x+28)\div4=\dfrac{12x+28}{4}$

$\dfrac{a+b}{m}=\dfrac{a}{m}+\dfrac{b}{m}$ ▶ $=\dfrac{12x}{4}+\dfrac{28}{4}=\mathbf{3x+7}$ …答

逆数にしてかける ▶ (2) $(3a-15)\div\dfrac{3}{4}=(3a-15)\times\dfrac{4}{3}$

分配法則 $(a-b)c=ac-bc$ を利用 ▶ $=3a\times\dfrac{4}{3}-15\times\dfrac{4}{3}$

$=\mathbf{4a-20}$ …答

テストで注意　(　)の中の両方の項をわる。

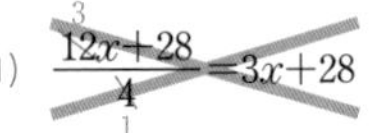

(1) $\dfrac{12x+28}{4}=3x+28$ (誤り)

(　)の中のすべての項を4でわらなければならない。

テストで注意　わる数が分数のときは，除法を乗法に直せ！

(2) 分数の形にすると，

$(3a-15)\div\dfrac{3}{4}$

$=\dfrac{3a-15}{\frac{3}{4}}=\dfrac{3a}{\frac{3}{4}}-\dfrac{15}{\frac{3}{4}}$

と式が複雑になるので，わる数を逆数にして乗法に直そう。

練習

解答 ▶ 別冊p.12

次の計算をしなさい。

 33 (1) $-5(2a+9)$　(2) $(-x+7)\times(-4)$　(3) $\left(\dfrac{5}{6}x-\dfrac{3}{8}\right)\times24$

 34 (1) $(18a+30)\div6$　(2) $(6x-9)\div(-3)$　(3) $(8x-6)\div\left(-\dfrac{2}{5}\right)$

例題 35 分数の形の式と数との乗法 Level ★★★

$\dfrac{4x+5}{3}\times 6$ を計算しなさい。

解き方

分子の式に数をかけ，約分する ▶ $\dfrac{4x+5}{3}\times 6=\dfrac{(4x+5)\times \overset{2}{6}}{\underset{1}{3}}$

$=(4x+5)\times 2$

分配法則を使ってかっこをはずす ▶ $=4x\times 2+5\times 2=\mathbf{8x+10}$ …答

例題 36 数×(　)の加減 Level ★★★

次の計算をしなさい。

(1) $2(x+3)+3(2x-1)$　　(2) $3(4a-1)-4(2a+5)$

解き方

分配法則を使ってかっこをはずす ▶ (1) $2(x+3)+3(2x-1)$

$=\ 2x+6\quad +6x-3$

文字の項，数の項をまとめる ▶ $=2x+6x+6-3=\mathbf{8x+3}$ …答

(2) $3(4a-1)-4(2a+5)$

$=\ 12a-3\quad -8a-20$

$=12a-8a-3-20=\mathbf{4a-23}$ …答

Point **分配法則でかっこをはずし，文字の項，数の項をまとめる。**

テストで注意 (　)をつけるのを忘れるな!

6は，分子の$4x+5$全体にかけるのだから，分子の式にはかっこをつけないといけない。

テストで注意 うしろの項の符号に注意!

(2) $-4(2a+5)$のかっこをはずすとき，$-4(2a+5)=-8a+20$（×）と，うしろの項の符号を変えるのを忘れやすい。-4をかっこの中のすべての項にかけるのだから，**項の符号がすべて変わる。**

2章／文字と式　4／式の乗除

練習 　解答 ▶ 別冊p.13

次の計算をしなさい。

35 (1) $\dfrac{3a+7}{4}\times(-12)$　　(2) $8\left(\dfrac{5x-3}{2}\right)$

36 (1) $5(2a+1)-4(a-2)$　　(2) $\dfrac{1}{3}(x-9)-\dfrac{1}{2}(x-8)$

5 関係を表す式

等しい関係を表す式

[例題37]

等号＝を使って，2**つの数量が等しい関係**を表した式を，**等式**(とうしき)といいます。

■ 等式

例 〈等式〉

$2a+3=4b-5$

左辺　右辺

両辺

左辺(さへん)…等号＝の左側の式。

右辺(うへん)…等号＝の右側の式。

両辺…左辺と右辺をあわせたもの。

文字を使った公式

[例題38〜例題39]

小学校で学習した図形の計量の公式を，等式で表します。

■ 図形の面積や体積の公式

● **三角形の面積** S

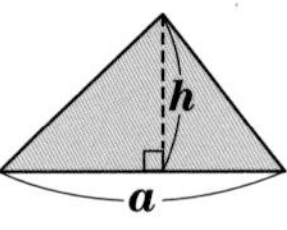

$S=\frac{1}{2}ah$

● **台形の面積** S

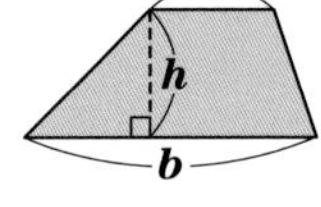

$S=\frac{1}{2}(a+b)h$

● **直方体の体積** V

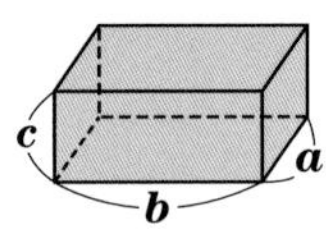

$V=abc$

■ 円周の長さと円の面積

円周率は π(パイ)で表す。

● 円周の長さ ℓ… $\ell=2\pi r$

● 面積 S………… $S=\pi r^2$

※ π は数のあと，文字の前に書く。

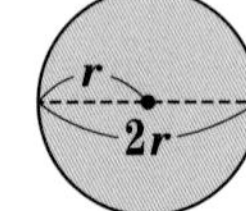

大小関係を表す式

[例題40〜例題41]

不等号を使って，2**つの数量の大小関係**を表した式を，**不等式**(ふとうしき)といいます。

■ 不等式

例 〈不等式〉

$2x+3<4y-5$

左辺　右辺

両辺

式の表す意味は？

「$2x+3$ は $4y-5$ 未満」

または，

「$4y-5$ は $2x+3$ より大きい」

■ 不等号の表し方

● a は b **以上**………… $a \geqq b$

● a は b **以下**…… $a \leqq b$

● a は b **より大きい**… $a > b$

● a は b **未満**…… $a < b$

例題 37 等しい関係を等式に表す　Level ★★☆

次の数量の間の関係を等式(とうしき)で表しなさい。

(1)　6人がa円ずつ出し合ったお金で，1個b円のおかしを3個買ったときの残った金額は，120円でした。

(2)　A地点から時速4kmの速さでx時間歩き，さらに時速30kmの速さのバスにy時間乗って，20km先のB地点に着きました。

解き方

数量の関係をつかむ ▶ (1)　出した金額と品物の代金の差は120円に等しい。

等しい数量を＝で結ぶ ▶ 出した金額－品物の代金　＝120円

数量を文字式で表す ▶ $a\times6 - b\times3 = 120$

文字式の表し方にしたがって表す ▶ したがって，$\mathbf{6a-3b=120}$　…答

(2)　歩いた道のりとバスに乗った道のりの合計は，20kmに等しい。

歩いた道のり＋バスに乗った道のり＝20

$4\times x + 30\times y = 20$

したがって，$\mathbf{4x+30y=20}$　…答

道のりの関係

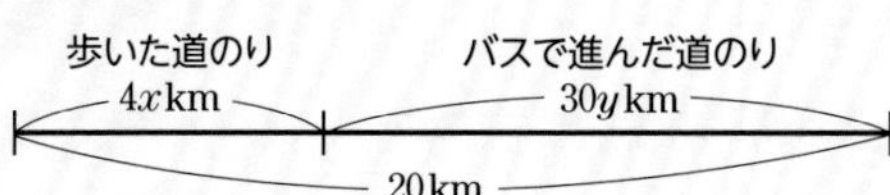

Point 等しい数量を表す式を等号で結ぶ。

確認 等式

等号を使って，数量の等しい関係を表した式を**等式**という。等式で，等号の左側の式を**左辺**(さへん)，等号の右側の式を**右辺**(うへん)，あわせて**両辺**という。

くわしく 等式では単位をそろえる。

数量の間の関係を表す式には単位をつけない。そのため，**両辺の単位をそろえる**必要がある。

例　$a$cmのリボンとbmのリボンの長さの和が$c$cmのとき，

$a+b=c$ ×

$a+100b=c$ ←cmにそろえる。

$\frac{a}{100}+b=\frac{c}{100}$ ←mにそろえる。

練習　解答 別冊p.13

37　次の数量の間の関係を等式で表しなさい。

(1)　a個のあめを，1人7個ずつb人に配ると5個余ります。

(2)　A地点からB地点まで$x$kmの道のりを時速4kmの速さで歩き，B地点からC地点まで$y$kmの道のりを時速5kmの速さで歩きました。かかった時間は50分でした。

例題 38 図形の面積や体積の公式 Level ★★☆

次の面積や体積を求める公式をつくりなさい。

(1) 底辺$a$cm，高さ$h$cmの三角形の面積Scm^2

(2) 上底$a$cm，下底$b$cm，高さ$h$cmの台形の面積Scm^2

(3) 底面が1辺$a$cmの正方形で，高さが$h$cmの正四角柱の体積Vcm^3

解き方

面積，体積を求めることばの公式 ▶ (1) 三角形の面積＝底辺×高さ÷2

公式に文字や数をあてはめる ▶ $S = a \times h \div 2$

右辺をまとめる ▶ したがって，$S = \dfrac{1}{2}ah$ …答

(2) 台形の面積＝(上底＋下底)×高さ÷2

$S = (a+b) \times h \div 2$

したがって，$S = \dfrac{1}{2}(a+b)h$ …答

(3) 正四角柱の体積＝底面積×高さ

$V = a \times a \times h$

したがって，$V = a^2h$ …答

Point 面積や体積を求めることばの公式に文字をあてはめる。

図解 面積・体積の公式

● 三角形の面積S

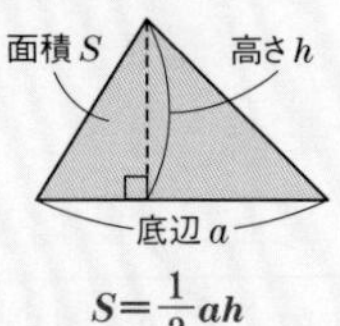

$S=\dfrac{1}{2}ah$

● 台形の面積S

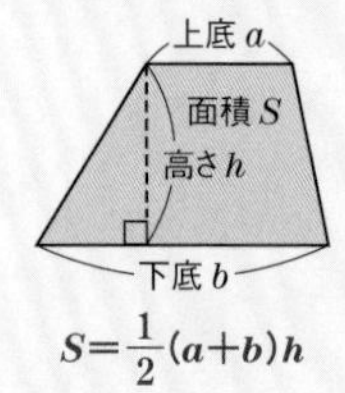

$S=\dfrac{1}{2}(a+b)h$

● 正四角柱の体積V

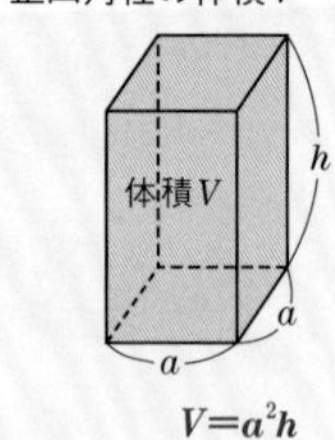

$V=a^2h$

練習

解答 別冊p.13

38 次の長さや面積，体積を求める公式をつくりなさい。

(1) 縦$a$cm，横$b$cmの長方形の周の長さℓcm

(2) 2本の対角線の長さが$a$cm，$b$cmのひし形の面積Scm^2

(3) 縦$a$cm，横$b$cm，高さ$c$cmの直方体の体積Vcm^3

(4) 1辺が$x$cmの立方体の体積Vcm^3

例題 39 円の円周と面積の公式

Level ★★☆

半径$r$cmの円があります。円周率をπ（パイ）として，次の(1)，(2)を求める公式をつくりなさい。

(1)　円周の長さℓcm　　　(2)　円の面積Scm^2

解き方

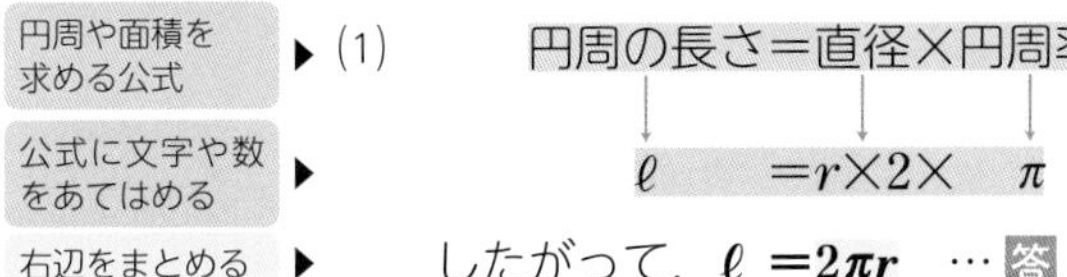

(1)　円周の長さ＝直径×円周率

$\ell \quad = r \times 2 \times \quad \pi$

したがって，$\boldsymbol{\ell = 2\pi r}$　…答

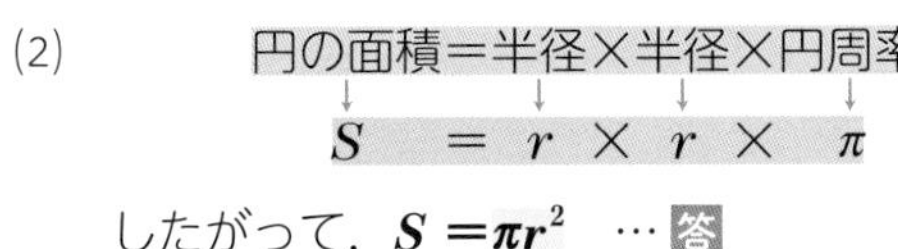

(2)　円の面積＝半径×半径×円周率

$S \quad = \quad r \quad \times \quad r \quad \times \quad \pi$

したがって，$\boldsymbol{S = \pi r^2}$　…答

Point
円周＝直径×円周率
円の面積＝半径×半径×円周率

確認　円周率π

（円周）÷（直径）の値を**円周率**という。小学校では，円周率を3.14としたが，中学からは，ギリシャ文字π（パイ）で表す。

図解　円周ℓと円の面積S

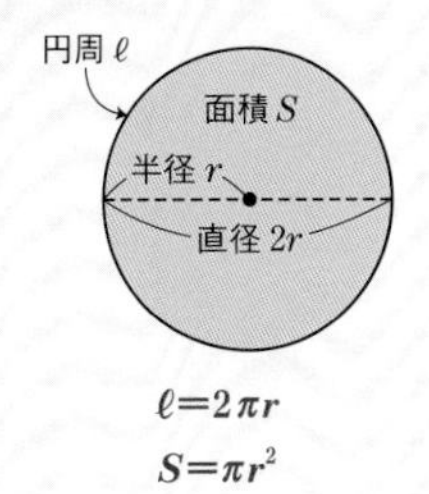

$\ell = 2\pi r$
$S = \pi r^2$

確認　πは数のあと，文字の前に書く

πは円周率という**決まった数を表す文字**だから，**数と同じようにあつかう**。そこで，ふつうは数のあと，文字の前に書く。

練習

解答 別冊p.13

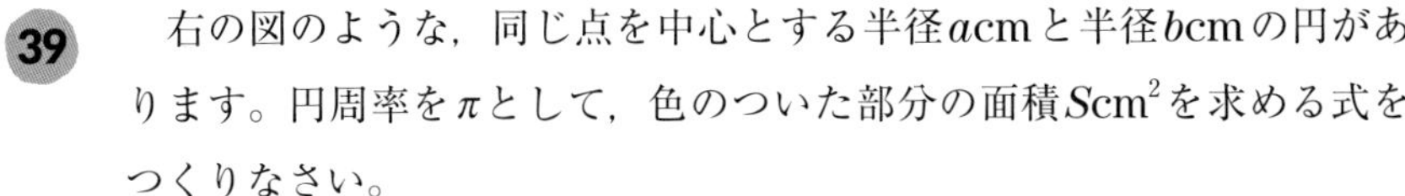

39　右の図のような，同じ点を中心とする半径$a$cmと半径$b$cmの円があります。円周率をπとして，色のついた部分の面積Scm^{2}を求める式をつくりなさい。

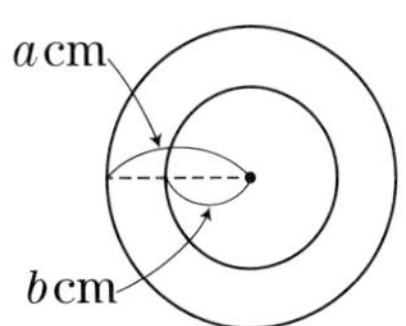

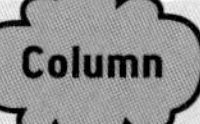

面積や体積の公式で使う文字

図形の面積や体積の公式を文字を使って表すとき，

面積をS，体積をV，周の長さをℓ，高さをh，半径をr

と表すことが多いです。これは，右のようにそれぞれのことばを英単語で表したときの，頭文字からとったものです。

同じように，文字式や方程式では，自然数をn(natural number)，時間をt(time)と表すことが多いです。

面積………**Surface area**
体積………**Volume**
周の長さ…**length**
高さ………**height**
半径………**radius**

例題 40 大小関係を不等式に表す　Level ★★☆

次の数量の間の関係を不等式(ふとうしき)で表しなさい。

(1) 1個10gのおもりa個と1個25gのおもり3個の重さの合計は，120g以上でした。

(2) $x$kmの道のりを，自転車で時速8kmの速さで走ったら，かかった時間は2時間以下でした。

(3) amのテープから$b$cmのテープを8本切り取ったら，残りのテープの長さは3m未満でした。

解き方

数量の関係をつかむ ▶ (1) 10gのおもりの重さ と 25gのおもりの重さ の合計は，120g以上

大小関係を不等号で結ぶ ▶ 10gのおもりの重さ ＋ 25gのおもりの重さ ≧120

数量を文字式で表す ▶ $10\times a + 25\times 3 \geqq 120$

文字式の表し方にしたがって表す ▶ したがって，$\boldsymbol{10a+75\geqq 120}$ …答

(2) かかった時間は2時間以下

かかった時間 ≦2

$x\div 8 \leqq 2$

時間＝道のり÷速さ

したがって，$\boldsymbol{\dfrac{x}{8}\leqq 2}$ …答

(3) はじめの長さと切り取った長さの差は，3m未満

はじめの長さ－切り取った長さ ＜3

$$a - \frac{b}{100}\times 8 < 3$$

したがって，$\boldsymbol{a-\dfrac{2}{25}b<3}$ …答

確認 不等式

不等号を使って，2つの数量の大小関係を表した式を**不等式**という。不等式で，不等号の左側の式を**左辺**，不等号の右側の式を**右辺**，あわせて**両辺**という。

確認 不等号

- aはb**以上**…………$a\geqq b$
- aはb**以下**…………$a\leqq b$
- aはb**より大きい**…$a>b$
- aはb**未満**…………$a<b$

テストで注意 不等式でも単位をそろえる

(3) 単位をそろえないで，

$a-b\times 8<3$

としてはダメ！

単位をmにそろえると，

$b\text{cm}=\dfrac{b}{100}\text{m}$だから，

$a-\dfrac{b}{100}\times 8<3$

練習　　　　解答 別冊p.13

40 次の数量の間の関係を不等式で表しなさい。

(1) 1冊a円のノート3冊と1本b円の鉛筆(えんぴつ)6本の代金の合計は，1000円以下でした。

(2) xの3倍に8をたした数は，xの4倍から6をひいた数より小さい。

例題 41 関係を表す式の意味 Level ★★★

ある美術館の入館料は，おとな1人がa円，子ども1人がb円です。このとき，次の等式や不等式はどんなことを表していますか。

(1)　$a-b=500$　　(2)　$3a+5b<4000$

(3)　$4a \geqq 9b$

不等式では，左辺，右辺のどちらが大きいのか，大小関係をしっかり読み取ろう。

解き方

文字をことばの式で表す ▶ (1)　$a - b = 500$

おとな1人の入館料－子ども1人の入館料＝500

等しい関係をことばで表す ▶ したがって，**おとな1人の入館料と子ども1人の入館料のちがいは500円**である。…答

文字をことばの式で表す ▶ (2)　$3a + 5b < 4000$

おとな3人の入館料＋子ども5人の入館料＜4000

大小関係をことばで表す ▶ したがって，**おとな3人と子ども5人の入館料の合計は4000円未満**である。…答

文字をことばの式で表す ▶ (3)　$4a \geqq 9b$

おとな4人の入館料≧子ども9人の入館料

大小関係をことばで表す ▶ したがって，**おとな4人の入館料は子ども9人の入館料以上**である。…答

Point 「等号や不等号の左右の文字式が表す意味を調べ，関係を考える。」

別解 いろいろな表現

(1)「子ども1人の入館料は，おとな1人の入館料より500円安い。」

「おとな1人の入館料は，子ども1人の入館料より500円高い。」

(2)「おとな3人と子ども5人の入館料の合計は，4000円より安い。」

など，ほかにもいろいろな表現ができる。

練習

解答 ▶ 別冊p.13

41 姉は2000円，妹は1000円を持って買い物に行き，姉は1冊a円のノートを5冊，妹はb円の筆箱を1個買いました。姉と妹のお金について，次の等式や不等式はどんなことを表していますか。

(1)　$5a > b$　　(2)　$2000-5a=1200$　　(3)　$2000-5a \leqq 3(1000-b)$

定期テスト予想問題 ①

時間 40分
解答 別冊 p.14

得点 /100

1／文字を使った式と表し方

1 次の式を，文字式の表し方にしたがって表しなさい。【5点×2】

(1) $b\times(-1)\times a$ 〔　　　〕　(2) $(m-n)\div 7$ 〔　　　〕

1／文字を使った式と表し方

2 次の式を，×や÷を使って表しなさい。【5点×2】

(1) $-6abc$ 〔　　　〕　(2) $\dfrac{x-y}{2}$ 〔　　　〕

2／数量の表し方，式の値

3 次の数量を表す式を書きなさい。【5点×2】

(1) 1個 a 円のりんごを3個と1個 b 円のみかんを6個買ったときの代金の合計 〔　　　〕

(2) 十の位の数が8，一の位の数が x である2けたの自然数 〔　　　〕

2／数量の表し方，式の値

4 右の図のような図形があります。次の式はどんな数量を表していますか。その単位も書きなさい。【5点×2】

(1) $2a^2-\dfrac{\pi a^2}{2}$

〔　　　単位…　　　〕

(2) $\pi a+4a$

〔　　　単位…　　　〕

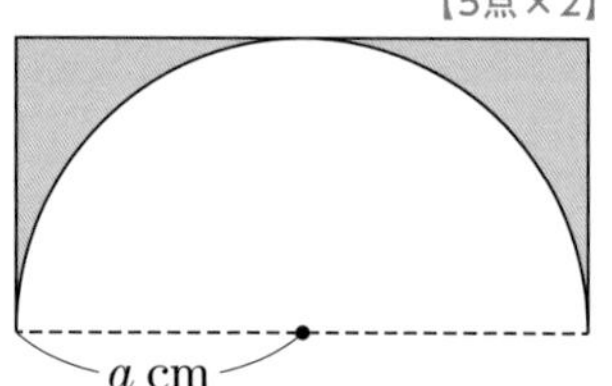

2／数量の表し方，式の値

5 $x=-4$ のとき，次の式の値を求めなさい。【5点×2】

(1) $9-2x$ 〔　　　〕　(2) $-5x^2$ 〔　　　〕

3／式の加減　4／式の乗除

6 次の計算をしなさい。

【5点×5】

(1) $4a-1-6-3a$　〔　　　〕

(2) $(7x-5)+(3-2x)$　〔　　　〕

(3) $3x\times(-6)$　〔　　　〕

(4) $(-28a)\div\frac{2}{3}$　〔　　　〕

(5) $2(2a+5)-\frac{1}{3}(-9a+21)$　〔　　　〕

5／関係を表す式

7 次の数量の間の関係を，等式または不等式で表しなさい。

【5点×3】

(1) 50枚の画用紙を，8人の生徒に1人 a 枚ずつ配ったら，b 枚余りました。

〔　　　〕

(2) 定価 x 円の品物を，定価の1割引きで買って500円払ったら，おつりがありました。

〔　　　〕

(3) 家から郵便局まで3kmの道のりを自転車で往復しました。行きは時速 x kmの速さ，帰りは時速 y kmの速さで走ったところ，かかった時間は27分でした。

〔　　　〕

思考　2／数量の表し方，式の値

8 次の手順で計算をすると，答えはいつも2になります。

【5点×2】

① はじめに整数を1つ思いうかべる。

② ①で思いうかべた数を3倍する。

③ ②の数に6をたす。

④ ③の数を3でわる。

⑤ ④の数からはじめに思いうかべた数をひく。

(1) はじめの数を n として，④を式で表しなさい。

〔　　　〕

(2) ⑤まで計算すると，答えがいつでも2になる理由を説明しなさい。

〔　　　〕

2章／文字と式

定期テスト予想問題 ②

時間 40 分
解答 別冊 p.15

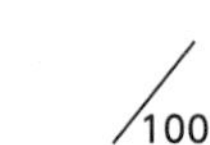

1／文字を使った式と表し方

1 次の式を，×や÷を使って表しなさい。【5点×3】

(1) $12xy$ 〔　　〕

(2) $\dfrac{3}{5}x^2$ 〔　　〕

(3) $\dfrac{a+b}{6}-4c$ 〔　　〕

2／数量の表し方，式の値

2 次の数量を表す式を書きなさい。【5点×2】

(1) 時速 x kmの車で45分走ったときの距離 〔　　〕

(2) 13個の重さが a g であるりんごの，1個あたりの重さ 〔　　〕

5／関係を表す式

3 1 m x 円の赤いリボンと 1 m y 円の青いリボンがあります。次の式はどのようなことを表していますか。【5点×2】

(1) $x-y=30$ 〔　　〕

(2) $6x+7y>1500$ 〔　　〕

2／数量の表し方，式の値

4 $x=-\dfrac{1}{4}$，$y=2$ のとき，次の式の値を求めなさい。【5点×2】

(1) xy^3 〔　　〕

(2) $6x-\dfrac{5}{y}$ 〔　　〕

4／式の乗除

5 $A=3x-5$，$B=-2x-3$ として，$4A-5B$ を計算しなさい。【5点】

〔　　〕

3／式の加減　4／式の乗除

6 次の計算をしなさい。

【5点×5】

(1) $5x+11-(-3x+8)$　〔　　　　〕

(2) $-\frac{4}{9}x\times6$　〔　　　　〕

(3) $(15x-2)\div(-12)$　〔　　　　〕

(4) $\frac{3x+5}{4}\times16$　〔　　　　〕

(5) $3(2a-7)+4(a+5)$　〔　　　　〕

5／関係を表す式

7 次の数量の間の関係を，等式または不等式で表しなさい。

【5点×3】

(1) x の4倍から20をひいた数は5より大きい。　〔　　　　〕

(2) ある中学校の昨年の生徒数は a 人でしたが，今年の生徒数は昨年より b %減り，350人以下になりました。　〔　　　　〕

(3) x Lの水が入った水そうから3Lずつ y 回水をくみ出すと，残りは12Lになりました。

〔　　　　〕

思考　2／数量の表し方，式の値

8 下の図のように，碁石(ごいし)を並べます。

【5点×2】

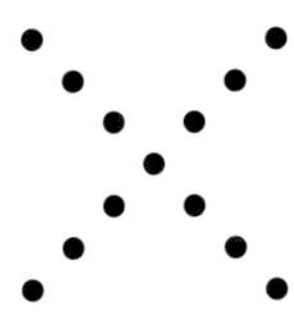

1番目　　2番目　　3番目　　……

(1) n 番目の碁石の数を n を使って表しなさい。　〔　　　　〕

(2) 下の図の考え方と式があっていないものを㋐～㋓から選びなさい。

〔　　　　〕

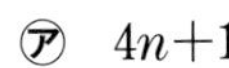

㋐ $4n+1$

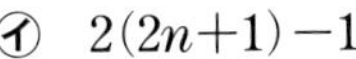

㋑ $2(2n+1)-1$

㋒ $5+4(n-1)$

㋓ $2(n+1)\times2$

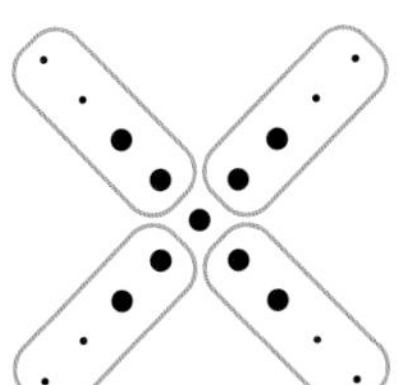

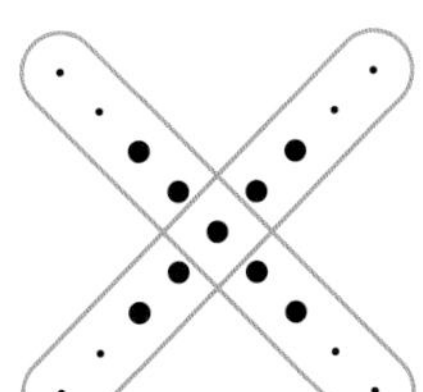

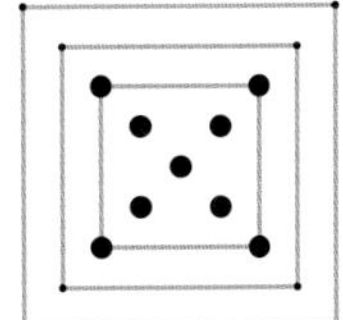

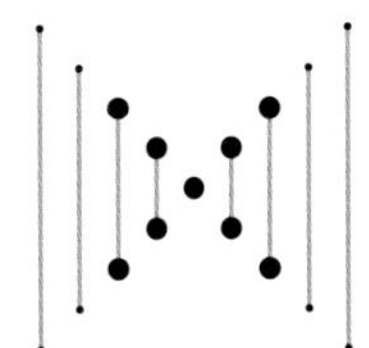

カレンダーの数の関係

カレンダーの縦，横，ななめに並んだ数には，いろいろな関係がある。それらの関係を文字式を使って説明してみよう。

1 縦，横，ななめに並んだ3つの数の和

ある月のカレンダーの縦，横，ななめに並んだ3つの数の和は，どれも真ん中の数の3倍に等しい。

8＋15＋22
＝45
＝3×15

9＋15＋21
＝45
＝3×15

日	月	火	水	木	金	土
			1	2	3	4
5	6	7	8	9	10	11
12	13	14	15	16	17	18
19	20	21	22	23	24	25
26	27	28	29	30	31	

14＋15＋16
＝45
＝3×15

7＋15＋23
＝45
＝3×15

2 数の関係を文字式で表すと？

真ん中の数をnとすると，まわりの数は次のように表せる。

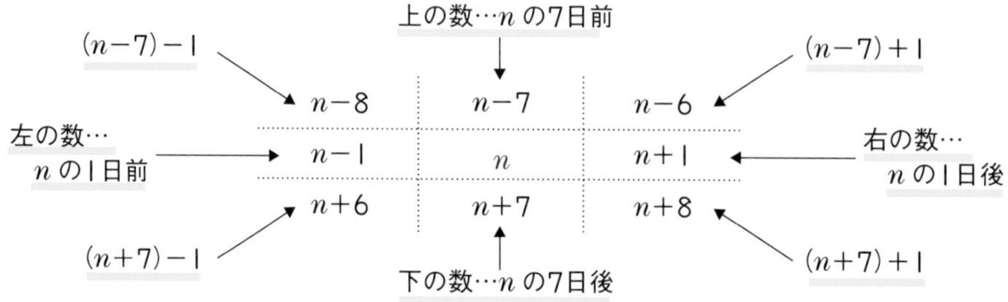

これより，縦に並んだ3つの数の和は　$(n-7)+n+(n+7)=3n$

横に並んだ3つの数の和は　$(n-1)+n+(n+1)=3n$

ななめに並んだ3つの数の和は　$(n-8)+n+(n+8)=3n$

$(n-6)+n+(n+6)=3n$

したがって，縦，横，ななめに並んだ3つの数の和は，それぞれ真ん中の数の3倍になる。

どの月のカレンダーでも，また，どの場所の3つの数についても成り立つね。

きまりを見つけよう

順番に並んだ図形の，増え方や減り方のきまりを調べて文字式に表す問題には，いろいろなパターンがある。きまりの見つけ方を練習しよう。

長さ5cmのマッチ棒でつくった正三角形を，下の図のように並べて図形をつくる。

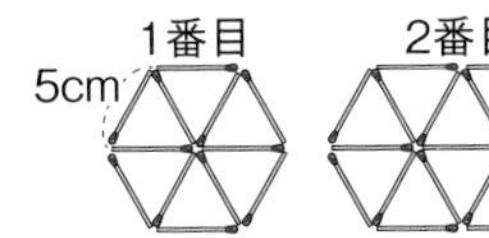

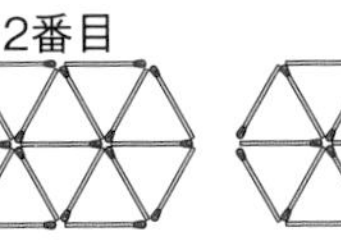

3番目
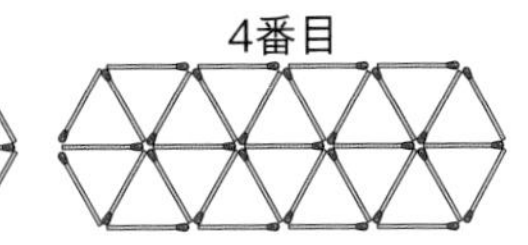

…

(1) **n番目の図形に使われているマッチ棒の数を，nを使って表せ。**

マッチ棒の数の増え方を表にかいて調べる。

	1番目	2番目	3番目	4番目	…
マッチ棒(本)	12	19	26	33	…

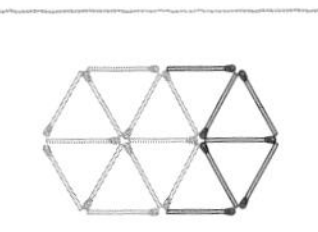

表から，1番目の図形のマッチ棒の数は12本で，マッチ棒は7本ずつ増えていることがわかる。したがって，n番目の図形のマッチ棒の数は，

$12+7\times(n-1)=7n+5$(本)

答　$7n+5$(本)

(2) **マッチ棒を180本使うとき，1辺の長さが5cmの正三角形がいくつできるか求めよ。**

まず，正三角形の数の増え方を表にかいて調べる。

	1番目	2番目	3番目	4番目	…
正三角形(個)	6	10	14	18	…

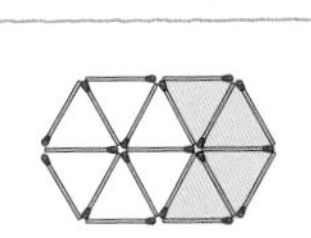

表から，1番目の図形の正三角形の数は6個で，正三角形は4個ずつ増えていることがわかる。したがって，n番目の図形の正三角形の数は，

$6+4\times(n-1)=4n+2$(個)

次に，(1)の式より，マッチ棒を180本使うのは何番目の図形か求める。

$7n+5=180$　　$7n=175$　　$n=25$　　したがって，25番目の図形

よって，25番目の図形の正三角形の数は，$4\times25+2=102$(個)

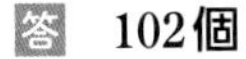
答　102個

中学生のための

勉強・学校生活アドバイス

目標を立てて成長しよう！

「次の定期テストはもっといい点取りたいんです。どうしたらいいですか？」

「**成績を上げるための第一歩は、目標を決めること**だね。次回の定期テスト、川島さんの目標はある？　全教科○点以上取るとか、5教科合計で□点以上取るぞとか。」

「なんとなくはあります。けど言いたくありません。」

「え、教えろよ。」

「だって、言ってできなかったら恥（は）ずかしいじゃん。」

「その気持ちもわかるけど、**目標は宣言したほうがいい**よ。目標を部屋に張り出したり、人に伝えたりすることで、“頑張（がんば）らなきゃ”って気持ちが強くなるからね。」

「じゃあ宣言します！　全教科85点以上取る！！」

「おお、かなり高い目標だ！！」

「いいね。**目標っていうのはちょっとクリアするのが難しいかなっていうくらいがいい**んだ。簡単に達成できるレベルの目標だと気を抜（ぬ）いてしまうでしょ。」

「たしかにそうかも。」

「早めに次の定期テストの目標を決める。目標は高めに設定する。そしてそれを宣言する。この3つをやって、目標を達成しようと頑張れば、きっと成績は上がっていくはずだよ！」

「よし、俺（おれ）も全教科85点以上目指す！」

「どっちがいい点取れるか勝負ね。」

3章

方程式

1 方程式とその解

方程式と解

［例題1～例題2］

式の中の文字に代入(だいにゅう)する値によって，成り立ったり，成り立たなかったりする等式を**方程式**(ほうていしき)といいます。

■ 方程式と解		
	方程式 ➡ 式の中の文字に特別な値を代入すると成り立つ等式。 **解**(かい) ➡ 方程式を成り立たせる文字の値。 **方程式を解**(と)**く** ➡ 方程式の解を求めること。	例 方程式 ⟶ $2x+3=11$ $x=4$を代入すると $2\times4+3=11$で成り立つ 解 ⟶ $x=4$

等式の性質

［例題3～例題6］

方程式を解く基本は，**等式の性質**を利用して，方程式を$x=$**数の形に変形**することです。

■ 等式の性質

$A=B$ ならば

① $A+C=B+C$ …等式の両辺に**同じ数をたしても**，等式は成り立つ。

② $A-C=B-C$ …等式の両辺から**同じ数をひいても**，等式は成り立つ。

③ $AC=BC$ …等式の両辺に**同じ数をかけても**，等式は成り立つ。

④ $\dfrac{A}{C}=\dfrac{B}{C}$ $(C\neq0)$ …等式の両辺を**同じ数でわっても**，等式は成り立つ。
（Cは0でない）

※等式の性質に，次の性質を入れる場合もある。

⑤ $A=B$ ならば $B=A$ …**等式の両辺を入れかえても**，等式は成り立つ。

■ 等式の性質を使って方程式を解く

例

$3x+2=17$ （「＝」が縦にそろうように書くとよい）

$3x+2-2=17-2$ ← 両辺から2をひく　等式の性質②

$3x=15$

$\dfrac{3x}{3}=\dfrac{15}{3}$ ← 両辺を3でわる　等式の性質④

$x=5$

例題 1 方程式の解を見つける Level ★☆☆

0，1，2のうち，方程式(ほうていしき)$x-2=3x-6$の解(かい)はどれですか。

解き方

両辺のxに値を代入する ▶ ● $x=0$のとき，
$$\begin{cases}\text{左辺}=0-2=-2\\\text{右辺}=3\times0-6=-6\end{cases}$$ 等しくない

● $x=1$のとき，
$$\begin{cases}\text{左辺}=1-2=-1\\\text{右辺}=3\times1-6=-3\end{cases}$$ 等しくない

左辺=右辺となる場合を見つける ▶ ● $x=2$のとき，
$$\begin{cases}\text{左辺}=2-2=0\\\text{右辺}=3\times2-6=0\end{cases}$$ 等しい

したがって，$x=2$のとき，等式は成り立つ。 **答 2**

くわしく 等式が成り立つときの前と後では，不等号の向きが変わる

xの値	左辺		右辺
0	-2	$>$	-6
1	-1	$>$	-3
2	0	$=$	0
3	1	$<$	3

例題 2 条件に合う方程式を見つける Level ★☆☆

次の方程式のうち，3が解であるものはどちらですか。

㋐ $5x-8=3x$　　㋑ $4x+1=5x-2$

解き方

両辺に$x=3$を代入する ▶ ㋐…
$$\begin{cases}\text{左辺}=5\times3-8=7\\\text{右辺}=3\times3=9\end{cases}$$ 等しくない

左辺=右辺となる場合を見つける ▶ ㋑…
$$\begin{cases}\text{左辺}=4\times3+1=13\\\text{右辺}=5\times3-2=13\end{cases}$$ 等しい

答 ㋑

参考 等しくないことを表す記号

㋐の左辺と右辺は等しくない。このように等しくないことを，**記号≠**を使って，

(左辺)≠(右辺)

と表すことができる。

練習

解答 別冊p.16

1 -1，0，1のうち，次の方程式の解はどれですか。

(1) $6x-1=5$　　(2) $4x+8=8-x$

2 次の方程式のうち，-2が解であるものはどれですか。

㋐ $3x+5=2$　　㋑ $x+8=-3x$　　㋒ $x-3=4x+2$

例題 3　$x-a=b$ の形の方程式　Level ★☆☆

等式の性質を使って，次の方程式を解き(と)なさい。

(1)　$x-4=2$　　(2)　$x-7=-10$

解き方

(1)　$x-4=2$

両辺に4をたすと，

両辺に同じ数をたす ▶ $x-4+4=2+4$

$x=6$　…答

(2)　$x-7=-10$

両辺に7をたすと，

$x-7+7=-10+7$

$x=-3$　…答

Point　**$A=B$ ならば，$A+C=B+C$ を使い，両辺に同じ数をたす。**

テストで注意　解の確かめをしよう!

方程式の解を求めたら，その解をもとの方程式に代入(だいにゅう)して，方程式が成り立つかどうかを調べる。

(1)　$x=6$ をもとの方程式に代入すると，

左辺 $=6-4=2$

右辺 $=2$

(左辺)＝(右辺)となるから，$x=6$ はこの方程式の解である。

例題 4　$x+a=b$ の形の方程式　Level ★☆☆

等式の性質を使って，次の方程式を解きなさい。

(1)　$x+7=16$　　(2)　$5+x=-2$

解き方

(1)　$x+7=16$

両辺から7をひくと，

両辺から同じ数をひく ▶ $x+7-7=16-7$

$x=9$　…答

(2)　$5+x=-2$

両辺から5をひくと，

$5+x-5=-2-5$

$x=-7$　…答

Point　**$A=B$ ならば，$A-C=B-C$ を使い，両辺から同じ数をひく。**

図解　両辺から7をひく

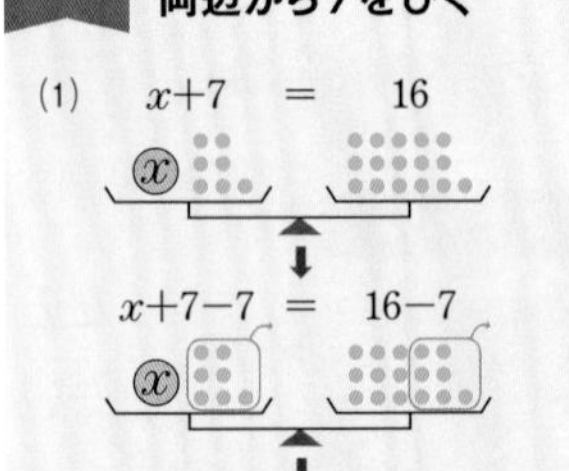

練習　解答▶別冊p.16

等式の性質を使って，次の方程式を解きなさい。

3　(1)　$x-8=9$　　(2)　$x-5=-10$

4　(1)　$x+6=2$　　(2)　$8+x=-3$

例題 5 $\frac{x}{a}=b$ の形の方程式 Level ★★☆

等式の性質を使って，次の方程式を解きなさい。

(1) $\frac{x}{3}=4$　　(2) $-\frac{1}{4}x=5$

解き方

(1) $\frac{x}{3}=4$

両辺に3をかけると，

両辺に同じ数をかける ▶ $\frac{x}{3}\times3=4\times3$

$x=12$ …答

(2) $-\frac{1}{4}x=5$

両辺に -4 をかけると，

$-\frac{1}{4}x\times(-4)=5\times(-4)$

$x=-20$ …答

Point $A=B$ ならば，$AC=BC$ を使い，両辺に同じ数をかける。

テストで注意 両辺に4をかけてはダメ！

(2) 両辺に4をかけると，$-x=$■の形になってしまう。$-\frac{1}{4}x=\frac{x}{-4}$ と考え，両辺に -4 をかけるようにしよう。

例題 6 $ax=b$ の形の方程式 Level ★★☆

等式の性質を使って，次の方程式を解きなさい。

(1) $8x=24$　　(2) $-6x=8$

解き方

(1) $8x=24$

両辺を8でわると，

両辺を同じ数でわる ▶ $\frac{8x}{8}=\frac{24}{8}$

$x=3$ …答

(2) $-6x=8$

両辺を -6 でわると，

$\frac{-6x}{-6}=\frac{8}{-6}$

$x=-\frac{4}{3}$ …答

Point $A=B$ ならば，$\frac{A}{C}=\frac{B}{C}\ (C\neq0)$ を使い，両辺を同じ数でわる。

等式の両辺を同じ数でわっても，等式は成り立つよ。

別解 等式の性質③を使って，両辺に $\frac{1}{8}$ をかけると考えてもよい

(1) $8x=24$

$8x\times\frac{1}{8}=24\times\frac{1}{8}$

↑ x の係数の逆数をかける

$x=3$ …答

練習

解答 別冊p.16

等式の性質を使って，次の方程式を解きなさい。

5 (1) $\frac{1}{2}x=-9$　(2) $-\frac{x}{5}=-6$　(3) $\frac{2}{3}x=18$

6 (1) $3x=15$　(2) $-5x=20$　(3) $-4x=10$

2 方程式の解き方

方程式の解き方

［例題7～例題11］

方程式を解くには，まず，x**をふくむ項を左辺**に，**数の項を右辺**に集めて，方程式を$ax=b$**の形**に整理します。

移項	等式の一方の辺にある項を，その**項の符号を変えて**，他方の辺に移すこと。	例 $x+3=4$ （移項） $x=4-3$ ←符号が変わる
基本的な方程式の解き方	①文字の項を左辺に，数の項を右辺に**移項**する。	例 $3x+5=x-3$ $3x-x=-3-5$
	②$ax=b$の形にする。	$2x=-8$
	③両辺をxの係数a**でわる**。	$x=-4$

いろいろな方程式の解き方

［例題12～例題16］

かっこのある方程式	**分配法則を利用**して**かっこをはずす**。	例 $2(x+3)=x-4$ $2x+6=x-4$
係数に小数がある方程式	両辺に10，100，…**をかけて**，**係数を整数**にする。	例 $0.3x+1.2=0.5x$ $3x+12=5x$ （両辺に10をかける）
係数に分数がある方程式	両辺に**分母の最小公倍数**をかけて，**分母をはらう**。	例 $\frac{2}{3}x+1=\frac{x}{2}$ $4x+6=3x$ （両辺に6をかける）

比例式

［例題17］

比$a:b$と$c:d$が等しいことを$a:b=c:d$と表します。このような式を**比例式**といいます。

比例式の性質	$a:b=c:d$ ならば，$ad=bc$

例題 7 $x+a=b$，$x-a=b$ の形の方程式 Level ★☆☆

次の方程式を解きなさい。

(1) $x+7=2$　　(2) $x-5=-3$

(3) $10+x=-1$　　(4) $-4+x=6$

解き方

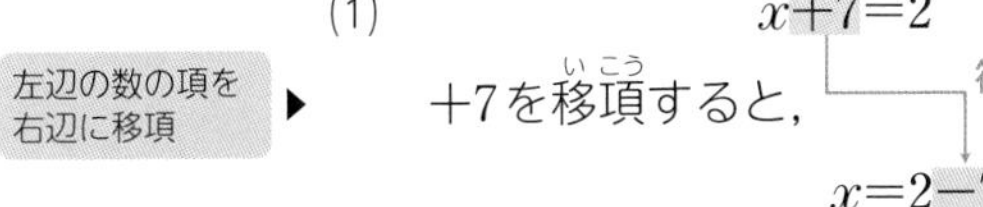

(1)
$$x+7=2$$

左辺の数の項を右辺に移項 ▶ $+7$を移項（いこう）すると，（符号を変える）

$$x=2-7$$

右辺を計算 ▶

$$x=-5$$ …答

(2)
$$x-5=-3$$

-5を移項すると，

$$x=-3+5$$

$$x=2$$ …答

(3)
$$10+x=-1$$

10を移項すると，

$$x=-1-10$$

$$x=-11$$ …答

(4)
$$-4+x=6$$

-4を移項すると，

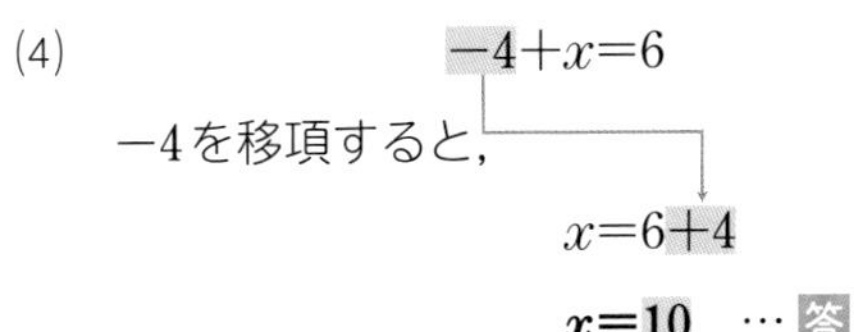

$$x=6+4$$

$$x=10$$ …答

Point 左辺の数の項を，右辺に移項する。

テストで注意 符号の変え忘れに注意！

移項するときは，必ず**項の符号を変える**ようにしよう。

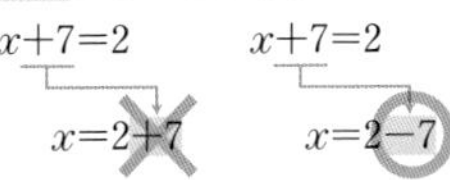

くわしく 移項は，等式の性質①，②を使うことと同じ

(1) $x+7=2$

両辺から7をひくと，等式の性質②

$$x+7-7=2-7$$

$$x=2-7$$ ←移項

(2) $x-5=-3$

両辺に5をたすと，等式の性質①

$$x-5+5=-3+5$$

$$x=-3+5$$ ←移項

「=」が縦にそろうように書こう。

練習　解答 別冊p.16

7 次の方程式を解きなさい。

(1) $x+8=-8$　　(2) $x-9=3$

(3) $2+x=11$　　(4) $-6+x=-15$

例題 8 $ax+b=c$ の形の方程式　Level ★★

次の方程式を解きなさい。

(1) $4x+5=17$　　(2) $5x-8=-28$

解き方

左辺の数の項を右辺に移項 ▶

(1) $4x+5=17$

$+5$を移項すると，

$4x=17-5$

$ax=b$の形に ▶ $4x=12$　両辺を4でわる

両辺をaでわる ▶ $x=3$ …答

(2) $5x-8=-28$

-8を移項すると，

$5x=-28+8$

$ax=b$の形に ▶ $5x=-20$　両辺を5でわる

両辺をaでわる ▶ $x=-4$ …答

Point　数の項を右辺に移項し，$ax=b$の形に。

確認　$ax=b$の形の方程式の解き方

$ax=b$の形の方程式は，次の等式の性質④を使って，両辺をaでわればよい。

$A=B$ならば，$\frac{A}{C}=\frac{B}{C}$ $(C\neq0)$

$ax=b$ ➡ $\frac{ax}{a}=\frac{b}{a}$ ➡ $x=\frac{b}{a}$ $(a\neq0)$

例題 9 $ax=bx+c$ の形の方程式　Level ★★

方程式$5x=2x-9$を解きなさい。

解き方

$5x=2x-9$

右辺のxの項を左辺に移項 ▶ $2x$を移項すると，

$5x-2x=-9$

$ax=b$の形に ▶ $3x=-9$　両辺を3でわる

両辺をaでわる ▶ $x=-3$ …答

Point　xの項を左辺に移項し，$ax=b$の形に。

テストで注意　文字の項も，移項するときは符号を変えよう!

数の項と同じように，xなどの文字の項も，**符号を変えて移項する**ことに注意しよう。

練習　　解答 別冊p.16

次の方程式を解きなさい。

8 (1) $7x-5=23$　　(2) $2-3x=11$

9 (1) $3x=5x+14$　　(2) $-4x=18-x$

例題 10 $ax+b=cx$ の形の方程式 Level ★★☆

方程式 $2x+35=-5x$ を解きなさい。

解き方

文字の項を左辺に ▶ $2x+35=-5x$

数の項を右辺に ▶ $2x+5x=-35$　　$+35$，$-5x$ を移項する

$ax=b$ の形に ▶ $7x=-35$

両辺を a でわる ▶ $x=-5$ … 答　　両辺を7でわる

Point 文字の項を左辺に，数の項を右辺に移項する。

例題 11 $ax+b=cx+d$ の形の方程式 Level ★★☆

次の方程式を解きなさい。

(1) $x+11=-5x+16$　　(2) $3y-4=5y+1$

解き方

文字の項を左辺に ▶ (1) $x+11=-5x+16$

数の項を右辺に ▶ $x+5x=16-11$　　$+11$，$-5x$ を移項する

$ax=b$ の形に ▶ $6x=5$

両辺を a でわる ▶ $x=\frac{5}{6}$ … 答　　両辺を6でわる

(2) $3y-4=5y+1$

$3y-5y=1+4$　　-4，$5y$ を移項する

$-2y=5$

$y=-\frac{5}{2}$ … 答　　両辺を -2 でわる

テストで注意 **方程式を解くとき，各式を＝で結んではダメ！**

$x+11=-5x+16$

$=x+5x=16-11$

$=6x=5$

$=x=\frac{5}{6}$

└ ここを＝で結んではいけない

参考 **～についての方程式**

(1)のように文字が x である方程式を，**x についての方程式**ということがある。

同様に，(2)のように文字が y である方程式を，**y についての方程式**という。

3章／方程式

2／方程式の解き方

練習

解答 別冊p.16，17

次の方程式を解きなさい。

10 (1) $6x+8=7x$　　(2) $2x-6=4x$

11 (1) $7x-4=5x+10$　　(2) $5-6x=2x-19$

例題 12 かっこのある方程式 Level ★★★

次の方程式を解きなさい。

(1) $5(x+4)=2x-1$　　(2) $7x-(11x+2)=18$

(3) $x-4(2x-7)=3x-2$

解き方

かっこをはずす ▶ (1)
$$5(x+4)=2x-1$$
$$5x+20=2x-1$$
移項する ▶
$$5x-2x=-1-20$$
$ax=b$の形に ▶
$$3x=-21$$
両辺をaでわる ▶ （両辺を3でわる）
$$x=-7$$ …答

(2)
$$7x-(11x+2)=18$$
$$7x-11x-2=18$$
$$-4x=18+2$$
$$-4x=20$$
（両辺を-4でわる）
$$x=-5$$ …答

(3)
$$x-4(2x-7)=3x-2$$
$$x-8x+28=3x-2$$
$$x-8x-3x=-2-28$$
$$-10x=-30$$
（両辺を-10でわる）
$$x=3$$ …答

Point 分配法則を利用して，かっこをはずす。

かっこのある式をかっこのない式に直すことを，「かっこをはずす」というよ。

復習 分配法則

かっこをはずすには，**分配法則**を使う。

$$a(b+c)=ab+ac$$
$$a(b-c)=ab-ac$$

くわしく −(　)のはずし方

−(　)は，**かっこの中のすべての項の符号を変えて**，かっこをはずす。

$$-(a+b)=-a-b$$
$$-(a-b)=-a+b$$

$-1\times($　$)$と考えて，かっこの中のすべての項に-1をかけると考えてもよい。

練習

解答 別冊 p.17

12 次の方程式を解きなさい。

(1) $4(x-1)=3x+5$　　(2) $3x-8=8(x+4)$

(3) $5x-1=3(2-x)+9$　　(4) $-2(3-2x)=3(5-x)$

例題 13 係数に小数がある方程式 Level ★★★

次の方程式を解きなさい。

(1) $0.4x+2=0.7x-0.1$

(2) $0.06x-0.3=0.1x+0.22$

解き方

(1) $0.4x+2=0.7x-0.1$

両辺に10をかけると，

両辺に10をかけ，係数を整数に ▶ $(0.4x+2)\times10=(0.7x-0.1)\times10$

$4x+20=7x-1$

移項する ▶ $4x-7x=-1-20$

$ax=b$の形に ▶ $-3x=-21$ 　両辺を -3 でわる

両辺をaでわる ▶ $x=7$ … 答

(2) $0.06x-0.3=0.1x+0.22$

両辺に100をかけると，

両辺に100をかけ，係数を整数に ▶ $(0.06x-0.3)\times100=(0.1x+0.22)\times100$

$6x-30=10x+22$

移項する ▶ $6x-10x=22+30$

$ax=b$の形に ▶ $-4x=52$ 　両辺を -4 でわる

両辺をaでわる ▶ $x=-13$ … 答

Point 両辺に10，100，…をかけて，係数を整数にする。

確認 等式の性質③の利用

両辺に10や100をかけて，係数を整数にすることは，等式の性質③

等式の両辺に同じ数をかけても，等式は成り立つ

を利用している。

テストで注意 10をかけても係数が整数にならない場合

小数点以下のけた数が最も大きい係数に着目して，両辺に何をかければよいかを考えること。

小数点以下のけた数が

1けたならば10，

2けたならば100

をかければよい。

参考 数の項だけが小数のときは，そのまま解いてもよい

例 $4x-0.3=x+1.2$

$4x-x=1.2+0.3$

$3x=1.5$

$x=0.5$

練習

解答 別冊p.17

13 次の方程式を解きなさい。

(1) $1.4x-3.5=0.9x+3$

(2) $0.75x-1=0.5x+1$

(3) $0.2x+0.16=0.13x-0.4$

(4) $0.3x+0.04=0.005$

例題 14 係数に分数がある方程式 Level ★★★

次の方程式を解きなさい。

(1) $\frac{3}{2}x-4=\frac{2}{3}x+6$　　(2) $\frac{x}{4}+\frac{5}{6}=\frac{4}{3}x-\frac{1}{2}$

解き方

分母の最小公倍数を調べる ▶ (1) $\frac{3}{2}x-4=\frac{2}{3}x+6$

最小公倍数は6

両辺に6をかけると,

両辺に最小公倍数をかける ▶ $\left(\frac{3}{2}x-4\right)\times6=\left(\frac{2}{3}x+6\right)\times6$

分母をはらう ▶ $9x-24=4x+36$

移項する ▶ $9x-4x=36+24$

$ax=b$の形に ▶ $5x=60$

両辺を5でわる

$x=12$ … 答

(2) $\frac{x}{4}+\frac{5}{6}=\frac{4}{3}x-\frac{1}{2}$

最小公倍数は12

両辺に12をかけると,

$\left(\frac{x}{4}+\frac{5}{6}\right)\times12=\left(\frac{4}{3}x-\frac{1}{2}\right)\times12$

$3x+10=16x-6$

$3x-16x=-6-10$

$-13x=-16$

両辺を-13でわる

$x=\frac{16}{13}$ … 答

Point 両辺に分母の最小公倍数をかけて，分母をはらう。

両辺に分母の最小公倍数をかけると，係数や数の項が最も小さい整数に直せるよ。

テストで注意 整数部分のかけ忘れに注意!

分母をはらうとき，**整数部分にかけ忘れるミス**が多いので注意しよう。

$\left(\frac{3}{2}x-4\right)\times6=\left(\frac{2}{3}x+6\right)\times6$

⬇

$9x-4=4x+6$

慣れるまでは，次のようにていねいに計算しよう。

$\frac{3}{2}x\times6-4\times6=\frac{2}{3}x\times6+6\times6$

$9x-24=4x+36$

くわしく (2)のくわしい計算

$\left(\frac{x}{4}+\frac{5}{6}\right)\times12=\left(\frac{4}{3}x-\frac{1}{2}\right)\times12$

$\frac{x}{4}\times12+\frac{5}{6}\times12=\frac{4}{3}x\times12-\frac{1}{2}\times12$

$3x+10=16x-6$

練習

解答 別冊p.17

14 次の方程式を解きなさい。

(1) $\frac{2}{3}x-5=\frac{x}{6}$　　(2) $\frac{3}{4}x+3=8-x$

(3) $\frac{8}{7}x-6=\frac{2}{3}x+4$　　(4) $\frac{x}{4}-\frac{2}{3}=12+\frac{11}{6}x$

例題 15 分子に2つの項がある方程式 Level ★★★

次の方程式を解きなさい。

(1) $\frac{2x-5}{6}=\frac{3}{4}x$　　(2) $\frac{3x+4}{5}=\frac{2x-1}{3}$

解き方

分母の最小公倍数を求める ▶ (1)

$$\frac{2x-5}{6}=\frac{3}{4}x$$

→ 最小公倍数は12

両辺に12をかけると，

両辺に最小公倍数をかける ▶ $\frac{2x-5}{6}\times 12=\frac{3}{4}x\times 12$

分母をはらう ▶ $2(2x-5)=9x$ ← かっこをつける

かっこをはずす ▶ $4x-10=9x$

移項する ▶ $4x-9x=10$

$ax=b$の形に ▶ $-5x=10$

両辺を −5 でわる

$x=-2$ … 答

(2)

$$\frac{3x+4}{5}=\frac{2x-1}{3}$$

→ 最小公倍数は15

両辺に15をかけると，

$$\frac{3x+4}{5}\times 15=\frac{2x-1}{3}\times 15$$

$3(3x+4)=5(2x-1)$ ← かっこをつける

$9x+12=10x-5$

$9x-10x=-5-12$

$-x=-17$

両辺を −1 でわる

$x=17$ … 答

テストで注意　このかっこを忘れやすい！

分母をはらうとき，

$\frac{2x-5}{6}\times 12=\frac{3}{4}x\times 12$

~~$2x-5\times 2=9x$~~

と，左辺の式にかっこをつけないで計算してしまうミスが目立つ。

分子に2つ以上の項があるときは，まぼろしのかっこがある！

と考え，

左辺 $=\frac{2x-5}{6}\times 12=\frac{(2x-5)\times 12}{6}$

$=(2x-5)\times 2$

と式変形すると，ミスを防げる。

テストで注意　両辺には同じ数をかける！

分母をはらうとき，左辺に5，右辺に3をかけて，

~~$\frac{3x+4}{5}\times 5=\frac{2x-1}{3}\times 3$~~

~~$3x+4=2x-1$~~

と，**両辺に別々の数をかけて分母をはらうことはできない。**

練習

解答 ▶ 別冊p.17

15 次の方程式を解きなさい。

(1) $\frac{1}{2}x-1=\frac{x-2}{6}$　　(2) $\frac{x+2}{5}=\frac{x-8}{4}$

例題 16 小数とかっこがある方程式　Level ★★★

次の方程式を解きなさい。

(1)　$0.3(x-2)-0.4=-1.2x$　　(2)　$0.2(x-1)=0.07(3x+4)$

解き方

(1)　$0.3(x-2)-0.4=-1.2x$

両辺に10をかけると，

両辺に10をかける ▶ $\{0.3(x-2)-0.4\}\times10=-1.2x\times10$

$3(x-2)-4=-12x$

かっこをはずす ▶ $3x-6-4=-12x$

移項する ▶ $3x+12x=6+4$

$15x=10$

$x=\frac{2}{3}$　… 答

(2)　$0.2(x-1)=0.07(3x+4)$

両辺に100をかけると，

両辺に100をかける ▶ $0.2(x-1)\times100=0.07(3x+4)\times100$

$20(x-1)=7(3x+4)$

かっこをはずす ▶ $20x-20=21x+28$

移項する ▶ $20x-21x=28+20$

$-x=48$

$x=-48$　… 答

くわしく　はじめにかっこをはずすと?

次のように小数の計算が多くなり，計算ミスをしやすい。

(1)　$0.3(x-2)-0.4=-1.2x$

$0.3x-0.6-0.4=-1.2x$

$0.3x-1=-1.2x$

両辺に10をかけると，

$(0.3x-1)\times10=-1.2x\times10$

$3x-10=-12x$

⋮

くわしく　10をかけても右辺が整数にならない！

(2)　左辺の式だけを見て，両辺に10をかけると，

$0.2(x-1)\times10=0.07(3x+4)\times10$

$2(x-1)=\underline{0.7}(3x+4)$

となり，右辺に小数が残ってしまう。

この問題の式では，小数点以下のけた数が最も大きいのは右辺の0.07だから，両辺に100をかける。

練習

解答 別冊p.18

16　次の方程式を解きなさい。

(1)　$0.3(x+1)-1.9=0.7x$　　(2)　$0.05(3x-6)=0.5-0.2(x-3)$

例題 17 比例式のxの値を求める　Level ★★☆

次の比例式で，xの値を求めなさい。

(1)　$x : 12 = 2 : 3$　　　(2)　$15 : 9 = (x+10) : 21$

解き方

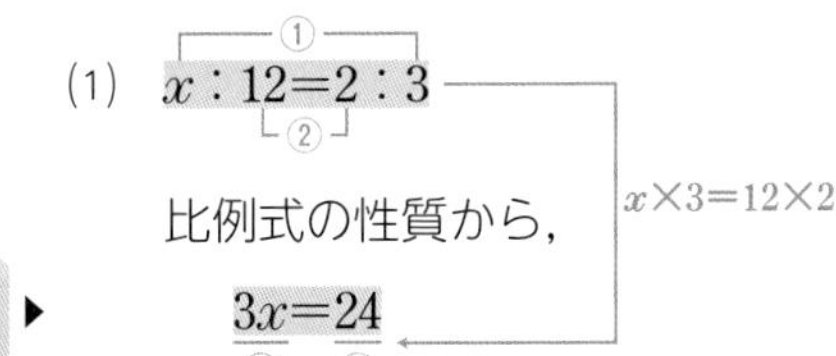

(1)　$x : 12 = 2 : 3$　　$x \times 3 = 12 \times 2$

比例式の性質から，

$a:b=c:d$ ならば，$ad=bc$ ▶　$3x = 24$

両辺を3でわる ▶　$x = 8$　…答

(2)　$15 : 9 = (x+10) : 21$

$x+10$をひとまとまりとみる

比例式の性質から，

$a:b=c:d$ ならば，$ad=bc$ ▶　$15 \times 21 = 9(x+10)$

両辺を9でわる ▶　$\dfrac{15 \times 21}{9} = x + 10$

両辺を入れかえる ▶　$x + 10 = 35$

$x = 25$　…答

Point　**比例式の性質$a:b=c:d$ならば，$ad=bc$を利用する。**

復習　比と比の値

比…2つの数量の割合を，記号「：」を使って表したもの。

比の値…比$a:b$で，aをbでわった商$\dfrac{a}{b}$のこと。

確認　比例式

比$a:b$と$c:d$が等しいことを表す等式$a:b=c:d$を**比例式**という。

また，比が等しいとき，比の値も等しいから，$\dfrac{a}{b}=\dfrac{c}{d}$が成り立つ。

参考　外項と内項

$a:b=c:d$で，外側の項a，dを**外項**，内側の項b，cを**内項**という。

かっこをはずして，
$15 \times 21 = 9x + 90$
とすることもできるけど，
先に両辺を9でわるほうが
効率的だね。

練習

解答 別冊p.18

17　次の比例式で，xの値を求めなさい。

(1)　$x : 20 = 3 : 4$　　　(2)　$6 : 21 = x : 28$

(3)　$\dfrac{2}{3} : \dfrac{1}{4} = 24 : x$　　　(4)　$18 : (x+4) = 12 : x$

3 方程式の利用

方程式の応用

[例題18～例題23]

文章題を解くときは，まず，わかっている数量，求める数量をはっきりさせ，**求める数量をxで表して**方程式をつくることから始めます。

■ 方程式の応用問題の解き方

方程式をつくる

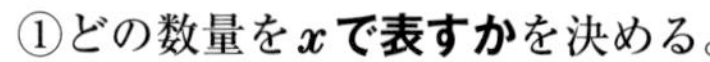

①どの数量を**xで表すか**を決める。

②問題の中の**等しい数量関係**を見つける。

③数量の間の**関係を方程式に**表す。

↓

方程式を解く

↓

解を検討する…解が問題にあてはまるかどうか調べる。

■ よく使われる公式や表し方

- **代金＝1個の値段×個数**
- **速さ＝道のり÷時間**（道のり＝速さ×時間，時間＝道のり÷速さ）
- 十の位の数がa，一の位の数がbの2けたの自然数 ➡ $\mathbf{10a+b}$

▶解の検討では，右のようなことに注意しよう。

①解が負の数のとき ➡ 時間の前後，ものの増減などを求める問題では，答えを正の数にいいかえて答える。

②解が小数，分数のとき ➡ 個数，人数，金額などを求める問題では，答えは自然数になるから，小数や分数の解は問題にあてはまらない。

解から別の文字の値を求める

[例題24]

■ 解から別の文字の値を求める問題

例 xについての方程式$x+2a=ax+9$の**解が**3であるとき，**aの値**を求めるには？

〈解き方の手順〉

$x+2a=ax+9$に$x=3$を代入すると，

方程式に解を代入 ―― $3+2a=a\times3+9$

aについての方程式 ―― $3+2a=3a+9$

これをaについて解くと，　$2a-3a=9-3$　$-a=6$

aについて解く ―― $a=-6$

例題 18 代金に関する問題　Level ★★☆

1個50円のあめと80円のグミを合わせて22個買ったところ，代金の合計が1340円でした。このとき，買ったあめとグミの個数をそれぞれ求めなさい。

解き方

何をxで表すか決める ▶ あめをx個買うとすると，グミは$22-x$(個)買うことになる。

それぞれの代金をxの式で表す ▶ あめの代金は，$50x$円

グミの代金は，$80(22-x)$円

したがって，方程式は，

方程式をつくる ▶ $\underbrace{50x}_{\text{あめの代金}}+\underbrace{80(22-x)}_{\text{グミの代金}}=1340$

これを解くと，

方程式を解く ▶

$$50x+1760-80x=1340$$
$$50x-80x=1340-1760$$
$$-30x=-420$$
$$x=14$$

したがって，あめは14個だから，グミの個数は，

$22-14=8$(個)

解の検討をする ▶ これらは問題にあてはまる。(個数は自然数)

答 あめ…**14個**，グミ…**8個**

くわしく　**数量を表に整理してみるとわかりやすい！**

	あめ	グミ	合計
1個の値段(円)	50	80	
個数(個)	x	$22-x$	22
代金(円)	$50x$	$80(22-x)$	1340

個数を求める問題で，答えが負の数になることはないよ。
そうなったら，式や計算がまちがっていないか確認しよう。

練習　解答 別冊p.18

18　そうたさんとかなさんの2人の所持金を合計すると3400円でした。2人とも500円のサンドイッチを買ったところ，そうたさんの所持金はかなさんの所持金の2倍となりました。そうたさんのサンドイッチを買う前の所持金は何円か，求めなさい。

例題 19 過不足，分配に関する問題

Level ★★☆

クッキーを何人かの子どもに分けるのに，1人に6個ずつ分けると11個たりません。また，1人に5個ずつ分けると15個余ります。子どもの人数とクッキーの個数を求めなさい。

解き方

何をxで表すか決める ▶ 子どもの人数をx人とすると，

● 6個ずつ分けるときのクッキーの個数は，

クッキーの個数をxの式で表す ▶ $6x-11$(個)

● 5個ずつ分けるときのクッキーの個数は，

$5x+15$(個)

方程式をつくる ▶ したがって，方程式は，$6x-11=5x+15$

方程式を解く ▶ これを解くと，　$x=26$

これより，子どもの人数は26人，クッキーの個数は，$6\times26-11=145$(個)

解の検討をする ▶ これらは問題にあてはまる。

答 子ども…**26人**，クッキー…**145個**

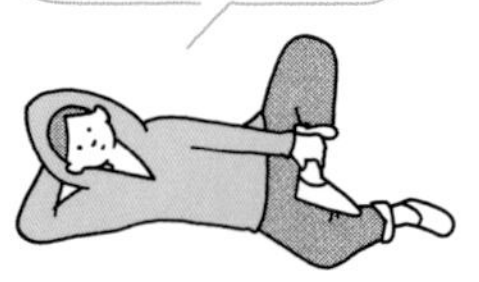

図解 2通りのクッキーの分け方

● 6個ずつ分けるとき

● 5個ずつ分けるとき

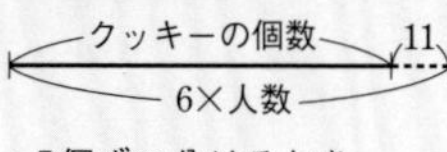

何をxで表すか決める ▶ クッキーの個数をx個とすると，

方程式をつくる ▶ 子どもの人数の関係から，$\dfrac{x+11}{6}=\dfrac{x-15}{5}$

方程式を解く ▶ これを解くと，　$x=145$

これより，子どもの人数は，$\dfrac{145+11}{6}=26$(人)

答 子ども…**26人**，クッキー…**145個**

くわしく $\dfrac{x+11}{6}=\dfrac{x-15}{5}$ **の解き方**

両辺に30をかけると，

$$\frac{x+11}{6}\times30=\frac{x-15}{5}\times30$$
$$5(x+11)=6(x-15)$$
$$5x+55=6x-90$$
$$5x-6x=-90-55$$
$$-x=-145$$
$$x=145$$

練習

解答 ▶ 別冊p.18

19 鉛筆(えんぴつ)を何人かの生徒に配るのに，1人に4本ずつ配ると7本余り，5本ずつ配ると2本たりません。鉛筆は何本ありますか。

例題 20 速さに関する問題

Level ★★★

妹は家を出発して1500m離れた駅に向かいました。その12分後に，兄は家を出発して自転車で，妹を追いかけました。妹の歩く速さを分速70m，兄の自転車の速さを分速280mとすると，兄は家を出発してから何分後に妹に追いつきますか。

解き方

何をxで表すか決める ▶ 兄が出発してからx分後に妹に追いつくとすると，妹が歩いた時間は，$12+x$(分)

兄が妹に追いつくまでに，

兄と妹が進んだ道のりをxの式で表す ▶

- 兄が進んだ道のりは，$280x$m ←速さ×時間
- 妹が進んだ道のりは，$70(12+x)$m ←

追いつくまでに，2人の進んだ道のりは等しいから，方程式は，

方程式をつくる ▶ $$\underset{\text{兄が進んだ道のり}}{280x}=\underset{\text{妹が進んだ道のり}}{70(12+x)}$$

方程式を解く ▶ これを解くと，　$x=4$

解の検討をする ▶ 兄が出発してから4分間に進んだ道のりは，

$280\times4=1120$(m)

これは家から駅までの道のり1500mより短いから，兄は妹が駅に着く前に追いつける。

答 4分後

くわしく 速さの書き方

「分」は英語で「minute」であることから，**分速amをam/minと書く**ことがある。

くわしく 速さ，時間，道のりの関係を表に表す

	兄	妹
速さ(m/min)	280	70
時間(分)	x	$12+x$
道のり(m)	$280x$	$70(12+x)$

くわしく $280x=70(12+x)$の解き方

両辺を70でわって，係数を簡単にして解くとよい。

$280x=70(12+x)$ ）70でわる
$4x=12+x$
$4x-x=12$
$3x=12$
$x=4$

練習

解答 別冊p.18

20 家から学校までの道のりは900mです。午前7時50分に家を出て，途中のA地点までは分速100mで走り，A地点から学校までは分速60mで歩いたところ，午前8時3分に学校に到着しました。家からA地点までの道のりは何mか，求めなさい。

例題 21 整数に関する問題 Level ★★★

一の位の数が8である2けたの整数があります。この整数の一の位と十の位の数を入れかえると，もとの数より27大きくなります。もとの整数を求めなさい。

解き方

何をxで表すか決める ▶ もとの整数の十の位の数をxとすると，

- もとの整数は，

$10x+8$

└十の位の数がx，一の位の数が8

- 一の位と十の位の数を入れかえてできる整数は，

もとの整数と位を入れかえた整数をxで表す ▶ $80+x$

したがって，方程式は，

方程式をつくる ▶ $80+x=10x+8+27$

↑もとの数より27大きい

$x-10x=8+27-80$
$-9x=-45$

これを解くと，

方程式を解く ▶ $x=5$

解の検討をする ▶ 求める整数は，十の位の数が5，一の位の数が8だから58
これは問題にあてはまる。

└→$85-58=27$

答 58

Point 十の位の数がa，一の位の数がbの2けたの整数➡$10a+b$

くわしく 求めるもの以外をxとする

方程式の文章題では，**求めるものをxとする**ことが多い。

しかし，この問題では，もとの整数をxとすると，うまく方程式ができない。このような場合は，求めるもの以外のものをxとして，方程式をつくる。

テストで注意 答えを5としてはダメ!

方程式の解の5を，そのまま答えとしてしまうミスが目立つので注意しよう。

解を求めたら，求めるものが何であったかを確認して，答えを書こう。

練習

解答 別冊p.18

21 次の問いに答えなさい。

(1) ある数xの5倍に2をたした数が，xから6をひいて3倍したものに等しいとき，ある数xを求めなさい。

(2) 一の位の数が9である2けたの整数があります。この整数は，各位の数の和の4倍より3小さいそうです。この2けたの整数を求めなさい。

例題 22 負の数をいいかえる問題 Level ★★★

現在，Aさんは13歳，お母さんは35歳です。お母さんの年齢がAさんの年齢の3倍になるのはいつですか。

解き方

何をxで表すか決める ▶ 現在からx年後に3倍になるとすると，

x年後の母とAさんの年齢をxの式で表す ▶
- x年後のお母さんの年齢は，$35+x$(歳)
- x年後のAさんの年齢は，$13+x$(歳)

したがって，方程式は，

方程式をつくる ▶ $35+x=3(13+x)$

これを解くと，

方程式を解く ▶ $x=-2$

解の検討をする ▶ -2年後とは2年前のことだから，これは問題にあてはまる。

答 2年前

別解

何をxで表すか決める ▶ 現在からx年前に3倍になったとすると，

x年前の母とAさんの年齢をxの式で表す ▶
- x年前のお母さんの年齢は，$35-x$(歳)
- x年前のAさんの年齢は，$13-x$(歳)

方程式をつくる ▶ したがって，方程式は，$35-x=3(13-x)$

方程式を解く ▶ これを解くと，$x=2$

解の検討をする ▶ これは問題にあてはまる。

答 2年前

くわしく $35+x=3(13+x)$の解き方

$$35+x=3(13+x)$$
$$35+x=39+3x$$
$$x-3x=39-35$$
$$-2x=4$$
$$x=-2$$

テストで注意 方程式の解が負の数や小数，分数になったら?

①解が負の数になったとき

➡**時間の前後，ものの増減**などを求める問題では，正の数にいいかえて答えとする。

②解が小数，分数になったとき

➡**個数，人数，金額**などを決める問題では，答えは自然数になるから，小数や分数は問題にあてはまらない。

3章／方程式　3／方程式の利用

練習

解答 別冊p.19

22 現在，父は39歳，長男は12歳，次男は10歳です。父の年齢が子ども2人の年齢の和の4倍になるのはいつですか。

例題 23 比例式を利用する問題

Level ★★★

次の問いに答えなさい。

(1) あるケーキは，小麦粉40gに砂糖15gの割合で混ぜて作ります。小麦粉を200gにすると，砂糖は何g混ぜればよいですか。

(2) 3mのリボンを姉と妹で分けるのに，姉と妹の長さの比が7：5になるようにしたいと思います。姉の分は何cmにすればよいですか。

解き方

(1) 砂糖はxg必要とすると，

比例式で表す ▶ $x:200=15:40$

$a:b=c:d$ ならば，$ad=bc$ ▶ $40x=200\times15$

（両辺を40でわる）

xの値を求める ▶ $x=75$

解を検討する ▶ これは問題にあてはまる。

答 **75g**

(2) 姉と妹の長さの比が7：5だから，全体の長さは $7+5=12$ となる。

姉のリボンの長さを$x$cmとすると，

$300:x=12:7$

（3m=300cm）

$300\times7=12x$

$x=175$

これは問題にあてはまる。

答 **175cm**

Point 「求めるものをxとして，数量の関係を比例式で表す。」

別解 全体を1とみて解く

(2) リボン全体の長さを1とみると，姉の分の長さは，

$$\frac{7}{7+5}=\frac{7}{12}$$

にあたるから，姉の分の長さは，

$300\times\frac{7}{12}=$**175(cm)** …答

別解 姉と妹のリボンの長さの比から解く

(2) 姉のリボンの長さを$x$cmとすると，妹のリボンの長さは $300-x$(cm)だから，

$x:(300-x)=7:5$

$5x=7(300-x)$

$5x=2100-7x$

$12x=2100$

$x=175$**(cm)** …答

練習

解答 別冊p.19

23 A，B2つの箱に玉が32個ずつ入っています。Aの箱の玉を何個かBの箱に移したら，AとBの箱の玉の個数の比は3：5になりました。移した玉の個数は何個ですか。

例題 24 解から別の文字の値を求める問題 Level ★★★

次の問いに答えなさい。

(1) xについての方程式$x+4a=7x-8$の解が2であるとき，aの値を求めなさい。

(2) xについての方程式$\frac{x-a}{2}=3a+2$の解が-3であるとき，aの値を求めなさい。

解き方

(1) $x+4a=7x-8$に$x=2$を代入すると，

方程式に解を代入する ▶ $2+4a=7\times2-8$

$2+4a=14-8$ （$4a=14-8-2$，$4a=4$）

aについての方程式を解く ▶ これをaについて解くと，$\boldsymbol{a=1}$ …答

(2) $\frac{x-a}{2}=3a+2$に$x=-3$を代入すると，

$\frac{-3-a}{2}=3a+2$

これをaについて解くと，$\boldsymbol{a=-1}$ …答

参考 答えの確かめ

(1) $a=1$のとき，もとの方程式は，

$x+4\times1=7x-8$

$x+4=7x-8$

これを解くと，$x=2$

これより，確かに$x=2$は解である。

くわしく (2)のくわしい計算

両辺に2をかけると，

$-3-a=6a+4$

$-a-6a=4+3$

$-7a=7$

$a=-1$

練習

解答 別冊p.19

24 次のxについての方程式の解が〔 〕の中の値のとき，aの値を求めなさい。

(1) $ax-2=4x+a$ 〔3〕

(2) $a+\frac{x}{4}=\frac{x+a}{2}$ 〔-4〕

Column ディオファントスの一生

ディオファントス（古代ギリシャの数学者）の一生について，次のようないい伝えがあります。

ディオファントスは，一生の$\frac{1}{6}$を少年，一生の$\frac{1}{12}$を青年として過ごした。その後，一生の$\frac{1}{7}$たって結婚（けっこん）し，その5年後に子どもが生まれた。しかし，その子は，父より4年前に父の一生の半分でこの世を去った。

さて，ディオファントスは何歳でなくなったでしょうか？ ディオファントスがなくなった年齢をx歳として図に表すと，

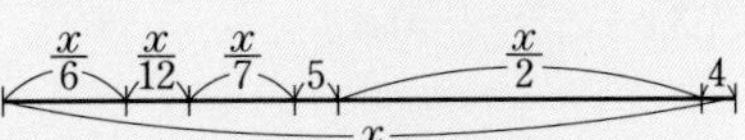

方程式は，

$$\frac{x}{6}+\frac{x}{12}+\frac{x}{7}+5+\frac{x}{2}+4=x$$

これを解くと，$x=84$（歳）であったとわかります。

3章／方程式

3／方程式の利用

定期テスト予想問題 ①

時間 40分　解答 別冊 p.19

得点 /100

1／方程式とその解

1 方程式 $3x+8=14$ を次のようにして解きました。(1), (2)の等式の変形に使った等式の性質を，右のア～エから選びなさい。また，そのときの C にあたる数を書きなさい。【5点×4】

$$3x+8=14 \xrightarrow{(1)} 3x=6 \xrightarrow{(2)} x=2$$

等式の性質

$A=B$ ならば，

ア　$A+C=B+C$

イ　$A-C=B-C$

ウ　$AC=BC$

エ　$\dfrac{A}{C}=\dfrac{B}{C}\ (C \neq 0)$

(1)　等式の性質…〔　　〕，C…〔　　〕　(2)　等式の性質…〔　　〕，C…〔　　〕

2／方程式の解き方

2 次の方程式を解きなさい。【5点×4】

(1)　$x-14=-5$　〔　　〕

(2)　$\dfrac{2}{3}x=-12$　〔　　〕

(3)　$15-x=4x$　〔　　〕

(4)　$9x+7=5x-17$　〔　　〕

2／方程式の解き方

3 次の方程式を解きなさい。【5点×4】

(1)　$4(x-9)=x$　〔　　〕

(2)　$x-3(2x+3)=16$　〔　　〕

(3)　$1.3x+2.7=9-0.8x$　〔　　〕

(4)　$\dfrac{3}{2}x-1=\dfrac{x}{6}-3$　〔　　〕

2／方程式の解き方

4 **次の比例式で，x の値を求めなさい。** 【5点×2】

(1) $28 : x = 7 : 2$

(2) $(x-2) : 12 = x : 15$

〔　　　　〕　〔　　　　〕

3／方程式の利用

5 **方程式 $2x+a=3a-2$ の解が 1 のとき，a の値を求めなさい。** 【5点】

〔　　　　〕

3／方程式の利用

6 **次の問いに答えなさい。** 【5点×3】

(1) 10円玉と50円玉が合わせて40枚あり，金額の合計は1000円です。10円玉と50円玉の枚数をそれぞれ求めなさい。

〔10円玉…　　　，50円玉…　　　〕

(2) 連続する 3 つの奇数があります。この 3 つの奇数の和が57になるとき，3 つの奇数を求めなさい。

〔　　　　〕

(3) A さんの家から公園まで行くのに，分速60m の速さで歩くのと，分速70m の速さで歩くのとでは，かかる時間が 5 分ちがいます。A さんの家から公園までは何 m ありますか。

〔　　　　〕

思考　3／方程式の利用

7 **「＊」の記号は，2 つの数 a，b について，** 【5点×2】

$$a*b=a-4ab+b$$

のように計算するものとします。

(1) $3*(-1)$ の値を求めなさい。

〔　　　　〕

(2) $2*x=9$ のときの x の値を求めなさい。

〔　　　　〕

定期テスト予想問題 ②

時間 40 分

解答 別冊 p.20

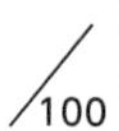
得点 /100

1／方程式とその解

1 次の方程式で，4 が解であるものはどれですか。 【5点】

㋐ $x-4=8$　　㋑ $6x=3x+12$　　㋒ $2x-5=x-7$

〔　　　〕

2／方程式の解き方

2 次の方程式を解きなさい。 【5点×4】

(1) $-\frac{5}{8}x=20$　〔　　　〕

(2) $3x+8=29$　〔　　　〕

(3) $-9x=2x+11$　〔　　　〕

(4) $40-13x=25-7x$　〔　　　〕

2／方程式の解き方

3 次の方程式を解きなさい。 【5点×6】

(1) $2(x-3)=4x+6$　〔　　　〕

(2) $3(x+1)=9-(5x-2)$　〔　　　〕

(3) $0.8x+0.57=0.01x-1.8$　〔　　　〕

(4) $0.2(x+3)=0.7(6-x)$　〔　　　〕

(5) $\frac{3}{8}x+1=\frac{x}{6}+\frac{7}{12}$　〔　　　〕

(6) $\frac{x-2}{5}=\frac{x-3}{4}$　〔　　　〕

2／方程式の解き方

4 次の比例式で，x の値を求めなさい。 【5点×2】

(1) $x:9=14:18$

(2) $10:x=\frac{2}{5}:\frac{1}{2}$

〔　　　　〕　〔　　　　〕

3／方程式の利用

5 方程式 $x-2a=ax+7$ の解が 5 のとき，a の値を求めなさい。 【6点】

〔　　　　〕

3／方程式の利用

6 次の問いに答えなさい。 【5点×3】

(1) 48枚のカードを兄と弟で分けるのに，兄と弟の枚数の比が5：3になるようにします。兄と弟の枚数はそれぞれ何枚になりますか。

〔兄…　　　，弟…　　　〕

(2) クラスの文集を作るのにかかる費用を，1人400円ずつ集めると200円余り，1人350円ずつ集めると1700円たりなくなります。このクラスの人数を求めなさい。

〔　　　　〕

(3) 現在，Aさんは15歳，お兄さんは21歳です。兄の年齢がAさんの年齢の2倍になるのはいつですか。

〔　　　　〕

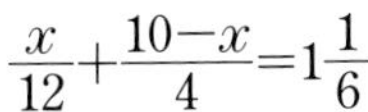

3／方程式の利用

7 AB間の道のりが10kmの道をAを出発して，はじめ時速12kmで走り，そのあと時速4kmで歩いたところ，Bに着くのに1時間10分かかりました。 【7点×2】

(1) 次の式はどんな数量関係を表していますか。㋐～㋒から選びなさい。

$\frac{x}{12}+\frac{10-x}{4}=1\frac{1}{6}$　　㋐ 速さ　　㋑ 道のり　　㋒ 時間

〔　　　　〕

(2) 歩いた道のりを求めなさい。

〔　　　　〕

3章／方程式

不等式の解の求め方

買い物をするとき，持っているお金でどれだけ買えるか，考えることがよくあるだろう。頭の中で行われている計算を，不等式に表して解いてみよう。

1 不等式をつくろう

1枚20円の画用紙を何枚かと，500円の絵の具セットを買って，代金の合計を600円以下にしたいとき，画用紙は何枚まで買えるだろうか。

画用紙の枚数をx枚とすると，数量の関係は次のような不等式で表せる。

$20x+500 \leqq 600$　……①

①の不等式にあてはまるxの値を調べよう。

xの値	左辺の値	大小関係	右辺の値
1	20×1+500=520	$<$	600
2	20×2+500=540	$<$	600
3	20×3+500=560	$<$	600
4	20×4+500=580	$<$	600
5	20×5+500=600	$=$	600
6	20×6+500=620	$>$	600

上の表から，画用紙は5枚まで買えることがわかる。

「以上」「以下」はその値をふくむので「≦」「≧」を使い，「より大きい」「より小さい」「未満」はその値をふくまないので「<」「>」を使おう。

2 不等式の解の表し方

xの値が小数や負の数など，どんな値をとってもよいものとすると，不等式の解の範囲（はんい）は次のようになる。

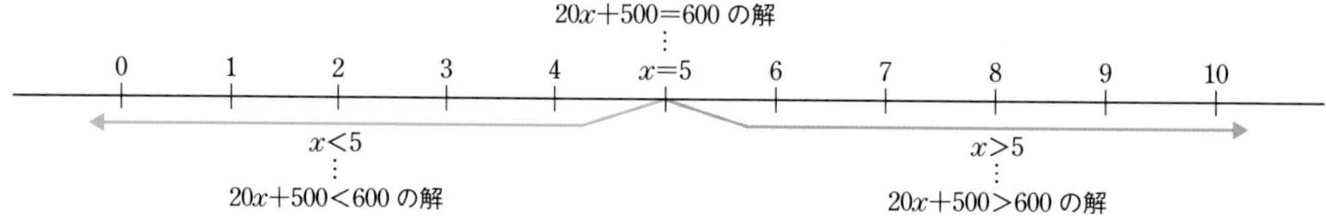

つまり，$20x+500 \leqq 600$の解は，5以下のすべての数になるから，

$x \leqq 5$

と表すことができる。

3 不等式の性質を考えよう

●不等式$4<6$の両辺に3を加えると，

(左辺)$=4+3=7$　(右辺)$=6+3=9$

$7<9$だから，$4+3<6+3$

⇒　不等号の向きは変わらない。

●不等式$4<6$の両辺から3をひくと，

(左辺)$=4-3=1$　(右辺)$=6-3=3$

$1<3$だから，$4-3<6-3$

⇒　不等号の向きは変わらない。

●不等式$4<6$の両辺に2をかけると，

(左辺)$=4\times2=8$　(右辺)$=6\times2=12$

$8<12$だから，$4\times2<6\times2$

⇒　不等号の向きは変わらない。

●不等式$4<6$の両辺を2でわると，

(左辺)$=4\div2=2$　(右辺)$=6\div2=3$

$2<3$だから，$4\div2<6\div2$

⇒　不等号の向きは変わらない。

●不等式$4<6$の両辺に-2をかけると，

(左辺)$=4\times(-2)=-8$

(右辺)$=6\times(-2)=-12$

$-8>-12$だから，$4\times(-2)>6\times(-2)$

⇒　不等号の向きが変わる。

●不等式$4<6$の両辺を-2でわると，

(左辺)$=4\div(-2)=-2$

(右辺)$=6\div(-2)=-3$

$-2>-3$だから，$4\div(-2)>6\div(-2)$

⇒　不等号の向きが変わる。

したがって，不等式の性質は次のようになる。

①　$A<B$ならば　$A+C<B+C$，$A-C<B-C$

②　$A<B$，$C>0$ならば　$\begin{cases} AC<BC \\ \dfrac{A}{C}<\dfrac{B}{C} \end{cases}$

③　$A<B$，$C<0$ならば　$\begin{cases} AC>BC \\ \dfrac{A}{C}>\dfrac{B}{C} \end{cases}$

4 不等式の性質を使って，$20x+500\leqq600$を解こう

$20x+500\leqq600$

$20x+500-500\leqq600-500$　←両辺から同じ数をひく

$20x\leqq100$　←不等号の向きは変わらない

$20x\div20\leqq100\div20$　←両辺を同じ正の数でわる

$x\leqq5$　…答　←不等号の向きは変わらない

不等式を成り立たせる文字の値を，その不等式の解，不等式の解を求めることを，その不等式を解くというよ。

3章／方程式

中学生のための

勉強・学校生活アドバイス

やる気はやってから起こるもの

「なんかここ最近勉強のやる気が起きないんです。」

「勉強のやる気が起きないっていう相談をされることは、よくあるよ。でも、その相談の答えは1つ。**“まずは勉強をやってみなさい”**ってこと。」

「えー、それは求めていた答えとはちがう気がします…。」

「たとえば、なんとなく部屋の片付けを始めたら、気分がノッてしまって何時間も部屋の掃除(そうじ)をしていたなんて経験ない？」

「あります。少しやったら、いろいろやりたくなっちゃうんですよね。」

「これは作業興奮といって、心理学者のクレペリンって人が発見したもの。**人間は、特に興味がないことでもやっているうちにやる気や集中力が出てくる**んだよ。」

「勉強もまずはやってみることで、気持ちがノッてくるってことか。」

「じゃあダマされたと思ってやってみます。」

「**タイマーをセットして、まずは10分だけ集中するといいかも**ね。その10分間はスマホもゲームも触(さわ)らない、友だちや部活のことも一切考えない。」

「10分だけならできそう！」

「10分経ったら5分休憩(きゅうけい)して、また10分集中…みたいに、短時間集中を繰(く)り返してみると勉強ってけっこうはかどるよ。」

「それはよさそう。やってみます！」

「慣れてきたら集中の時間を20分、30分と延ばしていこうね。」

4章

比例と反比例

1 比例

関数

［例題1，例題2，例題7］

ともなって変わる2つの数量x，yがあって，**xの値を決めると，それにともなって，yの値がただ1つに決まる**とき，**yはxの関数である**といいます。

このように，x，yのように，いろいろな値をとる文字を**変数**といいます。

■ 関数

例
- 1辺が$x$cmの正方形の周の長さ$y$cm
- 半径$x$cmの円の面積$y\mathrm{cm}^2$

→ **xの値を決めると，yの値は1つに決まる。**
➡yはxの関数である。

■ 変域の表し方

変数のとりうる値の範囲を**変域**といい，**不等号>，<，≧，≦**を使って表す。

例 xが0**以上**5**以下** ➡ **$0 \leqq x \leqq 5$**
（以上・以下：その数をふくむ）

数直線：0 1 2 3 4 5（0と5が●）

例 xが0より**大きく**5**未満** ➡ **$0 < x < 5$**
（大きく・未満：その数をふくまない）

数直線：0 1 2 3 4 5（0と5が○）

（●はその数をふくみ，○はその数をふくまないことを表す。）

▶関数ではない例は？

例 横の長さが$x$cmの長方形の周の長さ$y$cm ➡ xの値を決めても，yの値は決まらないから，yはxの関数ではない。

比例

［例題3～例題7］

yがxの関数で，**$y=ax$**で表されるとき，**yはxに比例する**といいます。

■ 比例の式

$y=ax$ $(a \neq 0)$ **a**を**比例定数**という。
（定数：決まった数や，決まった数を表す文字を定数という）

■ 比例の性質

①xの値が2倍，3倍，4倍，…になると，
yの値も2倍，3倍，4倍，…になる。

②$x \neq 0$のとき，**商$\dfrac{y}{x}$の値は一定**で，**比例定数aに等しい。**

例題 1 関数の意味

Level ★★☆

次のうち，yがxの関数（かんすう）であるものはどれですか。

㋐ 身長$x$cmの人の体重$y$kg

㋑ 1辺が$x$cmの正方形の面積$y$cm^2

㋒ 絶対値がxである数y

㋓ 絶対値がxより小さい整数の個数y個

解き方

xを決めると，yが1つに決まるか調べる ▶ ㋐ 身長を$x$cmと決めても，太っている場合ややせている場合があるため，体重$y$kgは，1つには決まらない。

したがって，yはxの関数ではない。

㋑ 正方形の1辺を$x$cmと決めると，面積$y$cm^{2}は1つに決まる。

したがって，yはxの関数である。

具体的な数で考える ▶ ㋒ たとえば，絶対値が3（x）である数は，3と-3（y）の2つある。

したがって，絶対値がxである数yは1つに決まらないから，yはxの関数ではない。

㋓ たとえば，絶対値が2（x）より小さい整数は，-1，0，1の3（y）個に決まる。

したがって，絶対値xを決めると，絶対値がxより小さい整数の個数y個は1つに決まるから，yはxの関数である。

答 ㋑，㋓

Point xの値を決めると，それにともなって，yの値が1つに決まるかを調べる。

確認 変数と定数

変数…いろいろな値をとることのできる文字。

定数…決まった数や，決まった数を表す文字。

例 π➡円周率という決まった数を表すので，定数である。

くわしく 正方形の1辺$x$cmと面積$y$cm^{2}の関係

正方形の面積＝1辺×1辺

だから，xの値に対応するyの値は，次のようになる。

x	1	2	3	4	5	…
y	1	4	9	16	25	…

くわしく 絶対値がxより小さい整数の個数y個の関係

xの値に対応するyの値は，次のようになる。

x	1	2	3	4	5	…
y	1	3	5	7	9	…

練習

解答 別冊p.22

1 ある自然数xの約数の個数をy個とします。このとき，yはxの関数であるといえますか。また，xはyの関数であるといえますか。

例題 2 変域の表し方 Level ★☆☆

変数(へんすう)xが，次の範囲(はんい)の値をとるとき，xの変域(へんいき)を不等号を使って表しなさい。

(1) −2以上4以下　　(2) 2以上6未満

(3) −1より大きく5以下

解き方

～以上を不等号を使って表す ▶ (1) xが−2以上 ➡ −2をふくむから，$x \geqq -2$
（−2か，−2より大きい）

～以下を不等号を使って表す ▶ xが4以下 ➡ 4をふくむから，$x \leqq 4$
（4か，4より小さい）

これらをまとめて，$-2 \leqq x \leqq 4$ …答
（不等号の向きはそろえる）

～以上を不等号を使って表す ▶ (2) xが2以上 ➡ 2をふくむから，$x \geqq 2$
（2か，2より大きい）

～未満を不等号を使って表す ▶ xが6未満 ➡ 6をふくまないから，$x < 6$
（6より小さい）

これらをまとめて，$2 \leqq x < 6$ …答

より大きいを不等号を使って表す ▶ (3) xが−1より大きい ➡ −1をふくまないから，
$x > -1$

～以下を不等号を使って表す ▶ xが5以下 ➡ 5をふくむから，$x \leqq 5$
（5か，5より小さい）

これらをまとめて，$-1 < x \leqq 5$ …答

Point **以上・以下➡その数をふくむ。**
より大きい・未満➡その数をふくまない。

復習 不等号の種類と向き

- aはb以上…………$a \geqq b$
- aはb以下…………$a \leqq b$
- aはbより大きい…$a > b$
- aはb未満…………$a < b$

図解 xの変域を数直線上で表す

(1) $-2 \leqq x \leqq 4$

−2 −1 0 1 2 3 4 5 6 7

(2) $2 \leqq x < 6$

−2 −1 0 1 2 3 4 5 6 7

(3) $-1 < x \leqq 5$

−2 −1 0 1 2 3 4 5 6 7

xの変域の部分を太線で表し，端の数をふくむときは●，ふくまないときは○で表す。

練習

解答 別冊p.22

2 変数xが，次の範囲の値をとるとき，xの変域を不等号を使って表しなさい。

(1) −4より大きく9未満　　(2) −3以上7以下

例題 3 比例することを示す Level ★★★

次のそれぞれについて，yがxに比例することを示しなさい。また，その比例定数を求めなさい。

(1) 1mの重さが10gの針金xmの重さyg

(2) 底辺が16cm，高さが$x$cmの三角形の面積$y\text{cm}^2$

解き方

ことばの式に数や文字をあてはめる ▶ (1) 針金の重さ＝1mの重さ×長さ

$$y = 10 \times x$$

yをxの式で表す ▶ したがって，式は，$y=10x$

$y=ax$の形かどうか調べる ▶ $y=ax$の形だから，**yはxに比例し，**

比例定数を求める ▶ **比例定数は10** …答

(2) 三角形の面積＝$\frac{1}{2}$×底辺×高さ

$$y = \frac{1}{2} \times 16 \times x$$

したがって，式は，$y=8x$

$y=ax$の形だから，**yはxに比例し，**

比例定数は8 …答

くわしく 比例定数は，負の数や分数の場合もある

比例の関係$y=ax$では，aは0であってはいけないが，$y=-2x$のように比例定数が負の数の場合や，$y=\frac{1}{3}x$のように比例定数が分数の場合もある。

また，比例の性質はx，yが負の数でも成り立つ。

テストで注意 まちがえやすい比例定数

例 $y=\frac{x}{4}$

➡$y=\frac{1}{4}x$と表せるから，比例定数は$\frac{1}{4}$である。

例 $y=2\pi x$

➡πは決まった数を表す文字だから，比例定数は2πである。

練習

解答 別冊p.22

3 次のそれぞれについて，yをxの式で表し，yがxに比例するものをすべて選び，番号で答えなさい。また，比例するものについて，その比例定数を求めなさい。

(1) 1冊150円のノートをx冊買ったときの代金の合計y円

(2) 8kmの道のりを，時速$x$kmで歩いたときにかかった時間y時間

(3) 10本の重さが80gのくぎx本の重さyg

(4) 周の長さが$x$cmの正方形の1辺の長さ$y$cm

(5) 半径が$2x$cmの円の面積$y\text{cm}^2$（ただし，円周率はπとする。）

例題 4 比例の式の求め方 Level ★★★

y は x に比例し，$x=6$ のとき $y=-18$ です。y を x の式で表しなさい。

解き方

y は x に比例するから，比例定数を a とすると，

比例➡$y=ax$ ▶ $y=ax$ とおける。

x，y の値を代入する ▶ $x=6$ のとき $y=-18$ だから，$-18=a\times6$

a の値を求める ▶ $a=-3$

y を x の式で表す ▶ したがって，式は，$\boldsymbol{y=-3x}$ … 答

テストで注意 x の値と y の値を逆に代入しないように！

$x=6$ のとき $y=-18$

$y=ax$

⬇

$-18=a\times6$

別解 比例の性質を使って，比例定数を求める

対応する x，y の商 $\dfrac{y}{x}$ の値を求めると，$\dfrac{-18}{6}=-3$

y が x に比例するから，この値 -3 は比例定数に等しい。

したがって，式は，

$\boldsymbol{y=-3x}$ … 答

例題 5 比例の関係で，y の値を求める Level ★★★

y は x に比例し，$x=-2$ のとき $y=8$ です。$x=-3$ のときの y の値を求めなさい。

解き方

y は x に比例するから，比例定数を a とすると，

比例➡$y=ax$ ▶ $y=ax$ とおける。

x，y の値を代入する ▶ $x=-2$ のとき $y=8$ だから，$8=a\times(-2)$

a の値を求める ▶ $a=-4$

y を x の式で表す ▶ したがって，式は，$y=-4x$

この式に $x=-3$ を代入すると，

求めた式に x の値を代入する ▶ $y=-4\times(-3)=12$ … 答

負の数を代入するときは，かっこをつけて代入するんだったね。

練習

解答▶ 別冊p.22

4 y は x に比例し，$x=-8$ のとき $y=-4$ です。y を x の式で表しなさい。

5 y は x に比例し，$x=-9$ のとき $y=6$ です。$x=-12$ のときの y の値を求めなさい。

例題 6 表の空らんをうめる Level ★★★

右の表は，yがxに比例する関係を表したものです。**ア**～**エ**にあてはまる数を求めなさい。

x	-5	-2	3	**ウ**	**エ**
y	**ア**	12	**イ**	-24	-42

解き方

yはxに比例するから，比例定数をaとすると，

比例➡$y=ax$ ▶ $y=ax$ とおける。

$x=-2$のとき$y=12$だから，

対応するx，yの値がわかっているものを代入 ▶ $12=a\times(-2)$

$a=-6$

yをxの式で表す ▶ したがって，式は，$y=-6x$

ア…式に$x=-5$を代入すると，

xの値を代入して，yの値を求める ▶ $y=-6\times(-5)=30$ …答

イ…式に$x=3$を代入すると，

$y=-6\times3=-18$ …答

ウ…式に$y=-24$を代入すると，

yの値を代入して，xの値を求める ▶ $-24=-6x$

$x=4$ …答

エ…式に$y=-42$を代入すると，

$-42=-6x$

$x=7$ …答

Point 対応するx，yの両方の値がわかっている部分に着目する。

変数x，yが負の数でも，比例の関係$y=ax$は成り立つね。

くわしく x，yの両方の値がわかる部分に着目

表の空らんをうめる問題で，x，yの関係式があたえられていない場合は，**対応するx，yの値の両方がわかるところ**が必ずある。

それを利用して，まず比例の関係を表す式をつくればよい。

確認 xについての方程式と考える

yの値を代入すると，xについての方程式になる。この方程式を解けばよい。

ウ $-24=-6x$

両辺を-6でわると，

$\frac{-24}{-6}=x$，$x=4$

エ $-42=-6x$

両辺を-6でわると，

$\frac{-42}{-6}=x$，$x=7$

練習

解答 別冊p.22

6 右の表は，yがxに比例する関係を表したものです。**ア**～**エ**にあてはまる数を求めなさい。

x	-8	-2	4	**ウ**	**エ**
y	**ア**	**イ**	-6	-9	-15

例題 7 比例の関係と変域 Level ★★☆

30Lはいる空(から)の水そうに，水がいっぱいになるまで，毎分5Lの割合で水を入れます。水を入れ始めてからx分後の水の量をyLとして，次の問いに答えなさい。

(1) yをxの式で表しなさい。

(2) xの変域を，不等号を使って表しなさい。

(3) yの変域を，不等号を使って表しなさい。

解き方

ことばの式に数や文字をあてはめる ▶ (1) 水そうの水の量＝1分間に入れる水の量×時間

$$y = 5 \times x$$

yをxの式で表す ▶ したがって，式は，$\boldsymbol{y=5x}$ …答

(2) 水そうが満水になったときの水の量は30Lだから，満水になるまでにかかる時間は，

$30=5x$ ←$y=5x$に$y=30$を代入

満水時の水の量から，xの最大値を求める ▶ $x=6$(分)

したがって，水そうに水を入れる時間は，

xの変域を考える ▶ 0分から6分までだから，

xの変域は，$\boldsymbol{0 \leqq x \leqq 6}$ …答

(3) 水そうにはいる水の量は，

yの変域を考える ▶ 0Lから30Lまでだから，

yの変域は，$\boldsymbol{0 \leqq y \leqq 30}$ …答

水そうが満水になるまでにかかる時間がxの最大値だね。

くわしく 0も変域に入れる?

$x=0$の場合は，水そうに水を入れていないことを意味するが，「水を入れ始めて0分後」と考えて，$x=0$をxの変域に入れてよい。

特に「$x=0$の場合は除く」ということわりがないかぎり，**$x=0$をxの変域に入れるのが原則**。

同様に，(3)の$y=0$もyの変域に入れること。

参考 変域をつけて表す関数の式

関数の関係を式に表すとき，変数xの変域に制限がある場合には，変域をつけ加えて書くことがある。

たとえば，(1)の式は，

$\boldsymbol{y=5x}$ $(0 \leqq x \leqq 6)$

と表される。

練習

解答 別冊p.22

7 Aさんは，時速4kmの速さで歩いて，家から20km離れたB町まで行くことにしました。x時間歩いたときに，進んだ道のりを$y$kmとして，次の問いに答えなさい。

(1) yをxの式で表しなさい。

(2) xの変域を，不等号を使って表しなさい。

2 座標と比例のグラフ

座標

［例題8～例題11］

負の数も範囲に入れて点の位置を決めるには，それぞれの**原点で直角に交わっている2つの数直線**を考えます。

■ 座標軸（ざひょうじく）

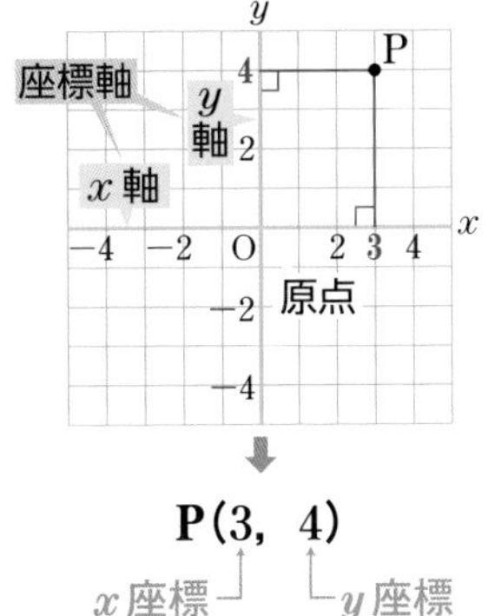

x軸（横軸）➡ 横の数直線のこと。

y軸（縦軸）➡ 縦の数直線のこと。

座標軸 ➡ x軸とy軸を合わせたよび方。

原点（げんてん）➡ 座標軸の交点Oのこと。

■ 点の座標

P(3，4)

x座標　y座標

左の図の点Pの位置を(3，4)と表し，これを点Pの**座標**という。

x座標 ➡ 点(3，4)の**3**のこと。

y座標 ➡ 点(3，4)の**4**のこと。

比例のグラフ

［例題12～例題14］

比例のグラフは，**原点を通る直線**になります。

■ 比例のグラフ

比例の関係$y=ax$のグラフ ➡ 原点を通る直線

$a>0$のとき ⬇ **右上がりの直線**

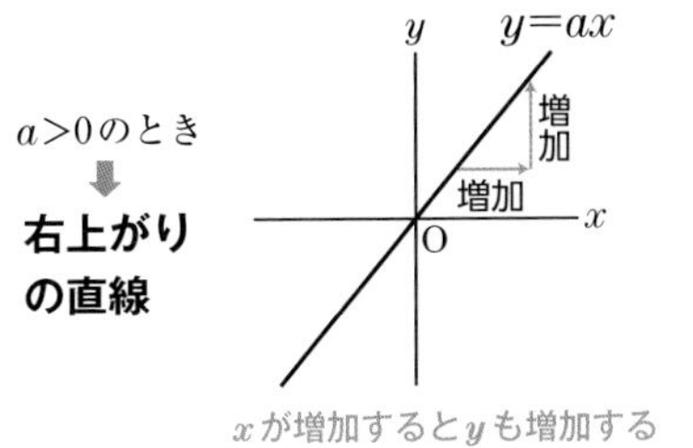

xが増加するとyも増加する

$a<0$のとき ⬇ **右下がりの直線**

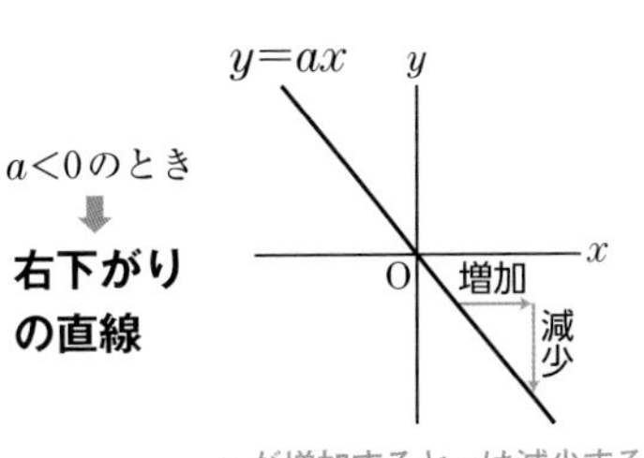

xが増加するとyは減少する

■ 比例のグラフのかき方

$y=ax$のグラフは，**原点**と**原点以外のもう1点を通る直線**をひく。

■ グラフから式を求める

グラフが通る点のうち，**x座標，y座標がともに整数である点**を見つける。

➡ $y=ax$にこの**点の座標を代入**し，aの値を求める。

例題 8 点の座標を求める Level ★☆☆

右の図で，点A，B，C，D，Eの座標を求めなさい。

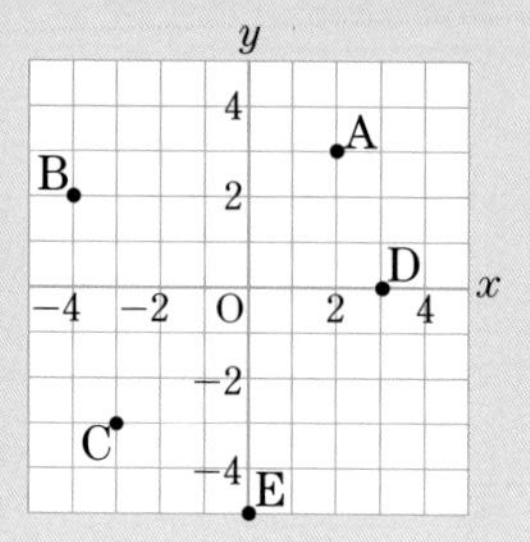

解き方

x座標，y座標を読みとる ▶ 点A…x座標が2，y座標が3

(x座標，y座標)の順に書く ▶ だから，座標は，**A(2，3)** …答

点B…x座標が-4，y座標が2

だから，座標は，**B(−4，2)** …答

点C…x座標が-3，y座標が-3

だから，座標は，**C(−3，−3)** …答

x軸上の点はy座標が0 ▶ 点D…x座標が3，y座標が0

だから，座標は，**D(3，0)** …答

y軸上の点はx座標が0 ▶ 点E…x座標が0，y座標が-5

だから，座標は，**E(0，−5)** …答

Point **x座標がa，y座標がbの点の座標は(a，b)**

図解 点のx座標，y座標の求め方

各点からx軸，y軸に垂直な直線をひき，軸との交点のめもりを読む。

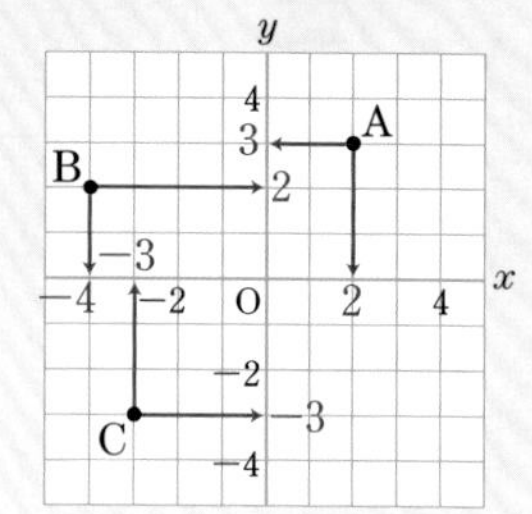

テストで注意 座標軸上の点の座標

x軸上の点のx座標は0
y軸上の点のy座標は0 ✕

とするミスが多いので注意しよう。

正しくは，

x軸上の点のy座標は0
y軸上の点のx座標は0 ○

練 習

解答 別冊p.22

8 右の図で，点P，Q，R，Sの座標を求めなさい。

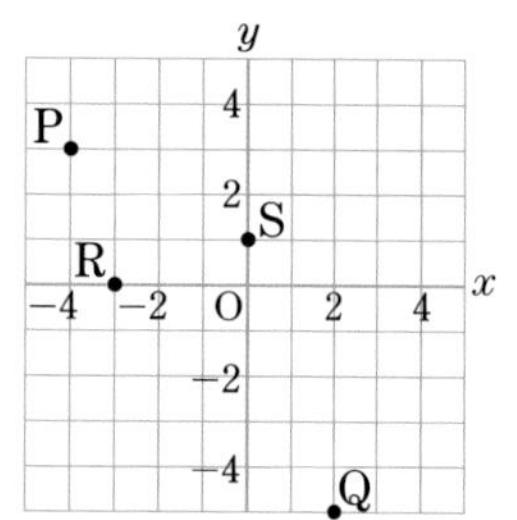

例題 9 点をかき入れる　Level ★☆☆

座標平面上に，座標が次のような点をかき入れなさい。

A(2, 5)　　B(−4, −3)　　C(4, 0)

解き方

x座標，y座標をつかむ ▶ A(2, 5)…x座標が2，y座標が5

軸に垂直な直線をひき，交点を求める ▶ したがって，x軸上の2の点と，y軸上の5の点から，それぞれの軸に垂直にひいた直線の交点をAとする。

B(−4, −3)…x座標が−4，y座標が−3

したがって，x軸上の−4の点と，y軸上の−3の点から，それぞれの軸に垂直にひいた直線の交点をBとする。

C(4, 0)…x座標が4，y座標が0

y座標が0の点はx軸上の点 ▶ したがって，x軸上の4の点をCとする。

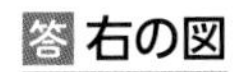
答 右の図

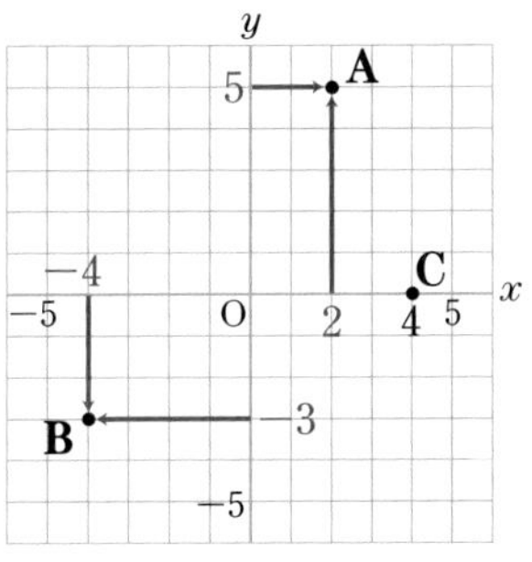

別解 原点から数える考え方

原点(げんてん)Oから右へ2，上へ5進んだところにある点と考えて，点Aをとることもできる。

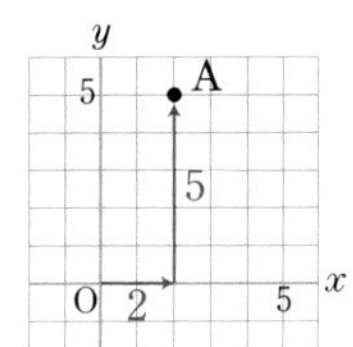

参考 座標軸で分けられる点の符号

座標軸によって，平面は4つの部分に分けられる。このとき，それぞれの部分にある点のx座標，y座標の符号は，次の図のようになる。

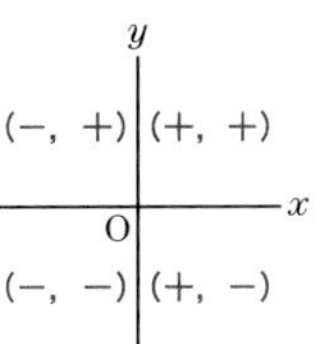

練習　解答 別冊p.22

9 座標が次のような点を，右の図にかき入れなさい。

P(4, 4)　　Q(−3, 2)

R(3, −4)　　S(0, 3)

T(−2, 0)

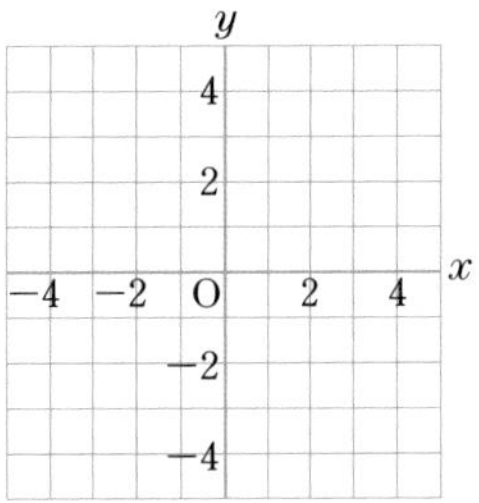

4章 比例と反比例　2 座標と比例のグラフ

例題 10 対称な点の座標　Level ★★★

点A$(-3,\ 4)$について，次のような点の座標を求めなさい。

(1)　x軸について対称な点B　(2)　y軸について対称な点C

(3)　原点について対称な点D

解き方

座標平面に，点Aをとる。

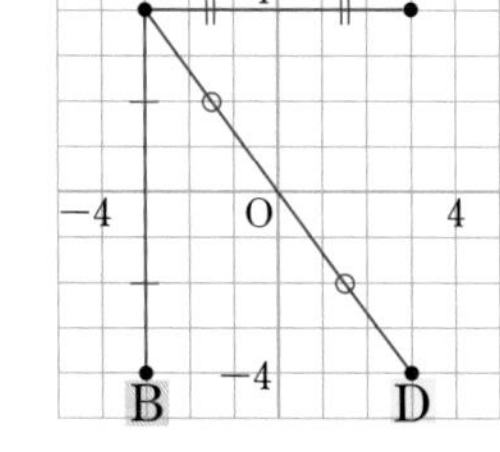

(1)　x軸について対称，つまりy座標の符号を逆にした点をとる。

(2)　y軸について対称，つまりx座標の符号を逆にした点をとる。

(3)　原点について対称，つまりx座標，y座標それぞれの正負を入れ替えた点をとる。

右上の図から，点B，C，Dの座標を読み取ると，

答 (1) **B$(-3,\ -4)$**　(2) **C$(3,\ 4)$**　(3) **D$(3,\ -4)$**

テストで注意　対称な点の座標

点P$(a,\ b)$と，

x軸について対称な点Qの座標
➡Q$(a,\ -b)$

y軸について対称な点Rの座標
➡R$(-a,\ b)$

原点について対称な点Sの座標
➡S$(-a,\ -b)$

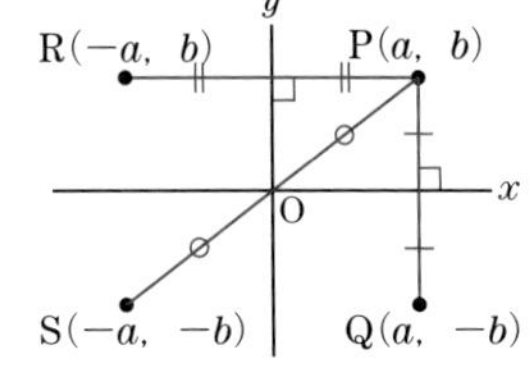

練習

解答 別冊p.22

10　点A$(5,\ -2)$について，次のような点の座標を求めなさい。

(1)　x軸について対称な点B　(2)　y軸について対称な点C

(3)　原点について対称な点D

(4)　x軸の正の方向へ2，y軸の負の方向へ3だけ移動した点E

Column　音階と弦の長さ

弦楽器の音の高さは，同じ太さの弦では弦の長さの比によって決まります。

ドの弦の長さを基準にとり，この長さを1とすると，各音階の弦の長さは，下のようになります。

ド	レ	ミ	ファ	ソ	ラ	シ	ド
1	$\frac{8}{9}$	$\frac{64}{81}$	$\frac{3}{4}$	$\frac{2}{3}$	$\frac{16}{27}$	$\frac{128}{243}$	$\frac{1}{2}$

例題 11 座標と図形　Level ★★★

右の図のように，3点A(−3，4)，B(−5，1)，C(2，−1)があります。点Dをとり，平行四辺形ABCDをつくるとき，点Dの座標を求めなさい。

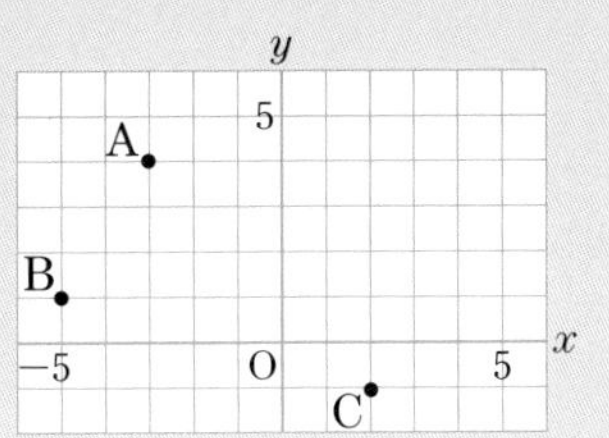

解き方

平行四辺形ABCDをかいて，点Dの位置の見当をつける。

点Aと点Bの位置関係をつかむ ▶ これより，点Aは，点Bから右へ2，上へ3進んだところにある。

点Cと点Dの位置関係をつかむ ▶ 同様に，点Dは，点Cから右へ2，上へ3進んだところにあるから，

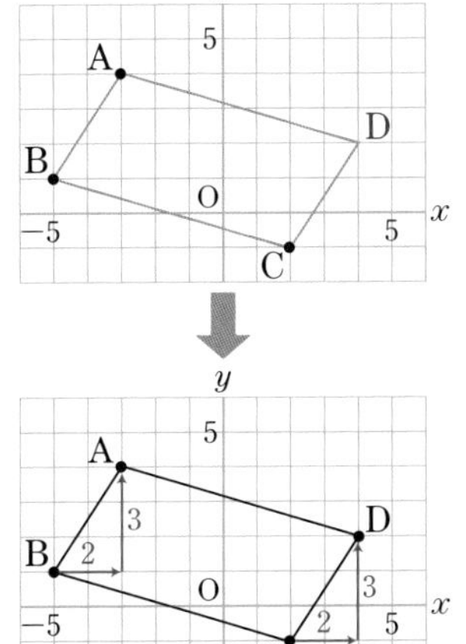

右へ2，上へ3進んだ点の座標を求める ▶ D(2+2，−1+3) ➡ **D(4，2)** …答

平行四辺形の向かい合った辺の長さは等しく，向かい合った角の大きさは等しいよ。

参考　左の平行四辺形の面積の求め方

平行四辺形を囲む長方形PQRSをつくる。

平行四辺形ABCDの面積は，長方形PQRSの面積から4つの直角三角形PBA，BQC，DCR，ADSの面積をひけば求められる。

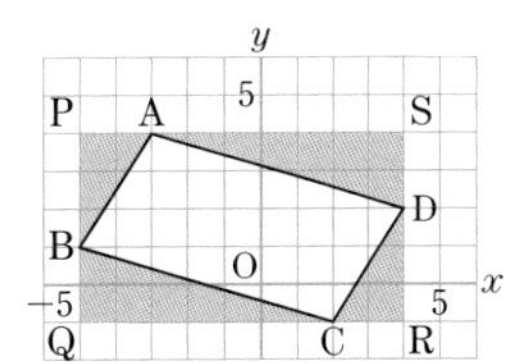

練習　解答 別冊p.23

11 右の図のように，3点A(2，4)，B(−4，1)，C(4，−3)があります。3点A，B，Cを頂点とする三角形ABCの面積を求めなさい。(ただし，座標の1めもりを1cmとします。)

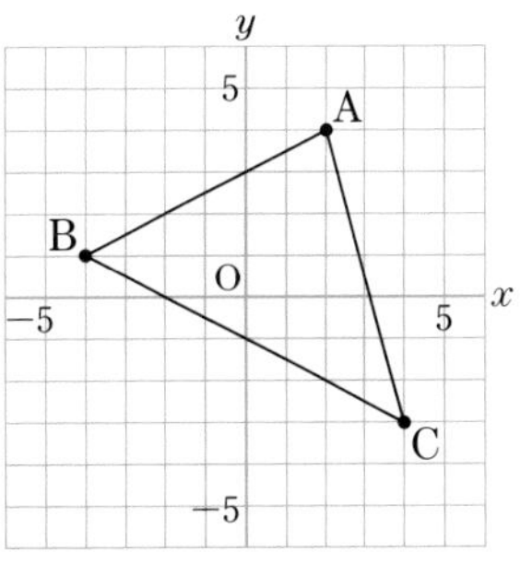

例題 12 比例のグラフのかき方 Level ★

次のグラフをかきなさい。

(1) $y=3x$　(2) $y=-2x$　(3) $y=\dfrac{2}{3}x$

解き方

原点以外の1点の座標を求める ▶ (1) $x=1$のとき，$y=3\times1=3$

原点ともう1つの点を通る直線をひく ▶ したがって，原点と点(1, 3)を通る直線をひく。

(2) $x=1$のとき，$y=-2\times1=-2$

したがって，原点と点(1, −2)を通る直線をひく。

(3) $x=3$のとき，$y=\dfrac{2}{3}\times3=2$

したがって，原点と点(3, 2)を通る直線をひく。

答 右の図

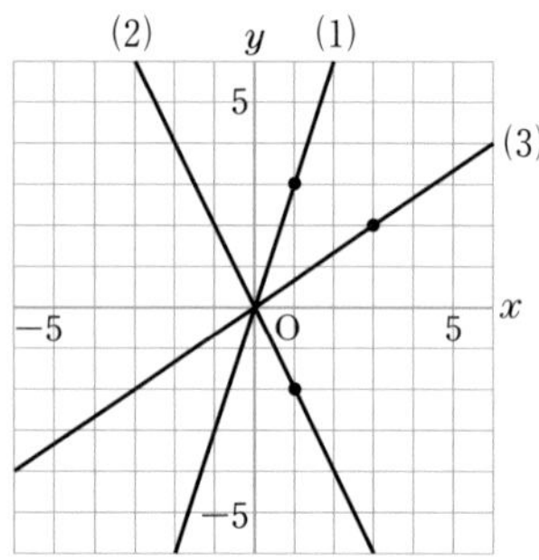

図解 $y=ax$のグラフのかき方

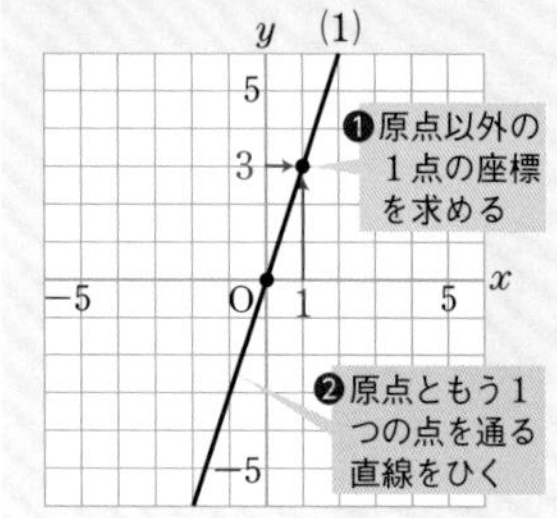

テストで注意 x，y座標とも整数になるような点をとる

(3) $\left(1, \dfrac{2}{3}\right)$，$\left(2, \dfrac{4}{3}\right)$などの点は，正確にとることができないので，$x$座標も$y$座標も，ともに整数になるような点をとるようにしよう。

(3)の場合は，**xの係数の分母3の倍数**3, 6, 9, …などをx座標とすると，y座標も整数になる。

練習

解答 ▶ 別冊p.23

12 次のグラフをかきなさい。

(1) $y=4x$

(2) $y=\dfrac{1}{3}x$

(3) $y=-\dfrac{3}{2}x$

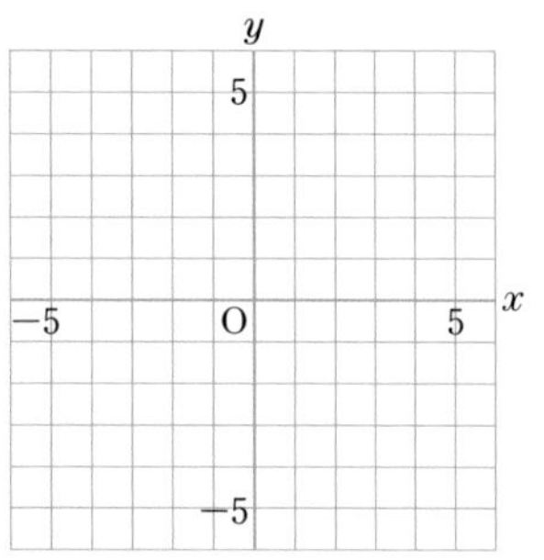

例題 13 比例のグラフとx，yの増減 Level ★☆☆

次の比例の関係について，xが1ずつ増加すると，yはどのように変化しますか。

(1) $y=2x$　　(2) $y=-2x$

解き方

グラフをかく ▶ (1) $y=2x$のグラフは，右の図のようになる。

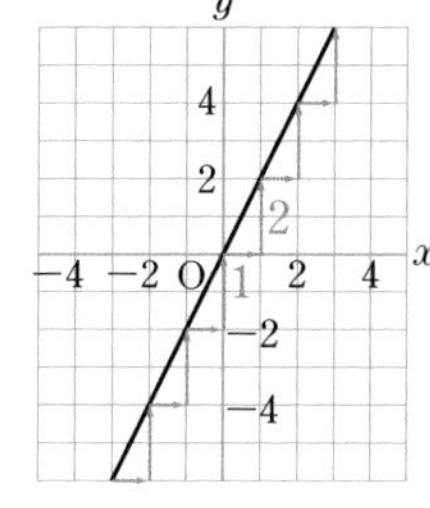

xが右へ1進むときのyの進み方を調べる ▶ xが右へ1進むと，yは上へ2進むことがわかる。

したがって，xが1ずつ増加すると，

yは2ずつ増加する。…答

(2) $y=-2x$のグラフは，右の図のようになる。

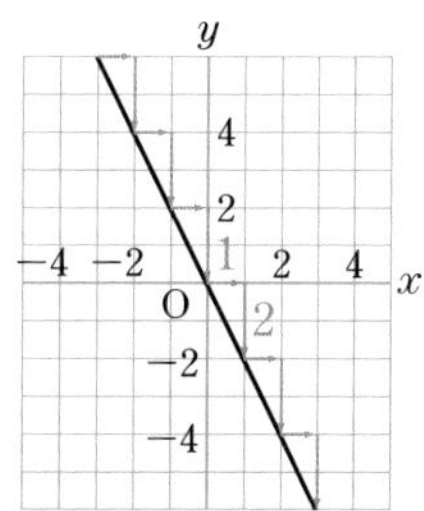

xが右へ1進むと，yは下へ2進むことがわかる。

したがって，xが1ずつ増加すると，

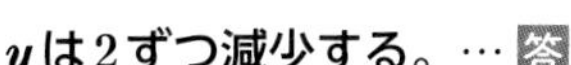

yは2ずつ減少する。…答

くわしく **$y=ax$のaの正負で，グラフが右上がりか，右下がりかがわかる!**

● $a>0$のとき

➡グラフは**右上がり**

➡**xが増加**すると，**yも増加**

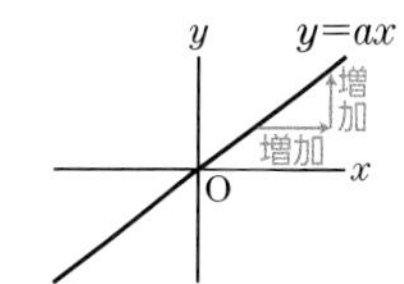

● $a<0$のとき

➡グラフは**右下がり**

➡**xが増加**すると，**yは減少**

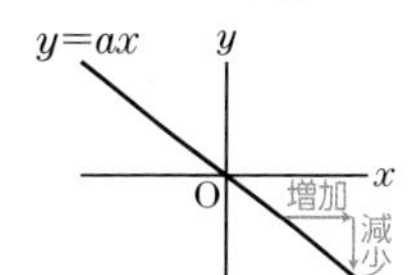

練習

解答 別冊p.23

13 次の問いに答えなさい。

(1) 次の比例の関係について，xが4ずつ増加すると，yはどのように変化しますか。

① $y=\frac{3}{4}x$　　② $y=-\frac{3}{4}x$

(2) yはxに比例し，xの値が2増加するとyの値が5減少するとき，yをxの式で表しなさい。

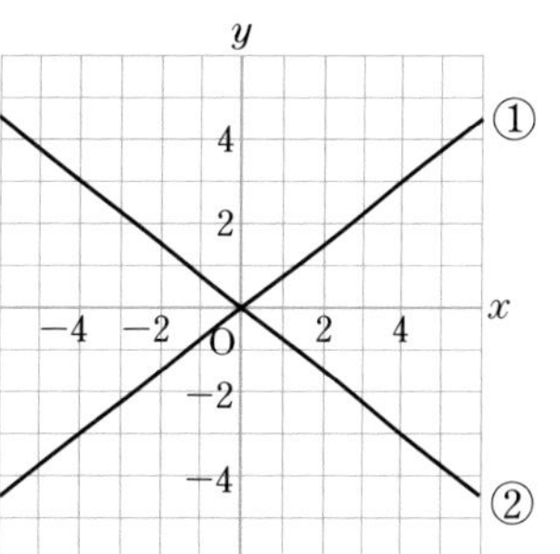

例題 14 比例のグラフの式の求め方 Level ★★★

右の(1)，(2)は，比例のグラフです。それぞれについて，y を x の式で表しなさい。

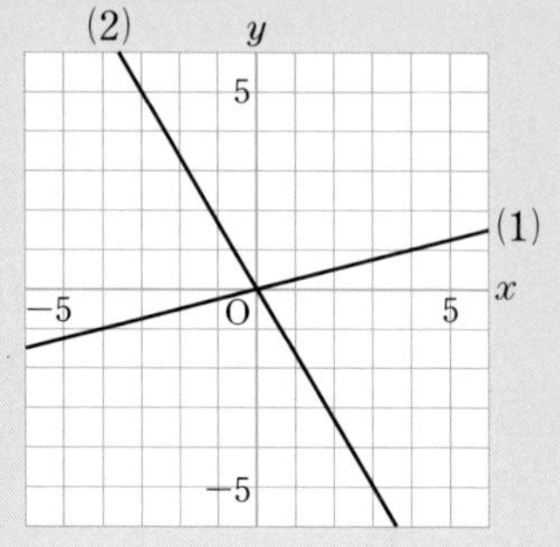

図解 グラフが通る点の見つけ方

x 座標，y 座標がともにはっきりとわかる点を見つける。
x 座標，y 座標とも整数である点をとるとまちがいが少ない。

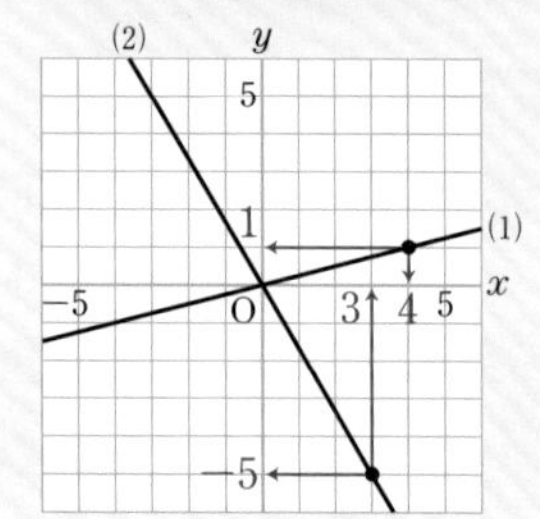

解き方

グラフが通る点を見つける ▶ (1) グラフは，点(4，1)を通るから，

$y=ax$ に $x=4$，$y=1$ を代入すると，

比例のグラフの式だから，$y=ax$ とおける

$y=ax$ に通る点の座標を代入 ▶ $1=a\times4$

a の値を求める ▶ $a=\frac{1}{4}$

したがって，式は，$\boldsymbol{y=\frac{1}{4}x}$ …答

(2) グラフは，点(3，−5)を通るから，

$y=ax$ に $x=3$，$y=-5$ を代入すると，

$-5=a\times3$

$a=-\frac{5}{3}$

したがって，式は，$\boldsymbol{y=-\frac{5}{3}x}$ …答

練習

解答 別冊p.23

14 右の(1)，(2)は，比例のグラフです。それぞれについて，y を x の式で表しなさい。

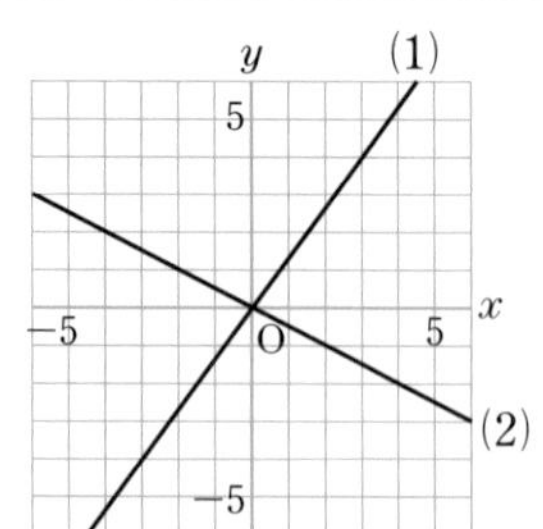

3 反比例

反比例

[例題15～例題17]

yがxの関数で，$y=\dfrac{a}{x}$で表されるとき，**yはxに反比例する**といいます。

■ 反比例の式	$y=\dfrac{a}{x}$　$(a \neq 0)$　**aを比例定数**という。
■ 反比例の性質	①xの値が2倍，3倍，4倍，…になると，**yの値は$\dfrac{1}{2}$倍，$\dfrac{1}{3}$倍，$\dfrac{1}{4}$倍，…**になる。 ②**積xyの値は一定**で，**比例定数aに等しい**。 ➡ $xy=a$

反比例のグラフ

[例題18～例題19]

反比例のグラフは，原点について対称な2**つのなめらかな曲線（双曲線）**になります。

グラフはx軸，y軸に近づきながら限りなくのびますが，**座標軸と交わることはありません**。

■ 反比例のグラフ

反比例の関係$y=\dfrac{a}{x}$のグラフ ➡ 双曲線

$a>0$のとき ⬇ **ⅠとⅢの部分にある**

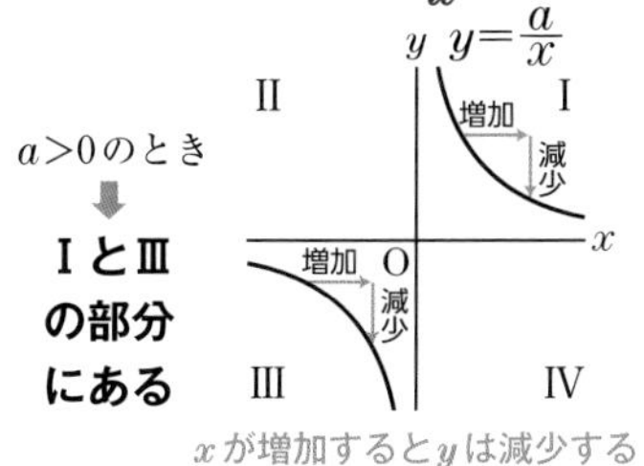

xが増加するとyは減少する

$a<0$のとき ⬇ **ⅡとⅣの部分にある**

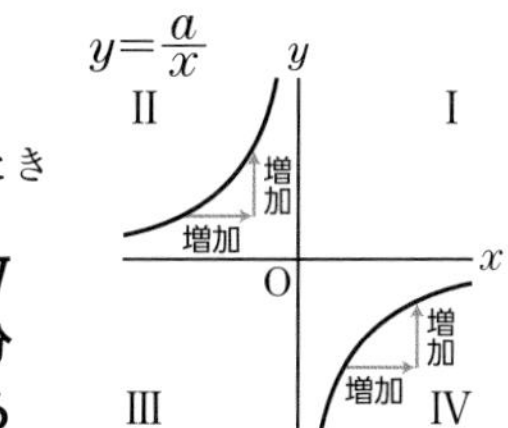

xが増加するとyも増加する

■ 反比例のグラフのかき方

$y=\dfrac{a}{x}$のグラフは，①**対応するx，yの値の組**を求め，
②**それらの値の組を座標とする点**をとり，
③とった点を**なめらかな曲線**で結ぶ。

■ 反比例のグラフの特徴

双曲線は原点について対称だから，
点(p, q)がグラフ上にあるとき，
点$(-p, -q)$もグラフ上にある。

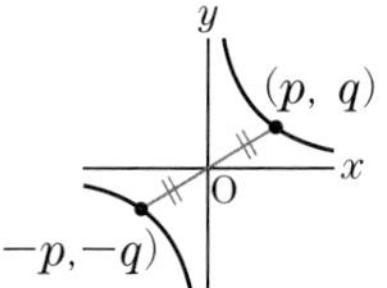

例題 15 反比例することを示す Level ★☆☆

次のそれぞれについて，yがxに反比例することを示しなさい。また，その比例定数を求めなさい。

(1) 80kmの道のりを，時速$x$kmの自動車で走ったときにかかる時間をy時間とする。

(2) 面積が$12cm^2$の三角形の底辺を$x$cm，高さを$y$cmとする。

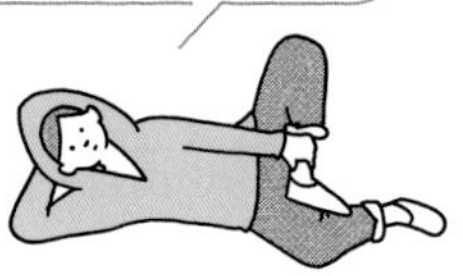

解き方

ことばの式に数や文字をあてはめる ▶ (1) 時間＝道のり÷速さ

$y = 80 \div x$

yをxの式で表す ▶ したがって，式は，$y=\frac{80}{x}$

$y=\frac{a}{x}$の形かどうか調べる ▶ $y=\frac{a}{x}$の形だから，**yはxに反比例し，**

比例定数を求める ▶ **比例定数は80** …答

(2) 三角形の面積＝$\frac{1}{2}$×底辺×高さ

$12 = \frac{1}{2} \times x \times y$ ➡ $24=xy$

したがって，式は，$y=\frac{24}{x}$

$y=\frac{a}{x}$の形だから，**yはxに反比例し，**

比例定数は24 …答

くわしく 比例定数は，負の数の場合もある

反比例の関係$y=\frac{a}{x}$では，aは0であってはいけないが，**負の数の場合**もある。

たとえば，$y=-\frac{3}{x}$は$y=\frac{-3}{x}$と表せるから，比例定数は-3である。

テストで注意 $xy=a$の形ならば反比例

(2)では，$24=xy$を，$y=\frac{24}{x}$の形に変形して，yがxに反比例することを示しているが，「**$xy=24$で，積が一定だから，yはxに反比例する**」としてもよい。

練習

解答 別冊p.23

15 次のそれぞれについて，yをxの式で表し，yがxに反比例するものをすべて選び，番号で答えなさい。また，反比例するものについて，その比例定数を求めなさい。

(1) 60cmのテープをx等分したときの1本分の長さ$y$cm

(2) 周の長さが20cmの長方形の縦の長さ$x$cmと横の長さ$y$cm

(3) 面積が$36cm^2$の平行四辺形の底辺$x$cmと高さ$y$cm

例題 16 反比例の式の求め方 Level ★★★

次の問いに答えなさい。

(1) yはxに反比例し，$x=2$のとき$y=5$です。yをxの式で表しなさい。

(2) yはxに反比例し，$x=4$のとき$y=-3$です。$x=-2$のときのyの値を求めなさい。

解き方

(1) yはxに反比例するから，比例定数をaとすると，

反比例➡$y=\frac{a}{x}$ ▶ $y=\frac{a}{x}$ とおける。

x，yの値を代入する ▶ $x=2$のとき$y=5$だから，$5=\frac{a}{2}$

aの値を求める ▶ $a=10$

yをxの式で表す ▶ したがって，式は，$\boldsymbol{y=\frac{10}{x}}$ …答

(2) yはxに反比例するから，比例定数をaとすると，

反比例➡$y=\frac{a}{x}$ ▶ $y=\frac{a}{x}$ とおける。

x，yの値を代入する ▶ $x=4$のとき$y=-3$だから，$-3=\frac{a}{4}$

aの値を求める ▶ $a=-12$

yをxの式で表す ▶ したがって，式は，$y=-\frac{12}{x}$

この式に$x=-2$を代入すると，

求めた式にxの値を代入する ▶ $y=-\frac{12}{-2}=6$ …答

「xとyの関係を式で表しなさい」と問われている場合は，$xy=a$の形で答えてもいいよ。

テストで注意 ーは分数の前に書こう!

$y=\frac{-12}{x}$とは書かずに，文字式の表し方で学習したように，負の符号ーは，分数の前に出して，

$y=-\frac{12}{x}$と書こう。

別解 積xyの値が一定であることを利用

(2) yがxに反比例するとき，**積xyの値は一定**だから，

$4\times(-3)=-2\times y$

が成り立つ。これを解いて，

$-12=-2y$ ➡ $\boldsymbol{y=6}$ …答

練習 解答 別冊p.23

16 次の問いに答えなさい。

(1) yはxに反比例し，$x=-2$のとき$y=3$です。yをxの式で表しなさい。

(2) yはxに反比例し，$x=2$のとき$y=10$です。$x=4$のときのyの値を求めなさい。

例題 17 表の空らんをうめる　Level ★★★

右の表は，yがxに反比例する関係を表したものです。

ア～**ウ**にあてはまる数を求めなさい。

x	-2	3	**ウ**	12
y	**ア**	**イ**	6	2

解き方

yはxに反比例するから，比例定数をaとすると，

反比例➡$y=\dfrac{a}{x}$ ▶ $y=\dfrac{a}{x}$ とおける。

$x=12$のとき$y=2$だから，

対応するx，yの値がわかっているものを代入 ▶ $2=\dfrac{a}{12}$

aの値を求める ▶ $a=24$

したがって，式は，$y=\dfrac{24}{x}$

ア…式に$x=-2$を代入すると，

xの値を代入して，yの値を求める ▶ $y=\dfrac{24}{-2}=\mathbf{-12}$ …答

イ…式に$x=3$を代入すると，

$y=\dfrac{24}{3}=\mathbf{8}$ …答

ウ…式に$y=6$を代入すると，

yの値を代入して，xの値を求める ▶ $6=\dfrac{24}{x}$

$x=\mathbf{4}$ …答

Point **対応するx，yの両方の値がわかっている部分に着目する。**

参考 **$x=1$のときのyの値が比例定数**

- 比例の式$y=ax$で，$x=1$のときのyの値は，
  $y=a\times1$ ➡ $y=a$
- 反比例の式$y=\dfrac{a}{x}$で，$x=1$のときのyの値は，
  $y=\dfrac{a}{1}$ ➡ $y=a$

テストで注意 **代入する文字の値をしっかり確認！**

ア，**イ**では，xの値を代入したので，**ウ**でも，$y=\dfrac{24}{6}$としてしまうミスが多い。

表の中の6はyの値なので，yに6を代入しなければいけない。

xに代入するのか，yに代入するのかを，しっかり確認するようにしよう。

練習

解答 別冊p.23

17 右の表は，yがxに反比例する関係を表したものです。**ア**～**エ**にあてはまる数を求めなさい。

x	-6	**イ**	3	4	**エ**
y	**ア**	24	-16	**ウ**	-8

例題 18 反比例のグラフのかき方 Level ★☆☆

$y=\dfrac{12}{x}$ のグラフをかきなさい。

解き方

対応するx，yの値は，下の表のようになる。

x	…	−12	−6	−4	−3	−2	−1	0	1	2	3	4	6	12	…
y	…	−1	−2	−3	−4	−6	−12	×	12	6	4	3	2	1	…

対応するx，yの値の組を座標とする点をとり，とった点をなめらかな2つの曲線で結ぶ。

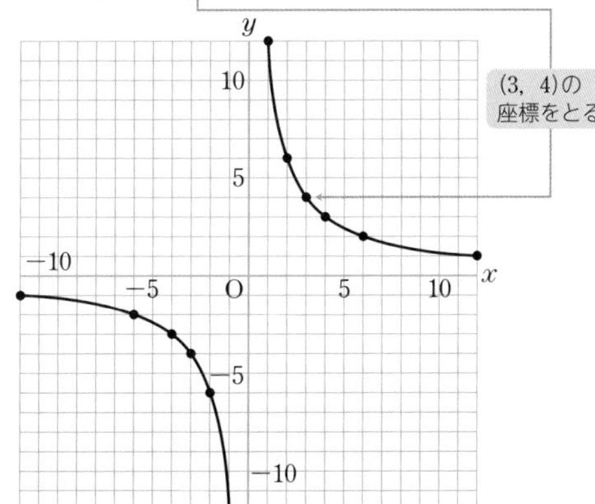

答 右の図

✔確認 **反比例のグラフと座標軸の関係**

グラフはx軸，y軸に近づきながら限りなくのびるが，**座標軸と交わることはない。**

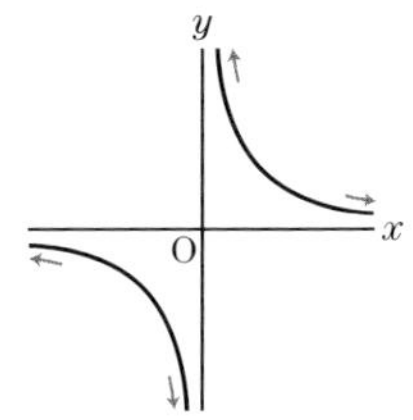

くわしく **原点について対称であることを利用する**

反比例のグラフは，原点について対称なので，**点(p，q)を通るとき，必ず，点($-p$，$-q$)も通る。**このことを利用して，まず，$x>0$の範囲のグラフをていねいに調べてかいてから，$x<0$の範囲のグラフをかいてもよい。

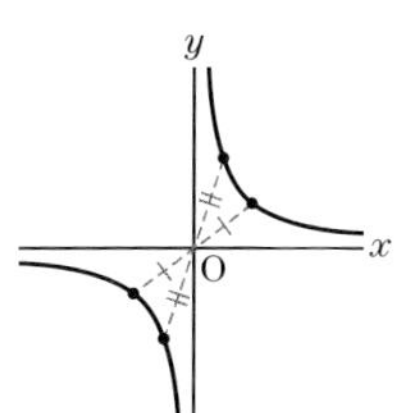

練習

解答 別冊p.24

18 次のグラフをかきなさい。

(1) $y=\dfrac{8}{x}$

(2) $y=-\dfrac{6}{x}$

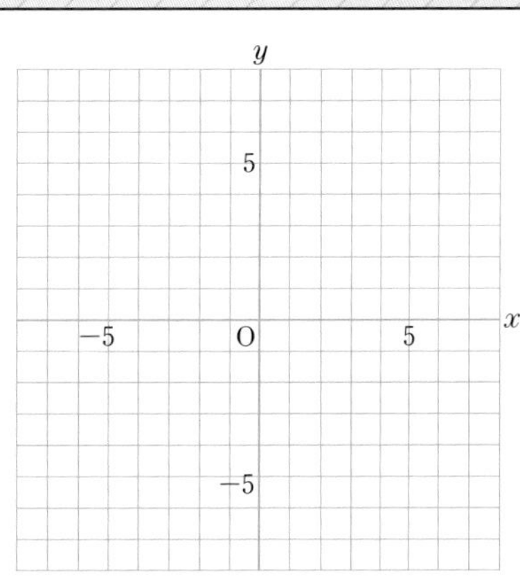

例題 19 反比例のグラフの式の求め方 Level ★★★

右の(1)，(2)は，反比例のグラフです。それぞれについて，yをxの式で表しなさい。

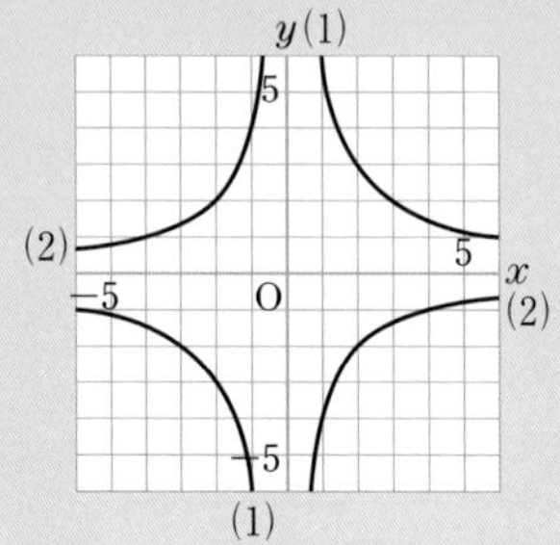

図解 x座標，y座標がともに整数の点を選ぶ

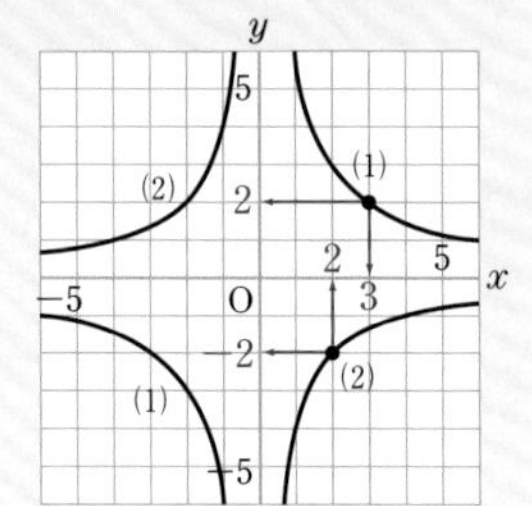

解き方

グラフが通る点を見つける ▶ (1) グラフは，点(3, 2)を通るから，

$y=\frac{a}{x}$に$x=3$，$y=2$を代入すると，

反比例のグラフの式だから，$y=\frac{a}{x}$とおける

$y=\frac{a}{x}$に通る点の座標を代入 ▶ $2=\frac{a}{3}$

aの値を求める ▶ $a=6$

したがって，式は，$y=\frac{6}{x}$ …答

(2) グラフは，点(2, −2)を通るから，

$y=\frac{a}{x}$に$x=2$，$y=-2$を代入すると，

$-2=\frac{a}{2}$，$a=-4$，式は，$y=-\frac{4}{x}$ …答

Point $y=\frac{a}{x}$に，グラフが通る点の座標を代入。

別解 グラフが通るほかの点の座標を代入してもよい

(1) グラフは，点(1, 6)，(2, 3)，(6, 1)，(−1, −6)，(−2, −3)，(−3, −2)，(−6, −1)を通るから，これらの点の座標を代入してもよい。

練習

解答 別冊p.24

19 右の(1)，(2)は，反比例のグラフです。それぞれについて，yをxの式で表しなさい。

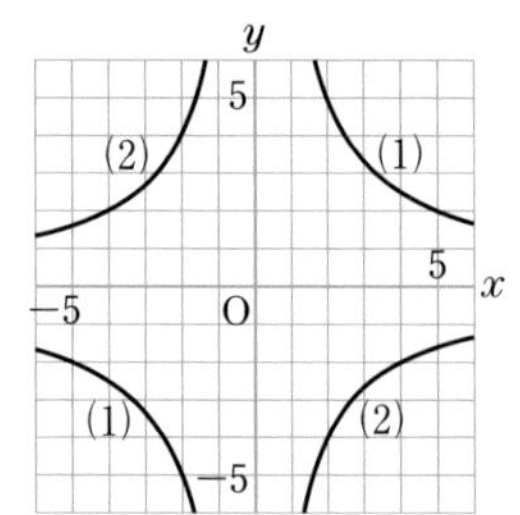

4 比例と反比例の利用

比例や反比例の利用

［例題20～例題22］

比例や反比例の関係を使って，文章題を解くことができます。

■ 比例や反比例の応用問題の解き方	①ともなって変わる2つの量の関係が比例になるのか，反比例になるのかを調べる。 ②比例ならば$y=ax$，反比例ならば$y=\frac{a}{x}$とおく。 ③対応するx，y**の値を代入**して，a**の値**を求める。 ④y**を**x**の式で表し**，その式にx**または**y**の値を代入**して，yまたはxの値を求める。

グラフの利用

［例題23～例題25］

比例のグラフの読み取りでは，**x軸に時間，y軸に道のりをとった速さの関係のグラフ**がよくあつかわれます。

■ 速さの関係のグラフの読み取り

例　下のグラフは，姉と妹が家から公園まで歩いたようすを，出発してからx分後の家からの道のりをymとして表したものである。

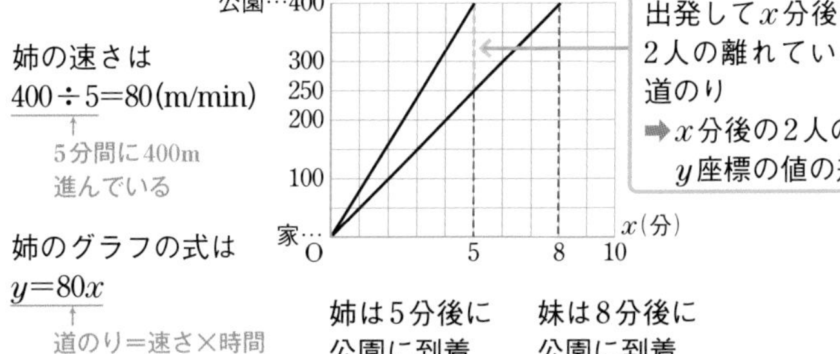

■ 比例と反比例のグラフ

$y=ax$のグラフと$y=\frac{b}{x}$のグラフが交わった点Pの座標の値は，この2つの式を両方とも満たす。

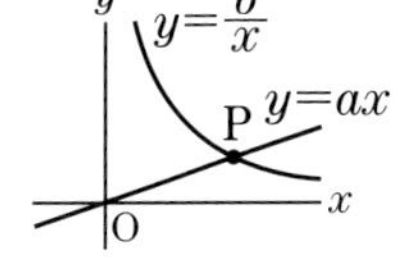

例題 20 比例の利用 Level ★★★

くぎ15本の重さをはかると24gありました。同じくぎ300本の重さは何gですか。

本数(本)	15	300
重さ(g)	24	

解き方

くぎx本の重さをygとすると，yはxに比例するから，$y=ax$とおける。（比例➡$y=ax$）

くぎ15本の重さが24gだから，$x=15$，$y=24$を代入すると，

（x，yの値を代入）$24=a\times15$

（aの値を求める）$a=\frac{8}{5}$

（yをxの式で表す）したがって，式は，$y=\frac{8}{5}x$

くぎ300本の重さは，上の式に$x=300$を代入して，

（xの値を代入してyの値を求める）$y=\frac{8}{5}\times300=480$

答 480g

xの値が■倍になると，yの値も■倍になることを利用して解くこともできる。

本数(本)	15	300
重さ(g)	24	

（20倍）

300本は15本の何倍かを求めると，

300÷15＝20(倍)

したがって，重さも20倍になると考えられるから，

24×20＝480(g)

答 480g

テストで注意 xとyの値をとりちがえるな!

ウッカリして，~~$15=a\times24$~~としてはいけない。xの値は右辺に，yの値は左辺に代入すること。

練習

解答 別冊p.24

針金4mの重さをはかると72gありました。同じ針金25mの重さは何gですか。

長さ(m)	4	25
重さ(g)	72	

例題 21 反比例の利用(1) Level ★★☆

毎分3Lずつ水を入れると40分でいっぱいになる水そうがあります。この水そうに，毎分5Lずつ水を入れると，いっぱいになるまでに何分かかりますか。

解き方

毎分xLずつ水を入れたとき，水そうがいっぱいになるまでにy分かかるとすると，

xとyの関係を式で表す ▶ $x \times y = 3 \times 40$

yをxの式で表す ▶ したがって，式は，$y=\dfrac{120}{x}$

毎分5Lずつ水を入れたときにかかる時間は，上の式に，$x=5$を代入して，

xの値を代入してyの値を求める ▶ $y=\dfrac{120}{5}=24$(分)

答 24分

Point 「水の入れ方が変わっても，満水のときの水の量は変わらない。」

くわしく 水そうがいっぱいになる水の量は同じ！

水そうがいっぱいになるときの水の量は，毎分3Lずつ40分入れたときと，毎分xLずつy分入れたときで変わらない。

このことから，式をつくる。

確認 満水になるのにかかる時間は1分間に入れる水の量に反比例する

xとyの関係が$y=\dfrac{a}{x}$で表されるので，yはxに反比例することがわかる。

つまり，満水になるまでにかかる時間は，1分間に入れる水の量に反比例する。

また，**比例定数は水そうがいっぱいになったときの水の量**になっている。

練習

解答 別冊p.24

21 水を入れるための管が4本ついている水そうがあります。それぞれの管から1分間あたりに出る水の量は同じです。また，水そうをいっぱいにするのに，3本の管では48分かかります。次の問いに答えなさい。

(1) 水そうをいっぱいにするのに，1本の管では何時間何分かかりますか。

(2) 水そうをいっぱいにするのに，4本の管全部を使うと何分かかりますか。

例題 22 反比例の利用(2)

Level ★★★

歯車AとBがかみ合っています。歯車Aの歯数は30で，毎秒8回転しています。次の問いに答えなさい。

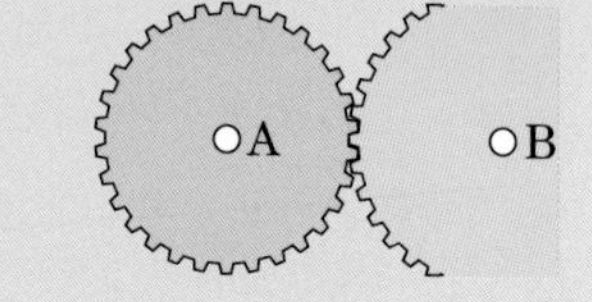

(1) 歯車Bは歯数がxで，毎秒y回転するとして，yをxの式で表しなさい。

(2) 歯車Bの歯数を48とすると，Bは毎秒何回転しますか。

(3) 歯車Bを毎秒6回転させるには，Bの歯数を何個にすればよいですか。

解き方

(1) Aが1秒間にBとかみ合う歯数は，

AとBがかみ合う歯数を求める ▶ $30\times8=240$(個)

Bが1秒間にAとかみ合う歯数は，

$x\times y=xy$(個)

1秒間にかみ合う歯数は等しい ▶ これらが等しいから，$xy=240$

yをxの式で表す ▶ したがって，式は，$y=\dfrac{240}{x}$ …答

(2) $y=\dfrac{240}{x}$に$x=48$を代入すると，

xの値を代入してyの値を求める ▶ $y=\dfrac{240}{48}=5$　　答 毎秒5回転

(3) $y=\dfrac{240}{x}$に$y=6$を代入すると，

yの値を代入してxの値を求める ▶ $6=\dfrac{240}{x}$，$x=40$　　答 40個

Point 一定時間内に，かみ合う歯数は等しい。

くわしく かみ合っている1点に目をつける！

Aが1回転すると，Bとかみ合っている1点を，Aの歯は30個通過する。だから，8回転で30×8(個)通過することになる。

一般に，かみ合う歯数は，

(歯車の歯数)×(一定時間の回転数)

で求められる。

確認 回転数は歯数に反比例する

xとyの関係が$y=\dfrac{a}{x}$で表されるので，yはxに反比例することがわかる。

つまり，歯車Bで，1秒間の回転数は歯数に反比例する。

練習

解答 別冊p.24

22 右の図のようなてんびんで，支点(してん)から$x$cmのところにつるしたygのおもりと，支点から$a$cmのところにつるしたbgのおもりがつり合うとき，$x\times y=a\times b$という関係が成り立ちます。支点から6cmのところに30gのおもりをつるし，支点の反対側に，これとつり合うように45gのおもりをつるします。支点から何cmのところにつるせばよいですか。

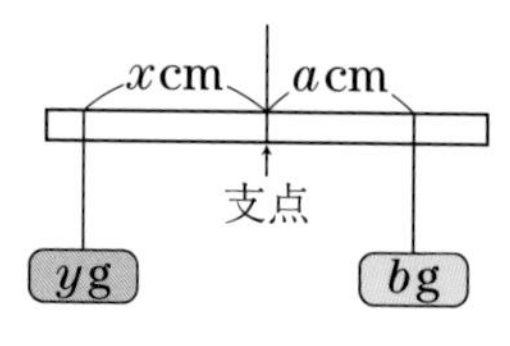

例題 23 比例のグラフの利用 Level ★★★

兄と弟が家を同時に出発して，家から600m離れた駅に歩いて向かいました。右のグラフは，2人が家を出発してからx分後の家からの道のりをymとして，xとyの関係を表したものです。次の問いに答えなさい。

(1) 兄と弟それぞれについて，yをxの式で表しなさい。

(2) 2人が150m離れるのは，家を出発してから何分後ですか。

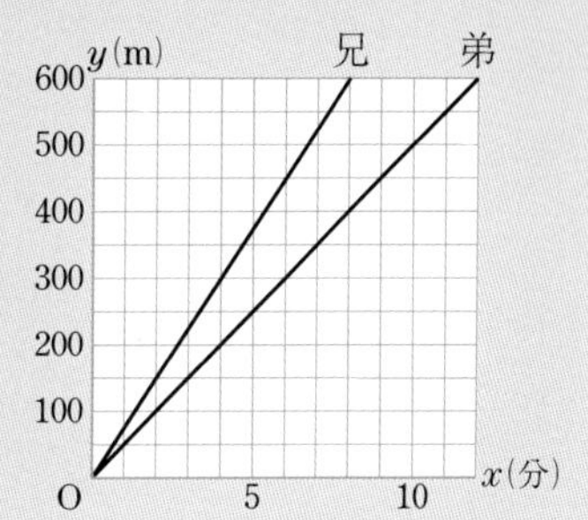

解き方

(1) 兄は8分間に600m進んでいるから，

兄の速さを求める ▶ 兄の速さは，$600 \div 8 = 75$より，分速75m

yをxの式で表す ▶ したがって，式は，$\boldsymbol{y = 75x}$ …答

弟は12分間に600m進んでいるから，

弟の速さを求める ▶ 弟の速さは，$600 \div 12 = 50$より，分速50m

yをxの式で表す ▶ したがって，式は，$\boldsymbol{y = 50x}$ …答

(2) (1)の兄と弟の式から，家を出発してからx分後の2人が進む道のりは，

2人が進んだ道のりを，それぞれxで表す ▶ 兄…$75x$ m，弟…$50x$ m　と表せる。

したがって，x分後の2人が進んだ道のりの差は，

2人が進んだ道のりの差をxで表す ▶ $75x - 50x = 25x$(m)

2人が150m離れるのは，$25x = 150$より，$x = 6$

答 6分後

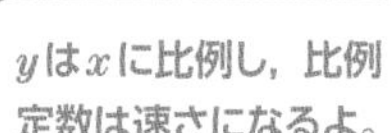

別解 y座標の値の差に注目!

2人の道のりの差はx分後の2つのグラフのy座標の値の差をみる。

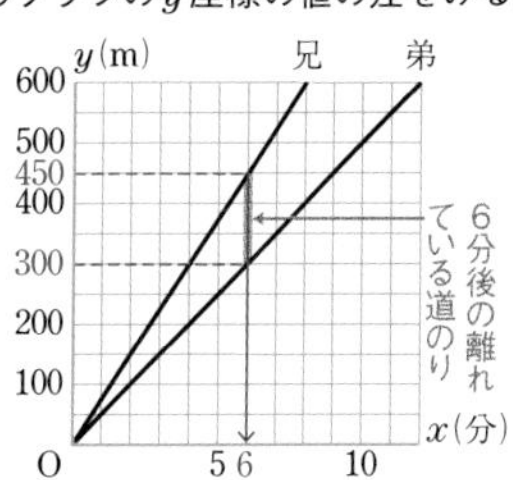

練習 　解答 別冊p.24

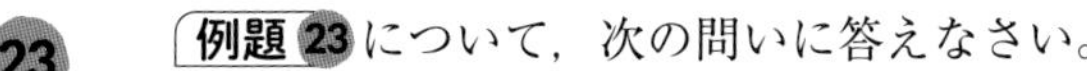

23 例題23について，次の問いに答えなさい。

(1) 家を出発してから4分後に，兄と弟はそれぞれ家から何mのところにいますか。また，そのとき，2人は何m離れていますか。

(2) 兄が駅に着いたとき，弟は駅の手前何mの地点にいますか。

例題 24 比例と反比例のグラフ

Level ★★★

右の図のように，比例$y=\frac{1}{3}x$…①と反比例$y=\frac{a}{x}$…②のグラフが点Aで交わっています。点Aのx座標が6のとき，次の問いに答えなさい。

(1) aの値を求めなさい。

(2) ②のグラフ上の点で，x座標，y座標の値がともに整数である点は何個ですか。

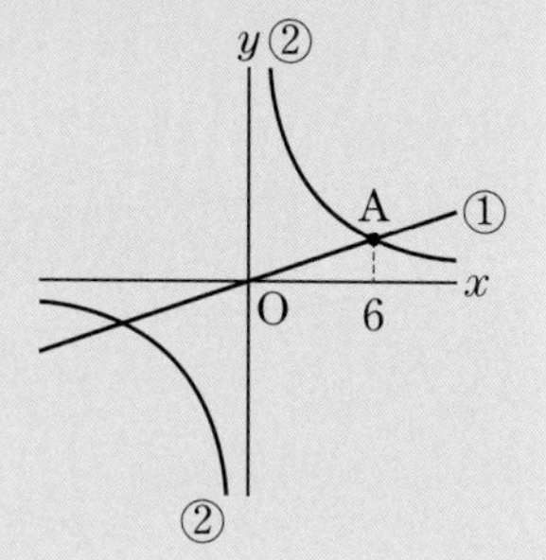

解き方

(1) 点Aは①上の点だから，y座標は，$y=\frac{1}{3}\times6=2$

点Aの座標を求める ▶ したがって，A(6, 2)

点Aは，$y=\frac{a}{x}$上の点でもあるから，

$y=\frac{a}{x}$にAの座標を代入する ▶ $x=6$，$y=2$を代入すると，$2=\frac{a}{6}$，$\boldsymbol{a=12}$ …答

(2) $y=\frac{12}{x}$で，yの値が整数になるのは，xの値が12の約数のときである。

yの値が整数になるようなxの値を求める ▶ このようなxの値は，1，2，3，4，6，12

したがって，x座標，y座標が正の整数である点は，(1, 12)，(2, 6)，(3, 4)，(4, 3)，(6, 2)，(12, 1)の6個。

x座標，y座標が整数である点の個数を求める ▶ 同様にして，x座標，y座標が負の整数である点も6個あるから，合わせて**12個**。 …答

確認 点Aのy座標

点Aは$y=\frac{1}{3}x$のグラフ上の点で，x座標が6だから，y座標は，$y=\frac{1}{3}x$に$x=6$を代入して求められる。

くわしく x座標，y座標が負の整数である点

反比例のグラフは原点について対称なので，グラフが点$(p,\ q)$を通るとき，点$(-p,\ -q)$も通る。つまり，x座標，y座標が負の整数である点の座標は，正の整数である点の座標の符号を変えたものになる。

練習

解答 別冊p.24

24 右の図のように，比例$y=ax$…①のグラフと反比例$y=\frac{b}{x}$…②のグラフが点Bで交わっています。点Aの座標が$(-6,\ 3)$，点Bのx座標が8のとき，a，bの値を求めなさい。

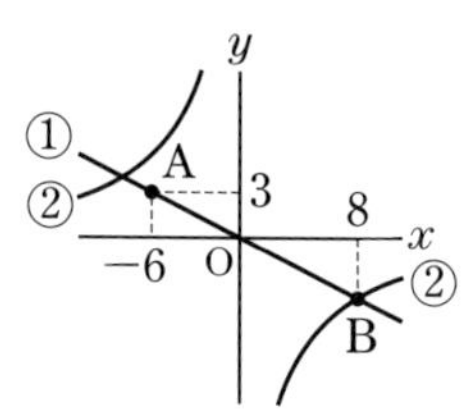

例題 25 比例のグラフと変域 Level ★★★

右の図の四角形ABCDは，1辺4cmの正方形です。点Pは，Bを出発して辺BC上をCまで進みます。点PがBから$x$cm進んだときの三角形ABPの面積を$y$cm^{2}とするとき，次の問いに答えなさい。

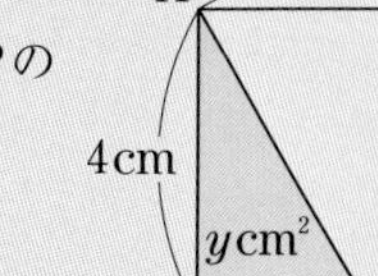

(1) yをxの式で表しなさい。

(2) xの変域(へんいき)を求めなさい。

(3) xとyの関係をグラフにかきなさい。

解き方

(1) 底辺BP＝$x$cm，高さAB＝4cm だから，

公式に文字や数をあてはめる ▶ 三角形の面積＝$\frac{1}{2}$×底辺×高さ

yをxの式で表す ▶ $y=\frac{1}{2}\times x\times 4$ ➡ $y=2x$ …答

点Pの動く範囲に着目 ▶ (2) 点PはBからCまで進むから，$0\leqq BP\leqq 4$

xの変域を求める ▶ これより，xの変域は，$0\leqq x\leqq 4$ …答

（0：PがB上にあるとき　4：PがC上にあるとき）

(3) $y=2x$のグラフを

変域の範囲内でグラフをかく ▶ $0\leqq x\leqq 4$の範囲(はんい)でかくと，右の図のようになる。

答 右の図

y(cm^2)　8　6　4　2　O　2　4　x(cm)

くわしく yの変域

$x=0$のとき，$y=2\times 0=0$

$x=4$のとき，$y=2\times 4=8$

だから，yの変域は，$0\leqq y\leqq 8$

つまり，三角形ABPの面積は0cm^{2}から8cm^{2}の範囲で変化する。

参考 式と変域を合わせた書き方

(1)の式と(2)のxの変域を合わせて，$y=2x\ (0\leqq x\leqq 4)$と書き表すこともある。

練習

解答 別冊p.25

25 右の図の四角形ABCDは，縦6cm，横8cmの長方形です。点Pは，Bを出発して辺BC上をCまで進みます。点PがBから$x$cm進んだときの三角形ABPの面積を$y$cm^{2}とするとき，次の問いに答えなさい。

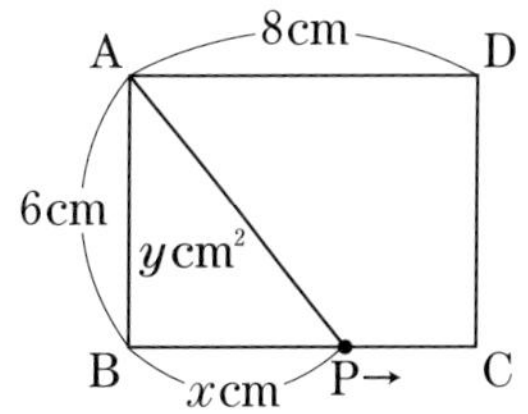

(1) yをxの式で表しなさい。　(2) xの変域を求めなさい。

(3) xとyの関係をグラフにかきなさい。

定期テスト予想問題 ①

時間 40分
解答 別冊 p.25

得点 /100

1／比例　3／反比例

1 次の(1)〜(3)について，y を x の式で表しなさい。また，y が x に比例するものには○，y が x に反比例するものには△，y が x に比例も反比例もしないものには×を書きなさい。

【5点×6】

(1) 10km の道のりを時速 x km で歩いたときのかかった時間 y 時間

式〔　　　　　　　　〕〔　　　〕

(2) 縦の長さが 5 cm，横の長さが x cm の長方形の面積 y cm^2

式〔　　　　　　　　〕〔　　　〕

(3) 1000円を出して，1本 x 円のジュースを4本買ったときのおつり y 円

式〔　　　　　　　　〕〔　　　〕

1／比例　3／反比例

2 次の問いに答えなさい。

【5点×2】

(1) y は x に比例し，$x=8$ のとき $y=-6$ です。$x=-20$ のときの y の値を求めなさい。

〔$y=$　　　〕

(2) y は x に反比例し，$x=2$ のとき $y=9$ です。$x=-6$ のときの y の値を求めなさい。

〔$y=$　　　〕

2／座標と比例のグラフ　3／反比例

3 右の①は比例のグラフ，②は反比例のグラフです。次の問いに答えなさい。

【5点×4】

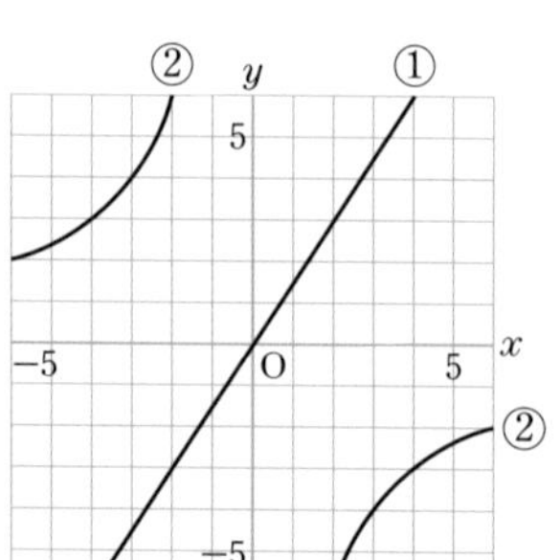

(1) ①，②について，y を x の式で表しなさい。

①〔　　　　　〕②〔　　　　　〕

(2) ①について，x が1増加すると，y はどのように変化しますか。

〔　　　　　　　　〕

(3) ②について，$x>0$ のとき，x の値が増加すると，y の値は増加しますか，減少しますか。

〔　　　　　　　　〕

4／比例と反比例の利用

4 兄と妹が家を同時に出発して，家から900m 離れた図書館に向かいました。兄は歩いて，妹は自転車で分速90m の速さで進みます。右のグラフは，2 人が家を出発してから x 分後の家からの道のりを y m として，このときの兄のようすを表したものです。次の問いに答えなさい。【6点×5】

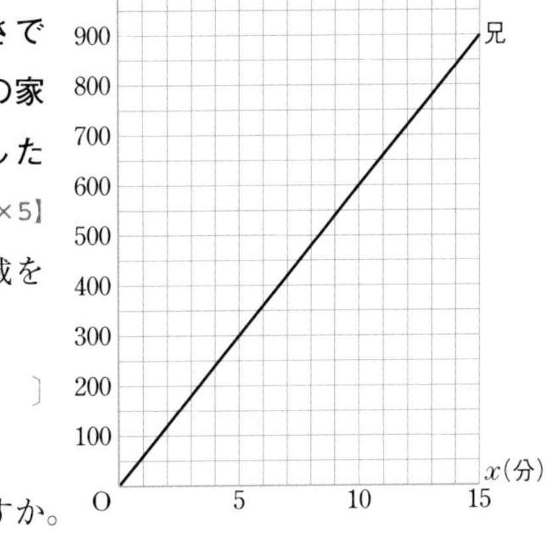

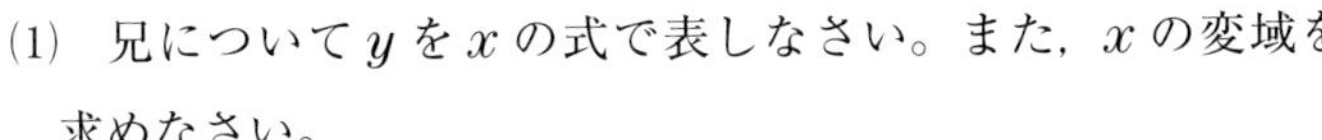

(1) 兄について y を x の式で表しなさい。また，x の変域を求めなさい。

式〔　　　　〕 x の変域〔　　　　〕

(2) 妹について x と y の関係を表すグラフをかきなさい。

(3) 2 人が 150m 離れるのは，家を出発してから何分後ですか。

〔　　　　〕

(4) 妹が図書館に着いたとき，兄は図書館から何 m 手前の地点にいますか。

〔　　　　〕

思考 4／比例と反比例の利用

5 下の図①のような直方体の水そうがあります。図①の水そうに，図②～④のように同じ大きさのブロックを入れ，毎分同じ量の水を入れていきます。ア～エのグラフは，水を入れ始めてから x 分後の水の深さを y cm として，①～④の水そうの x と y の関係を表したものです。③の水そうの x と y の関係を表すグラフをア～エから 1 つ選びなさい。【10点】

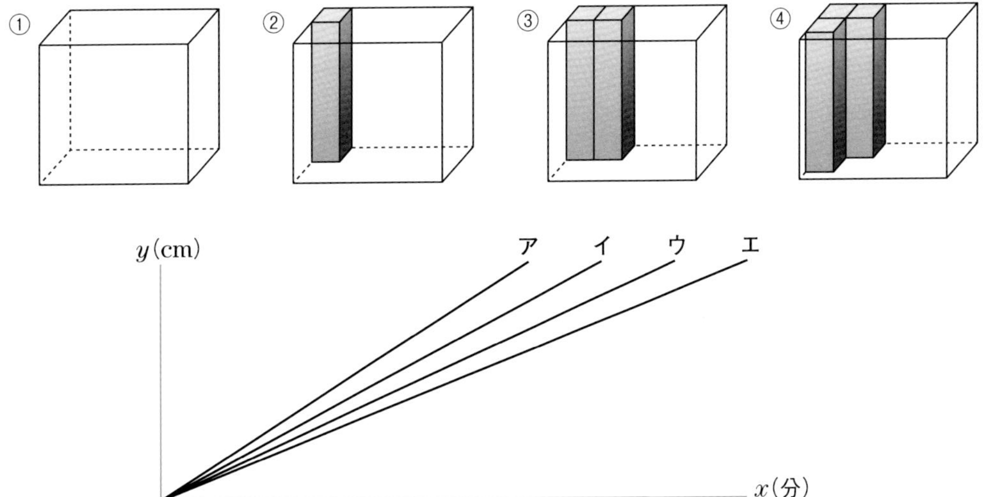

〔　　　　〕

4章／比例と反比例

定期テスト予想問題 ②

時間 40分
解答 別冊 p.26

得点 /100

1／比例　3／反比例

1 次の□にあてはまることばを入れなさい。 【5点×3】

(1) ともなって変わる数量 x, y があって, x の値を決めると, それにともなって, y の値がただ1つに決まるとき, y は x の□であるという。 〔　　　〕

(2) x, y のように, いろいろな値をとる文字を□という。 〔　　　〕

(3) 反比例の式 $y=\dfrac{a}{x}$ の a を□という。 〔　　　〕

1／比例　3／反比例

2 次の関数について, y を x の式で表しなさい。 【5点×2】

(1) y が x に比例し, $x=4$ のとき $y=20$

〔　　　〕

(2) y が x に反比例し, $x=2$ のとき $y=-8$

〔　　　〕

2／座標と比例のグラフ

3 右の図について, 次の問いに答えなさい。 【5点×6】

(1) 点A, B, Cの座標を求めなさい。

A〔　　　〕

B〔　　　〕

C〔　　　〕

(2) 座標が次のような点を, 右の図にかき入れなさい。

D(5, 3)

E(−3, 6)

F(0, −5)

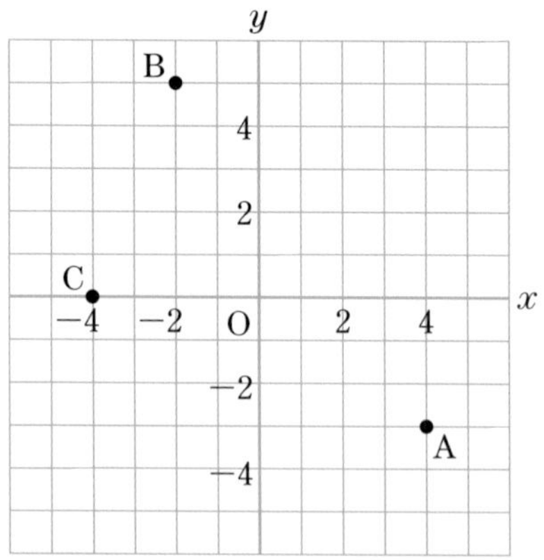

y
B
4
2
C
x
−4　−2　O　2　4
−2
A
−4

2／座標と比例のグラフ　3／反比例

4 次の関数のグラフを，右の図にかきなさい。【6点×2】

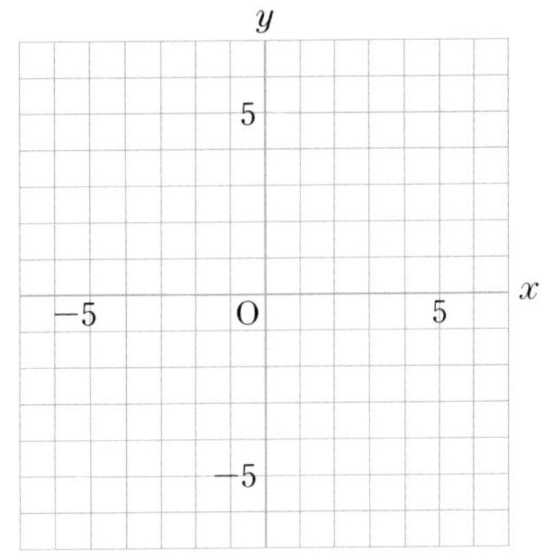

(1) $y=-\frac{2}{3}x$

(2) $y=\frac{4}{x}$

4／比例と反比例の利用

5 毎分 4 L ずつ水を入れると18分でいっぱいになる水そうがあります。この水そうに，毎分 x L ずつ水を入れるとき，いっぱいになるまでに y 分かかるとして，次の問いに答えなさい。【6点×2】

(1) y を x の式で表しなさい。

〔　　　　〕

(2) 水そうを 8 分間でいっぱいにするには，毎分何 L ずつ水を入れればよいですか。

〔　　　　〕

思考　4／比例と反比例の利用

6 右の図のような長方形 ABCD があります。点 P は A を出発して，秒速 2 cm で辺 AD 上を D まで進みます。点 P が A を出発してから x 秒後の三角形 ABP の面積を y cm^2 として，次の問いに答えなさい。【7点×3】

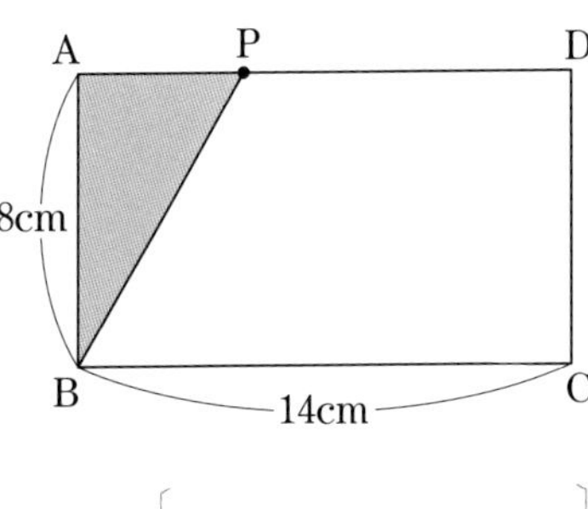

(1) 点 P が A を出発してから 2 秒後の三角形 ABP の面積を求めなさい。

〔　　　　〕

(2) x の変域を求めなさい。

〔　　　　〕

(3) y を x の式で表しなさい。

〔　　　　〕

電子レンジの加熱時間

簡単なボタン操作で調理ができる電子レンジ。手軽に使える便利な調理家電であるが，機種によって出力（ワット数）にちがいがある。レシピ通りの出力でない場合，どうしたらよいか考えてみよう。

1 電子レンジの出力と加熱時間の関係は？

電子レンジの出力と加熱する時間は，反比例する。

（出力）×（時間）$=a$

（時間）$=\dfrac{a}{（出力）}$　　（a は比例定数）

©PIXTA

上の式から，出力が大きいほど加熱時間が短くてすむことがわかる。

家庭用の電子レンジの出力は300～1000W程度。一方，コンビニエンスストアなどに置かれている業務用の電子レンジの出力は1500～3000Wで，家庭用電子レンジの3～5倍のワット数である。コンビニエンスストアの電子レンジであっという間に弁当が温まるのは，電子レンジの出力が大きいからなのだ。

2 加熱時間を求めよう

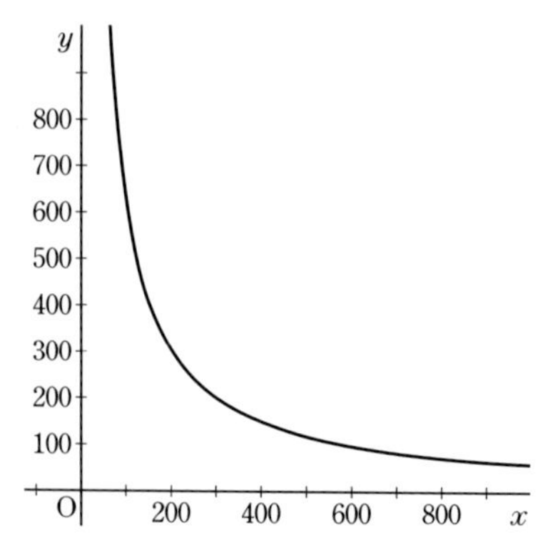

レシピに「500Wで2分加熱します。」と書いてあるが，家にある電子レンジの出力が600Wであるとき，加熱時間を何分何秒に設定すればよいだろう。

出力が500Wのとき2分加熱するから，上の式より

$a=500\times(2\times60)=60000$

このとき，電子レンジの出力をxW，加熱時間をy秒とすると，次の式が成り立つ。

$y=\dfrac{60000}{x}$

$x=600$ を代入して，　$y=\dfrac{60000}{600}=100$（秒）

したがって，1分40秒　…答

500×120＝600×100
（出力）×（加熱時間）の値が等しくなればいいんだね。

生活 Column

いろいろなグラフ

正比例や反比例のグラフは，いずれも連続する直線や曲線で表される。しかし，連続しない線分で表されるグラフもある。どんな関係を表すグラフなのか，身近な例で調べてみよう。

1 携帯電話の月額料金

右の表は，ある携帯電話会社の料金プランである。

プラン	データ使用量	月額料金
A	2GB	1000円
B	4GB	1800円
C	12GB	4800円
D	20GB	6000円

データ使用量をxGB，月額料金をy円とするとき，xとyの関係をグラフに表してみよう。

データ使用量が2GBまで，4GBまで，12GBまで，20GBまでの4つの場合に分けて考えると

$0 < x \leqq 2$のとき，$y=1000$　　$2 < x \leqq 4$のとき，$y=1800$

$4 < x \leqq 12$のとき，$y=4800$　　$12 < x \leqq 20$のとき，$y=6000$

だから，下のようなグラフになる。

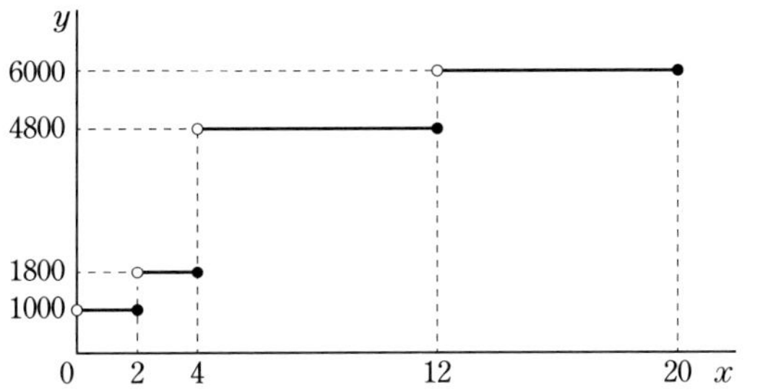

変わった形のグラフだが，ともなって変わる2つの変数x，yがあり，xの値を定めると，それに対応してyの値がただ1つ定まるので，yはxの関数であるといえる。

グラフを見て，月額料金が2000円以内になるプランを選んでみよう。

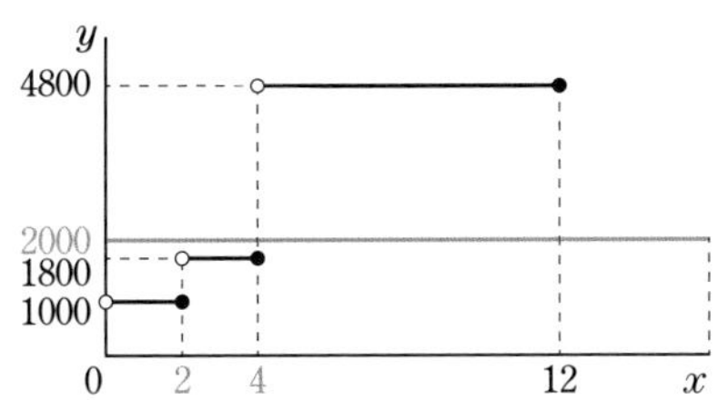

中学生のための

勉強・学校生活アドバイス

部活も頑張れ中学生！

「私、水泳部なんですけど最近部活が大変で…。ヘトヘトです。勉強する体力が残ってないんですよ。」

「部活と勉強の両立は難しいよね。特に中学生活に慣れない1年生のうちは疲れてしまうのも無理はないよ。」

「クラスには部活をやっていない子もいるし、私も部活やめようかなって考えることあります。そっちのほうが勉強にも集中できそうだし。」

「**やりたくないなら無理に続けなくていい。**ただ、楽しいと思う気持ちがあるなら僕は続けたほうがいいと思う。**部活でしか得られない経験もあると思うしね。**」

「剣道部は暑いし痛いけど、俺はやめませんよ！」

「私も別にいますぐやめたいわけではないので、頑張ります。」

「部活をやめたら必ず成績が上がるかというとそんなことはないよ。生活に張り合いがなくなり、勉強のやる気も起こらなくなる場合もあるんだ。」

「たしかに。私もダラけてしまうかもしれない…。」

「もちろん部活をやめてから、勉強にシフトチェンジして成績が上がる子もいるけどね。」

「結局は自分の心がけしだいってことですね。」

「**部活をやりながら定期テストでもいい点を取っている人はたくさんいる**よ。休息も大事だけど、勉強も習慣化させて、部活も勉強も頑張ってね。」

5章

平面図形

1 直線と角

直線と角

［例題1，例題3～例題6］

両方向に限りなくのびているまっすぐな線を**直線**，直線の一部分で，両端(りょうたん)のあるものを**線分**(せんぶん)，1点を端(はし)として一方だけにのびているまっすぐな線を**半直線**(はんちょくせん)といいます。

■ 直線，線分，半直線

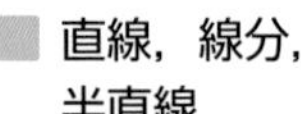
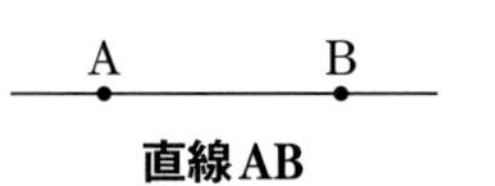

直線AB

線分AB

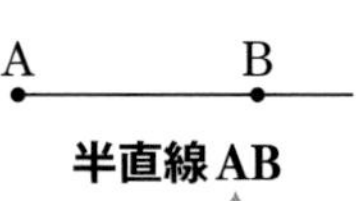

半直線AB
└端の点を先に書く

■ 中点と垂直二等分線

中点(ちゅうてん)…線分の両端からの距離が等しい線分上の点。
垂直二等分線(すいちょくにとうぶんせん)…線分の中点を通り，その線分と垂直に交わる直線。

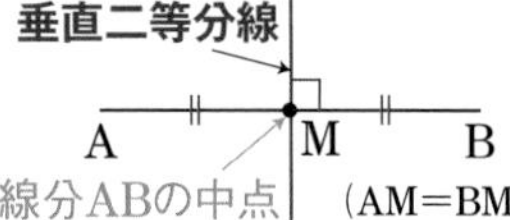

■ 三角形，角の表し方

● 記号△を使って，△**ABC**と表す。

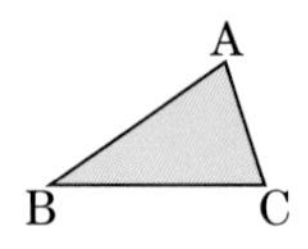

● 記号∠を使って，∠**AOB**と表す。
↑頂点をまん中に書く

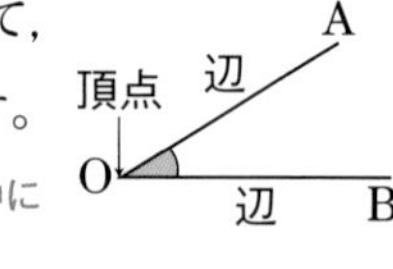

■ 垂直と平行

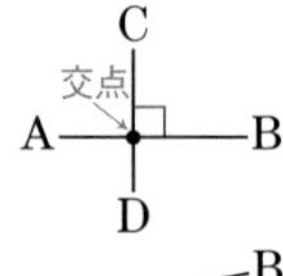

直線ABとCDが**垂直** ➡ **AB ⊥ CD**
└AB垂直CDと読む

A─B
C─D

直線ABとCDが**平行** ➡ **AB//CD**
└AB平行CDと読む

点や直線の距離

［例題2，例題7，例題8］

■ 点や直線の距離

①2点A，B間の距離(きょり)

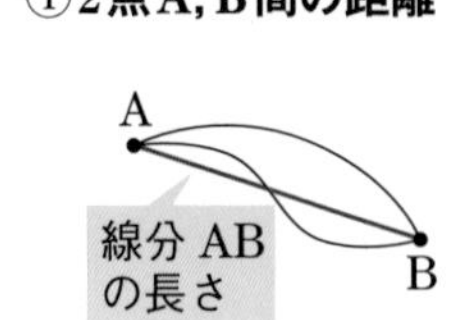

②点Pと直線ℓとの距離

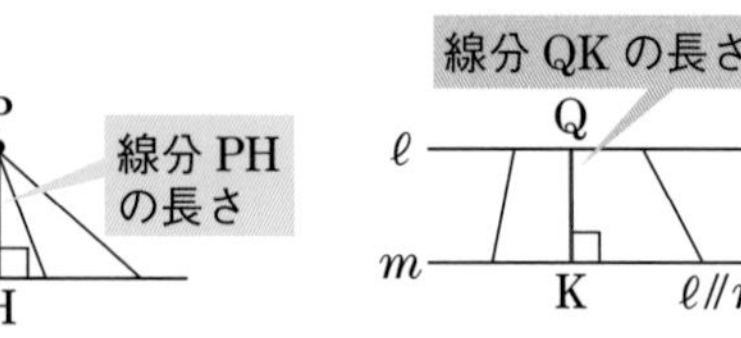

③平行な2直線の距離

例題 1 直線，線分，半直線の意味 Level ★☆☆

右の図のように，4点A，B，C，Dがあるとき，次の直線，線分，半直線をかきなさい。

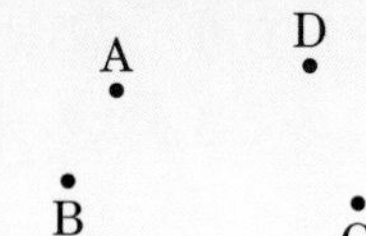

(1) 直線AB　(2) 線分CD　(3) 半直線BD

解き方

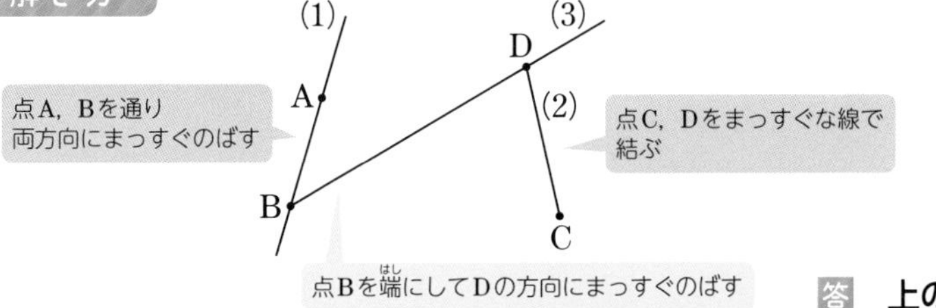

答 上の図

例題 2 2点間の距離 Level ★☆☆

右の図の2点A，Bを結ぶ㋐～㋓の線のうち，最も短いのはどれですか。また，その長さを2点A，B間の何といいますか。

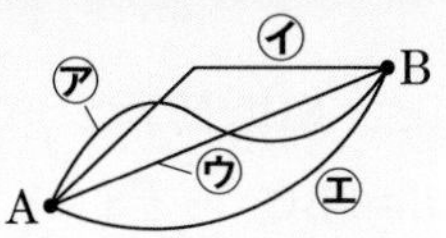

解き方

2点A，Bを結ぶ線分に注目する ▶ ㋐～㋓の線のうち，㋒の線は線分ABだから，この線が2点A，Bを結ぶ最も短い線であり，その長さが2点A，B間の距離である。

答 ㋒，距離

Point 2点を結ぶ線分の長さが距離。

確認 直線，線分，半直線

直線…両方向に限りなくのびているまっすぐな線。

A　B ➡直線AB（直線BA）

線分…直線の一部分で，両端のあるもの。

A　B ➡線分AB（線分BA）

半直線…1点を端として一方にだけのびているまっすぐな線。

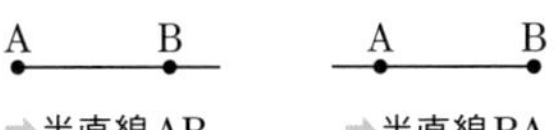

➡半直線AB　➡半直線BA

確認 2点間の距離

2点A，Bを結ぶ線のうち，最も短いものが線分ABで，線分ABの長さを**2点A，B間の距離**という。

練習 解答▶別冊p.27

1 下の図のように，一直線上にある5点A，B，C，D，Eのうちで，線分BD上にある点は何個ですか。また，半直線DC上にある点は何個ですか。

A　B　C　D　E

2 右の図で，2点A，B間の距離は何cmですか。

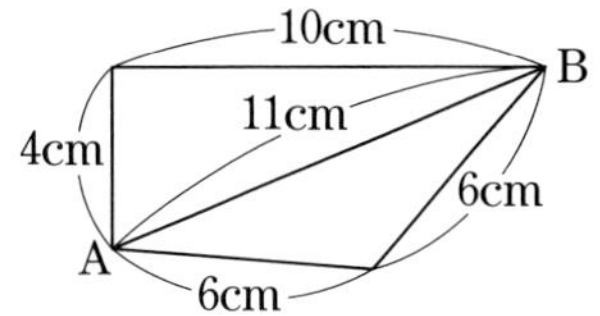

例題 3 線分の長さの関係 Level ★★★

4点A，B，C，Dが同じ直線上にあり，点Bは線分ADの中点，点Cは線分BDの中点です。このとき，次の線分の長さの関係を式で表しなさい。

(1) ABとBC　　(2) CDとAD

解き方

4つの点の関係を図に表す ▶

点Bは線分ADの中点

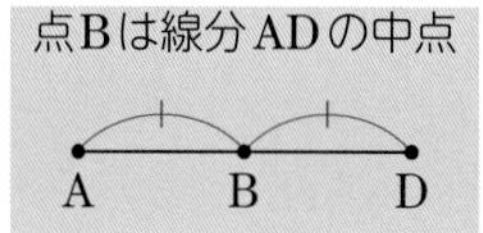

➡ 点Cは線分BDの中点

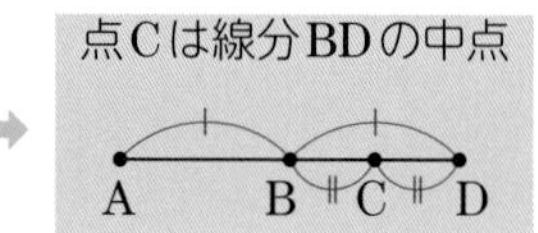

(1) 図から，線分ABと線分BDの長さは等しい。線分BDは線分BCの2倍の長さ。

⬇

ABとBCの長さの関係をつかむ ▶ ABの長さはBCの長さの2倍。

長さの関係を式で表す ▶ これを式で表すと，AB＝BC×2

したがって，**AB＝2BC**　…答

（または，$\frac{1}{2}$AB＝BC）

(2) 図から，線分BDの長さは線分ADの長さの$\frac{1}{2}$，線分CDの長さは線分BDの長さの$\frac{1}{2}$

⬇

CDとADの長さの関係をつかむ ▶ CDの長さはADの長さの$\frac{1}{4}$

長さの関係を式で表す ▶ これを式で表すと，CD＝AD×$\frac{1}{4}$

したがって，**CD＝$\frac{1}{4}$AD**　…答

（または，4CD＝AD）

✔確認 線分の長さの関係の表し方

例 線分ABの長さが3cm
➡ **AB＝3cm**

例 線分ABの長さと線分CDの長さが等しい
➡ **AB＝CD**

例 線分ABの長さと線分CDの長さの2倍が等しい
➡ **AB＝2CD**
↑ 文字式と同じように，記号×をはぶいて表す

「AB」と書いて，線分ABの長さを表すことがあるよ。

図解 ABとBCの関係

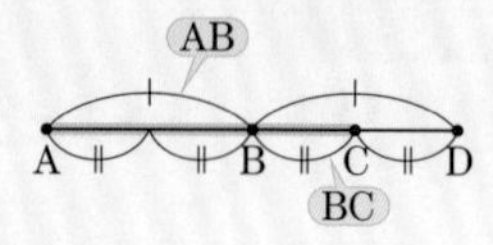

図解 CDとADの関係

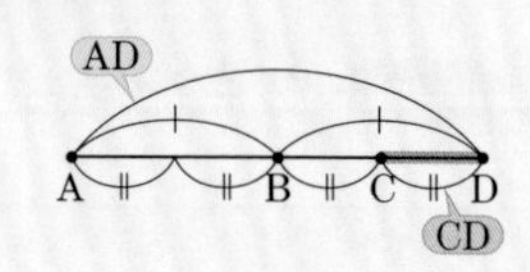

練 習　解答 別冊p.27

3 4点A，B，C，Dが同じ直線上にあって，点Bは線分ACの中点，点Cは線分ADの中点です。このとき，AD＋CDとBDの長さの関係を式で表しなさい。

例題 4 三角形の表し方 Level ★☆☆

右の図の中にあるすべての三角形を，記号△と文字A，B，C，Dを使って表しなさい。

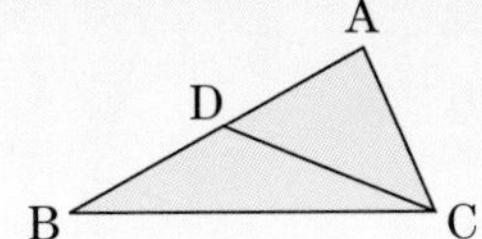

解き方

3つの頂点を確認 ▶ A，B，Cを頂点とする三角形ABC ➡ **△ABC** …答

A，D，Cを頂点とする三角形ADC ➡ **△ADC** …答

D，B，Cを頂点とする三角形DBC ➡ **△DBC** …答

例題 5 角の表し方 Level ★☆☆

右の図で，㋐の角，㋑の角を，記号と文字A，B，C，Dを使って表しなさい。

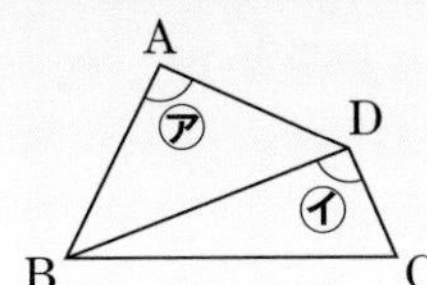

解き方

頂点を確認 ▶ ㋐の角…頂点はA，

辺を確認 ▶ 辺はABとADだから，

頂点をまん中に書く ▶ **∠BAD**（または，∠DAB） …答

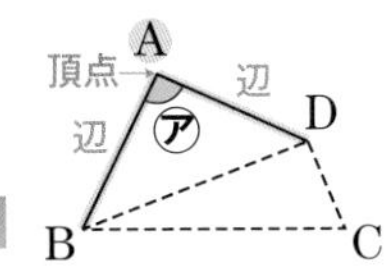

㋑の角…頂点はD，

辺はDBとDCだから，

∠BDC（または，∠CDB） …答

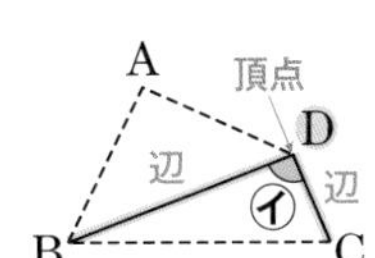

Point 角を表す記号∠を使って，頂点を表す文字をまん中に書く。

発展 三角形の合同の表し方

△ABCと△DEFが合同のとき，**△ABC≡△DEF**と表す。

テストで注意 ㋑の角を∠Dとしてはダメ！

∠Dでは∠ADC，∠ADB，∠BDCのどの角を表しているのかわからない。

このような場合は，必ず，**頂点をまん中にして，3つの文字を使って表す**ようにしよう。

練 習 解答 別冊p.27

右の図について，次の問いに答えなさい。

4 図の中にあるすべての三角形を，記号△と文字A，B，C，Dを使って表しなさい。

5 ㋐の角，㋑の角を，記号と文字A，B，C，Dを使って表しなさい。

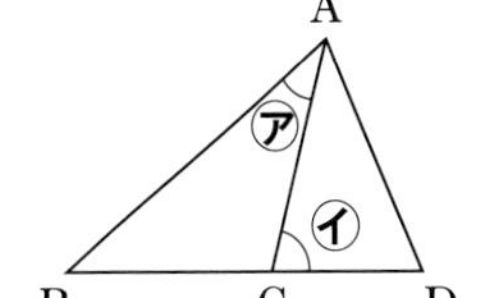

例題 6 垂直・平行の表し方

Level ★☆☆

右の図のように，直線ABに直線CDと直線EFが交わっています。このとき，次の2直線の関係を，記号を使って表しなさい。

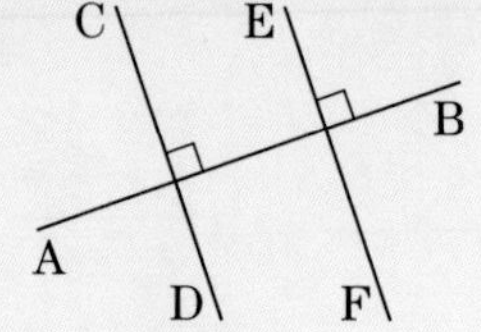

(1) 直線ABと直線CD　　(2) 直線ABと直線EF

(3) 直線CDと直線EF

解き方

2直線の関係を調べる

(1) 直線ABと直線CDは垂直だから，

AB⊥CD …答

記号⊥，//を使って表す

(2) 直線ABと直線EFは垂直だから，

AB⊥EF …答

(3) 直線CDと直線EFは平行だから，

CD//EF …答

Point 垂直の記号は⊥，平行の記号は//

確認 垂直と垂線

2直線が交わってできる角が直角であるとき，2直線は垂直であるといい，一方を他方の垂線（すいせん）という。

くわしく 1つの直線に同じ角度で交わる2直線は平行

直線ABに，直線CDと直線EFはそれぞれ垂直に交わっているので，直線CDと直線EFは平行になる。

参考 平行を図に表す方法

AB//CDであることを，下の図のように，平行線に>の印をつけて表すことがある。

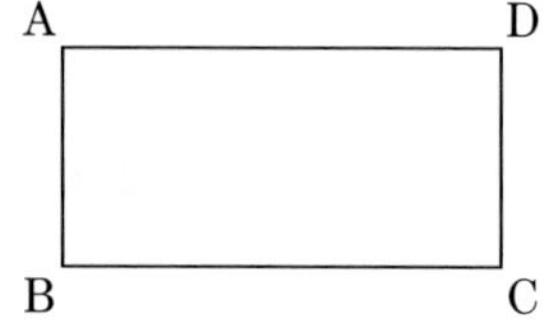

練習

解答 別冊p.27

6 右の図のような長方形ABCDがあります。次の2辺は垂直ですか，平行ですか。記号を使って表しなさい。

(1) 辺ABと辺BC　　(2) 辺ABと辺DC

(3) 辺ADと辺BC　　(4) 辺BCと辺CD

A　D

B　C

Column 三角定規で平行線をかくには

1組の三角定規を使って，右の①，②のような方法で，点Aを通り，直線ℓに平行な直線をかくことができます。

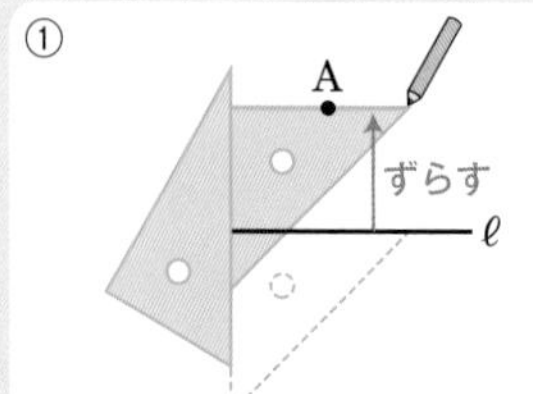

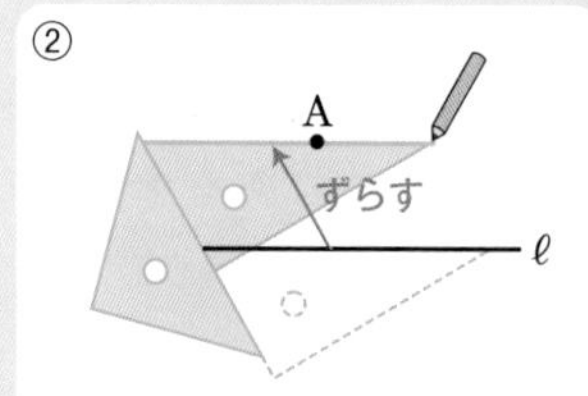

例題 7 点と直線の距離 Level ★☆☆

右の方眼の点A～Fのうち，直線ℓまでの距離が最も短い点はどれですか。

また，最も長い点はどれですか。

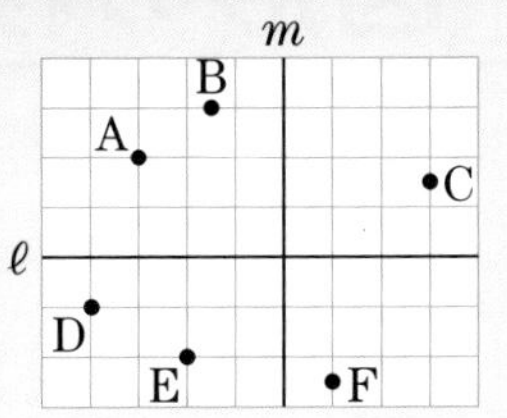

解き方

各点から直線ℓまでひいた垂線の長さを調べると，

点A…2めもり　　点B…3めもり

点C…1.5めもり　　点D…1めもり

点E…2めもり　　点F…2.5めもり

直線ℓまでの距離が最も短い点は，**点D**

直線ℓまでの距離が最も長い点は，**点B**　…答

例題 8 平行な2直線の距離 Level ★☆☆

直線ℓをかき，直線ℓに平行で，ℓとの距離が3cmの直線をかきなさい。

解き方

直線ℓとの距離が3cmだから，右の図のような2つの平行線をかけばよい。

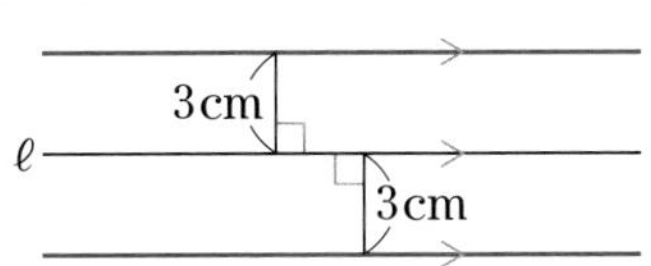

答　上の図

Point 2直線が平行なら，その間の距離は一定。

確認 点と直線との距離

点Pと直線ℓとの距離

↓

線分PHの長さ

P
距離
ℓ
H

確認 平行な2直線間の距離

直線ℓと直線mとの距離

↓

線分QHの長さ

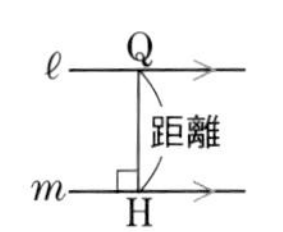

テストで注意 直線ℓの両側にある！

直線ℓに平行で，ℓとの距離が3cmの直線は，**ℓの両側に1本ずつ**ある。1本かいたからといって安心してはいけない。

5章／平面図形

1／直線と角

練習 解答 別冊p.27

7 例題7の方眼の点A～Fのうち，直線mまでの距離が最も短い点はどれですか。また，最も長い点はどれですか。

8 直線mをかき，直線mに平行で，mとの距離が2cmの直線をかきなさい。

2 図形の移動

移動

[例題9～例題12]

図形を，形や大きさを変えずに他の位置に移すことを**移動**といいます。基本となる移動には，**ずらす**（**平行移動**），**回転させる**（**回転移動**），**折り返す**（**対称移動**）の3つがあります。

移動してできた図形は，もとの図形と合同です。

平行移動

図形を，**一定の方向**に，**一定の距離**だけずらす移動。

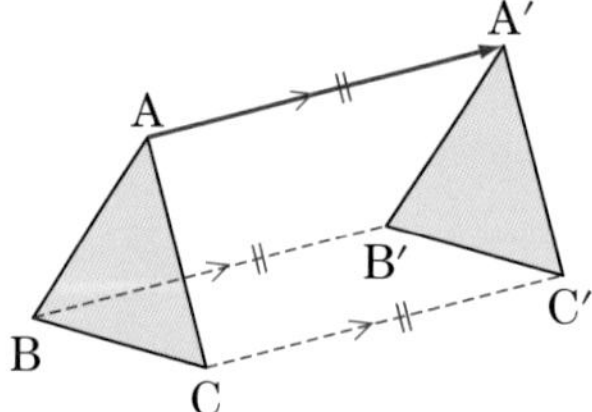

▶対応する点を結ぶ線分は，**平行で，その長さは等しい**。

● 左の図で，

AA′＝BB′＝CC′，AA′∥BB′∥CC′

回転移動

図形を，**1つの点を中心として，一定の角度だけ回転**させる移動。

中心とする点を**回転の中心**という。

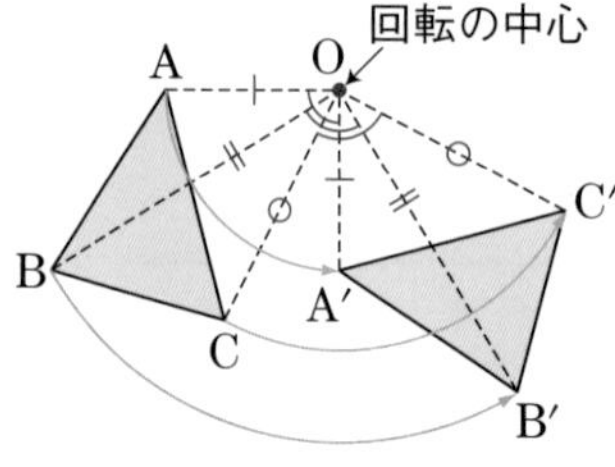

▶対応する点は，**回転の中心から等しい距離**にあり，対応する点と回転の中心を結んでできる**角の大きさはすべて等しい**。

● 左の図で，

OA＝OA′，OB＝OB′，OC＝OC′

∠AOA′＝∠BOB′＝∠COC′

※回転移動の中で，180°**の回転移動**を**点対称移動**という。

対称移動

図形を，**1つの直線を折り目として折り返す**移動。

折り目の直線を**対称の軸**という。

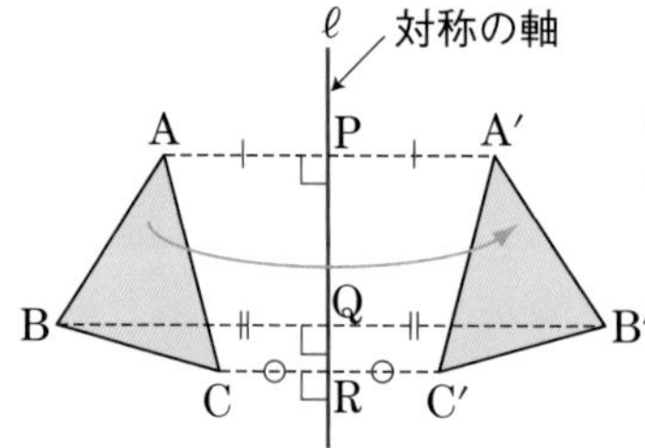

▶対応する点を結ぶ線分は，**対称の軸によって，垂直に2等分**される。

● 左の図で，

AP＝A′P，BQ＝B′Q，CR＝C′R

ℓ⊥AA′，ℓ⊥BB′，ℓ⊥CC′

例題 9 平行移動 Level ★★★

右の図の△ABCを，矢印OPの方向にOPの長さだけ平行移動させてできる△A′B′C′をかきなさい。

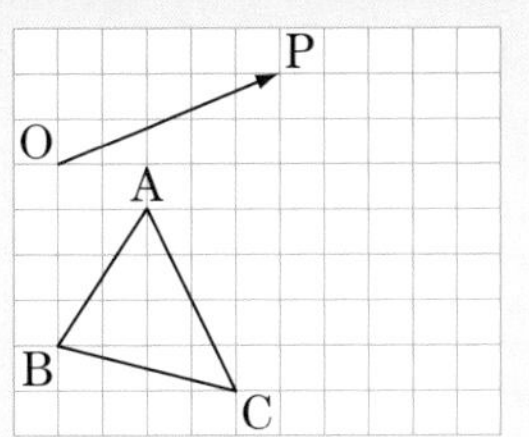

解き方

点Oから点Pへの移動を調べる ▶ 点Pは，点Oを右へ5めもり，上へ2めもり移動させた点である。

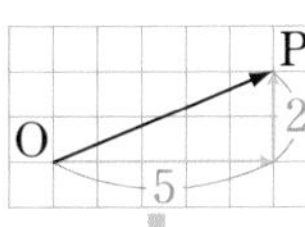

OP=AA′ OP∥AA′より，点A′を決める ▶ 点Aを，右へ5めもり，上へ2めもり移動した点を点A′とする。

同様にして，

OP=BB′ OP∥BB′より，点B′を決める ▶ 点Bに対応する点B′，

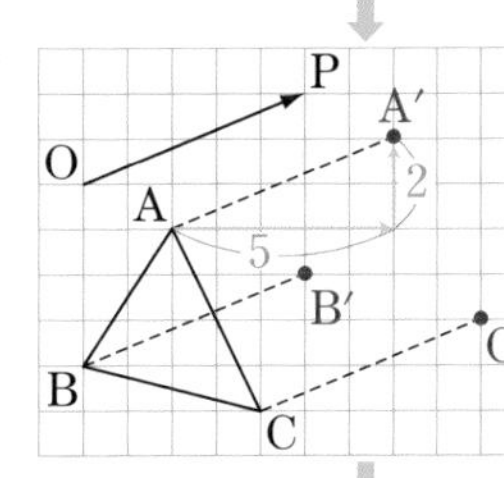

OP=CC′ OP∥CC′より，点C′を決める ▶ 点Cに対応する点C′をとる。

△A′B′C′をかく ▶ 3点A′，B′，C′を結ぶ。

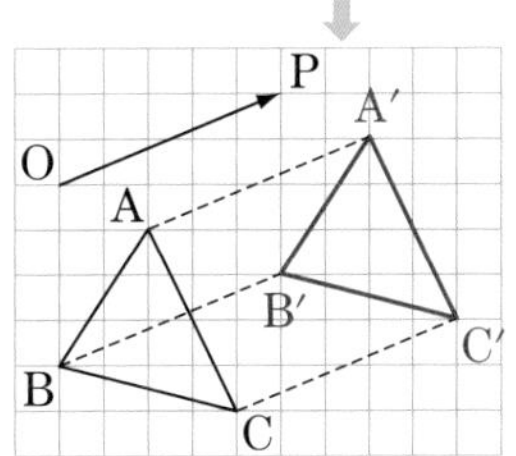

答 上の図

✔確認 平行移動

図形を，**一定の方向に，一定の距離**だけ動かす移動。

対応する2点を結ぶ線分は，平行で長さが等しい。

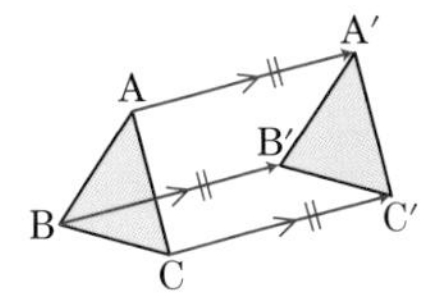

A′は，Aに対応する点を表すときによく使われる。「Aダッシュ」と読むよ。

5章／平面図形

2／図形の移動

練習 解答▶別冊p.27

9 右の図の△ABCを，矢印OPの方向にOPの長さだけ平行移動させてできる△A′B′C′をかきなさい。

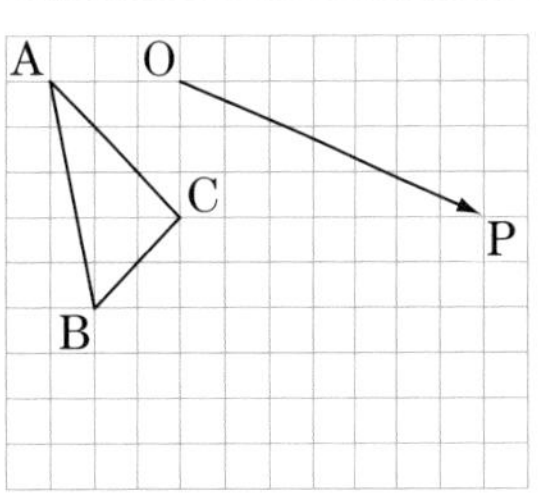

例題 10 回転移動 Level ★★☆

右の図の△ABCを，点Oを中心として矢印の方向に90°回転移動させてできる△A′B′C′をかきなさい。

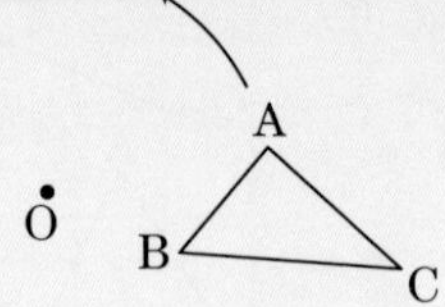

解き方

❶点Oを中心として，半径OAの円をかく。

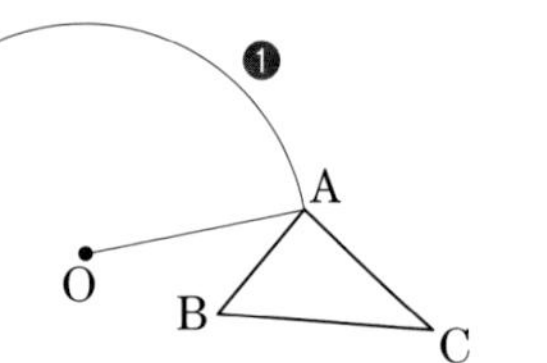

❷❶の円周上に∠AOA′＝90°となる点A′をとる。
└OA＝OA′，∠AOA′＝90°

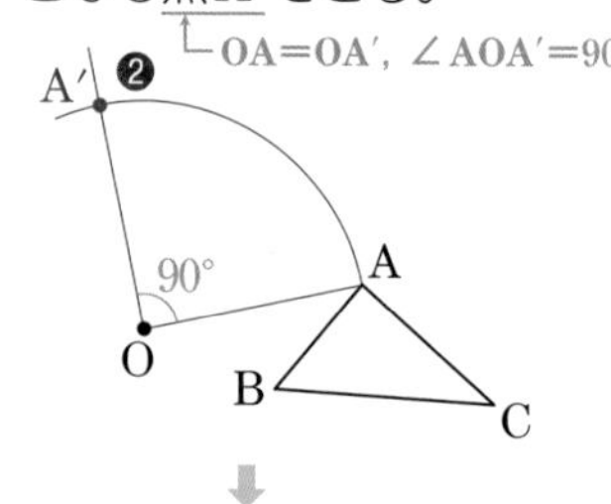

❸同様にして，

点Bに対応する点B′，
↑ OB＝OB′，∠BOB′＝90°

点Cに対応する点C′
↑ OC＝OC′，∠COC′＝90°

をとる。

❹3点A′，B′，C′を結ぶ。

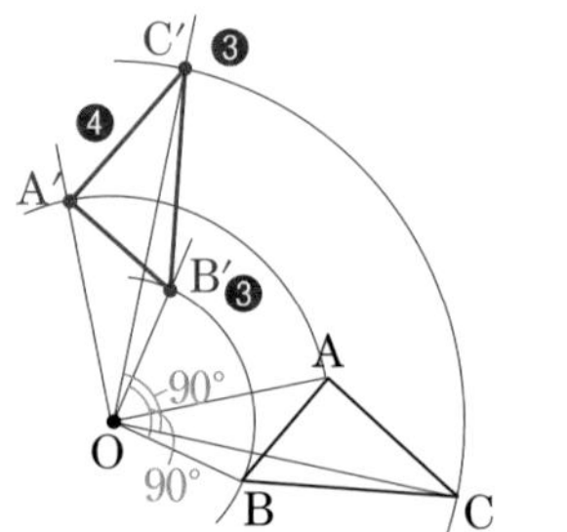

答 上の図

確認 回転移動

回転移動…図形を，**ある点を中心として，一定の角度だけ回転**させる移動。

回転の中心…回転移動で，中心とする点。

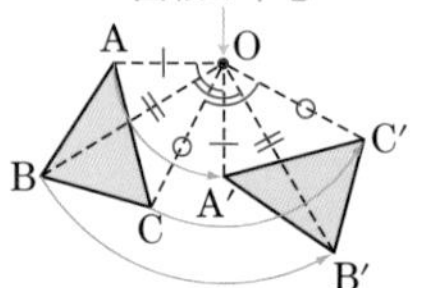

復習 点対称な図形

点対称な図形…1点を中心として**180°回転させた**とき，もとの図形にぴったり重なる図形。

対称の中心…回転の中心にした点。

練 習

解答 別冊p.27

10 右の図の△ABCを，点Oを中心として，時計の針の回転と同じ方向に120°回転移動させてできる△A′B′C′をかきなさい。

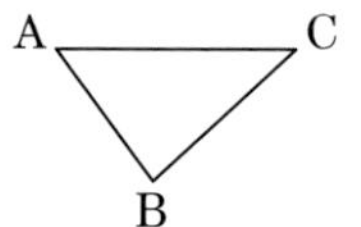

例題 11 対称移動 Level ★★

右の図の△ABCを，直線ℓを対称の軸（じく）として対称移動させてできる△A′B′C′をかきなさい。

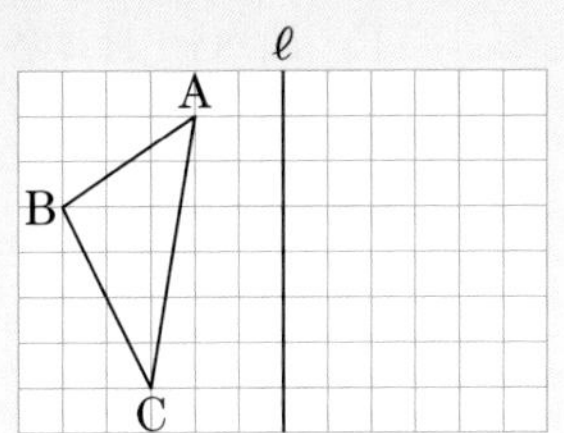

解き方

❶点Aから直線ℓへ垂線をひく。

ℓと垂線との交点をPとする

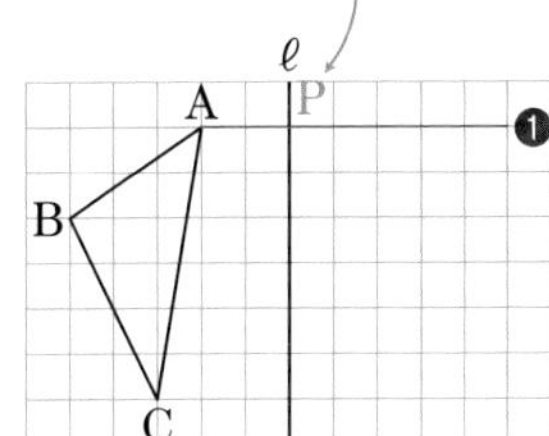

❷この直線上にAP＝A′Pとなる点A′をとる。

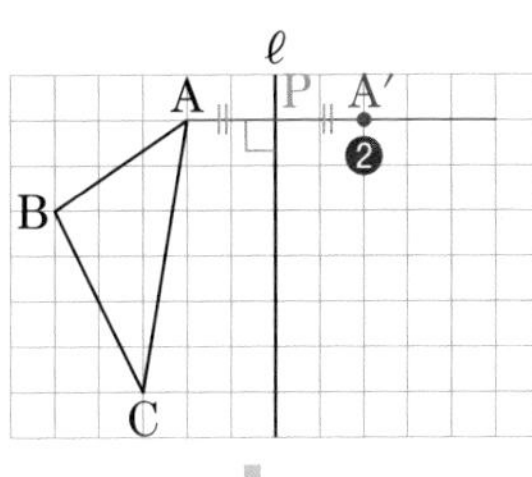

❸同様にして，
点Bに対応する点B′，
点Cに対応する点C′
をとる。

❹3点A′，B′，C′を結ぶ。

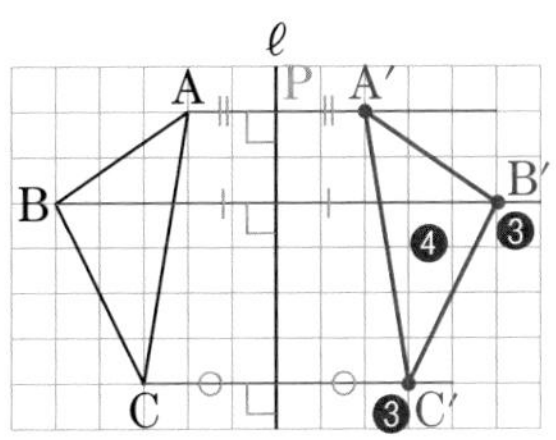

答 上の図

Point 対応する2点を結ぶ線分は，対称の軸によって垂直に2等分される。

✔確認 対称移動

対称移動…図形を，1つの**直線を折り目として折り返す**移動。

対称の軸…対称移動で，折り目とした直線。対応する2点を結ぶ線分を，垂直に2等分する。

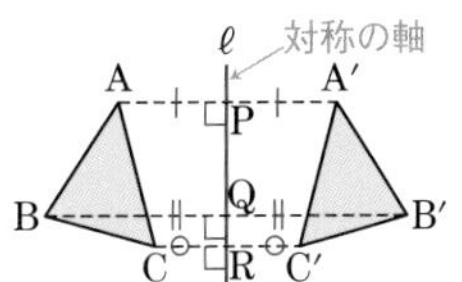

5章／平面図形

2／図形の移動

練 習

解答 別冊p.27

11 右の図の四角形ABCDを，辺ADを対称の軸として対称移動させた図形AB′C′Dをかきなさい。

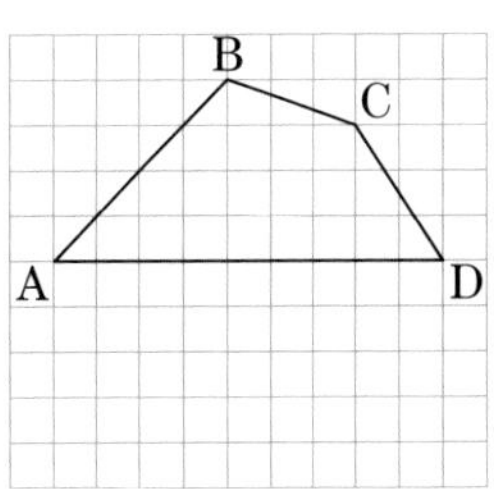

例題 12 移動で重ねられる図形

Level ★★☆

右の図で，四角形ABCDは正方形，点E，F，G，Hは各辺の中点，点Oは対角線の交点である。次の問いに答えなさい。

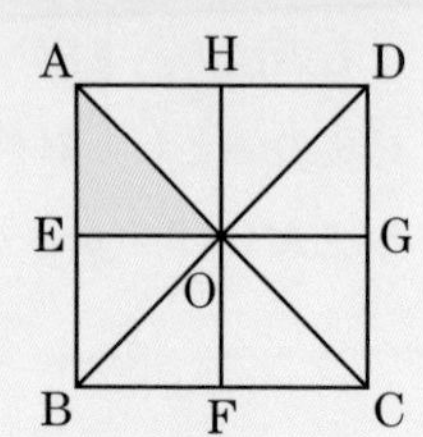

(1) △AEOを，点Oを回転の中心として回転移動させたときに重なる三角形をすべて答えなさい。

(2) △AEOを，1回対称移動させたときに重なる三角形をすべて答えなさい。

解き方

(1)

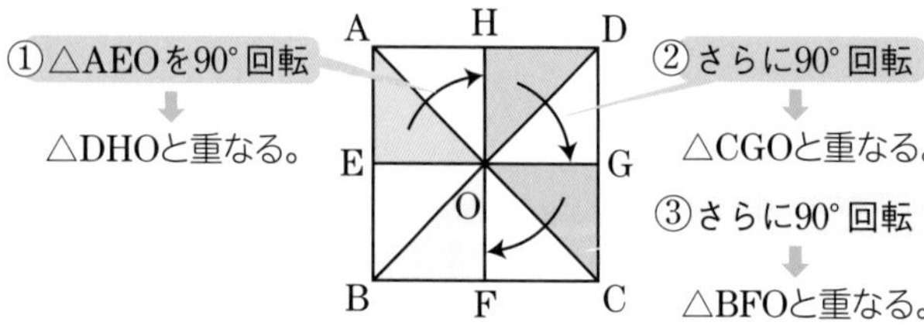

答 △DHO，△CGO，△BFO

(2)

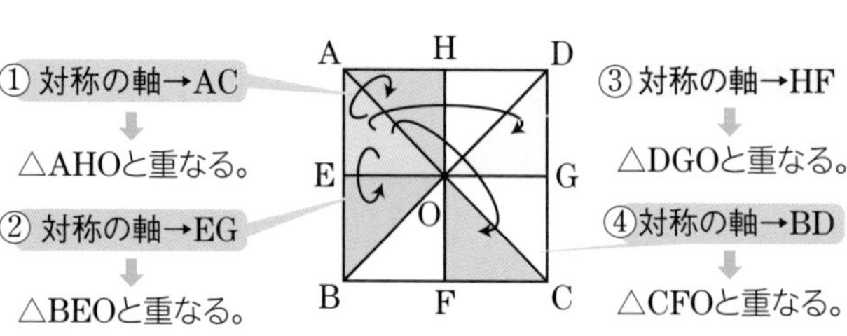

答 △AHO，△BEO，△DGO，△CFO

くわしく ②，③の回転移動

② △AEOを，(90°+90°)回転移動させているから，180°の回転移動。つまり，点対称移動である。

③ △AEOを，(90°+90°+90°)回転移動させているから，270°の回転移動。これは，逆回りに90°の回転移動と考えることもできる。

三角形は対応する頂点の順に書こうね。

練習

解答 別冊p.27

12 例題12について，△AEOを2回の移動で△CFOに重ね合わせるにはどうしたらよいですか。移動の方法を1つ見つけ，説明しなさい。

学研ニューコース［参考書］

【中１数学】
教科書内容対照表

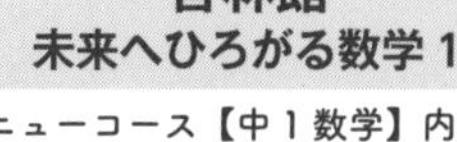

学研ニューコース【中１数学】内容対照表

この対照表の使い方

この対照表は，教科書の中のそれぞれの内容が，本書のどのページにのっているかを示したものです。この対照表を使って，教科書と関連づけながら，本書で効果的な学習を進めてください。

教科書(単元)の内容	ニューコースのページ
１章　正の数・負の数	
１節　正の数・負の数	28～33
２節　正の数・負の数の計算	34～59, 61～65
３節　正の数・負の数の利用	55, 60
２章　文字の式	
１節　文字を使った式	74～90
２節　文字式の計算	91～105
３章　方程式	
１節　方程式	114～127
２節　方程式の利用	128～135
４章　変化と対応	
１節　関数	144～146
２節　比例	144, 147～158
３節　反比例	159～164
４節　比例，反比例の利用	165～171
５章　平面図形	
１節　直線と図形	180～185
２節　移動と作図	186～200
３節　円とおうぎ形	201～209
６章　空間図形	
１節　立体と空間図形	218～241
２節　立体の体積と表面積	242～253
７章　データの活用	
１節　ヒストグラムと相対度数	262～268
２節　データにもとづく確率	262, 269

東京書籍
新しい数学 1

学研ニューコース【中１数学】内容対照表

教科書(単元)の内容	ニューコースのページ
0 章　算数から数学へ	
1 節　整数の性質	61, 63～65
1 章　正負の数	
1 節　正負の数	28～33
2 節　加法と減法	34～43
3 節　乗法と除法	44～59, 61, 62
4 節　正負の数の利用	55, 60
2 章　文字と式	
1 節　文字を使った式	74～90
2 節　文字式の計算	91～99
3 節　文字式の利用	86, 100～105
3 章　方程式	
1 節　方程式とその解き方	114～126
2 節　1 次方程式の利用	118, 127～135
4 章　比例と反比例	
1 節　関数と比例・反比例	144～147, 149, 159, 160, 162
2 節　比例の性質と調べ方	144, 148～158
3 節　反比例の性質と調べ方	159, 161～164
4 節　比例と反比例の利用	165～171
5 章　平面図形	
1 節　図形の移動	180～190
2 節　基本の作図	191～205
3 節　おうぎ形	201, 206～209
6 章　空間図形	
1 節　いろいろな立体	218～221
2 節　立体の見方と調べ方	222～241
3 節　立体の体積と表面積	242～253
7 章　データの分析と活用	
1 節　データの整理と分析	262～267
2 節　データの活用	268
3 節　ことがらの起こりやすさ	262, 269

学校図書
中学校数学 1

学研ニューコース【中１数学】内容対照表

教科書(単元)の内容	ニューコースのページ
1 章　正の数・負の数	
1　正の数・負の数	28～33
2　加法・減法	34～43
3　乗法・除法	44～60
4　数の集合	61～65
2 章　文字式	
1　文字式	74～90, 100, 102
2　式の計算	91～99, 87
3 章　1 次方程式	
1　方程式	100, 101, 104, 105, 114～126
2　1 次方程式の利用	128～135, 118, 127
4 章　比例と反比例	
1　関数	144～146
2　比例	144, 147～158
3　反比例	159～164
4　比例と反比例の利用	165～171
5 章　平面図形	
1　いろいろな角の作図	180～185, 191～205
2　図形の移動	186～190
6 章　空間図形	
1　空間図形の見方	218～241, 201
2　図形の計量	242～253, 201, 207～209
7 章　データの活用	
1　データの傾向の調べ方	262～269
2　データの活用	267, 268

学研

1 章

数研出版
これからの数学 1

ニューコース【中 1 数学】内容対照表

教科書(単元)の内容	ニューコースのページ
正の数と負の数	
1　正の数と負の数	28～33
2　加法と減法	34～43
3　乗法と除法	44～54
4　いろいろな計算	55～65
2章　文字と式	
1　文字と式	74～90, 100, 102, 103
2　文字式の計算	91～99
3　文字式の利用	85, 86, 100～105
3章　1次方程式	
1　1次方程式	114～127
2　1次方程式の利用	128～135
4章　比例と反比例	
1　比例	144～158
2　反比例	159～164
3　比例と反比例の利用	165～171
5章　平面図形	
1　平面図形	180～190
2　作図	191～200
3　円	201～205
6章　空間図形	
1　空間図形	218～221, 227～241
2　立体の体積と表面積	201, 207～209, 218, 222～226, 242～253
7章　データの活用	
1　データの整理とその活用	262～268
2　確率	262, 269

大日本図書
数学の世界 1

学研ニューコース【中 1 数学】内容対照表

教科書(単元)の内容	ニューコースのページ
1章　数の世界のひろがり	
1節　数の見方	61, 63～65
2節　正の数，負の数	28～33
3節　加法，減法	34～43
4節　乗法，除法	44～59, 61, 62
5節　正の数，負の数の利用	55, 60
2章　文字と式	
1節　文字と式	74～90, 100～103
2節　式の計算	91～99
3節　文字と式の利用	87
4節　関係を表す式	100, 101, 104, 105
3章　1次方程式	
1節　方程式	114～117
2節　1次方程式の解き方	118～127
3節　1次方程式の利用	128～135
4章　量の変化と比例，反比例	
1節　量の変化	144～146
2節　比例	144, 147～158
3節　反比例	159～164
4節　関数の利用	165～171
5章　平面の図形	
1節　平面図形とその調べ方	180～185, 201, 202, 206～209
2節　図形と作図	191～200, 202～206
3節　図形の移動	186～190
6章　空間の図形	
1節　空間にある立体	218～221
2節　空間にある図形	227～234
3節　立体のいろいろな見方	218, 222～224, 235～241
4節　立体の表面積と体積	242～253
5節　図形の性質の利用	225, 226
7章　データの分析	
1節　データの分析	262～268
2節　データにもとづく確率	262, 269
3節　データの利用	269

教育出版
中学数学 1

学研ニューコース【中 1 数学】内容対照表

教科書(単元)の内容	ニューコースのページ
1 章　整数の性質	
1 節　整数の性質	61, 63～65
2 章　正の数，負の数	
1 節　正の数，負の数	28～33
2 節　加法と減法	34～43
3 節　乗法と除法	44～59, 61, 62
4 節　正の数，負の数の活用	55, 60
3 章　文字と式	
1 節　文字を使った式	74～90, 100, 102, 103
2 節　文字を使った式の計算	91～99, 87
3 節　文字を使った式の活用	87
4 節　数量の関係を表す式	100～105
4 章　方程式	
1 節　方程式とその解き方	114～126
2 節　方程式の活用	118, 127～135
5 章　比例と反比例	
1 節　関数	144～146
2 節　比例	144, 147～158
3 節　反比例	159～164
4 節　比例と反比例の活用	165～171
6 章　平面図形	
1 節　平面図形の基礎	180～185, 201, 202
2 節　作図	191～206
3 節　図形の移動	186～190
4 節　円とおうぎ形の計量	201, 207～209
7 章　空間図形	
1 節　空間図形の基礎	218～221, 227～234
2 節　立体の見方と調べ方	235～241, 218, 222～226
3 節　立体の体積と表面積	242～253
8 章　データの分析	
1 節　度数の分布 2 節　データの活用	262～269

日本文教出版
中学数学 1

学研ニューコース【中 1 数学】内容対

教科書(単元)の内容	ニュー
1 章　正の数と負の数	
1 節　正の数と負の数	28～33
2 節　加法と減法	34～43
3 節　乗法と除法	44～59, 61～65
4 節　正の数と負の数の活用	55, 60
2 章　文字と式	
1 節　文字と式	74～85, 88～90, 100, 102, 103
2 節　1 次式の計算	91～99
3 節　文字式の活用	86, 87, 100～105
3 章　方程式	
1 節　方程式	114～126
2 節　方程式の活用	118, 127～135
4 章　比例と反比例	
1 節　関数	144, 145
2 節　比例	144, 146～158
3 節　反比例	159～164
4 節　比例と反比例の活用	165～171
5 章　平面図形	
1 節　基本の図形	180～185, 201, 202
2 節　図形の移動	180, 186～190
3 節　基本の作図	191～205
4 節　おうぎ形	201, 206～209
6 章　空間図形	
1 節　空間図形の観察	218～241
2 節　空間図形の計量	242～253
7 章　データの活用	
1 節　データの分布	262～268
2 節　確率	262, 269

3 図形と作図

作図

［例題13～例題23］

定規とコンパスだけを使って図をかくことを**作図**といいます。定規は**直線や線分をひくため**だけに，コンパスは**円をかいたり，線分の長さを移しとるため**だけに使います。

垂直二等分線の作図

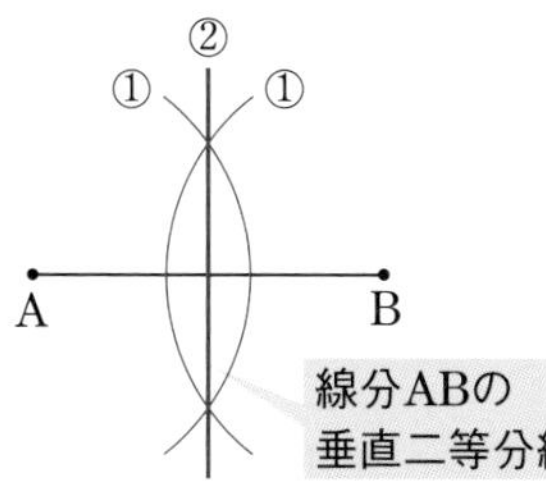

垂直二等分線

…線分の中点を通り，その線分と垂直に交わる直線。

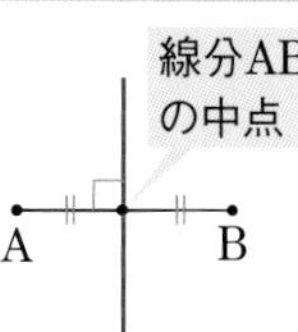

角の二等分線の作図

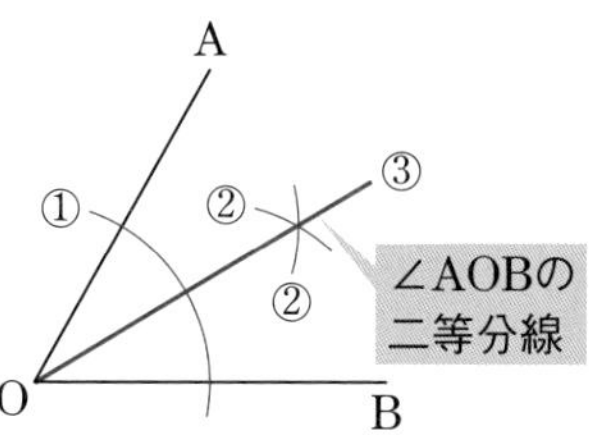

角の二等分線

…1つの角を2等分する半直線。

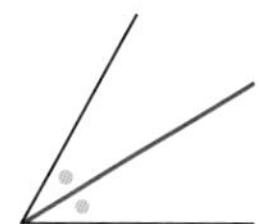

垂線の作図（直線上にない点を通る場合）

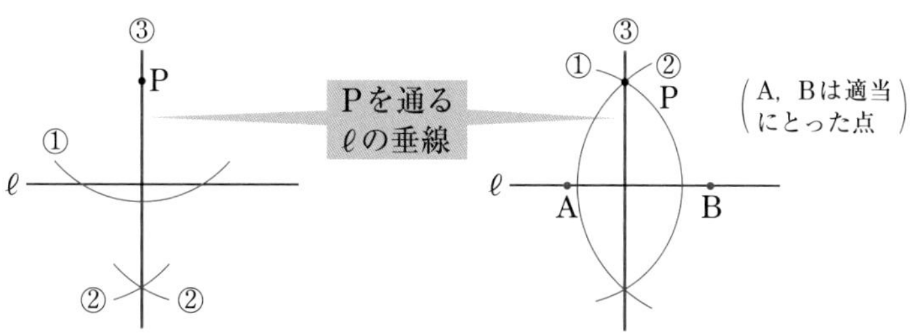

直線上にある点を通る垂線の作図は，180°の**角の二等分線**の作図と考える。

- 2点A，Bからの距離が等しい点は？
⇩
線分ABの垂直二等分線上にある。

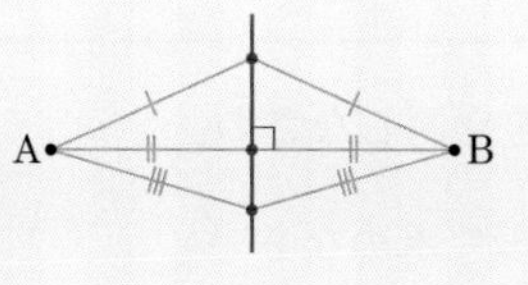

- 角の2辺OA，OBまでの距離が等しい点は？
⇩
角の二等分線上にある。

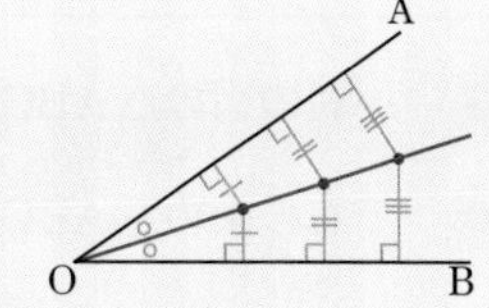

例題 13 垂直二等分線の作図 Level ★★☆

右の図の△ABCで，辺ABの垂直二等分線と辺BCとの交点Pを作図して求めなさい。

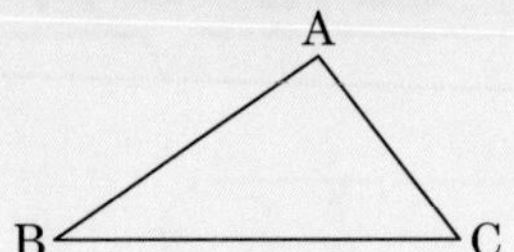

解き方

[作図の手順]

辺ABの垂直二等分線を作図 ▶
❶A，Bを中心として，等しい半径の円をかく。
❷2つの円の交点をD，Eとし，直線DEをかく。

辺BCとの交点をPとする ▶
❸直線DEと辺BCとの交点をPとする。

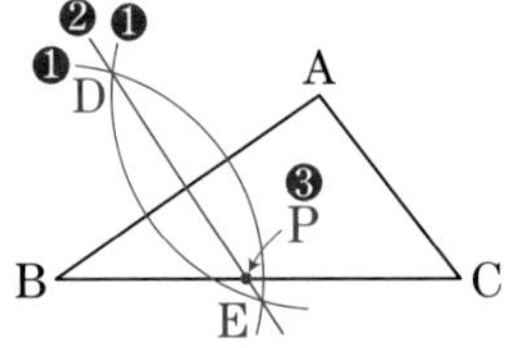

答　上の図の点P

図解　垂直二等分線の作図

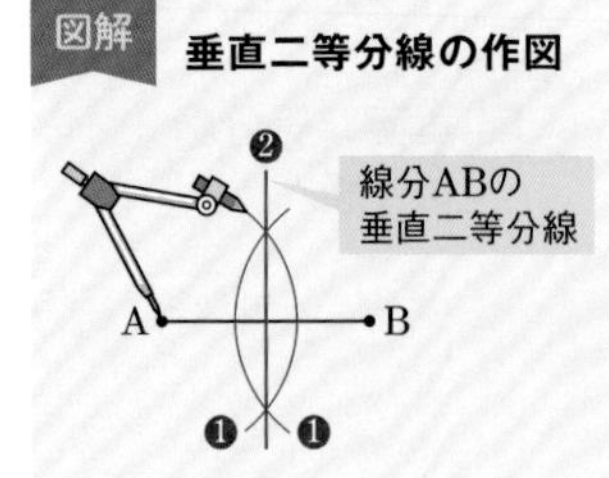

例題 14 中点の作図 Level ★★☆

右の図の線分PQの中点Mを作図して求めなさい。

P ―――――― Q

解き方

線分PQの垂直二等分線を作図し，線分PQとの交点をMとする。

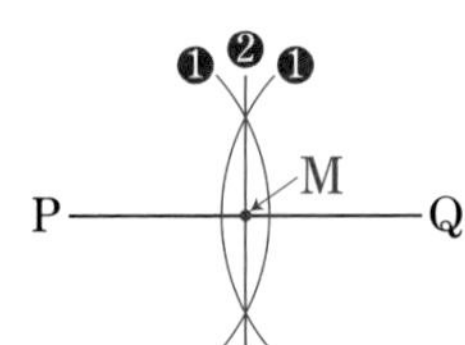

答　右の図の点M

Point　中点の作図は垂直二等分線の作図と同じ。

テストで注意　作図に使った線は残しておく

作図に使った線を消したり，はっきり見えないと，減点されることがある。**どのように作図したかがわかるように，**作図に使った線は残しておこう。

練習

解答 ▶ 別冊p.27，28

13　右の図の△ABCで，辺ACの垂直二等分線を作図しなさい。

14　右の図の△ABCで，辺ABの中点Mを作図して求めなさい。

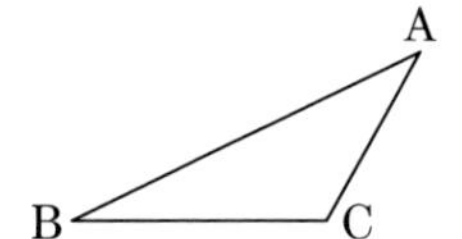

例題 15 角の二等分線の作図

Level ★★☆

右の図で，∠AOC，∠BOCの二等分線OM，ONを作図しなさい。

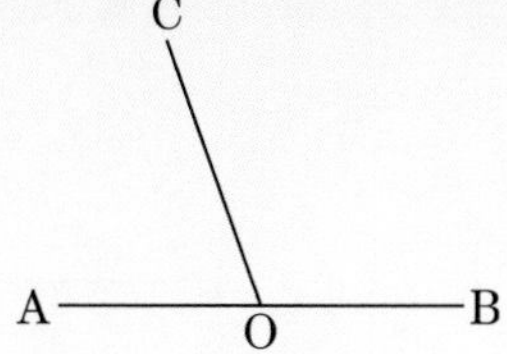

解き方

• ∠AOCの二等分線OMの作図

❶ Oを中心として円をかき，OA，OC，OBとの交点をP，Q，Rとする

❷ P，Qを中心として，等しい半径の円をかき，その交点をMとする

❸ 半直線OMをひく

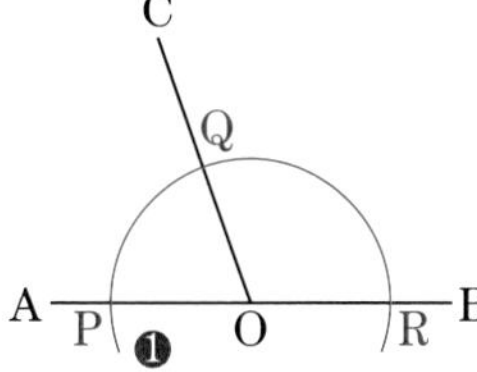

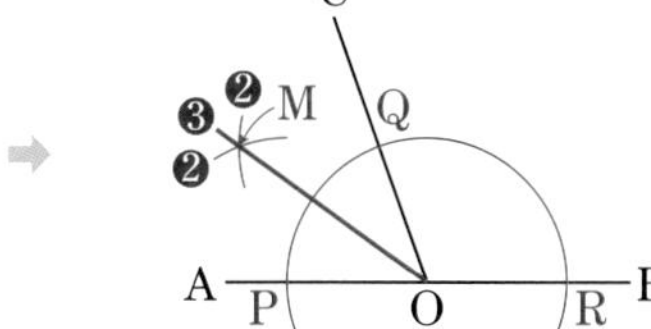

• ∠BOCの二等分線ONの作図

❹ Q，Rを中心として，等しい半径の円をかき，その交点をNとする

❺ 半直線ONをひく

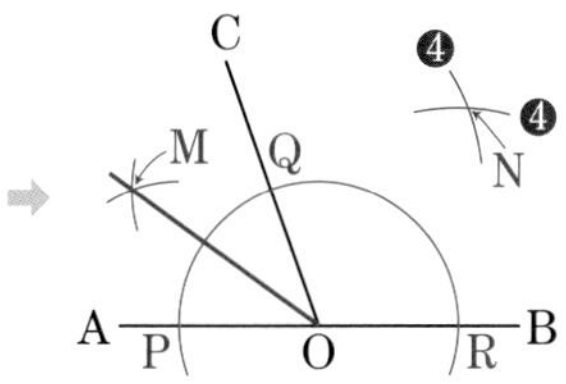

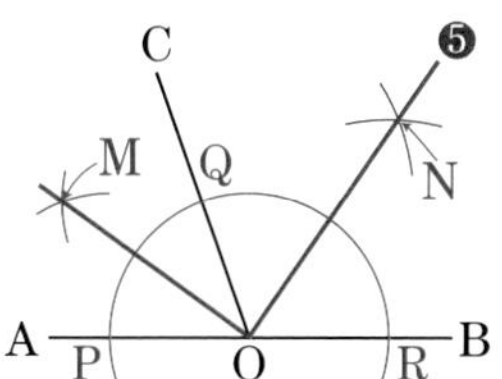

答 上の図のOM，ON

図解 角の二等分線

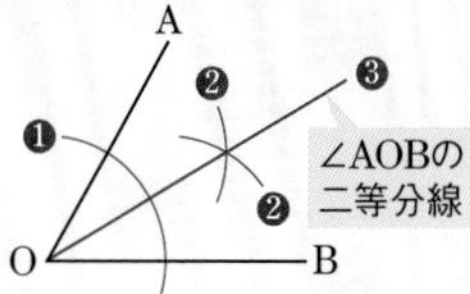

参考 ∠MON=90°になる

$\angle MOC = \frac{1}{2}\angle AOC$

$\angle NOC = \frac{1}{2}\angle BOC$

したがって，

$\angle MON = \angle MOC + \angle NOC$

$= \frac{1}{2}\angle AOC + \frac{1}{2}\angle BOC$

$= \frac{1}{2}(\angle AOC + \angle BOC)$

$= \frac{1}{2}\underline{\angle AOB} = \frac{1}{2} \times 180^\circ = 90^\circ$

└ 一直線の角

練習

解答 別冊p.28

15 右の図の△ABCで，∠Aの二等分線と∠Bの二等分線の交点Pを作図して求めなさい。

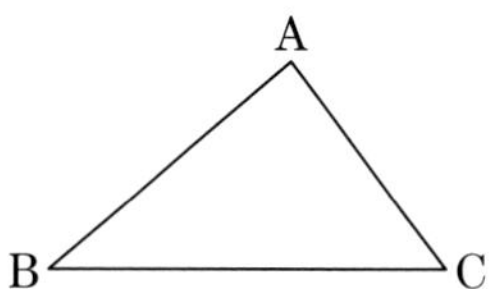

例題 16 直線上の点を通る垂線の作図 Level ★★★

右の図の△ABCで，点Cを通り，辺BCに垂直な直線を作図しなさい。

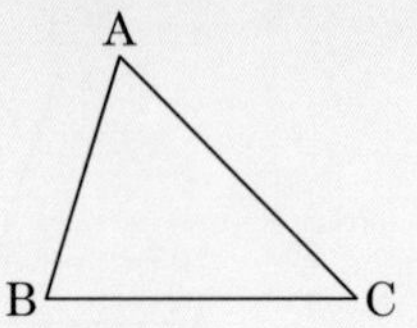

解き方

❶ 辺BCを延長し，延長上の点をDとする

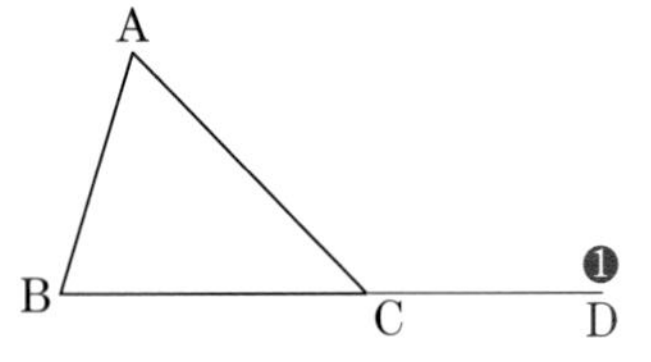

❷ Cを中心として，適当な半径の円をかき，BDとの交点をP，Qとする

❸ P，Qを中心として，等しい半径の円をかき，その交点をRとする

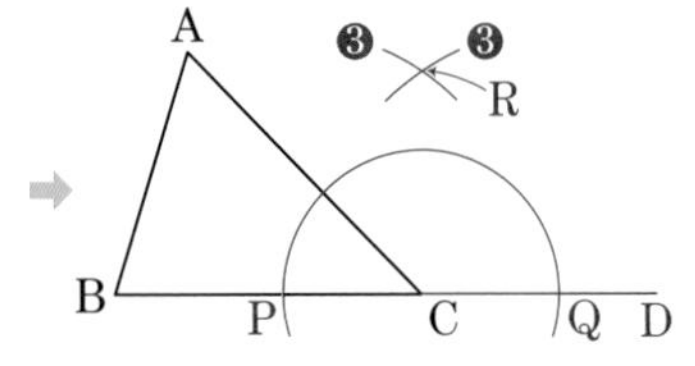

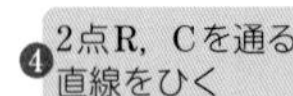

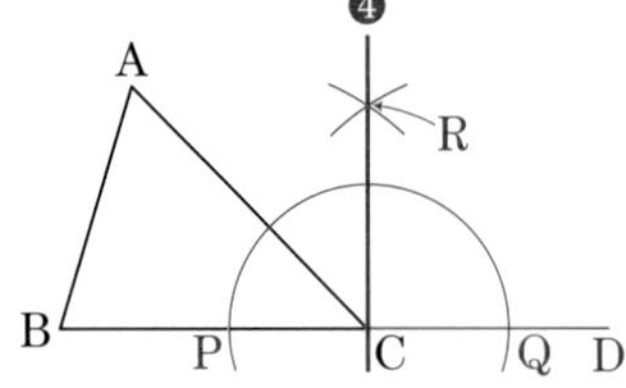

答 上の図

Point 180°の角の二等分線の作図と考える。

くわしく 直線上の点を通る垂線の作図の考え方

下の図のように，∠BCDの角度を大きくしていくと，**180°の角の二等分線の作図と同じ**であることがわかる。

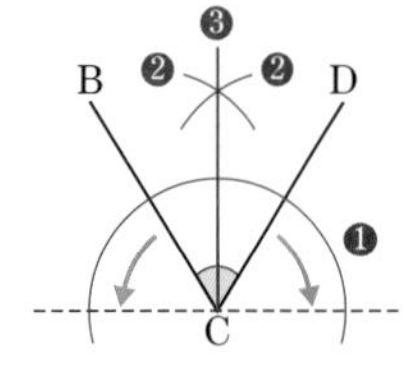

∠BCDの角度を大きくしていくと

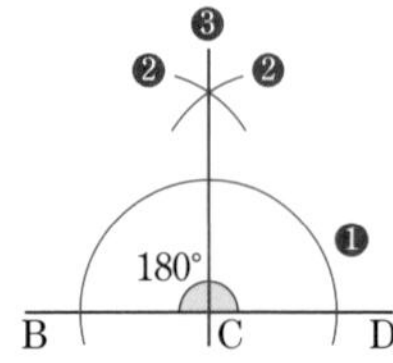

練習

解答 別冊p.28

16 右の図の△ABCで，点Bを通り，辺ABに垂直な直線を作図しなさい。

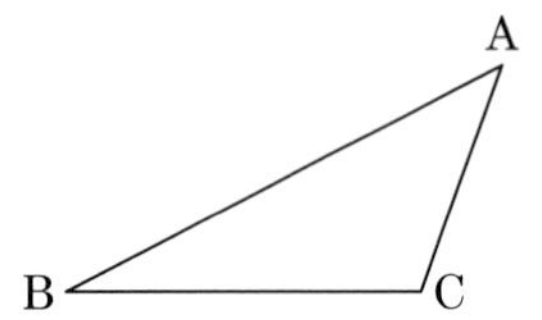

例題 17 三角形の高さの作図 Level ★★

右の図の△ABCで，辺BCを底辺とするときの高さAHを作図しなさい。

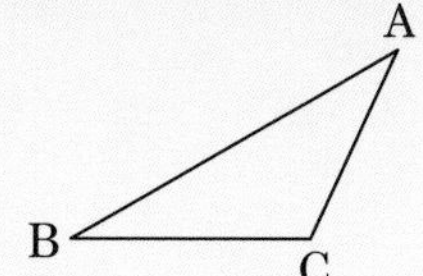

解き方

まず，辺BCを延長し，次に，Aを通るBCへの垂線を作図する。

❶辺BCを延長する

❷Aを中心として，適当な半径の円をかき，直線BCとの交点をP，Qとする

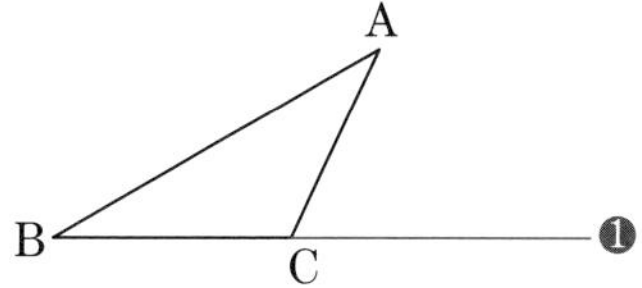

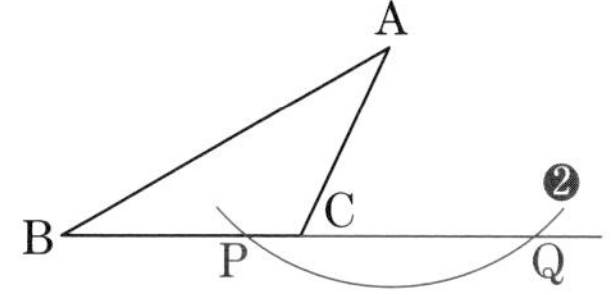

❸P，Qを中心として，等しい半径の円をかき，その交点をRとする

❹半直線ARをひき，直線BCとの交点をHとする

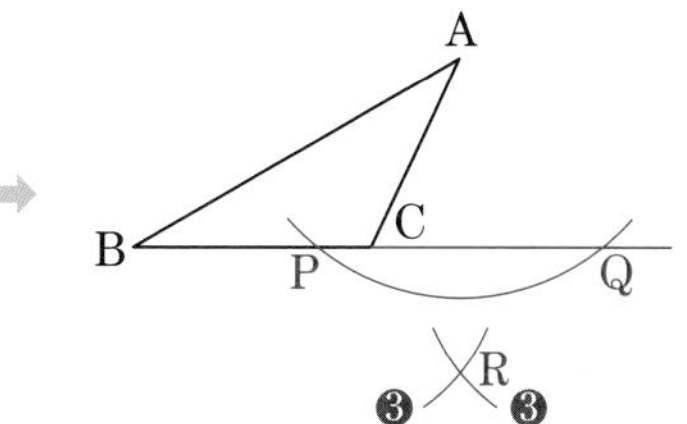

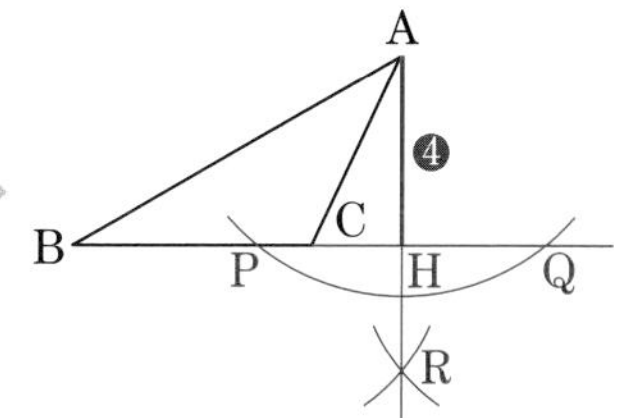

答 上の図の線分AH

Point 高さAHは，AからBCまでひいた垂線の長さ。

確認 点と直線との距離と三角形の高さ

右の図で，点Pから直線ABへひいた垂線の長さを，**点Pと直線ABとの距離**という。

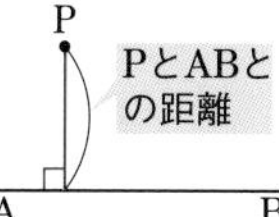

三角形の高さは，**頂点とそれに向かい合う辺との距離**になる。

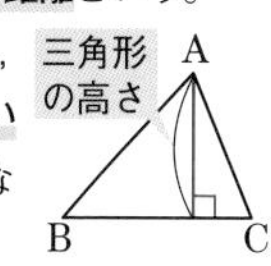

別解 垂線の別の作図の方法

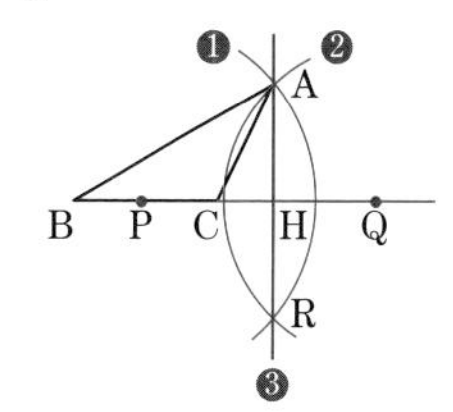

❶辺BC上に適当な点Pをとり，Pを中心として，半径PAの円をかく。

❷辺BCの延長上に適当な点Qをとり，Qを中心として，半径QAの円をかく。

❸2円の交点のうち，A以外の点をRとし，直線ARをひき，直線BCとの交点をHとする。

練習

解答 別冊p.28

17 右の図の△ABCで，辺ACを底辺とするときの高さBHを作図しなさい。

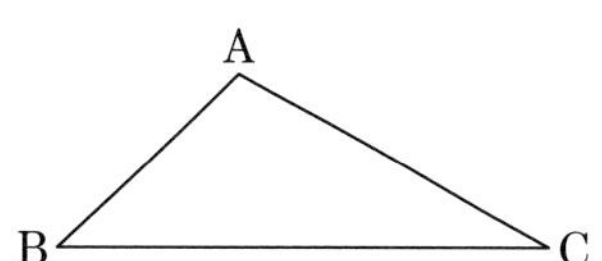

例題 18 特別な角の作図　Level ★★★

次の大きさの角を作図しなさい。

(1)　30°　　　(2)　45°

解き方

(1)　30°の角 ➡ **60°の角を2等分**すると考える。

正三角形ABCを作図して，60°の角をつくる

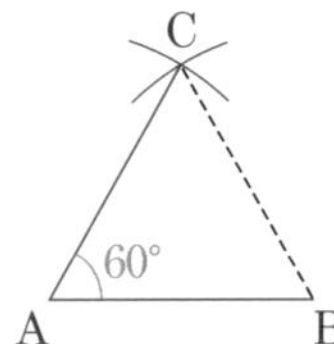

➡

∠CAB(＝60°)の二等分線を作図する

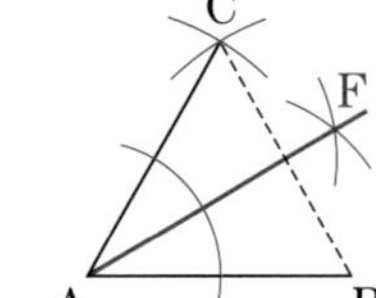

答　**図の∠FAB**または**∠FAC**

(2)　45°の角 ➡ **90°の角を2等分**すると考える。

直線ℓの垂線ROを作図して，90°の角をつくる

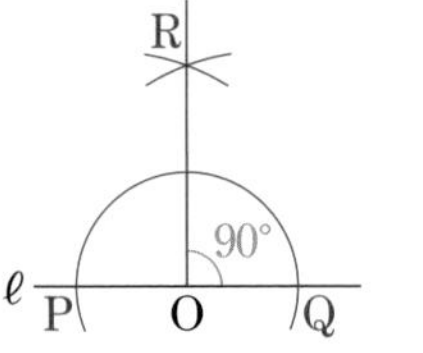

➡

∠ROQ(＝90°)の二等分線を作図する。

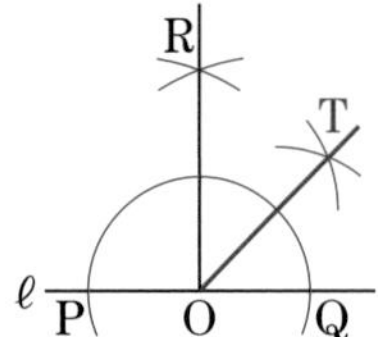

答　**図の∠TOQ**または**∠TOR**

くわしく　正三角形の作図

❶適当な長さの線分ABをひく。
❷点A，Bをそれぞれ中心として，半径ABの円をかき，その交点をCとする。
❸AとC，BとCを結ぶ。

くわしく　垂線の作図

❶直線ℓ上の点Oを中心とする円をかき，直線ℓとの交点をP，Qとする。
❷点P，Qをそれぞれ中心として，等しい半径の円をかき，その交点をRとする。
❸直線ROをひく。

正三角形の角や直角を利用して作図するんだね。

練　習

解答 別冊p.28

18　次の大きさの角を作図しなさい。

(1)　15°　　　(2)　135°

例題 19　3辺までの距離が等しい点の作図　Level ★★★

右の図の四角形ABCDで，3辺AB，BC，CDまでの距離が等しい点Pを作図して求めなさい。

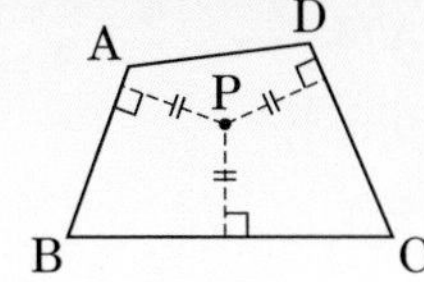

解き方

∠ABCの二等分線と ← 辺AB，BCまでの距離が等しい点
∠BCDの二等分線 ← 辺BC，CDまでの距離が等しい点
を作図し，その交点をPとする。

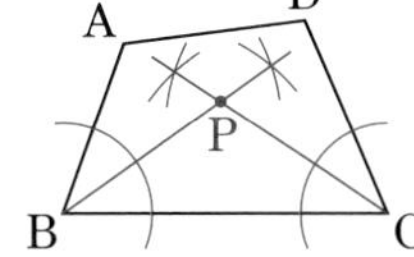

答　右の図の点P

角の2辺までの距離が等しい点は，その角の二等分線上にある。

例題 20　2点からの距離が等しい点の作図　Level ★★★

右の図のように，点Oを中心とする円と点Aがあります。円の周上にあって，2点A，Oからの距離が等しい点を作図して求めなさい。

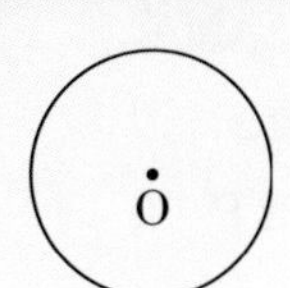

解き方

線分AOの垂直二等分線を作図し，円の周との交点を求める。
（線分AOの垂直二等分線 ← 2点A，Oからの距離が等しい点を作図）

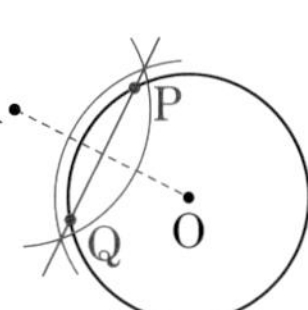

答　右の図の点P，Q

Point　2点からの距離が等しい点は，2点を結ぶ線分の垂直二等分線上にある。

✔確認　2辺までの距離が等しい点

∠AOBの2辺OA，OBまでの距離が等しい点は，**∠AOBの二等分線上**にある。

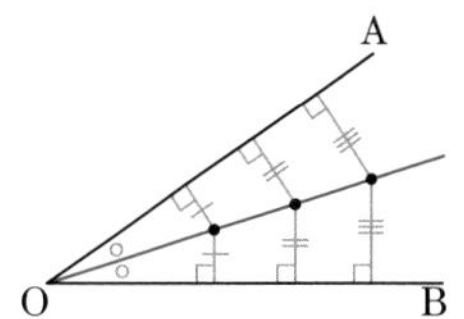

✔確認　2点からの距離が等しい点

2点A，Bからの距離が等しい点は，**線分ABの垂直二等分線上**にある。

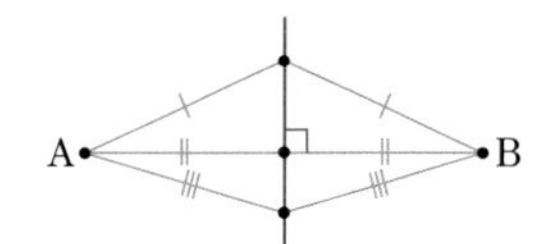

練　習

解答 別冊p.28

19　右の図の△ABCで，3辺AB，BC，CAまでの距離が等しい点Pを作図して求めなさい。

20　右の図のように，直線ℓと2点A，Bがあるとき，ℓ上にあって，2点A，Bからの距離が等しい点Pを作図して求めなさい。

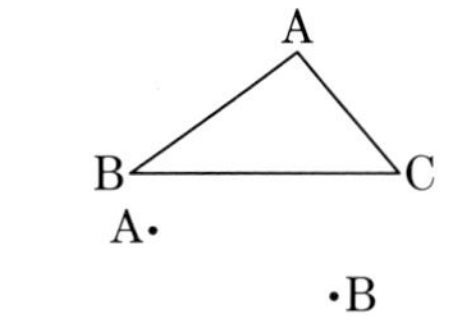

A・

・B

ℓ

例題 21 折り目の線の作図　Level ★★★

右の図のような△ABCを，点Aが辺BCの中点Mに重なるように折ります。このとき，折り目となる線分を作図しなさい。

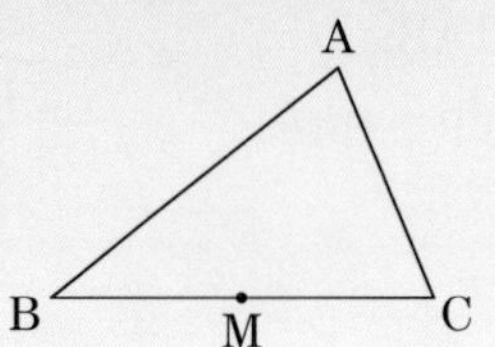
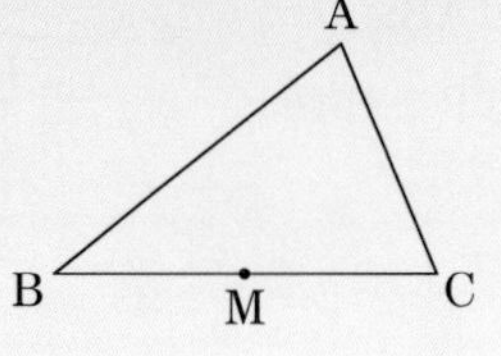

解き方

[考え方]

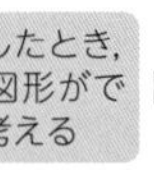

折り返したとき，どんな図形ができるか考える ▶ 折り目となる線分をPQとすると，右の図のように，四角形APMQは線対称な図形で，PQは対称の軸となる。

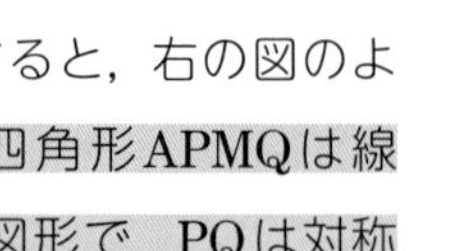

[作図の手順]

対応する2点を結ぶ線分の垂直二等分線を作図 ▶ したがって，線分AMの垂直二等分線を作図し，辺AB，ACとの交点をP，Qとすればよい。

答　右の図の線分PQ

Point 折り目の線は，対称の軸になる。

復習　線対称な図形

線対称な図形…1つの直線を折り目として折ったとき，折り目の両側がぴったり重なる図形。

対称の軸…折り目にした直線。

対称の軸
対応する点
対応する辺
対応する角

図解　△APQと△MPQは合同だから，四角形APMQは線対称

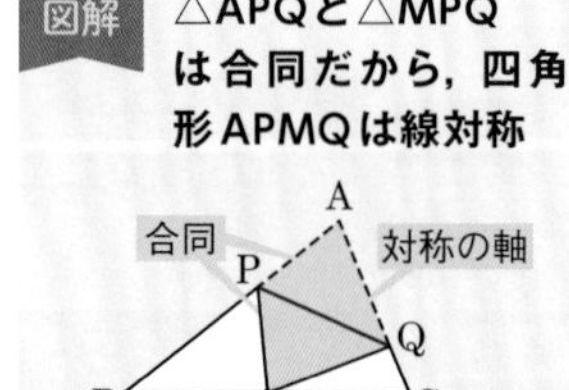

練習　解答 別冊p.29

21　右の図の△ABCで，辺AC上にあって，∠PAB＝∠PBAとなる点Pを作図しなさい。

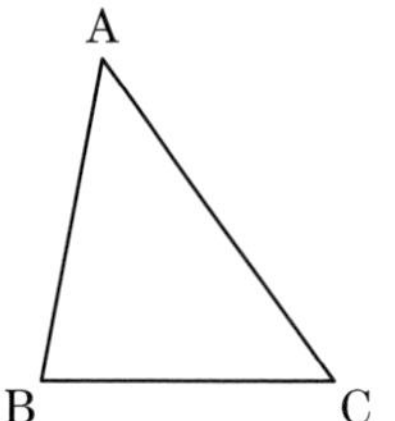

例題 22 最短距離の作図 Level ★★★

右の図のように，直線ℓと2点A，Bがあります。ℓ上に点Pをとり，PとA，Bを結ぶとき，AP+BPが最短になるような点Pを作図して求めなさい。

解き方

[考え方]

直線ℓについて，点Aと対称な点をA′とすると，AP=A′Pより，

AP+BPをA′P+BPにおきかえる ▶ AP+BP=A′P+BP

最短になる場合を確認する ▶ A′P+BPが最短になるのは，点Pが線分A′B上にあるときである。

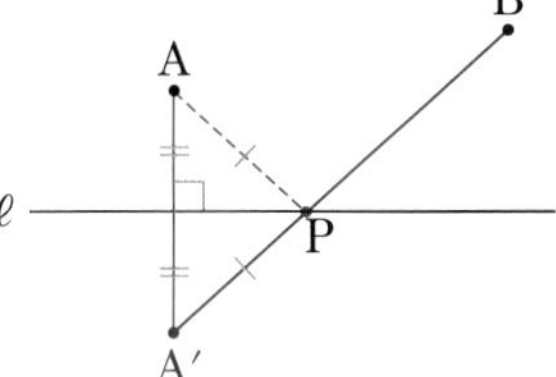

[作図の手順]

❶ 点Aから直線ℓへ垂線mを作図し，ℓとの交点をHとする

❷ 垂線m上にAH=A′Hとなる点A′をとる

❸ 線分A′Bとℓとの交点をPとする

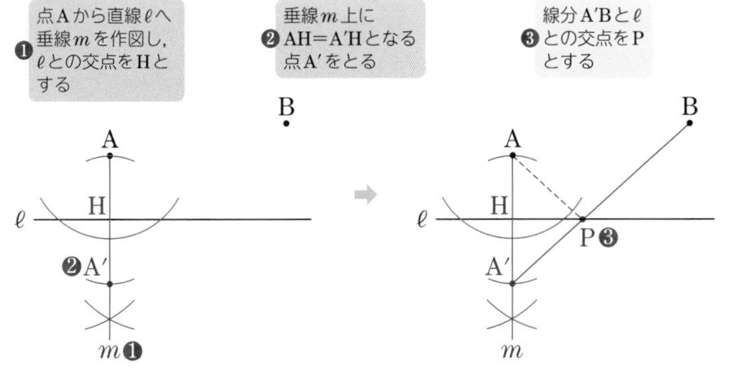

答 上の図の点P

別解 直線ℓについて点Bと対称な点をとる

直線ℓについて，点Bと対称な点B′をとり，線分AB′とℓとの交点をPとしてもよい。

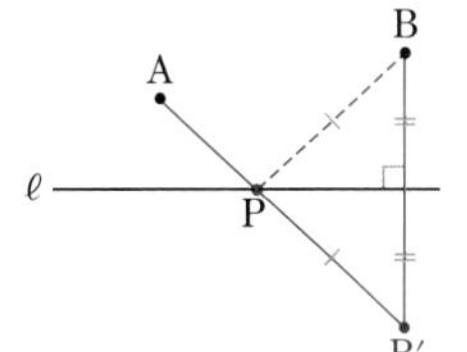

くわしく 対称な点の作図

❶点Aから直線ℓへ垂線mをひき，ℓとmとの交点をHとする。

❷点Hを中心として，半径HAの円をかき，mとの交点のうち，A以外の点をA′とする。

5章 平面図形 3 図形と作図

練習 解答 別冊p.29

22 右の図のように，直線ℓと2点A，Bがあります。ℓ上に点Pをとり，PとA，Bを結ぶとき，AP+BPが最短になるような点Pを作図して求めなさい。

例題 23 回転の中心の作図

Level ★★★

右の図の△DEFは△ABCを回転移動したものです。
回転の中心Oを作図によって求めなさい。

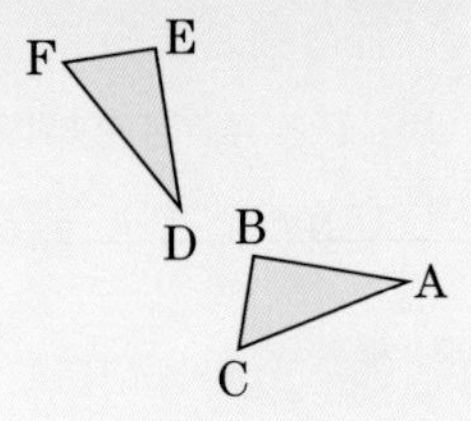

解き方

❶対応する点AとDを中心として，等しい半径の円をかき，その交点を結んだ直線をひく。

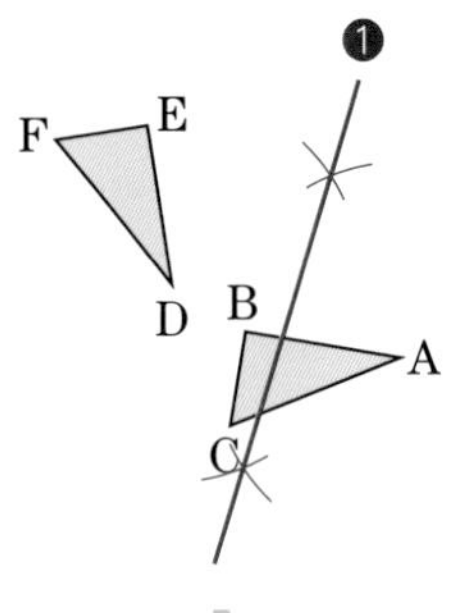

❷同様に，対応する点BとEを中心として，等しい半径の円をかき，その交点を結んだ直線をひく。

❸❶，❷の直線の交点がOである。

答 右の図の点O

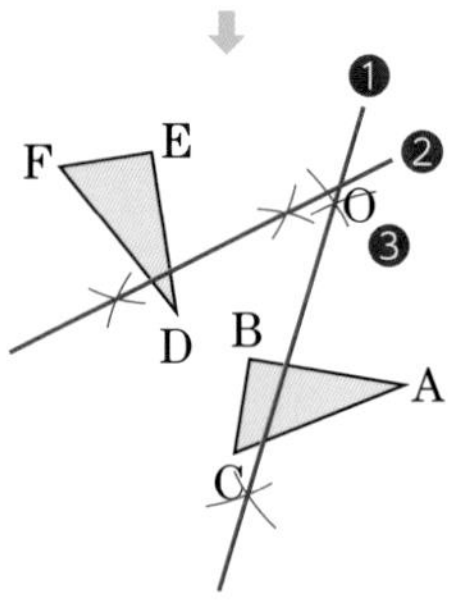

くわしく 回転の中心

回転の中心から対応する点までの距離は等しいから，それぞれの対応する点を結んだ線分の垂直二等分線は回転の中心を通る。

練習

解答 別冊p.29

23 右の図の△GHIは△ABCを回転移動したものです。
回転の中心Oを作図によって求めなさい。

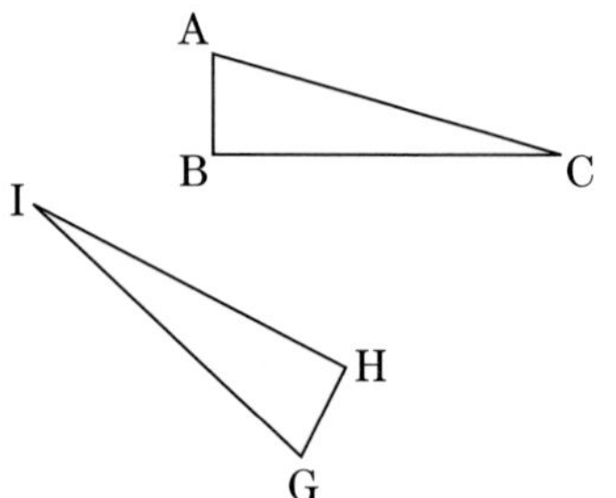

4 円とおうぎ形

円

［例題24～例題29］

直線ℓが円Oの円周上の1点Pで交わるとき，**直線ℓは円Oに接する**といい，**直線ℓを円Oの接線**，**点Pを円Oの接点**といいます。

弧と弦	**弧**…円周の一部分 ➡ 弧ABは$\overset{\frown}{AB}$と表す。 **弦**…円周上の2点を結ぶ線分 ➡ **弦AB**と表す。
円の接線の性質	**円の接線**は，**接点を通る半径**に**垂直**。 右の図で，$\ell \perp OP$

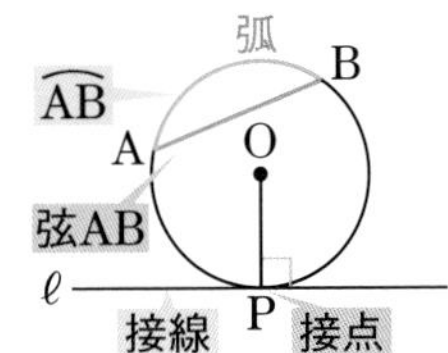

おうぎ形

［例題30～例題31］

円の弧の両端を通る2つの半径とその弧で囲まれた図形を**おうぎ形**といいます。

おうぎ形	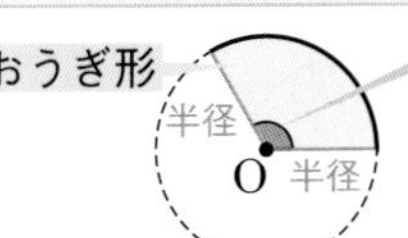	●**中心角**…2つの半径のつくる角。 ●半径と中心角が等しいおうぎ形の弧の長さや面積は等しい。

円とおうぎ形の計量

［例題32～例題35］

円周の長さと面積	半径rの円の周の長さをℓ，面積をSとすると， ●円周の長さ…$\ell=2\pi r$ ●面積…$S=\pi r^2$
おうぎ形の弧の長さと面積	半径r，中心角$a°$のおうぎ形の弧の長さをℓ，面積をSとすると， ●弧の長さ…$\ell=2\pi r\times\dfrac{a}{360}$ ●面積…$S=\pi r^2\times\dfrac{a}{360}$　または，$S=\dfrac{1}{2}\ell r$ 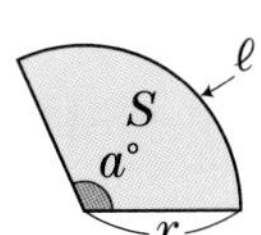

例題 24 円 Level ★☆☆

右の図について，次の問いに答えなさい。

(1) 円周のAからBまでの部分を，記号を使って表しなさい。

(2) 円周上の2点A，Bを結んだ線分ABを何といいますか。

(3) ∠AOBを$\overset{\frown}{AB}$に対する何といいますか。

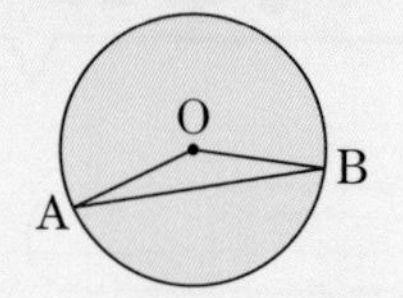

解き方

(1) 円周のAからBまでの部分を弧(こ)ABといい，⌒の記号を使って$\overset{\frown}{AB}$と表す。… 答

(2) 円周上の2点A，Bを結んだ線分を**弦(げん)AB**という。… 答

(3) ∠AOBを，$\overset{\frown}{AB}$に対する**中心角**という。… 答

✔確認 1点から一定の距離にある点がつくる図形

円周上の点と中心との距離は，どこでも**等しく一定**で，この距離が**円の半径**。

例題 25 円の対称の軸 Level ★☆☆

右の図のように，円Oとその外側に点Pがあるとき，点Pを通る円Oの対称の軸ℓを図にかき入れなさい。

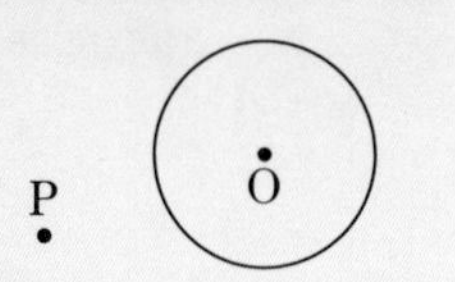

解き方

円は線対称な図形で，対称の軸は直径だから，直線ℓは中心Oを通る。

したがって，2点O，Pを通る直線をひけばよい。

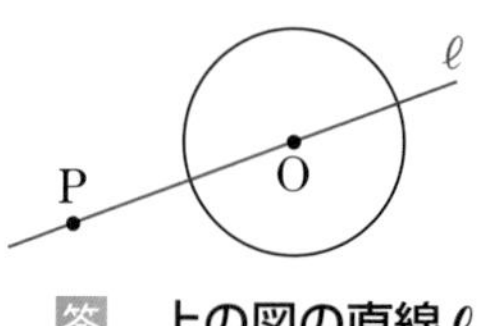

答 上の図の直線ℓ

✔確認 円の対称の軸

円の対称の軸は直径で無数にある。ただし，これら直径のうちで，点Pを通るものは1つに決まる。

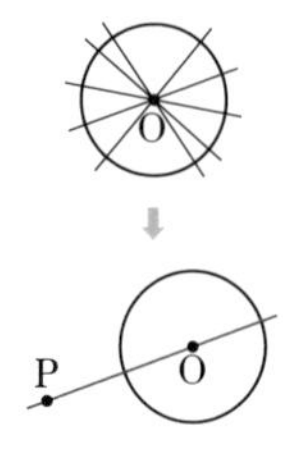

練習

解答 別冊p.29

24 ノートに点Oをとり，Oから2cmの距離にある点が動いたあとにできる図形をかきなさい。

25 右の図のように，円Oとその円周上に点Pがあるとき，点Pを通る円Oの対称の軸ℓを図にかき入れなさい。

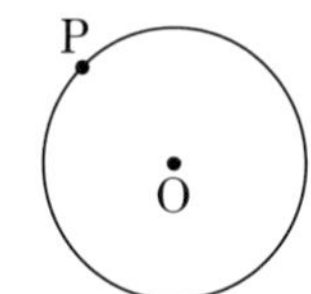

例題 26 円の中心の作図 Level ★★★

右の図の円の中心Oを作図して求めなさい。

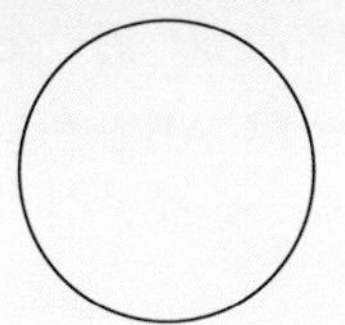

解き方

[考え方]

弦を垂直に2等分する線分は，円の対称の軸（→直径）で，円の中心を通る。

したがって，2つの弦の垂直二等分線の交点を求めれば，円の中心が決まる。

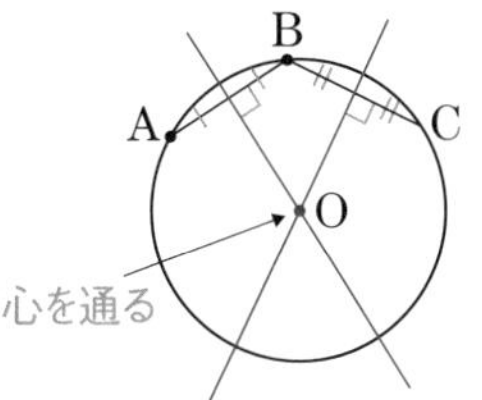

[作図の手順]

❶ 円周上に適当な3点A，B，Cをとる。

❷ 線分ABの垂直二等分線ℓを作図する。

❸ 線分BCの垂直二等分線mを作図する。

❹ ℓとmの交点をOとする。

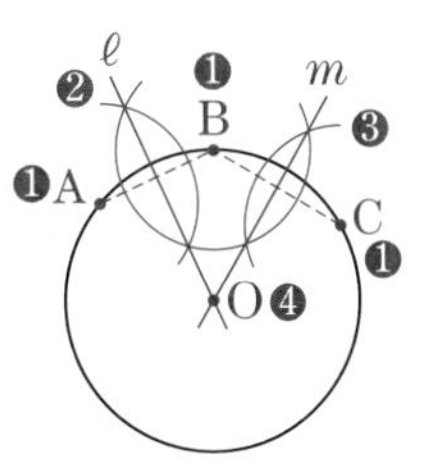

答 上の図の点O

Point 弦の垂直二等分線は，円の中心を通ることを利用する。

✔確認 垂直二等分線の性質

2点A，Bからの距離が等しい点は，**線分ABの垂直二等分線上**にある。

くわしく 弦の垂直二等分線が円の中心を通る理由

中心Oと円周上の点までの距離は半径であり，どれも等しいことを使う。

2点A，Bから距離の等しい点の集まりは，線分ABの垂直二等分線である。よって，中心Oはこの垂直二等分線上のどこかにあるといえる。

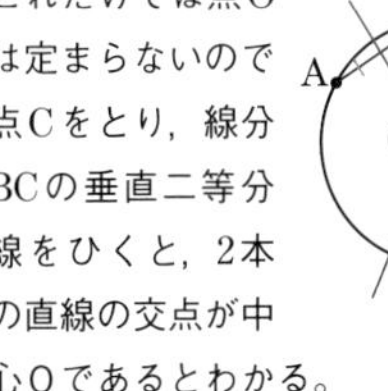

これだけでは点Oは定まらないので点Cをとり，線分BCの垂直二等分線をひくと，2本の直線の交点が中心Oであるとわかる。

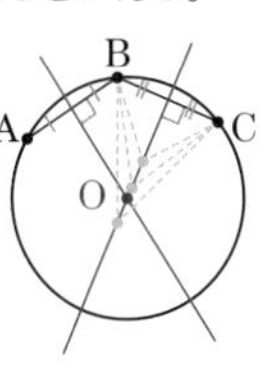

練習

解答 別冊p.29

26 右の図のように3点A，B，Cがあります。この3点を通る円Oを作図しなさい。

A
•C
B

例題 27 交わる2つの円の性質

Level ★★☆

右の図は，点A，Bを中心とする2つの円の交点をP，Qとし，線分ABとPQとの交点をMとしたものです。ABとPQの位置関係と，PMとQMの長さの関係を，記号を使って表しなさい。

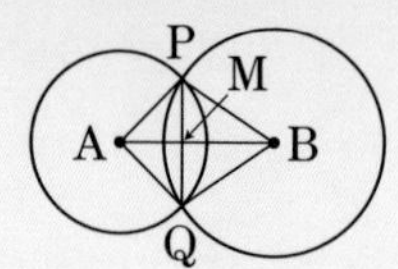

解き方

交わる2つの円は，両方の円の中心を通る直線について線対称だから，ABは，四角形AQBPの対称の軸になっている。したがって，

AB⊥PQ，PM＝QM …答

対称の軸の性質

対称の軸ABは，円の交点を結ぶ線分PQを**垂直に2等分**している。

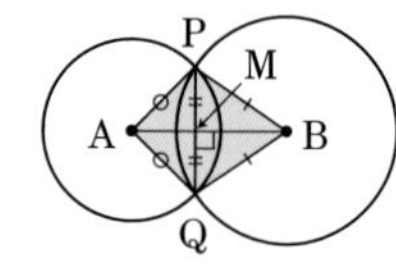

例題 28 円の接線と作図(1)

Level ★★☆

右の図で，円Oの周上の点Aを接点とする接線ℓを作図しなさい。

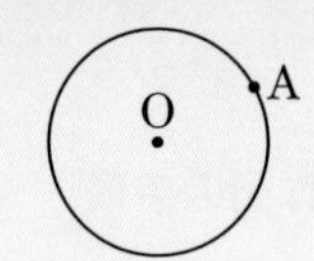

解き方

点Aを通り，直線OAに垂直な直線を作図する。

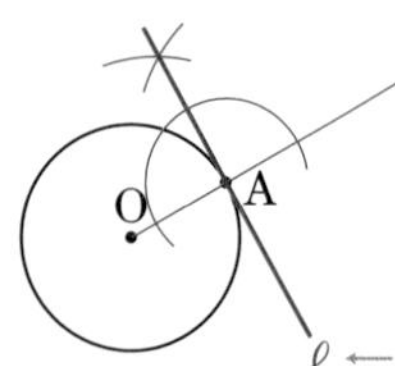

答　**左の図の直線ℓ**

Point **円の接線は，接点を通る半径に垂直。**

確認 **円の接線と接点**

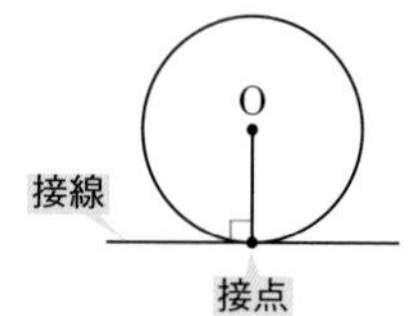

練　習

解答 別冊p.29

27 例題27の図で，円Aと円Bの半径が等しいとき，次の問いに答えなさい。

(1) 線分APと長さが等しい線分をすべて答えなさい。

(2) ∠PAQと等しい角を答えなさい。

28 右の図で，円Oの周上の点Aを接点とする接線ℓを作図しなさい。

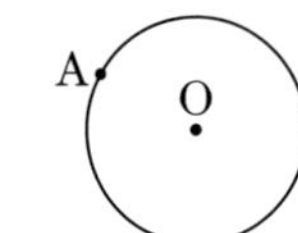

例題 29 円の接線と作図(2) Level ★★★

右の図の∠ABCの辺BCに点Dで接し，辺BAにも接(せっ)する円Oを作図しなさい。

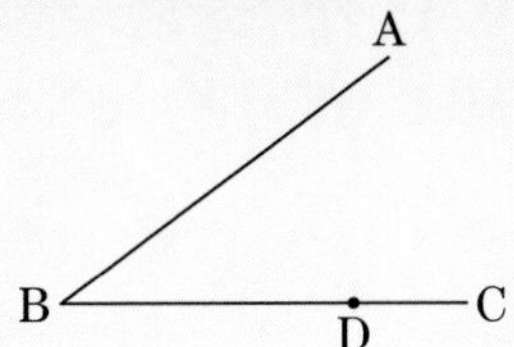

点Dを通るBCの垂線は，∠BDC(=180°)の二等分線の作図と考えればよかったね。

解き方

[考え方]

接線は，接点を通る半径に垂直 ▶ ●円の接線は，接点を通る半径に垂直だから，円の中心Oは，点Dを通るBCの垂線上にある。

2辺から等しい距離にある点 ▶ ●点Oは2辺BA，BCから等しい距離にあるから，点Oは，∠ABCの二等分線上にある。

したがって，この2つの直線を作図し，その交点をOとし，Oを中心として，半径ODの円をかけばよい。

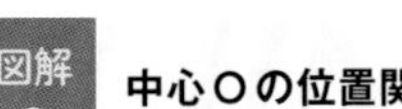

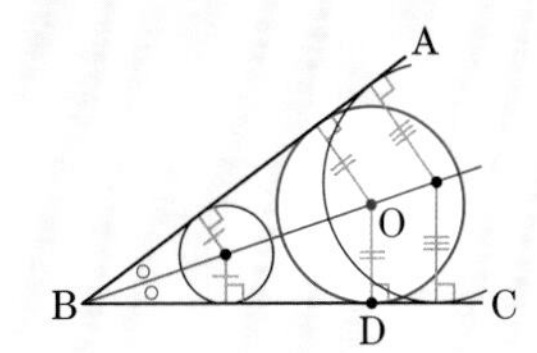

[作図の手順]

❶点Dを通るBCの垂線を作図する

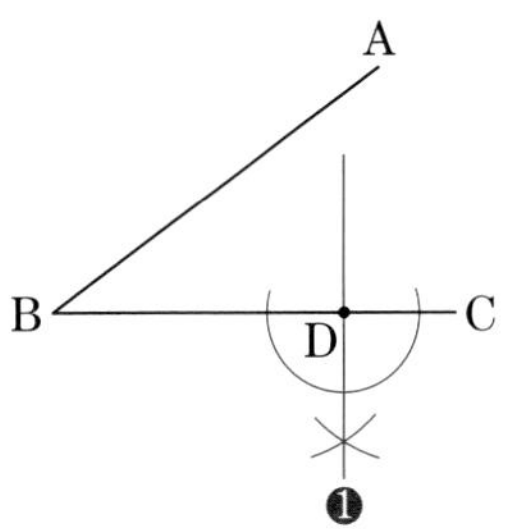

❷∠ABCの二等分線を作図する

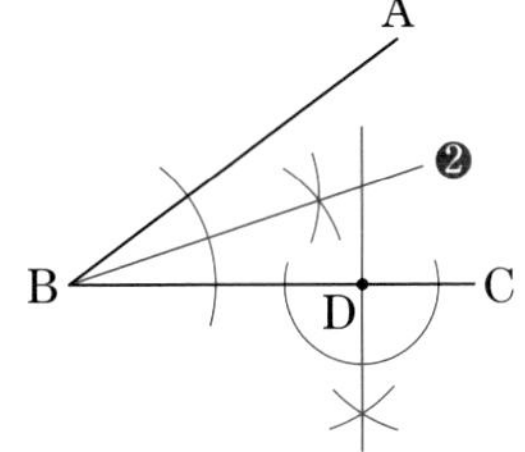

❸❶，❷の直線の交点をOとし，Oを中心として，半径ODの円を作図する

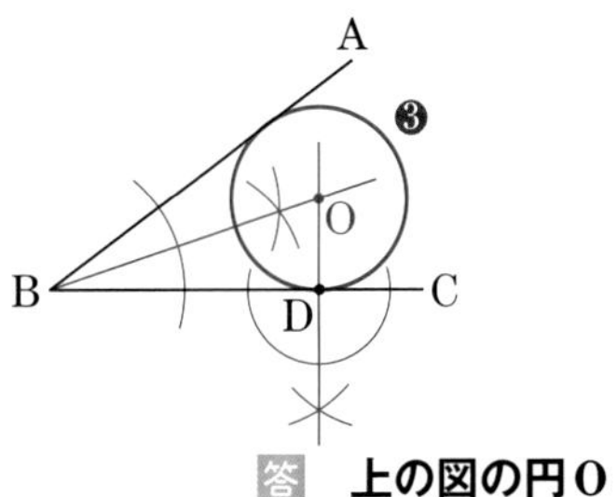

答 上の図の円O

練 習 解答 別冊p.30

29 右の図で，点Pを通り，直線ℓ上の点Qで直線ℓに接する円Oを作図しなさい。

P•

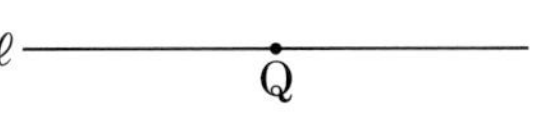

例題 30 おうぎ形の中心角と弧 Level ★☆☆

右の図のおうぎ形で，色のついた4つの中心角の大きさが等しいとき，$\overset{\frown}{AE}$と$\overset{\frown}{AB}$の長さの関係を式で表しなさい。

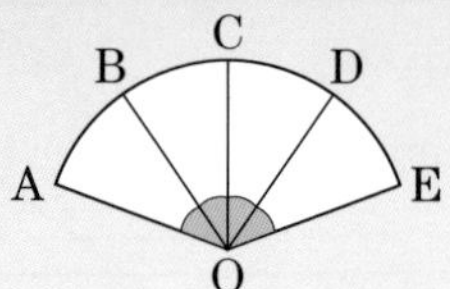

解き方

4つのおうぎ形の半径はどれも等しく，

∠AOB＝∠BOC＝∠COD＝∠DOEだから，

$\overset{\frown}{AB}=\overset{\frown}{BC}=\overset{\frown}{CD}=\overset{\frown}{DE}$ ← 半径と中心角が等しいおうぎ形の弧の長さは等しい。

したがって，$\overset{\frown}{AE}=\overset{\frown}{AB}+\overset{\frown}{BC}+\overset{\frown}{CD}+\overset{\frown}{DE}=4\overset{\frown}{AB}$

答 $\overset{\frown}{AE}=4\overset{\frown}{AB}$

または$\frac{1}{4}\overset{\frown}{AE}=\overset{\frown}{AB}$

例題 31 おうぎ形の対称の軸 Level ★★☆

右の図のおうぎ形OABの対称の軸mを作図しなさい。

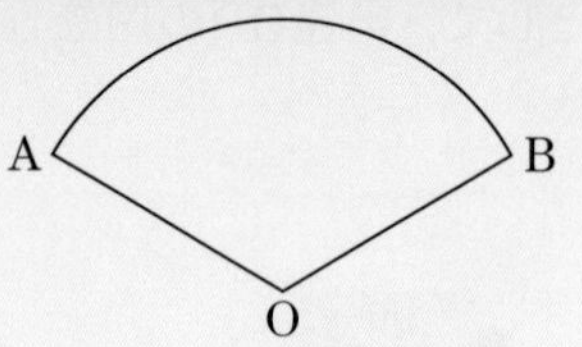

解き方

おうぎ形OABは線対称な図形で，対称の軸は線分ABの垂直二等分線である。

したがって，線分ABの垂直二等分線を作図すればよい。

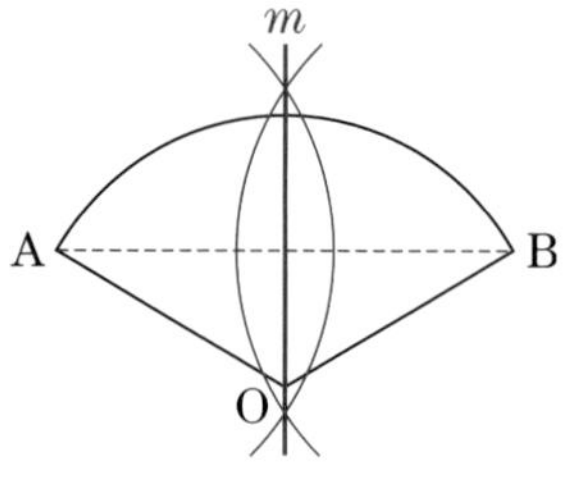

答 上の図の直線m

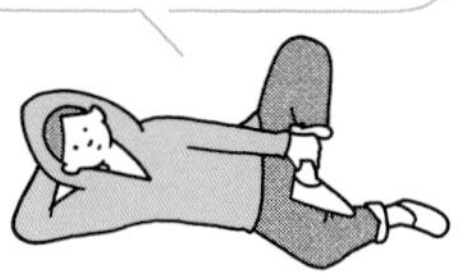

確認 おうぎ形

∠AOBを，おうぎ形の**中心角**という。

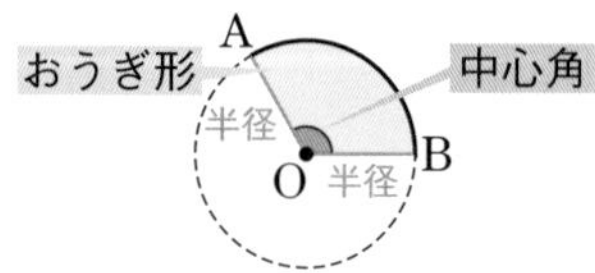

くわしく 線分ABの垂直二等分線の作図

❶A，Bを中心として，等しい半径の円をかく。

❷2円の交点を通る直線をひく。
または，2円の交点の1つとOを結ぶ直線をひいてもよい。

練習

解答 別冊p.30

30 例題30の図で，$\overset{\frown}{AD}$と$\overset{\frown}{BC}$の長さの関係を式で表しなさい。

31 右の図のおうぎ形OABの対称の軸mを作図しなさい。

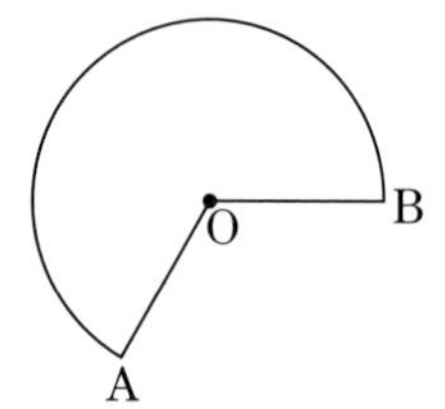

例題 32 円の周の長さと面積 Level ★☆☆

半径7cmの円の周の長さと面積を求めなさい。円周率はπ（パイ）とします。

下の公式に$r=7$を代入

▶ ● 円周の長さは，$2\pi\times7=14\pi$(cm) …答

● 面積は，$\pi\times7^2=49\pi$(cm^2) …答

Point 円周の長さ→$\ell=2\pi r$，面積→$S=\pi r^2$

（半径r，円周の長さℓ，面積S）

例題 33 おうぎ形の弧の長さと面積 Level ★★☆

右の図のおうぎ形の弧の長さと面積を求めなさい。円周率はπとします。

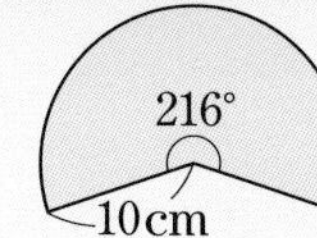

解き方

下の公式に$r=10$，$a=216$を代入

▶ ● 弧の長さは，$2\pi\times10\times\frac{216}{360}=12\pi$(cm) …答

● 面積は，$\pi\times10^2\times\frac{216}{360}=60\pi$(cm^2) …答

Point $\ell=2\pi r\times\frac{a}{360}$，$S=\pi r^2\times\frac{a}{360}$

（半径r，中心角a°のおうぎ形の弧の長さℓ，面積S）

別解

弧の長さは12πcmだから，$S=\frac{1}{2}\ell r$より，

公式$S=\frac{1}{2}\ell r$を利用

▶ 面積は，$\frac{1}{2}\times12\pi\times10=60\pi$(cm^2) …答

くわしく おうぎ形の中心角と弧の長さ，面積の関係

1つの円で，

- おうぎ形の**弧の長さ**は，**中心角の大きさに比例**する。
- おうぎ形の**面積**は，**中心角の大きさに比例**する。

確認 おうぎ形の面積のもう1つの公式

半径r，弧の長さℓのおうぎ形の面積Sは，

$$S=\frac{1}{2}\ell r$$

（くわしくはp.215を見よう。）

練習 解答 別冊p.30

32 直径12cmの円の周の長さと面積を求めなさい。円周率はπとします。

33 右の図のおうぎ形の弧の長さと面積を求めなさい。円周率はπとします。

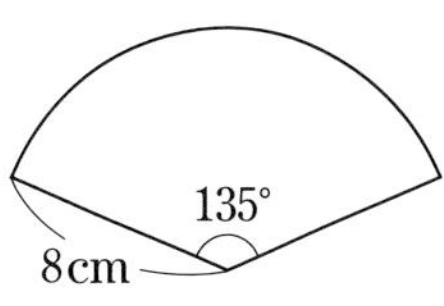

例題 34 おうぎ形の中心角を求める

Level ★★★

次の問いに答えなさい。

(1) 右の図のような半径6cm，弧の長さ5πcmのおうぎ形があります。このおうぎ形の中心角の大きさを求めなさい。

(2) 半径8cm，面積40πcm^{2}のおうぎ形があります。このおうぎ形の中心角の大きさを求めなさい。

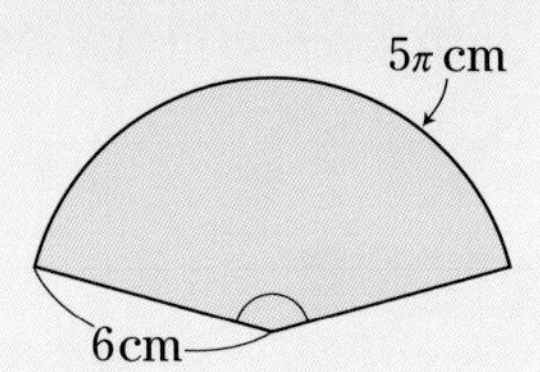

解き方

弧の長さ/同じ円の円周 ▶ (1) おうぎ形の弧の長さは，同じ円の円周の$\dfrac{5\pi}{2\pi\times6}=\dfrac{5}{12}$だから，中心角も360°の$\dfrac{5}{12}$になる。

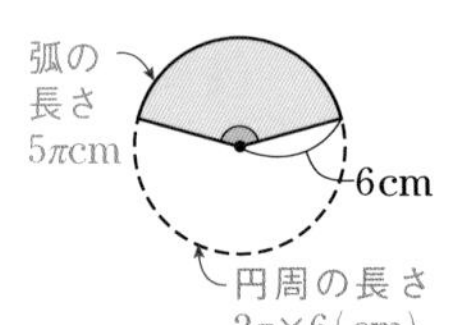

中心角を求める ▶ したがって，$360\times\dfrac{5}{12}=150$ 答 150°

(2) おうぎ形の面積は，同じ円の面積の

おうぎ形の面積/同じ円の面積 ▶ $\dfrac{40\pi}{\pi\times8^2}=\dfrac{5}{8}$ だから，中心角も360°の$\dfrac{5}{8}$に

中心角を求める ▶ なる。したがって，$360\times\dfrac{5}{8}=225$ 答 225°

中心角をx°として公式に代入し，方程式をつくってもいいね。

別解

弧の長さと円周の比は中心角の比に等しい ▶ (1) 半径6cmの円の周の長さは，$2\pi\times6=12\pi$(cm)

中心角をx°とすると，$5\pi:12\pi=x:360$

これを解いて，$x=150$ 答 150°

$a:b=c:d$ ならば，$ad=bc$

✔確認 おうぎ形の弧の長さ，面積と中心角の関係

1つの円で，おうぎ形の弧の長さや面積は，中心角の大きさに比例する。

練習

解答 別冊p.30

34 次の問いに答えなさい。

(1) 右の図のような半径9cm，弧の長さ8πcmのおうぎ形があります。このおうぎ形の中心角の大きさを求めなさい。

(2) 半径4cm，面積14πcm^{2}のおうぎ形があります。このおうぎ形の中心角の大きさを求めなさい。

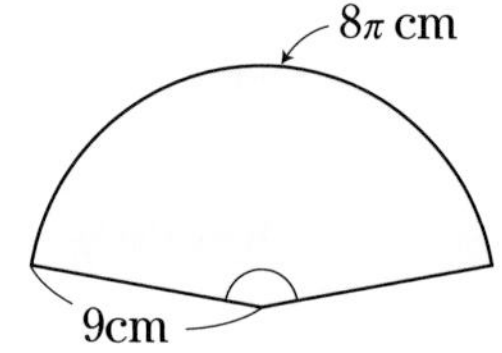

例題 35 弧をもつ図形の周の長さと面積 Level ★★★

右の図の色をつけた部分は，2つのおうぎ形の弧と半径で囲まれた図形です。色をつけた部分の周の長さと面積を求めなさい。円周率はπとします。

4cm　60°　10cm

解き方

● 周の長さ

$\ell=2\pi r\times\frac{a}{360}$ ▶ 大きい弧の長さは，$2\pi\times10\times\frac{60}{360}=\frac{10}{3}\pi(\mathrm{cm})$

小さい弧の長さは，$2\pi\times4\times\frac{60}{360}=\frac{4}{3}\pi(\mathrm{cm})$

線分の長さを求める ▶ 1つの線分の長さは，$10-4=6(\mathrm{cm})$

したがって，周の長さは，

大小2つの弧の長さ＋2つの線分の長さ ▶ $\frac{10}{3}\pi+\frac{4}{3}\pi+6\times2=\boldsymbol{\frac{14}{3}\pi+12}(\mathbf{cm})$ …答

● 面積

大きいおうぎ形の面積は，

$S=\pi r^2\times\frac{a}{360}$ ▶ $\pi\times10^2\times\frac{60}{360}=\frac{50}{3}\pi(\mathrm{cm}^2)$

小さいおうぎ形の面積は，

$\pi\times4^2\times\frac{60}{360}=\frac{8}{3}\pi(\mathrm{cm}^2)$

したがって，面積は，

大きいおうぎ形の面積－小さいおうぎ形の面積 ▶ $\frac{50}{3}\pi-\frac{8}{3}\pi=\frac{42}{3}\pi=\boldsymbol{14\pi}(\mathbf{cm}^2)$ …答

確認 おうぎ形の弧の長さℓと面積S

- $\ell=2\pi r\times\frac{a}{360}$
- $S=\pi r^2\times\frac{a}{360}$

（半径r，中心角a°）

図解 周の長さ

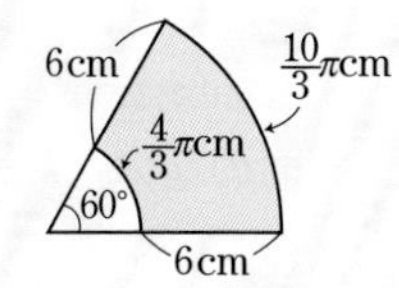

図解 大きいおうぎ形の面積から小さいおうぎ形の面積をひく

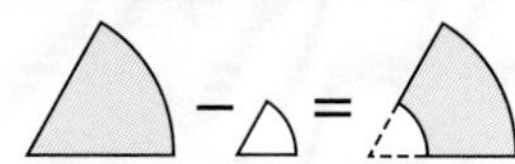

練習

解答 別冊p.30

35 右の図は，1辺が10cmの正方形の中に，1つの頂点を中心として，正方形の1辺の長さを半径とするおうぎ形をかいたものです。色をつけた部分の周の長さと面積を求めなさい。円周率はπとします。

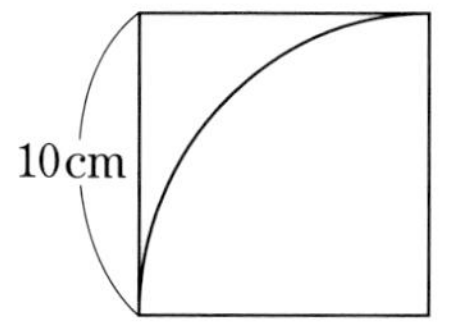

定期テスト予想問題 ①

時間 40分
解答 別冊 p.30

得点 /100

1／直線と角

1 右の図の四角形ABCDはひし形で，点Oは対角線ACとBDの交点です。次の問いに答えなさい。 【8点×4】

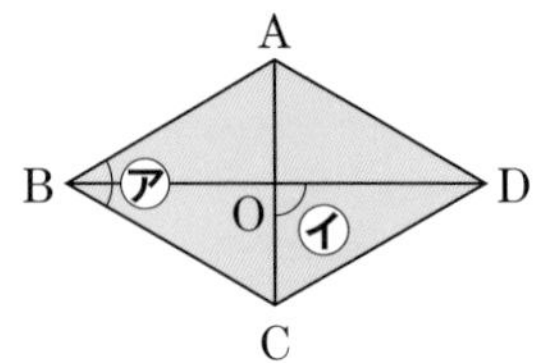

(1) 辺ABと辺CDの関係を，記号を使って表しなさい。

〔　　　　〕

(2) 対角線が垂直に交わることを，記号を使って表しなさい。

〔　　　　〕

(3) ㋐の角，㋑の角を，記号と文字を使って表しなさい。

㋐〔　　　　〕 ㋑〔　　　　〕

2／図形の移動

2 右の図の△ABCを，次のように移動した三角形をかきなさい。 【8点×2】

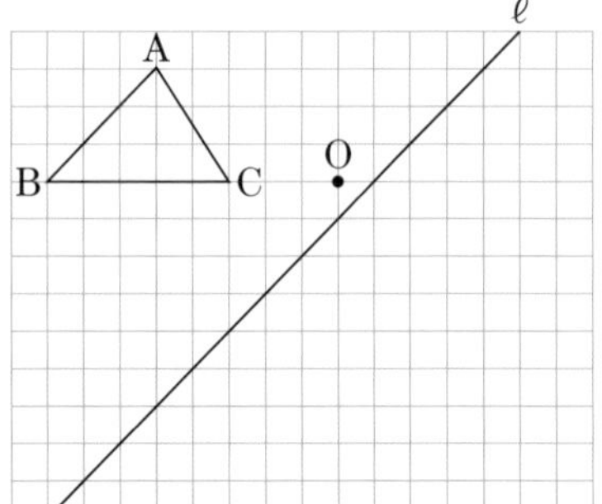

(1) 点Oを中心として，時計の針の回転と反対の方向に90°回転移動させてできる△DEF

(2) 直線 ℓ を対称の軸として対称移動させてできる△GHI

3／図形と作図

3 長方形ABCDの紙を，頂点Cが，辺AB上の点Eに重なるように折ったときの折り目の線分をかきなさい。 【8点】

4／円とおうぎ形

4 次の問いに答えなさい。円周率は π とします。【8点×3】

(1) 右の図のおうぎ形の弧の長さと面積を求めなさい。

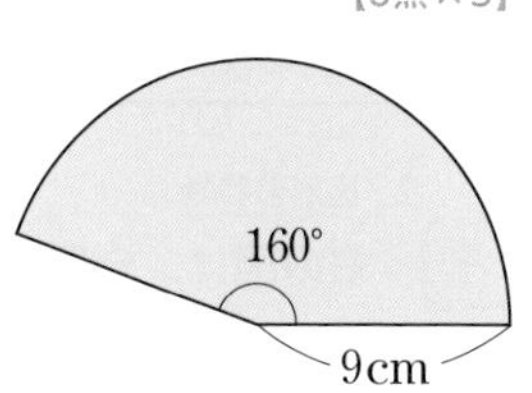

弧の長さ〔　　　　　〕　面積〔　　　　　〕

(2) 半径 6 cm，弧の長さ 8π cm のおうぎ形があります。このおうぎ形の中心角の大きさを求めなさい。

〔　　　　　〕

4／円とおうぎ形

5 右の図で，四角形 ABCD は正方形です。色をつけた部分の面積を求めなさい。円周率は π とします。【10点】

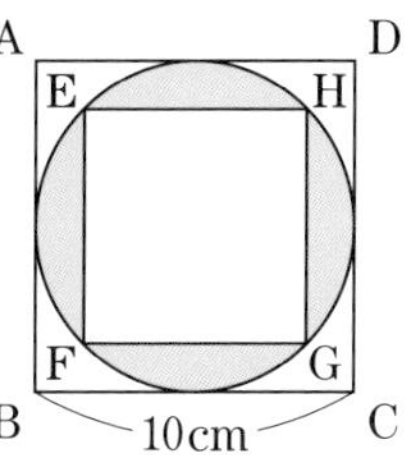

〔　　　　　〕

思考　3／図形と作図

6 下の図のように，2 地点 A，B でキャンプをしています。A 地点を出発して，川で水をくみ B 地点へ向かいます。歩く距離を最も短くするためには，川のどの地点で水をくめばよいでしょうか。その地点を P として，点 P を作図によって求めなさい。【10点】

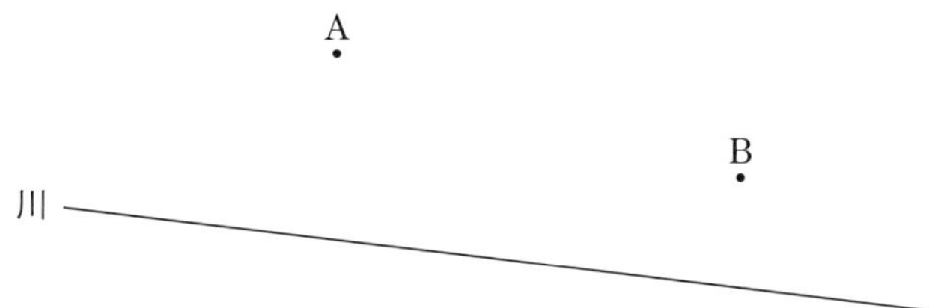

5章／平面図形

定期テスト予想問題 ②

時間 40分
解答 別冊 p.31

得点 /100

2／図形の移動

1 右の図は，合同な 6 つの正三角形を組み合わせたものです。次の問いに答えなさい。 【8点×4】

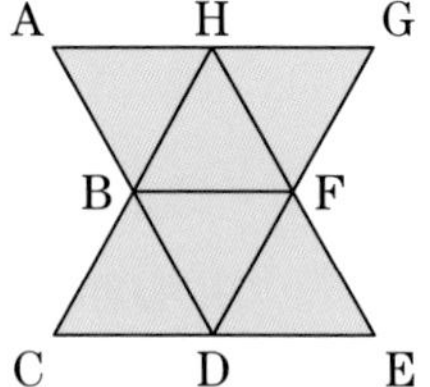

(1) △ABH を，平行移動させて重ね合わせることができる三角形をすべて答えなさい。

〔 〕

(2) △BDF を，点 F を回転の中心として60°回転移動させて重ね合わせることができる三角形をすべて答えなさい。

〔 〕

(3) △HBF を対称移動させて△EDF に重ね合わせるときの対称の軸をかき入れなさい。

(4) △ABH を 2 回の移動で△DEF に重ね合わせるにはどうしたらよいですか。移動の方法を 1 つ見つけ，説明しなさい。

〔 〕

3／図形と作図

2 下の図の△ABC で，辺 AB の垂直二等分線と∠B の二等分線との交点 P を作図して求めなさい。

【8点】

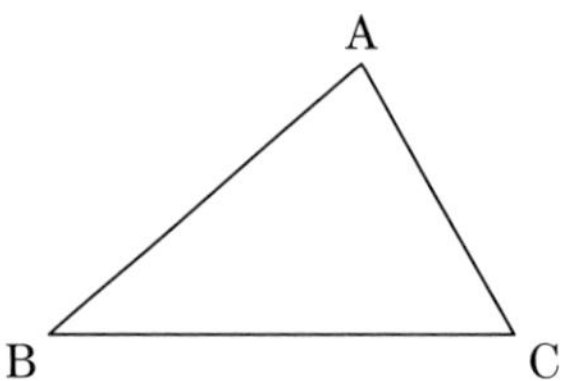

4／円とおうぎ形

3 右の図で，点 P を通り，直線 ℓ 上の点 Q で直線 ℓ に接する円 O を作図しなさい。 【8点】

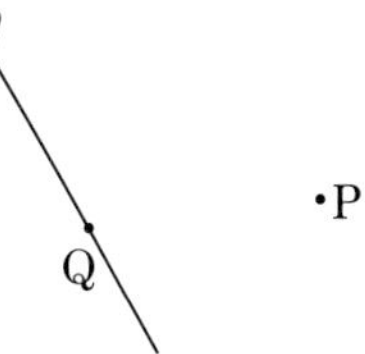

4／円とおうぎ形

4 次の問いに答えなさい。円周率は π とします。 【8点×3】

(1) 直径 6 cm，中心角120°のおうぎ形の弧の長さと面積を求めなさい。

弧の長さ〔　　　　〕 面積〔　　　　〕

(2) 半径12cm，弧の長さ 10πcm のおうぎ形の中心角を求めなさい。

〔　　　　〕

4／円とおうぎ形

5 右の図で，四角形 ABCDは正方形です。色をつけた部分の面積を求めなさい。円周率は π とします。 【8点】

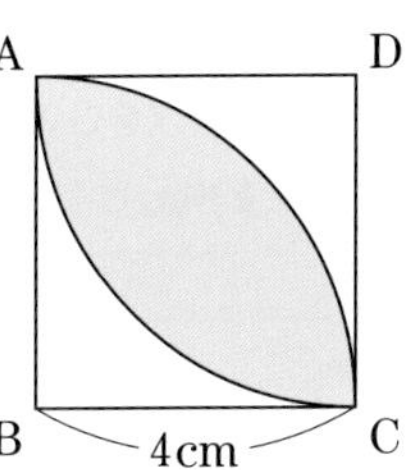

〔　　　　〕

思考 3／図形と作図

6 右の図のように，ある公園には 3 つの入り口があります。 【10点×2】

(1) 公園の敷地内で，3 つの入口から等しい距離にあるところに噴水(ふんすい)をつくりたいと思います。

噴水の位置 P を作図で求めなさい。

(2) 公園内で西の出口がもっとも近い範囲を斜線をひいて示しなさい。

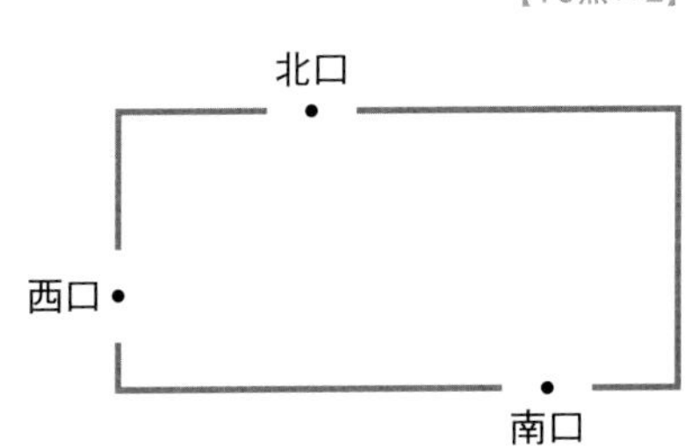

5章／平面図形

三角形の外心・内心

1 外接円と外心

右の図のような円Oを△ABCの**外接円**という。
また，外接円の中心Oを，△ABCの**外心**という。
三角形の3辺の垂直二等分線は，外心で交わる。

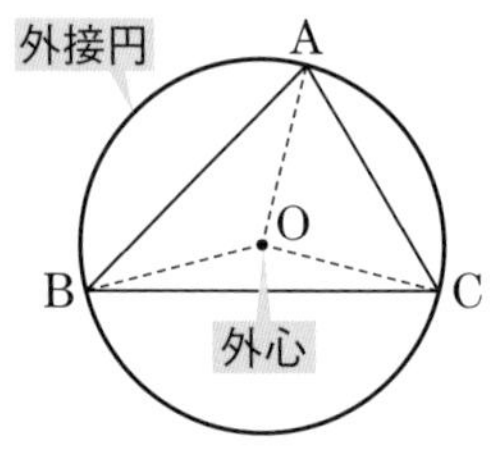

作図の手順

❶辺BCの垂直二等分線をひく。
❷辺ABの垂直二等分線をひく。
❸2つの垂直二等分線の交点をOとし，Oを中心として半径OAの円をかく。

点Oは辺ABの垂直二等分線上にあるから，AO=BO
また，辺BCの垂直二等分線上にあるから，BO=CO
よって，AO=BO=CO
点Oは3点A，B，Cから等しい距離にあるね。

2 内接円と内心

右の図のような円Iを△ABCの**内接円**という。
また，内接円の中心Iを，△ABCの**内心**という。
三角形の3つの角の二等分線は，内心で交わる。

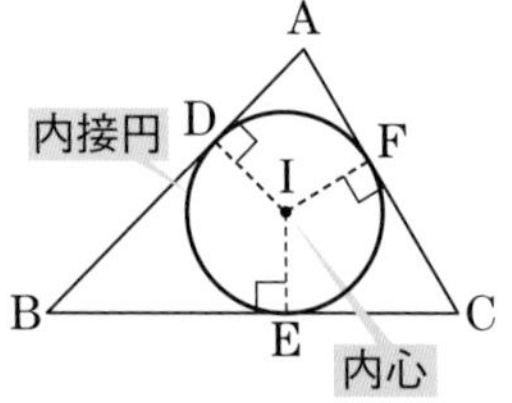

作図の手順

❶∠Bの二等分線をひく。
❷∠Cの二等分線をひく。
❸2つの角の二等分線の交点をIとし，Iから辺BCへ垂線IHをひく。
❹Iを中心として半径IHの円をかく。

点Iは∠Bの二等分線上にあるから，ID=IE
また，点Iは∠Cの二等分線上にあるから，IE=IF
よって，ID=IE=IF
点Iは3辺AB，BC，CAから等しい距離にあるね。

おうぎ形の面積の公式 $S=\frac{1}{2}\ell r$ の導き方

おうぎ形の面積を求める公式は，中心角を使う $S=\pi r^2\times\frac{a}{360}$（半径 r，中心角 a）と，弧の長さを使う $S=\frac{1}{2}\ell r$（弧の長さ ℓ，半径 r）の2つがある。弧の長さを使う式の導き方を考えよう。

1 円の面積＝長方形の面積？

半径 r の円の面積は　$S=\pi r^2$　で求められる。

この式は，下の図のように，円を細かく等分して並べかえると長方形に近い形になることから導かれる。

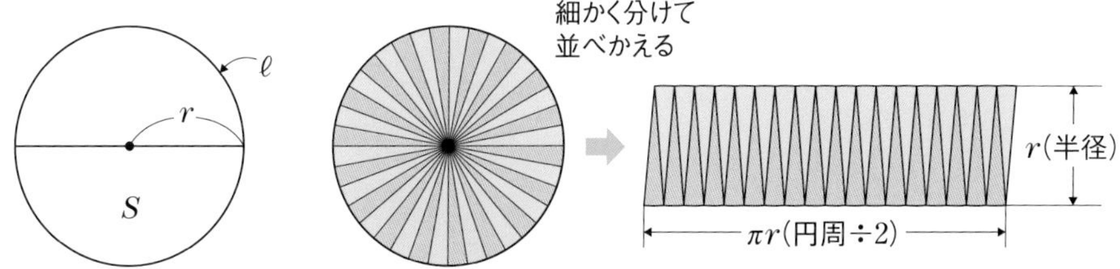

2 おうぎ形の面積＝長方形の面積？

円と同様に，おうぎ形も細かく等分して並べかえると，長方形に近い形になる。

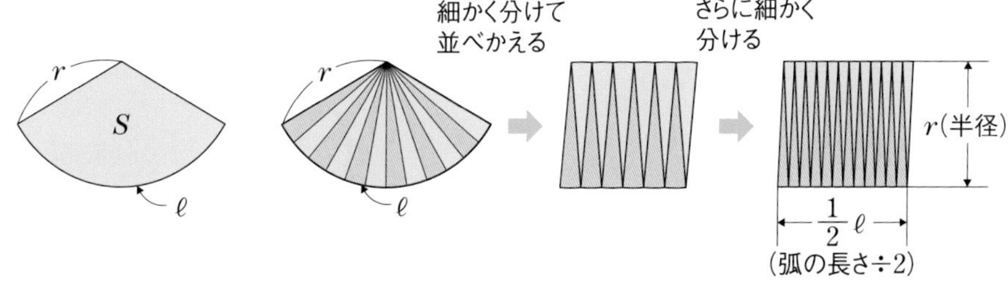

したがって，おうぎ形の面積の公式は

$S=\frac{1}{2}\ell r$（弧の長さ ℓ，半径 r）

となる。

おうぎ形の面積を求める式が，長方形の面積を求める式と同じなんておもしろいね。

中学生のための
勉強・学校生活アドバイス

テスト前でも睡眠(すいみん)はしっかり！

「テストの直前にやるといい勉強法ってありますか？　前日徹夜(てつや)して暗記するとか？」

「正木(まさき)くん、**テスト前に徹夜するのはいちばんやっちゃダメな勉強の仕方**だよ。」

「ええ、そうなんですか？　けっこうみんなやってると思うけど…。」

「人の記憶(きおく)が定着するのは寝(ね)ているとき。寝ないと覚えられないんだ。」

「わかりました。徹夜はしません。」

「**睡眠時間が十分じゃないと、テスト中に頭が働かなくなって、計算ミスをしたり、解けるはずの問題をまちがえたりする。**テスト前日もちゃんと寝ようね。」

「でも、テスト前って本当に解けるか不安で、私も深夜まで勉強してます。」

「**テストの日は早起きして早朝から勉強したほうがいい**と思うよ。夜は10～11時に寝て、朝は4～5時に起きるのはどう？」

「4時に起きたら学校に行くまでにけっこう勉強できますね。」

「朝覚えたことならテスト前まで忘れなさそう。」

「問題はちゃんと起きられるかどうかだな。」

「そこは気持ちを強くもって起きよう！　いつもより早く学校に行って心の準備を整えてからテストを受ければ、実力をしっかり発揮できるはずだよ。」

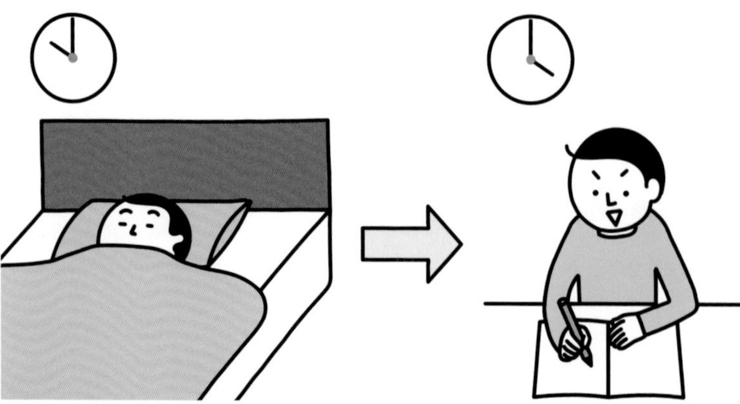

6章

空間図形

1 いろいろな立体

角錐と円錐

[例題1，例題4～例題8]

下の①のような立体を**角錐**といい，②のような立体を**円錐**といいます。角錐や円錐にも**底面**や**側面**があります。

■ 角錐と円錐

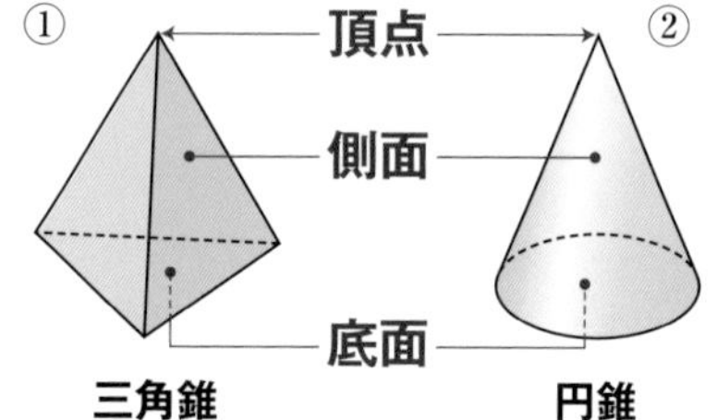

底面が三角形，四角形，…の角錐を三角錐，四角錐，…という。

■ 立体の展開図

角柱

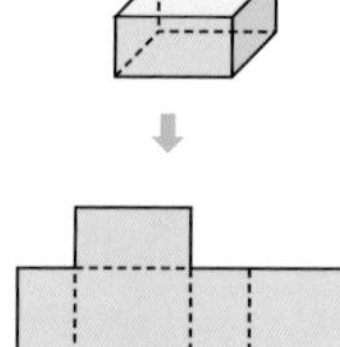

円柱

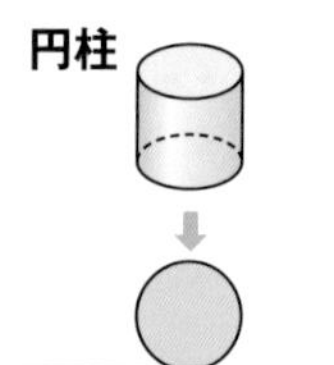

角錐

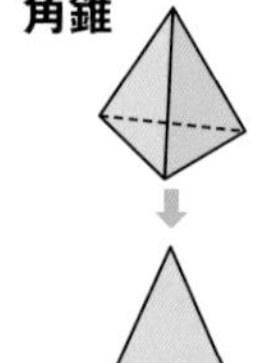

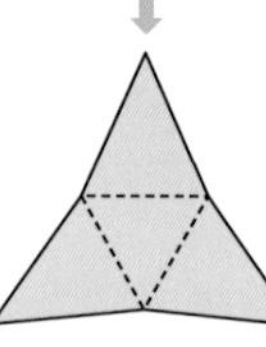

円錐

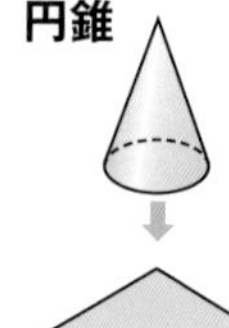

正多面体

[例題2，例題3]

平面だけで囲まれた立体を**多面体**といいます。**すべての面が合同な正多角形で，どの頂点にも面が同じ数だけ集まっている，へこみのない多面体**を**正多面体**といいます。

■ 正多面体

正多面体には，次の**5種類**がある。

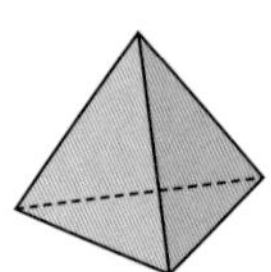

正四面体

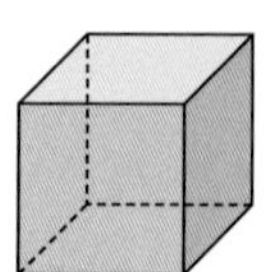

正六面体（立方体）

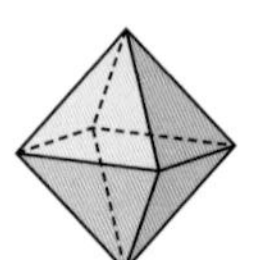

正八面体

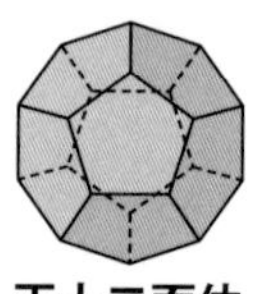

正十二面体

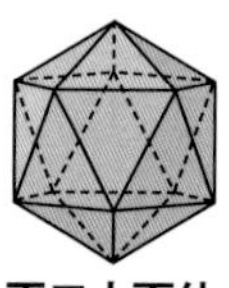

正二十面体

例題 1 角柱や角錐の面の形と数，辺の数 Level ★☆☆

下の表は，立体についてまとめたものです。空らんにあてはまる数やことばを入れなさい。

	三角柱	四角柱	三角錐	四角錐
底面の形	三角形			
側面の形	長方形			
辺の数	9			
面の数	5			

解き方

見取図をかいて調べる ▶ 三角柱，四角柱，三角錐（かくすい），四角錐の見取図をかくと，下の図のようになる。

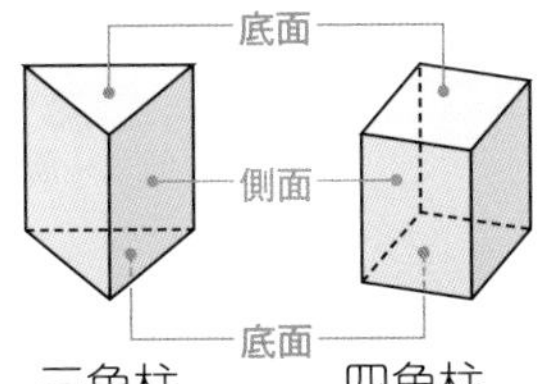

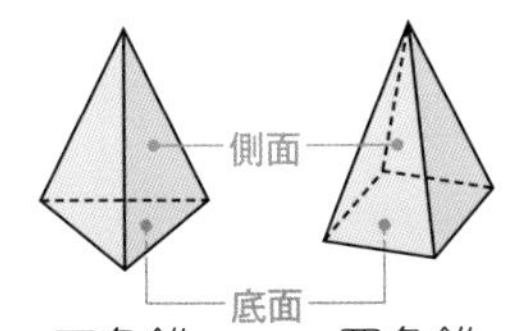

三角柱　四角柱　三角錐　四角錐

答

	三角柱	四角柱	三角錐	四角錐
底面の形	三角形	**四角形**	**三角形**	**四角形**
側面の形	長方形	**長方形**	**三角形**	**三角形**
辺の数	9	**12**	**6**	**8**
面の数	5	**6**	**4**	**5**

Point 角錐の底面は1つで，側面は三角形。

テストで注意 どの面が底面?

下の三角柱で，底面は　　の面である。　　の面とかんちがいしないように注意しよう。

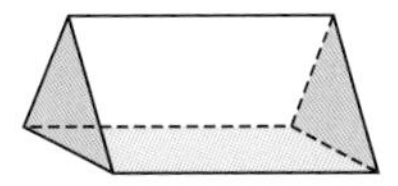

くわしく 角柱と角錐の頂点，辺，面の数

- n 角柱
  - 頂点の数…$2n$
  - 辺の数…$3n$
  - 面の数…$n+2$
- n 角錐
  - 頂点の数…$n+1$
  - 辺の数…$2n$
  - 面の数…$n+1$

練　習

解答 別冊p.33

1 次の立体について，底面の形，側面の形，辺の数，面の数を答えなさい。

(1) 五角柱

(2) 六角錐

例題 2 多面体の名称 Level ★☆☆

右の図のような立体について，次の問いに答えなさい。

(1) この立体は何面体ですか。

(2) 面BCDが正三角形で，他の面がすべて合同な二等辺三角形であるとき，この立体を何といいますか。

(3) すべての面が合同な正三角形であるとき，この立体を何といいますか。

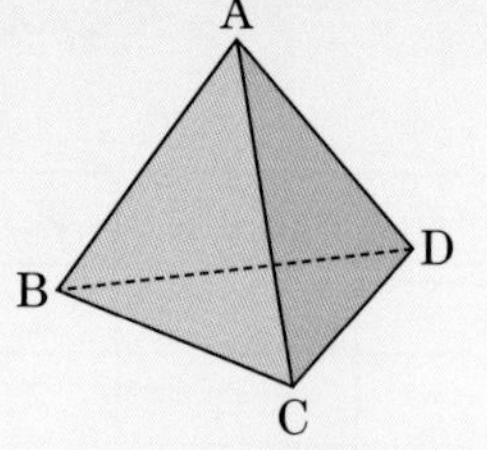

解き方

面の数を調べる ▶ (1) 面の数は4つだから，**四面体** …答

(2) 底面が正三角形で，側面がすべて合同な二等辺三角形だから，**正三角錐** …答

面の形を調べる ▶ (3) どの面も合同な正三角形で，

頂点に集まる面の数を調べる ▶ どの頂点にも面が同じ数だけ集まっている。

さらに，へこみがないから，この立体は

正四面体 …答

Point 見取図を見て，面の数や形に着目する。

✔確認 多面体と正多面体

平面だけで囲まれた立体のことを**多面体**(ためんたい)といい，多面体のうちで，次の①，②の性質をもち，へこみのないものを**正多面体**(せいためんたい)という。

①どの面もすべて合同な正多角形である。

②どの頂点にも面が同じ数だけ集まっている。

正四面体

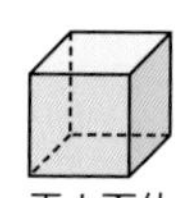

正六面体

正八面体

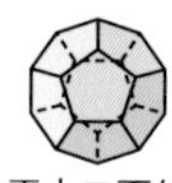

正十二面体

正二十面体

練習

解答 ▶ 別冊p.33

2 次の問いに答えなさい。

(1) 立方体は，正何面体ですか。

(2) 右の多面体は何という立体ですか。下の㋐〜㋒から選びなさい。

㋐ 五角柱　　㋑ 五角錐　　㋒ 正六面体

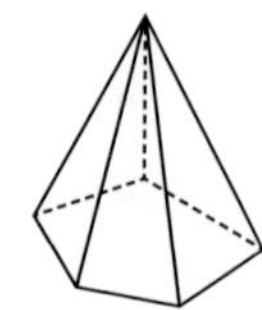

例題 3 正多面体の面・頂点・辺 Level ★★★

正多面体について，下の表を完成させなさい。

	面の形	頂点の数	辺の数	面の数
正四面体				
正六面体				
正八面体				

解き方

見取図をかいて調べる ▶ 正四面体，正六面体，正八面体の見取図をかく。

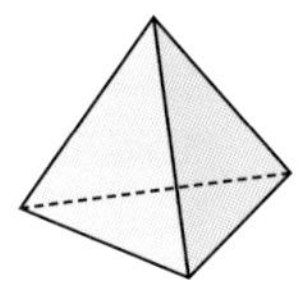
正四面体

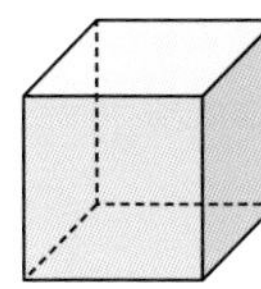
正六面体

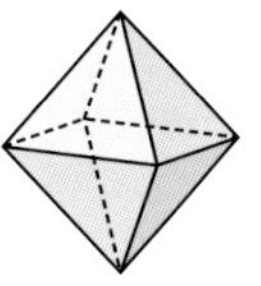
正八面体

上の見取図を見て，それぞれの正多面体の面・頂点・辺について調べると，下の表のようにまとめることができる。

答

	面の形	頂点の数	辺の数	面の数
正四面体	**正三角形**	4	6	4
正六面体	**正方形**	8	12	6
正八面体	**正三角形**	6	12	8

Point **見取図をかき，面・頂点・辺を調べる。**

テストで注意 **点線（破線）で表される部分を見落とさないように!**

立体の見取図では，見えない辺は点線(破線)で表されている。

この点線で表される辺，頂点，面を見落とさないようにしよう。

参考 **面，辺，頂点の数の関係**

正四面体，正六面体，正八面体について，

(頂点の数)－(辺の数)＋(面の数)

を求めると，

- 正四面体 ➡ $4-6+4=2$
- 正六面体 ➡ $8-12+6=2$
- 正八面体 ➡ $6-12+8=2$

このように，正多面体では，**頂点の数－辺の数＋面の数＝2**という関係が成り立つ。

この法則を発見したのは，スイスの数学者オイラー(1707～1783)で，**オイラーの定理**という。

練習

解答 別冊p.33

3 正十二面体，正二十面体について，下の表を完成させなさい。

	面の形	頂点の数	辺の数	面の数
正十二面体				
正二十面体				

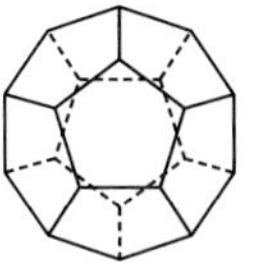
正十二面体

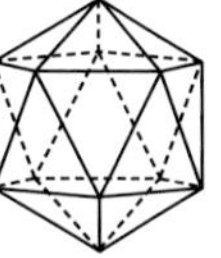
正二十面体

例題 4 角柱・角錐の展開図 Level ★★★

次の三角柱と正四角錐の展開図をかきなさい。

(1)

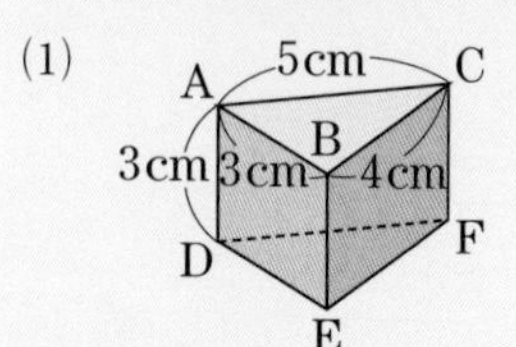

(2)

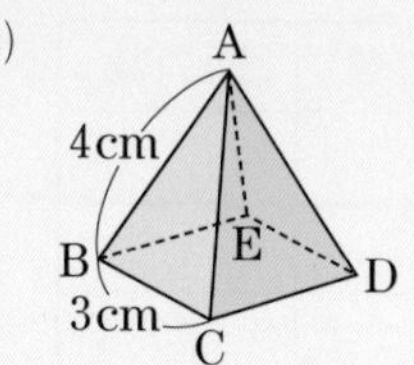

角柱の2つの底面は合同な多角形で，側面は長方形。
角錐の底面は1つの多角形で，側面は三角形だよ。

解き方

(1)

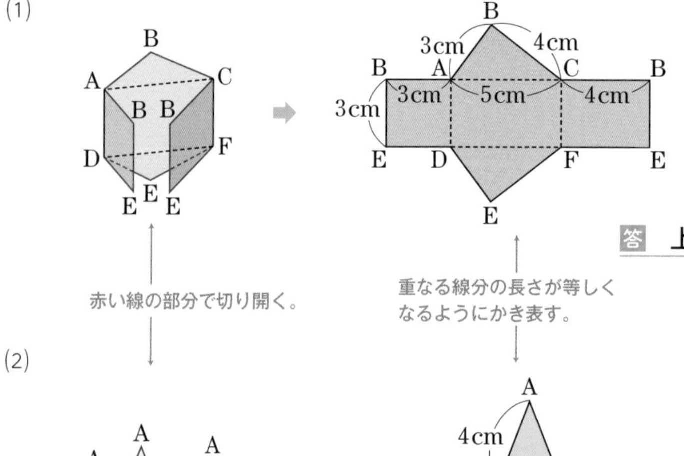

答 上の図

(2)

A
4cm
B
E
3cm
A
A
C
D
A

答 上の図

Point 重なり合う線分の長さは等しくなる。

くわしく 側面の長方形の辺の長さ

下の図で，辺アイの長さは，三角柱の高さになり，辺アエの長さは，底面の三角形の周の長さと等しくなる。

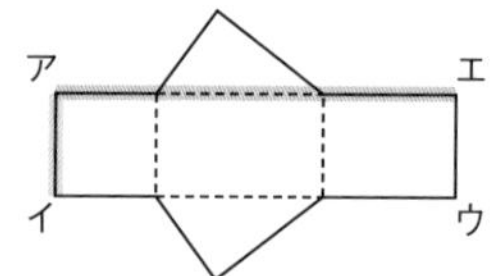

参考 展開図の形は1つだけとは限らない

展開図は，どの辺で切り開くかによって，いくつかの形が考えられる。

例

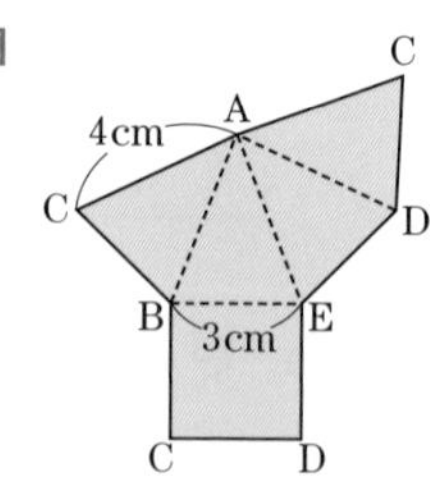

練習

解答 別冊p.33

4 右の三角柱の展開図をかきなさい。

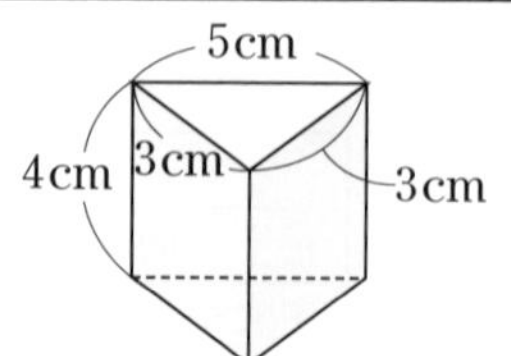

例題 5 円柱・円錐の展開図 Level ★★☆

次の円柱と円錐(えんすい)の展開図をかきなさい。

(1)

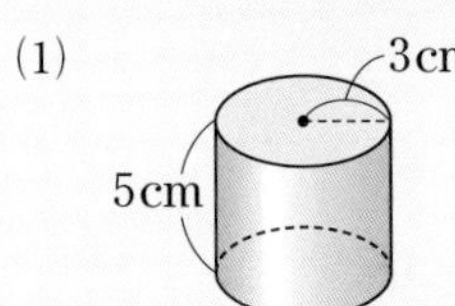

(2)

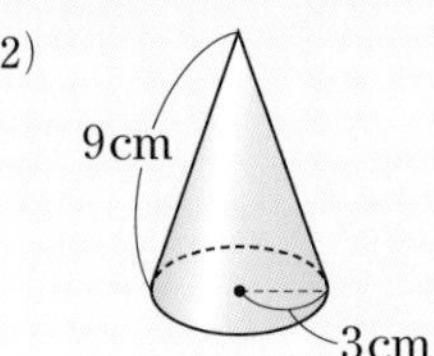

解き方

(1) 円柱の展開図は，側面の長方形と底面の円2つでできている。

底面は半径3cmの円，

側面は縦5cm，横6πcm

└底面の円の円周に等しい

の長方形になる。

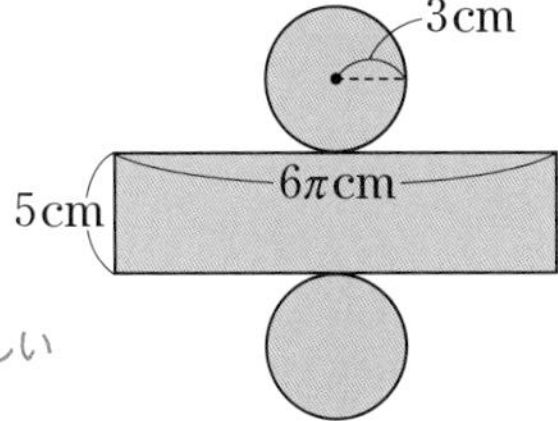

答 右の図

(2) 円錐の展開図は，側面のおうぎ形と底面の円でできている。

$\overset{\frown}{AB}=2\pi\times3=6\pi(cm)$

└底面の円O′の円周に等しい

また，円Oの円周は，$2\pi\times9=18\pi(cm)$

$\overset{\frown}{AB}$は円Oの円周の$\frac{6\pi}{18\pi}=\frac{1}{3}$

おうぎ形の弧の長さは中心角に比例するから，中心角は，$360\times\frac{1}{3}=120$より，$120°$

したがって，底面は半径3cmの円，側面は半径9cm，中心角120°のおうぎ形になる。

答 上の図

図解 おうぎ形の弧の長さ＝底面の円周の長さ

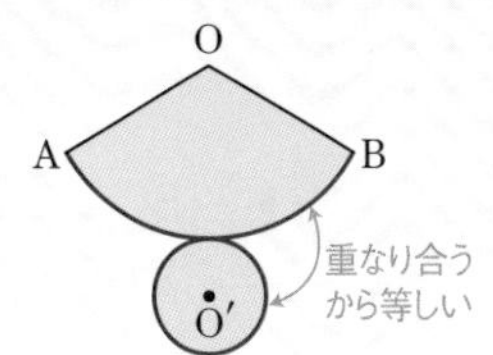

復習 おうぎ形の弧の長さ

半径r，中心角$x°$のおうぎ形の弧の長さをℓとすると，

$$\ell=2\pi r\times\frac{x}{360}$$

別解 おうぎ形の中心角の求め方

(2) 側面のおうぎ形の$\overset{\frown}{AB}$は，底面の円O′の円周に等しいから，おうぎ形の中心角を$x°$とおくと，

$$\underbrace{2\pi\times9\times\frac{x}{360}}_{\overset{\frown}{AB}\text{の長さ}}=\underbrace{2\pi\times3}_{\text{円O′の円周}}$$

これを解いて，$x=120$

練習 解答 別冊p.33

5 右の円錐の展開図をかくとき，次の問いに答えなさい。

(1) 側面のおうぎ形の弧の長さは何cmですか。

(2) 側面のおうぎ形の中心角の大きさを求めなさい。

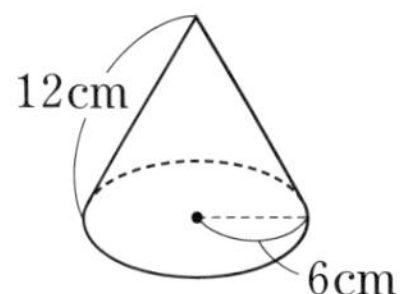

例題 6 正多面体の展開図 Level ★★★

次の図は，正八面体の見取図と展開図です。展開図に各頂点の記号をつけなさい。

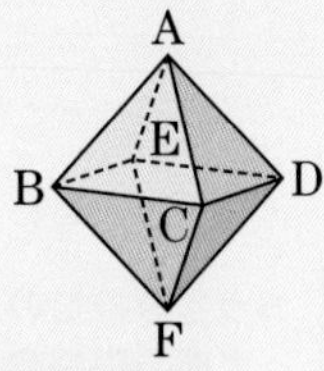

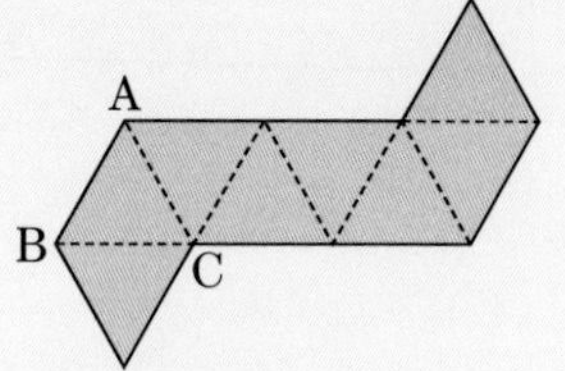

解き方

辺BCをふくむ2つの面に着目 ▶ BCをふくむ面は，面ABCと面FBC
Aはすでに記されているから，①はF

辺ACをふくむ2つの面に着目 ▶ ACをふくむ面は，面ABCと面ACDだから，
②はD

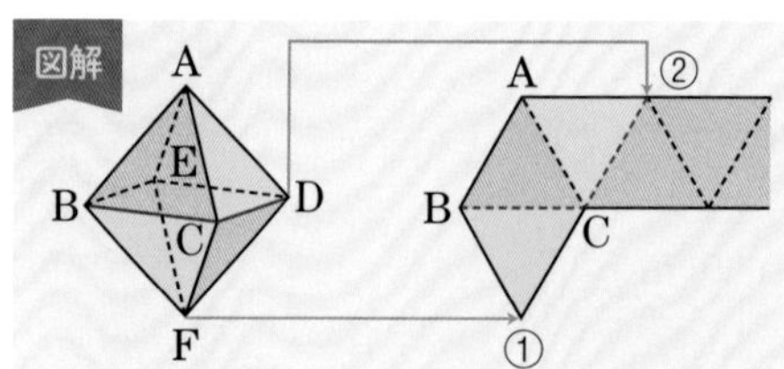

同様にして，他の頂点を順に求めていく。

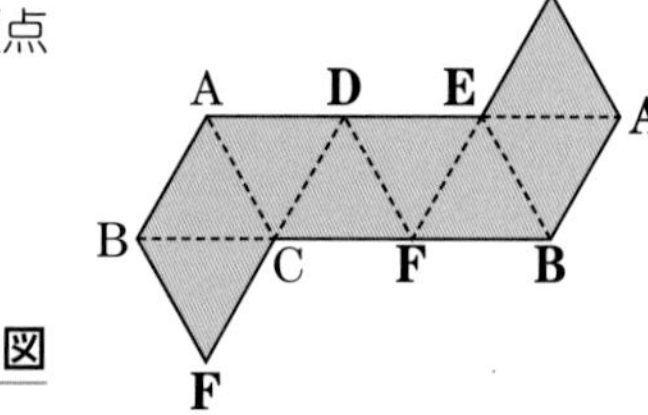

答 右の図

Point 1つの辺を共有する2つの面に着目。

参考 他の正多面体の展開図

● 正四面体

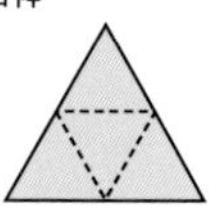

● 正六面体

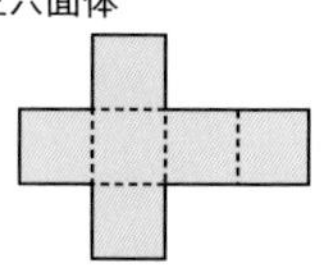

● 正十二面体

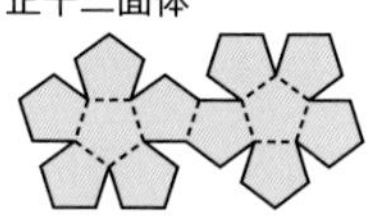

● 正二十面体

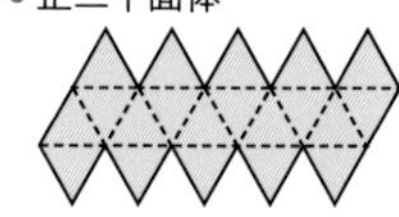

練習

解答 別冊p.33

6 右の図は，正四面体PQRSの展開図です。展開図の各頂点に，P，Q，R，Sの記号をかき入れなさい。

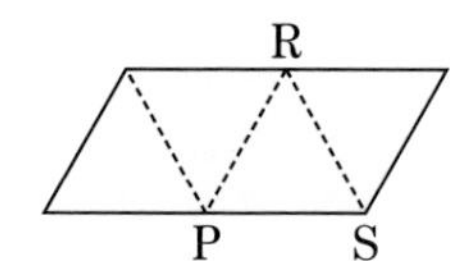

例題 7 展開図とひもの最短の長さ(1)　Level ★★★

図1のように，直方体の表面に辺BC，FGを通って，DからEまでひもをかけます。ひもの長さを最も短くするには，どのようにかければよいですか。このときのひものようすを，図2の展開図にかき入れなさい。

図1
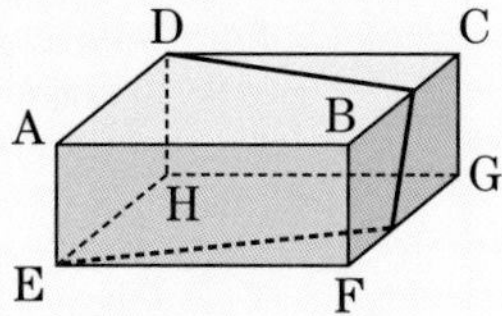

図2
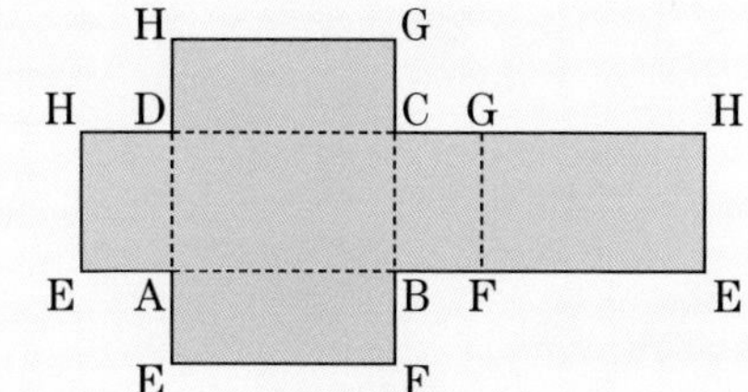

解き方

ひもは辺BC上，辺FG上を通っている ▶ 展開図上で，DからBC，FGを横切る，Eまでの線を考える。

展開図上では，ひものようすは線分になる ▶ このような線で最も短いのは，2点D，Eを結ぶ線分DEだから，ひものようすは，下の図の線分DEである。

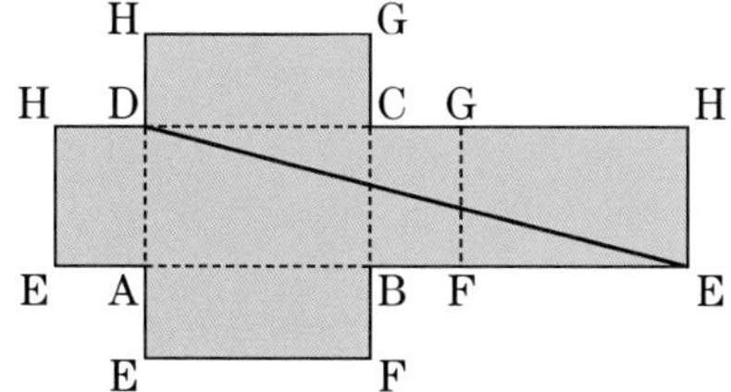

答　右の図の線分DE

Point D → BC → FG → E を通る線分を考える。

テストで注意　単純に2点D，Eを結んではいけない

下の図の線分DEを答えとしないように注意しよう。

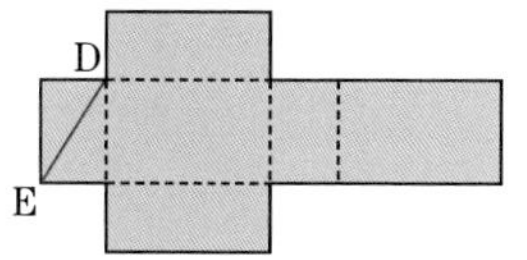

この線分DEはBC，FGを通っていないので，見取図では，下のような線分を表している。

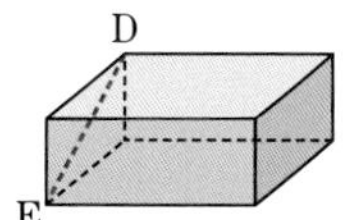

練習　解答 別冊p.33

7 右の図のように，直方体の表面にAからC，辺FGを通りEまでひもをかけます。ひもの長さを最も短くするには，どのようにかければよいですか。このときのひものようすを 例題 7 の図2の展開図にかき入れなさい。

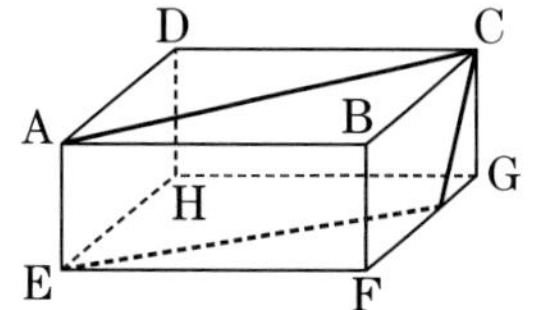

例題 8 展開図とひもの最短の長さ(2) Level ★★★

右の図のような円錐で，底面の円周上の点Bから側面をひとまわりするようにひもをかけます。ひもの長さを最も短くするとき，その長さを求めなさい。

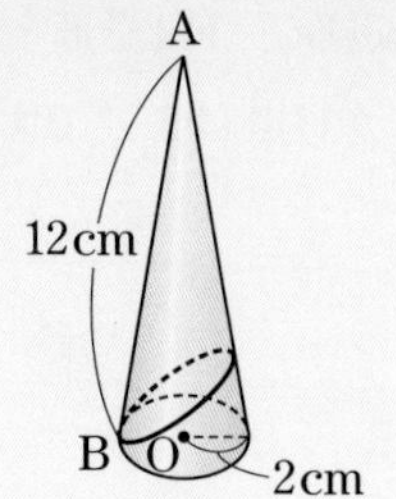

解き方

側面のおうぎ形の中心角の大きさを求める ▶ 展開図で，側面になるおうぎ形の中心角は，

$360\times\frac{2\pi\times2}{2\pi\times12}=60$ より，60°

側面の展開図をかく ▶ したがって，側面の展開図は，右の図のようなおうぎ形になる。

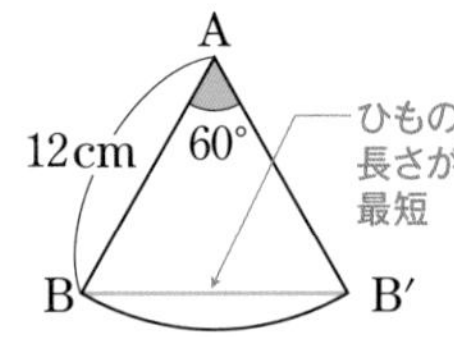

展開図上では，ひものようすは線分になる ▶ ひもの長さが最も短くなるのは，ひもが線分BB′となるときである。

ここで，△ABB′は正三角形になるから，

BB′＝12cm … 答

くわしく 中心角の求め方

1つの円で，おうぎ形の弧の長さは中心角に比例するから，中心角は，

$360\times\frac{\text{おうぎ形の弧の長さ}}{\text{円の円周}}$

で求められる。

また，中心角をx°とおいて，**比例式**に表して求めてもよい。

(おうぎ形の弧の長さ)：(円の円周)

$=x:360$

より，

$(2\pi\times2):(2\pi\times12)=x:360$

$x=60$

練習 解答▶別冊p.33

8 図1のように，円柱の側面に点Aから点Bまで，ひもの長さが最も短くなるようにひもをかけます。このときのひものようすを，図2の展開図にかき入れなさい。

図1

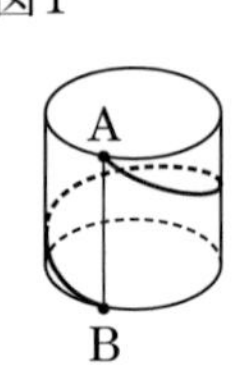

図2

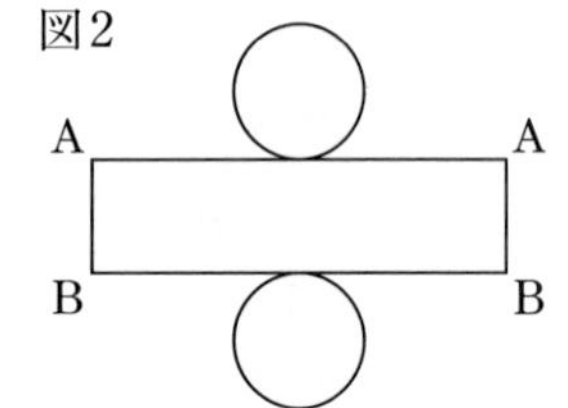

2 空間内の直線や平面

直線や平面の位置関係

[例題9～例題15]

平面は**どの方向にも限りなく広がっている**ものと考えます。

同じ直線上にない3点を通る平面は，1つしかありません。

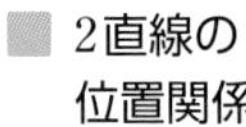

■ 2直線の位置関係

①交わる　②平行である　③ねじれの位置にある

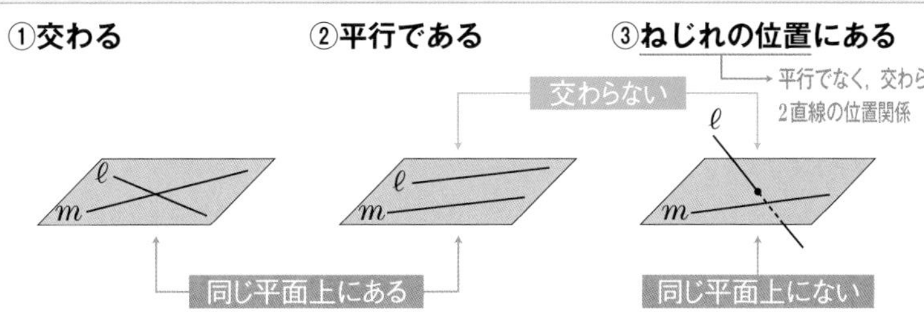

■ 直線と平面の位置関係

①直線は平面上にある

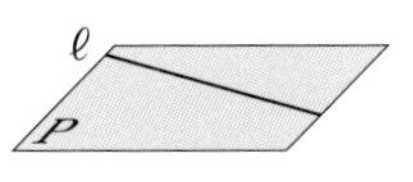

②交わる

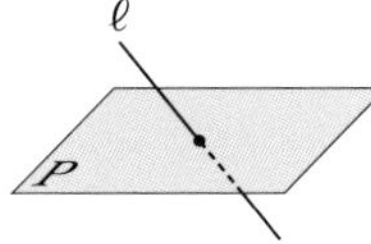

③平行である
（交わらない）

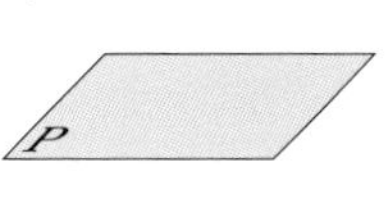

※直線と平面の垂直

直線ℓが，平面Pと点Oで交わっていて，平面P上のどの直線にも垂直

➡ 直線ℓと平面Pは垂直

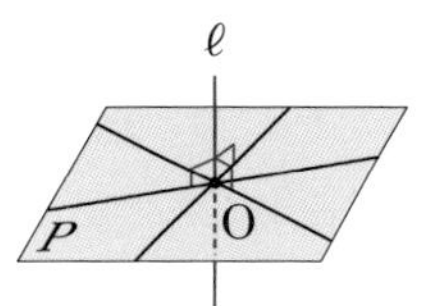

■ 2平面の位置関係

①交わる

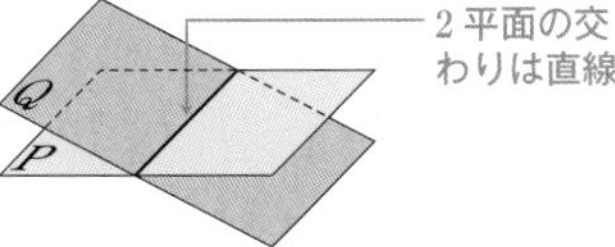

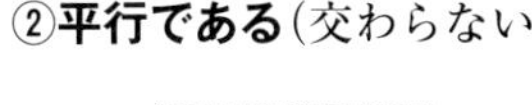

②平行である（交わらない）

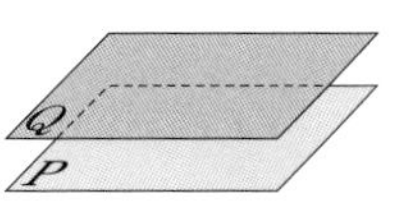

※2平面の垂直

右の図で，AO⊥ℓ，BO⊥ℓのとき，

∠AOB＝90° ➡ 2平面P，Qは垂直

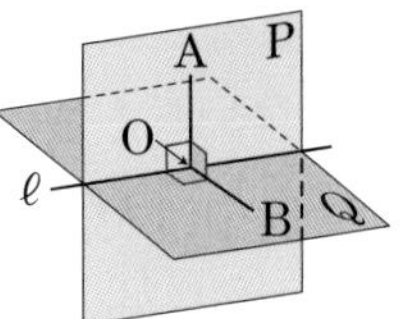

例題 9 平面の決定 Level ★★★

次の**ア**～**ウ**の点や直線をふくむ平面のうち，ただ1つに決まるのはどれですか。

ア　同じ直線上にある3点

イ　交わる2直線

ウ　平行な2直線

解き方

ア　同じ直線上にある3点をふくむ平面は，右のように無数にある。

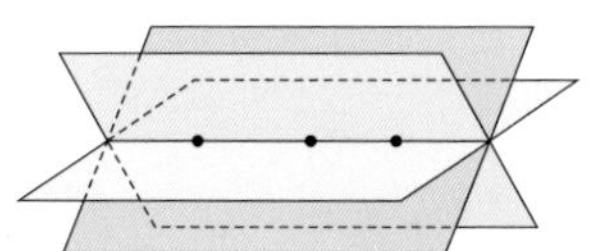

イ　交わる2直線をふくむ平面は，ただ1つに決まる。

ウ　平行な2直線をふくむ平面は，ただ1つに決まる。

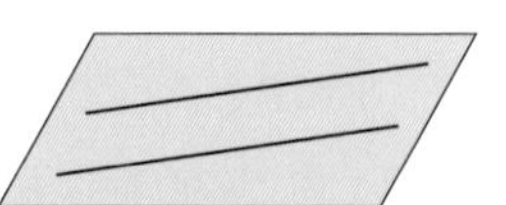

答　**イ，ウ**

✔確認　平面の決定条件

- 1直線上にない3点

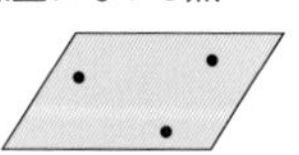

- 1直線とその直線上にない1点

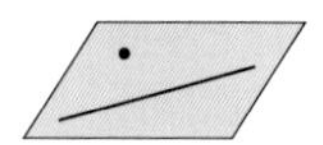

- 交わる2直線

- 平行な2直線

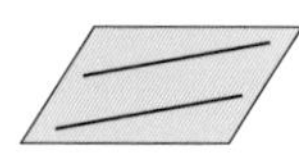

練習

解答▶別冊p.33

9　平面P上にない点Aと平面P上の3点B，C，Dがあります。このとき，点Aと，点B，C，Dのうちの2点を通る平面はいくつありますか。ただし，B，C，Dは同じ直線上にないものとします。

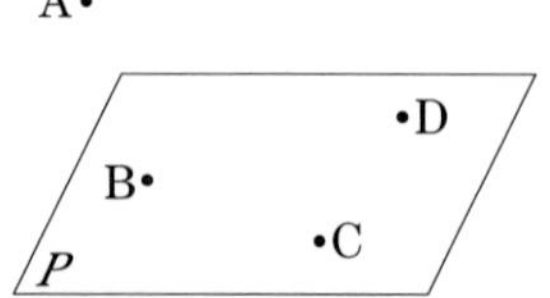

例題 10 2直線の位置関係 Level ★☆☆

右下の直方体について，次の問いに答えなさい。

(1) 辺ADと平行な辺はどれですか。

(2) 辺ADと垂直に交わる辺はどれですか。

(3) 辺ADとねじれの位置にある辺はどれですか。

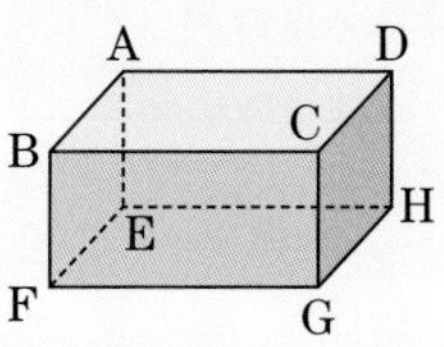

解き方

ADをふくむ面に着目する ▶ (1) 長方形ABCDで，AD∥BC

長方形AEHDで，AD∥EH

長方形BFGCで，

平行線の性質を利用する ▶ BC∥FGだから，AD∥FG ← 1つの直線に平行な2直線は平行

答 辺BC，辺EH，辺FG

長方形の1つの角は90° ▶ (2) 長方形ABCDで，AD⊥AB，AD⊥DC

長方形AEHDで，AD⊥AE，AD⊥DH

答 辺AB，辺DC，辺AE，辺DH

(3) 辺ADとねじれの位置にある辺は，辺ADと平行な辺と，辺ADと交わる辺を除いた残りの辺だから，

ねじれの位置 ➡平行でなく，交わらない2直線 ▶ BF，CG，FE，GH

答 辺BF，辺CG，辺FE，辺GH

Point 交わらず，平行でない2直線の位置関係 ➡ねじれの位置

✔確認 ねじれの位置

空間内で，平行でなく，交わらない2つの直線を，**ねじれの位置にある**という。

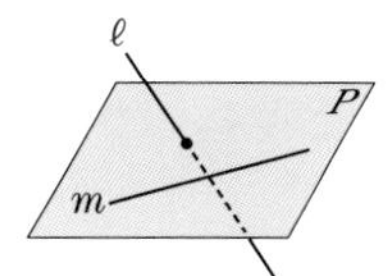

図解 辺ADと平行な辺

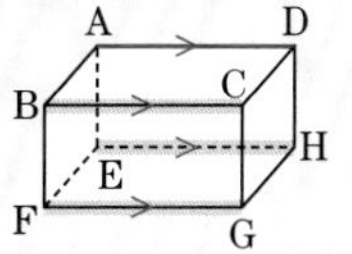

辺ADと垂直な辺

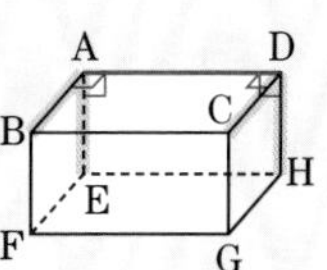

辺ADとねじれの位置にある辺

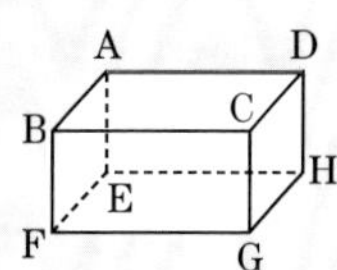

練 習

解答 別冊p.33

10 例題10の直方体について，辺BFとねじれの位置にある辺はどれですか。

例題 11 3直線の位置関係 Level ★★★

次のことがらは正しいといえますか。

(1) 同じ平面上で，1つの直線に垂直な2直線は平行である。

(2) 空間で，1つの直線に垂直な2直線は平行である。

(3) 空間で，1つの直線に平行な2直線は平行である。

解き方

(1) 右の図のように，平面上で，

$\ell \perp m$，$\ell \perp n$

のとき，2直線 m，n はつねに平行だから，

正しい。 …答

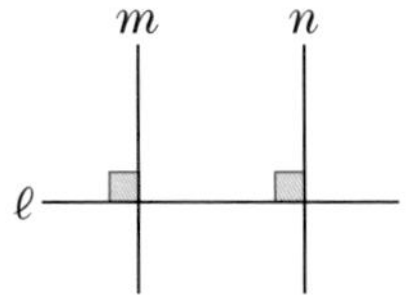

(2) 右の直方体で，

AD⊥AB，BF⊥AB

しかし，ADとBFは平行でないから，

正しいとはいえない。 …答

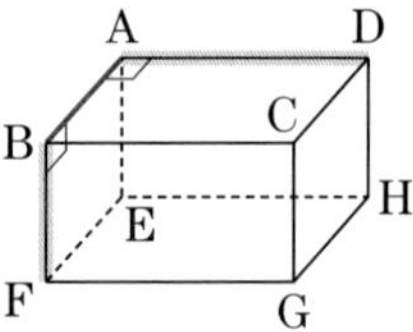

(3) 右の直方体で，

AD//BC，FG//BC

のとき，AD//FGだから，

正しい。 …答

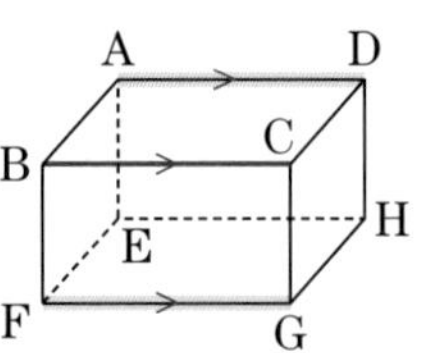

空間で直線をイメージするときは，直方体の見取図をかく。

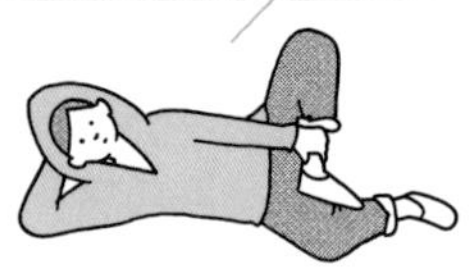

くわしく **ねじれの位置にある直線に着目**

平面上で，2直線の位置関係は，**交わるか平行であるか**の2通りである。

空間内では，これに**ねじれの位置にある直線**が加わるので，この位置関係にある直線に着目するとよい。

確認 **3直線の平行・垂直**

空間で，

- 1つの直線に垂直な2直線は平行であるとは限らない。
- 1つの直線に平行な2直線は平行である。

練習

解答 別冊p.34

11 空間で，次のことがらは正しいといえますか。

(1) 平行な2直線の一方に平行な直線は，他方にも平行である。

(2) 平行な2直線の一方に垂直に交わる直線は，他方にも垂直に交わる。

例題 12 平面と直線 Level ★☆☆

右の図の直方体で，次の関係にある直線をすべて答えなさい。

(1) 平面ABCD上にある直線

(2) 平面ABCDと垂直な直線

(3) 平面ABCDと平行な直線

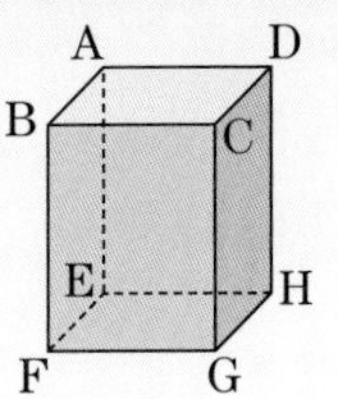

解き方

面ABCD上の辺を考える ▶

(1) 平面ABCD上にある4つの辺は

辺AB，辺BC，辺CD，辺DAだから，

直線AB，BC，CD，DA …答

(2) 直線が平面と垂直であることを確かめるには，直線と平面の交点を通る平面上の2つの直線とそれぞれ垂直であることを示せばよいから，平面ABCD上の2つの直線と垂直な直線は

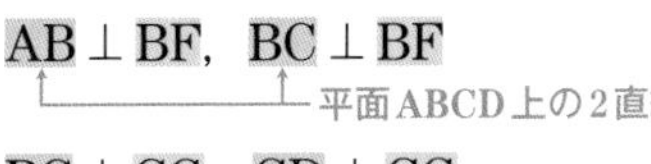

面ABCDの2辺と垂直な辺 ▶

BC ⊥ CG，CD ⊥ CG

CD ⊥ DH，DA ⊥ DH

DA ⊥ AE，AB ⊥ AE

したがって，

直線BF，CG，DH，AE …答

面ABCDと平行な面を考える ▶ (3) 平面ABCD∥平面EFGHより，

平面EFGH上の辺は

辺EF，辺FG，辺GH，辺HE

だから，

直線EF，FG，GH，HE …答

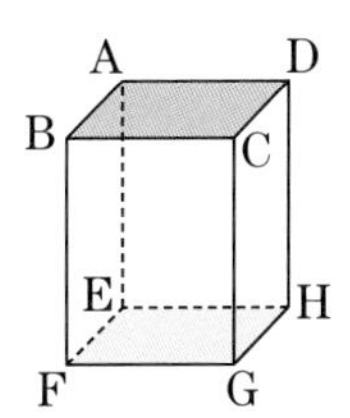

直線は限りなくまっすぐにのびているもの、平面は限りなく平らに広がっているものだね。

確認 直線と平面の垂直

直線ℓが，平面Pとの交点Oを通る**どの直線にも垂直**なとき，**直線ℓと平面Pは垂直**であるという。直線ℓと平面Pが垂直であることを$\ell \perp P$と表す。

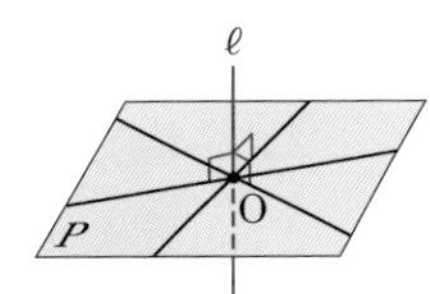

確認 直線と平面の平行

直線ℓと平面Pが交わらないとき，直線ℓと平面Pは平行であるという。

練習

解答 別冊p.34

12 例題12の立体について，次の問いに答えなさい。

(1) 平面BFGCと垂直な直線を答えなさい。

(2) 平面ABFEと平行な直線を答えなさい。

例題 13 1つの平面と2直線の位置関係 Level ★★★

次のことがらは正しいといえますか。

(1) 1つの平面に平行な2直線は平行である。

(2) 1つの平面に垂直な2直線は平行である。

解き方

(1) 右の直方体で，

1つの平面に平行な2直線 ▶ FG∥面ABCD,
GH∥面ABCD

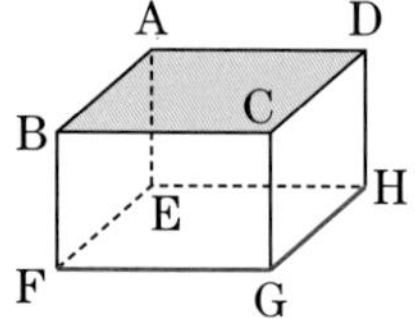

2直線の位置関係を調べる ▶ しかし，FGとGHは平行ではないから，
正しいとはいえない。 …答

(2) 右の直方体で，AE，BF，

1つの平面に垂直な2直線 ▶ CG，DHは，いずれも
面ABCDに垂直。

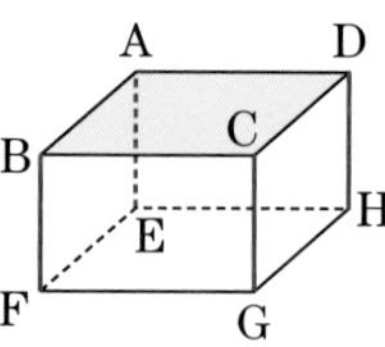

2直線の位置関係を調べる ▶ このうち，どの2直線をとっても平行だから，
正しい。 …答

Point 直方体の辺や面を利用して考える。

テストで注意 成り立つ例が見つかっても安心しないように!

FG∥面ABCD,
EH∥面ABCD
より，FG∥EHだから，正しいとしてしまってはダメ！

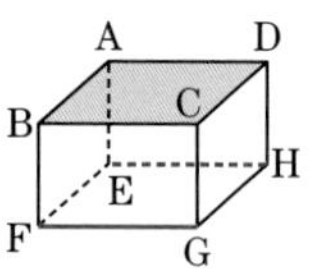

成り立つ例が1つ見つかっても，さらにいろいろな場合について調べるようにしよう。

くわしく 記号を使って表すと

平面をP，2直線をℓ，mとするとき，
P⊥ℓ，P⊥mならば，$\ell /\!/ m$

練習

解答 別冊p.34

13 次のことがらは正しいといえますか。

(1) 平行な2直線の一方に平行な平面は，他方にも平行である。

(2) 平行な2直線の一方に垂直な平面は，他方にも垂直である。

例題 14 平面と平面の平行 Level ★

右の図の直方体で，次の関係にある平面とその距離を答えなさい。

(1) 平面ABCDと平行な平面とその距離

(2) 平面ABFEと平行な平面とその距離

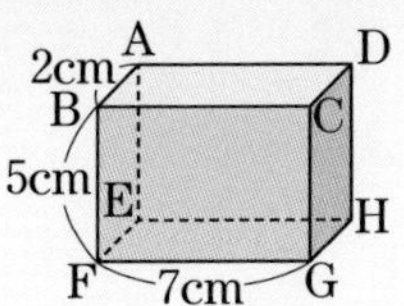

解き方

平面ABCDと交わらない平面 ▶ (1) 平面ABCDと平面EFGHは交わらないので，平面ABCDと平面EFGHは平行である。

平面EFGH …答

平面上の1点から平行な平面にひいた垂線の長さ ▶ 平面ABCDと平面EFGHに垂直な辺BF，CG，DH，AEの長さより，

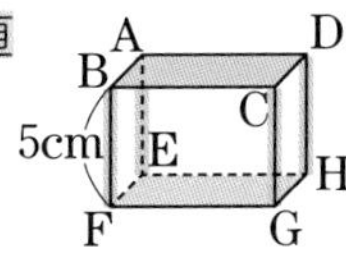

2平面の距離**5cm** …答

平面ABFEと交わらない平面 ▶ (2) 平面ABFEと平面DCGHは交わらないので，平面ABFEと平面DCGHは平行である。

平面DCGH …答

平面上の1点から平行な平面にひいた垂線の長さ ▶ 平面ABFEと平面DCGHに垂直な辺AD，BC，FG，EHの長さより，

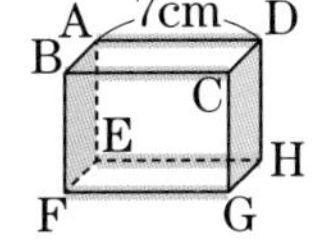

2平面の距離**7cm** …答

確認 平面と平面との距離

平面Pと平面Qが平行であるとき，平面P上の点から平面Qにひいた垂線の長さはどれも等しい。この垂線の長さを，**平面Pと平面Qとの距離**という。

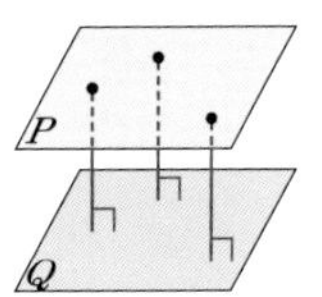

練習

解答 別冊p.34

14 右のような，直方体から三角柱を切り取った立体について，次の関係にある平面をすべて答えなさい。

(1) 平面AEHDと平行な平面

(2) 平面ABFEと平行な平面

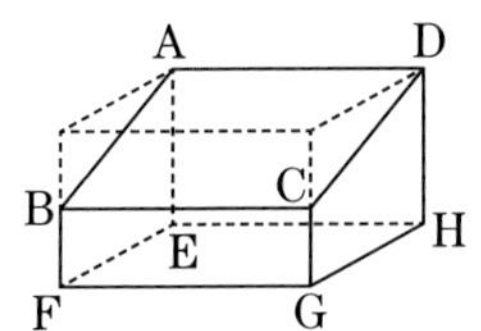

例題 15 平面と平面の垂直

Level ★☆☆

右の図の直方体で，次の関係にある平面をすべて答えなさい。

(1) 平面ABCDと垂直な平面

(2) 平面CGHDと垂直な平面

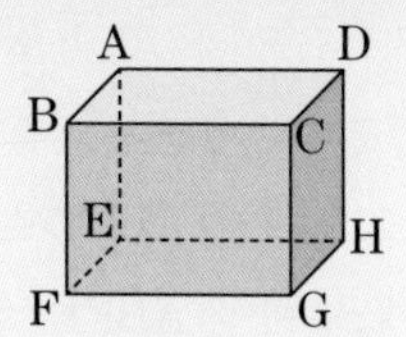

解き方

(1) 平面ABCDと平面BFGCの交わる線は直線BCである。

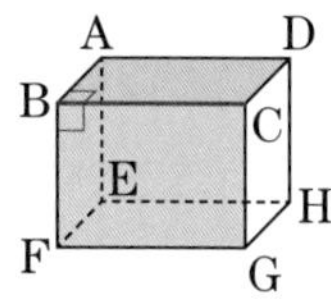

平面ABCD上の直線ABは

AB⊥BC

平面BFGC上の直線BFは

BF⊥BC

平面ABCDとのつくる角を調べる ▶ このとき，∠ABF=90° ← 平面ABCDと平面BFGCのつくる角

したがって，　平面ABCD⊥平面BFGC

同様にして，

平面ABCD⊥平面CGHD, 平面ABCD⊥平面AEHD,

平面ABCD⊥平面ABFE

答 平面BFGC，CGHD，AEHD，ABFE

(2) 平面CGHDと平面ABCDの交わる線は直線CDである。

平面CGHDとのつくる角を調べる ▶ (1)と同様に考えて，∠BCG=90°

└平面ABCDと平面CGHDのつくる角

したがって，

平面CGHD⊥平面ABCD, 平面CGHD⊥平面BFGC,

平面CGHD⊥平面EFGH, 平面CGHD⊥平面AEHD

答 平面ABCD，BFGC，EFGH，AEHD

確認 2平面がつくる角と2平面の垂直

下の図のように，

平面P上に，AO⊥ℓ

平面Q上に，BO⊥ℓ

となる直線AO，BOをひいたとき，**∠AOBを2平面P，Qのつくる角**という。

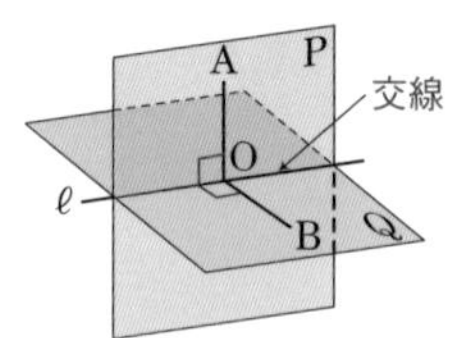

上の図で，**∠AOB=90°ならば，平面Pと平面Qは垂直**であるという。平面Pと平面Qが垂直であることをP⊥Qと表す。

練習

解答 ▶ 別冊p.34

15 右の図のように立方体を2つに切った三角柱について，平面ADEBと垂直な平面をすべて答えなさい。

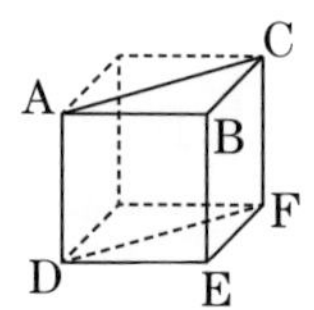

3 立体のいろいろな見方

面を動かしてできる立体

［例題16〜例題18］

多角形や円を，それと**垂直な方向**に**一定の距離だけ平行に動かす**と，**角柱**や**円柱**ができます。また，**円柱**や**円錐**は，それぞれ**長方形**や**直角三角形**を空間で**回転させてできた立体**と考えることができます。

■ 面を平行に動かしてできる立体

- もとの図形の周が動いてできた面
  ➡**側面**
- もとの図形が動いた距離
  ➡**高さ**

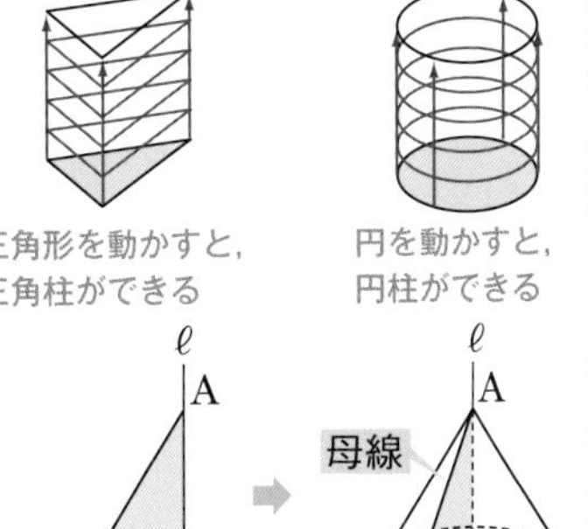

■ 回転体

平面図形を，1つの直線を軸として1回転させてできる立体。
（軸：回転の軸ともいう）

母線…側面をつくる線分。

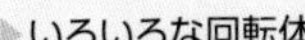

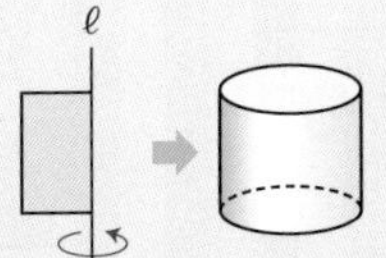

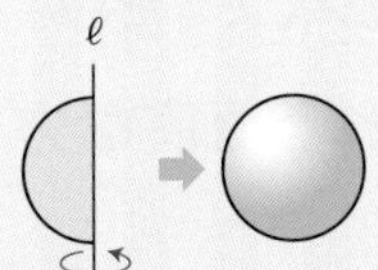

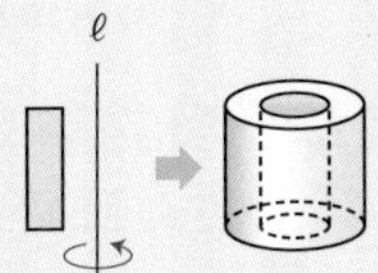

投影図

［例題19〜例題21］

立体を**正面から見た図**を**立面図**，**真上から見た図**を**平面図**といい，**立面図と平面図を組み合わせて表した図**を**投影図**といいます。

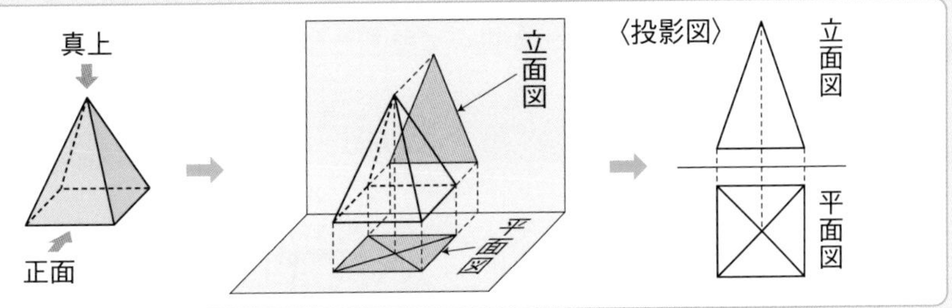

例題 16 面を平行に動かしてできる立体 Level ★☆☆

右の三角柱は，ある平面図形が動いてできたものと考えられます。動かした図形とその方向，距離を答えなさい。

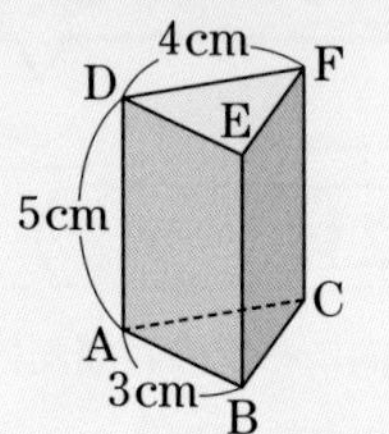

解き方

底面に着目する ▶ **底面は△ABC** だから，この三角柱は，

底面がどのように動いたかを考える ▶ **△ABC が，それと垂直な方向に，一定の距離だけ**動いてできたものである。

動いた距離は，三角柱の高さに等しいから，5cm

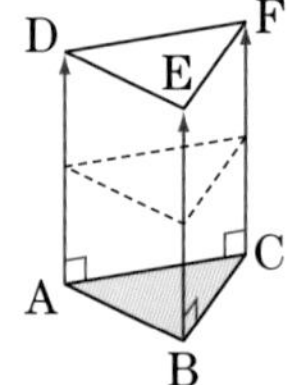

答 **△ABC(△DEF)が，それと垂直な方向に5cmだけ動いてできたもの。**

Point **角柱は，多角形をそれと垂直な方向に動かしてできる立体。**

✔確認 面を平行に動かしてできる立体

角柱や円柱は，底面の多角形や円が，**その面と垂直な方向に，一定の距離だけ平行に**動いてできる立体と考えられる。

- 底面の周が動いたあと ➡ **側面**
- 底面の動いた距離 ➡ **高さ**

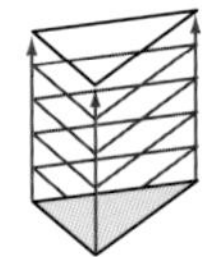

✔確認 角柱・円柱の高さ

1つの底面上の点と他の底面との距離。

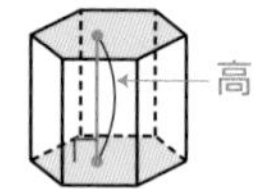

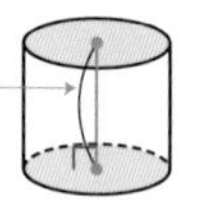

✔確認 角錐・円錐の高さ

頂点と底面との距離。

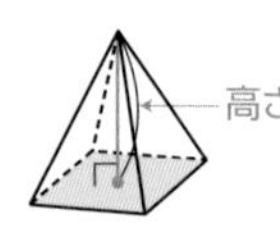

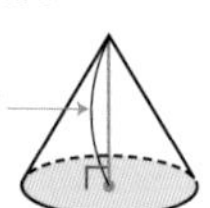

練習

解答 ▶ 別冊p.34

16 次の立体は，ある平面図形が動いてできたものと考えられます。動かした図形とその方向，距離を答えなさい。

(1)

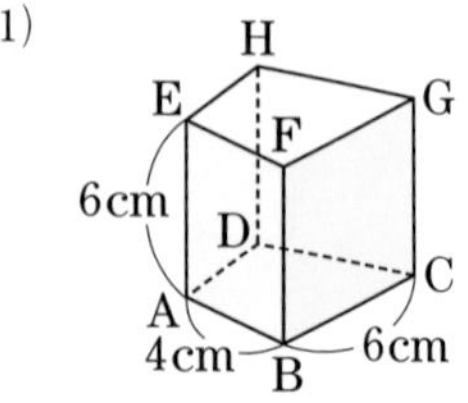

(2)

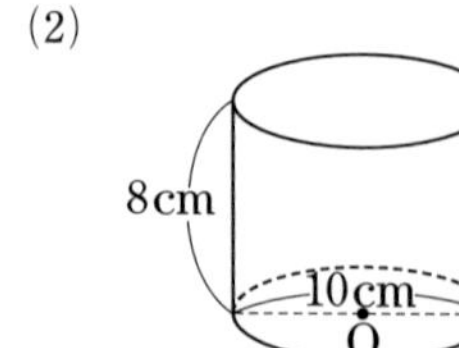

例題 17 面を回転させてできる立体 Level ★★★

次のような図形を，直線 ℓ を軸として1回転させると，どのような立体ができますか。その立体の見取図をかきなさい。

(1) 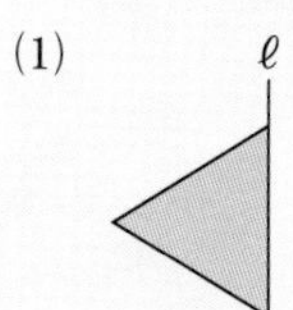

(2) 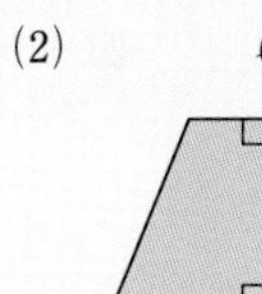

(3) 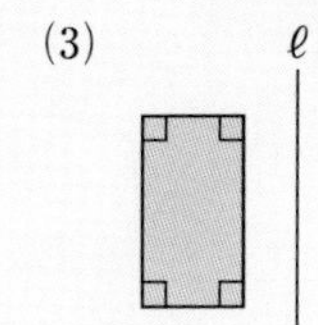

回転体

回転体…1つの直線を軸として，平面図形を1回転させてできる立体。軸にした直線を**回転の軸**ともいう。

母線(ぼせん)…側面をつくる線分。

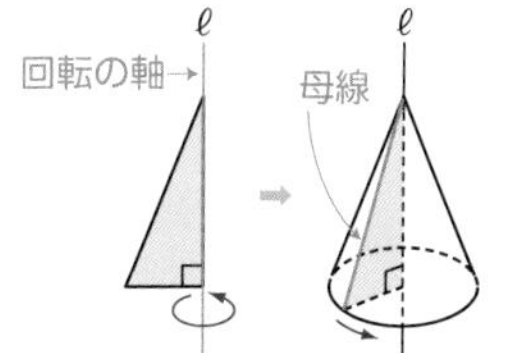

解き方

(1) 下の図のような，2つの円錐を底面で合わせた立体になる。

(2) 下の図のような，円錐を底面に平行な面で切り取った立体になる。

(3) 下の図のような，大きな円柱から小さな円柱をくりぬいた立体になる。

答 (1) 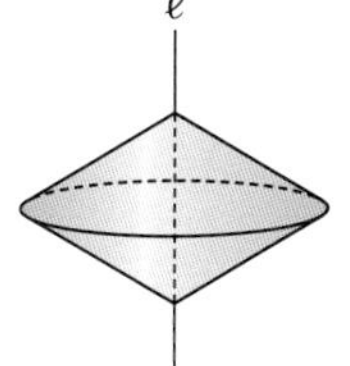

答 (2) 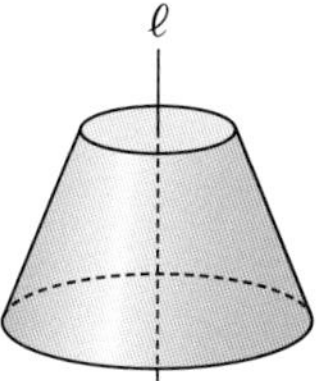

答 (3) 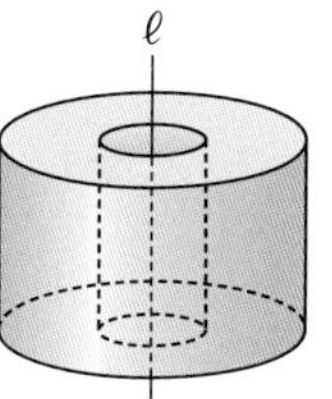

Point 回転体の基本は円柱と円錐。そして，曲面をもつ立体になる。

練習

解答 別冊p.34

17 次のような図形を，直線 ℓ を軸として1回転させると，どのような立体ができますか。その立体の見取図をかきなさい。

(1) 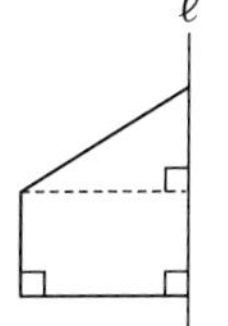

(2) 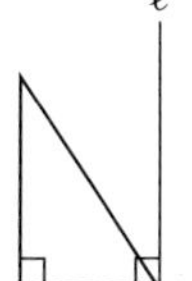

(3) 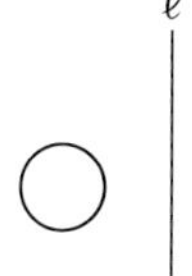

例題 18 回転体のもとになった図形 Level ★★★

次の(1)〜(3)の立体は，下の**ア**〜**ウ**のどの平面図形を1回転させてできたものと考えられますか。それぞれ記号で答えなさい。ただし，直線ℓを回転の軸とします。

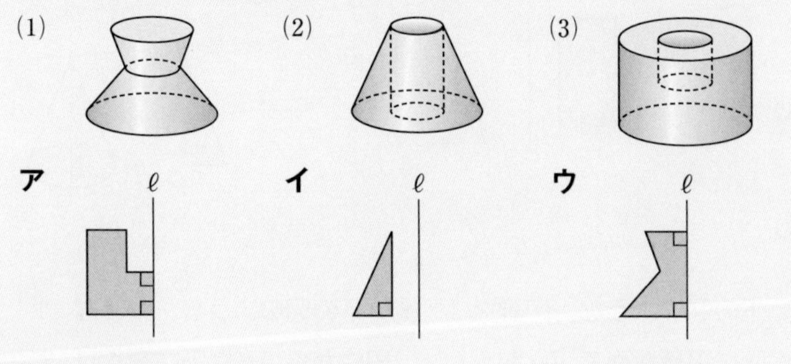

解き方

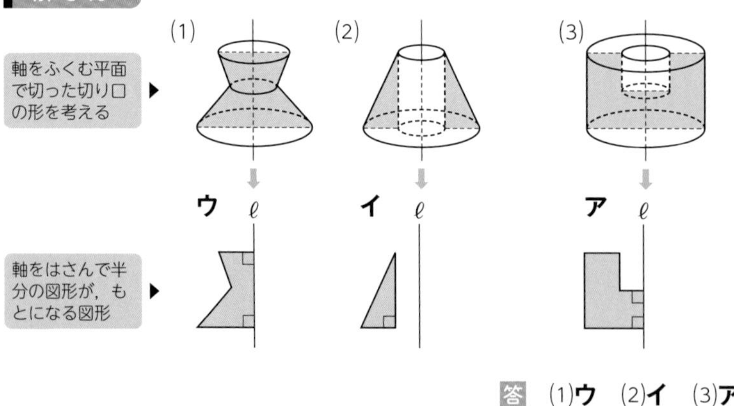

答 (1)**ウ** (2)**イ** (3)**ア**

確認 回転体の切り口の形

①**回転の軸をふくむ平面**で切る

➡回転の軸を対称の軸とする**線対称な図形**

例 円錐を，軸をふくむ平面で切ると，その切り口は，二等辺三角形。

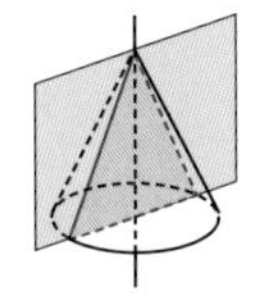

②**回転の軸に垂直な平面**で切る

➡**円**

例 円錐を，軸に垂直な平面で切ると，その切り口は，円。

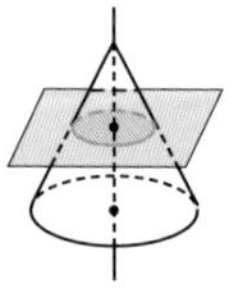

練 習

解答 別冊p.34

18 次の(1)〜(3)の立体は，どのような平面図形を1回転させてできたものと考えられますか。その平面図形をかきなさい。

(1)

(2)

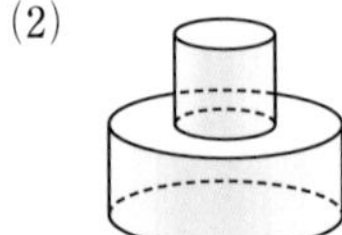

(3)

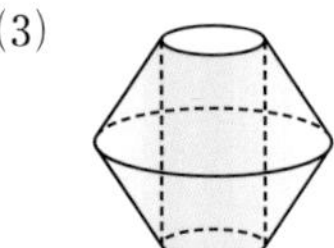

例題 19 投影図から立体を求める Level ★☆☆

次の投影図は，それぞれ何という立体ですか。

(1)

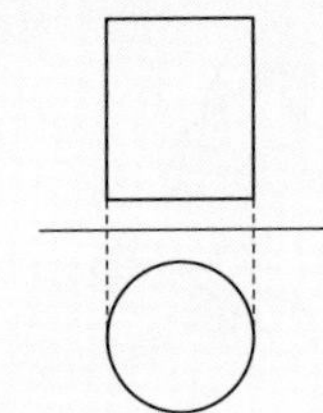

(2)

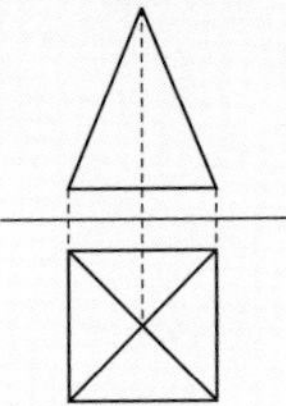

解き方

立面図から立体を推測する ▶

(1) 正面から見た図が長方形だから，この立体は角柱か円柱と考えられる。
└ 立面図

平面図から底面の形を考える ▶

真上から見た図が円だから，この立体の底面は円である。
└ 平面図

立面図と平面図から立体を判断する ▶

したがって，この立体は**円柱** … 答

(2) 正面から見た図は三角形だから，この立体は角錐か円錐と考えられる。

真上から見た図が四角形だから，この立体の底面は四角形である。

したがって，この立体は**四角錐** … 答
└ 正四角錐でもよい。

円柱の投影図

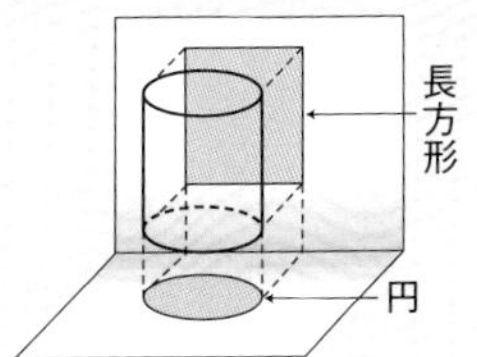

四角錐の投影図

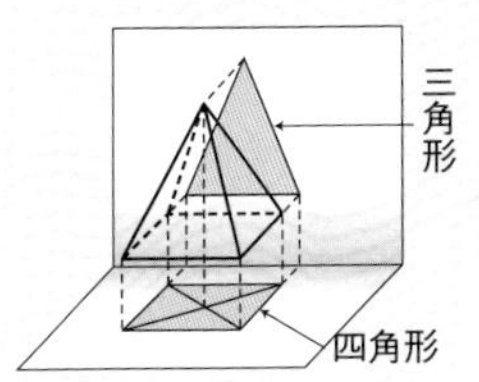

練 習

解答 別冊p.34

19 次の投影図は，それぞれ何という立体ですか。

(1)

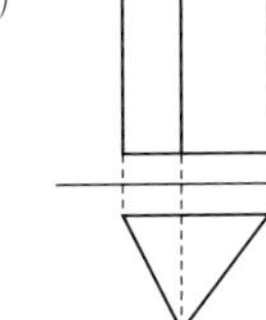

(2)

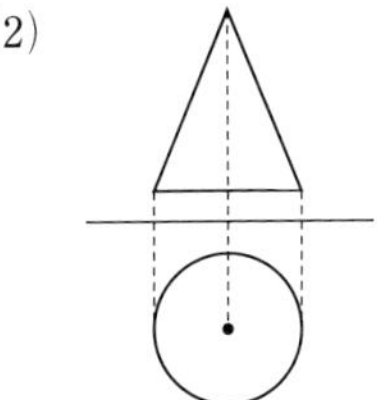

(3)

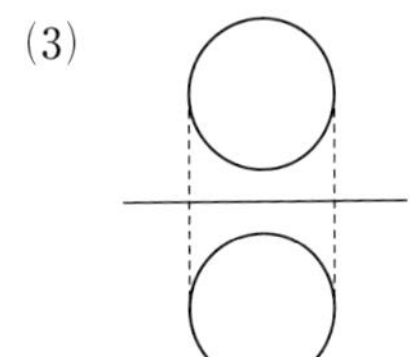

例題 20 投影図から見取図をかく　Level ★★☆

次の図は，ある立体の投影図です。それぞれの立体の見取図をかきなさい。

(1)

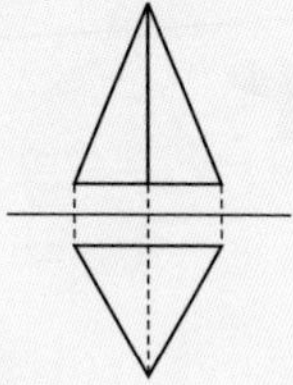

(2)

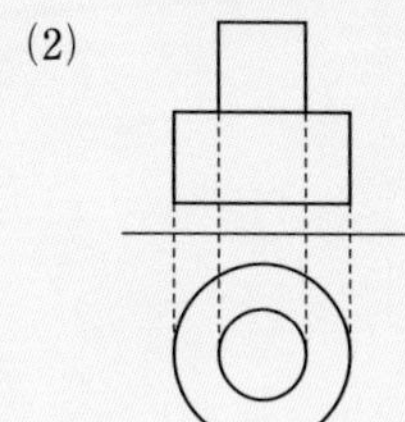

解き方

立面図から ▶ (1)　正面から見た形は三角形，
平面図から ▶ 真上から見た形は三角形
どんな立体になるかを考える ▶ だから，この立体は三角錐である。

答　右の図

(2)　正面から見た形は，長方形を2つ重ねた形，真上から見た形は大小2つの円を重ねた形になっている。したがって，この立体は大小2つの円柱を重ねた立体である。

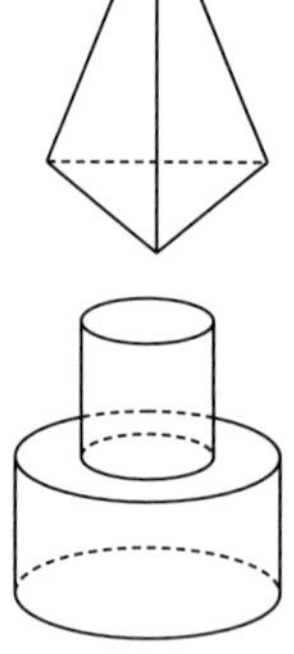

答　上の図

テストで注意　見えない線もかく!

見取図では，立体のかげになって見えない線は，点線(破線)でかくようにしよう。

(1)

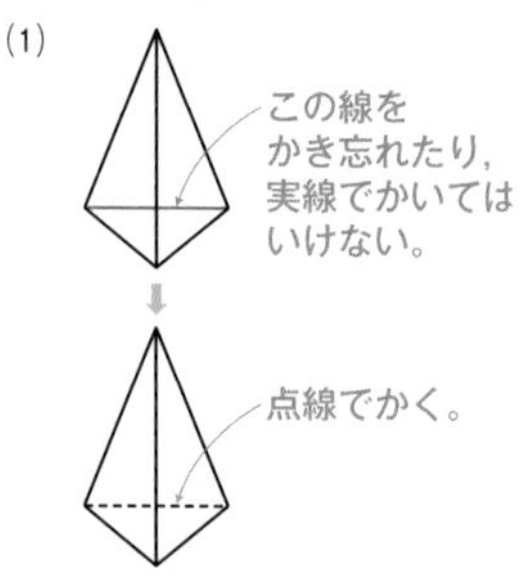

練習

解答 別冊p.34

20　図1は，立方体をある平面で切ってできた立体の投影図で，図2は，その立体の見取図の一部を示したものです。かきたりないところをかき加えて，見取図を完成させなさい。

図1

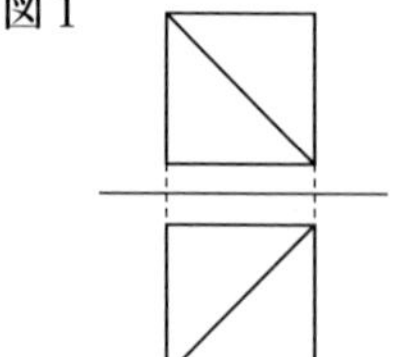

図2

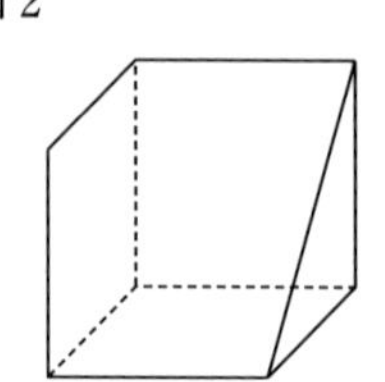

例題 21 投影図を完成させる　Level ★★

底面が1辺2cmの正方形で，その他の辺の長さがすべて3cmの正四角錐があります。この正四角錐の立面図をかき入れて，右の投影図を完成させなさい。

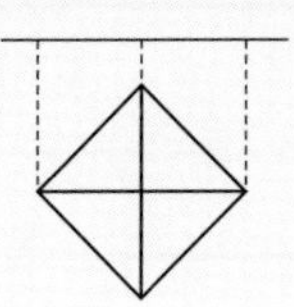

解き方

正四角錐の立面図は，二等辺三角形になる。

底辺をかく ▶ ①点線をのばして底辺BCをかく。

②真ん中の点線上に，

二等辺三角形をかく ▶ AB＝AC＝3cmとなる点Aをとり，AB，ACを実線でかく。

見える辺を実線でかく ▶ ③ADを実線でかく。

答 右の図

✔確認 投影図のかき方

投影図では，実際に見える線は実線 ―― で，見えない線は点線 ------ でかく。

テストで注意 見える線は実線でかく!

左の図で，ADは見える辺である。点線のままにしやすいので，実線にすることを忘れないようにしよう。

また，下の三角柱の投影図のように，見えない線は点線でかこう。

例

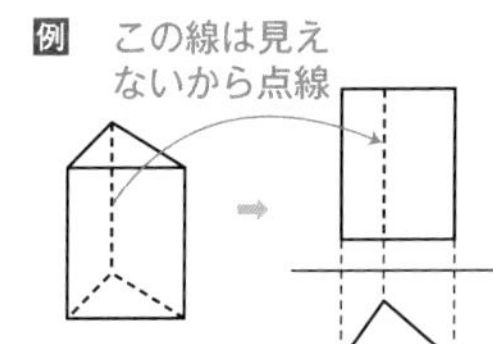

練習

解答 別冊p.34

21 底面が直径3cmの円で，母線の長さが4cmの円錐があります。この円錐の立面図をかき入れて，右の投影図を完成させなさい。

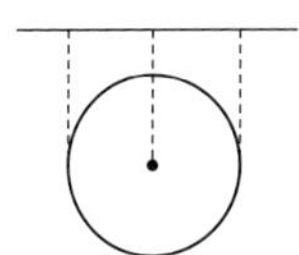

Column 立面図と平面図だけでは表せないときは?

右の図2は，図1の三角柱の投影図ですが，これだけでは，直方体なども考えられるので，三角柱と特定できません。このような場合は，立面図と平面図に立体を真横から見た**側面図**(そくめんず)を加えて，図3のように表すことがあります。

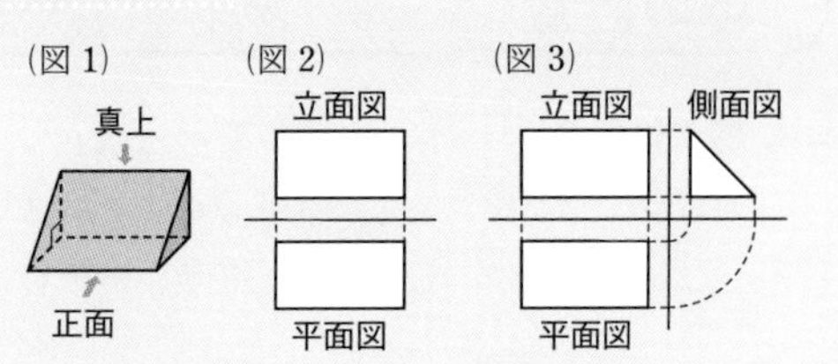

4 立体の体積と表面積

立体の体積

［例題22～例題24，例題29～例題31］

角錐や円錐の体積は，底面が合同で，高さが等しい角柱や円柱の体積の$\frac{1}{3}$になります。

■ 角柱・円柱の体積

角柱の体積

$V=Sh$

（底面積S，高さh，体積V）

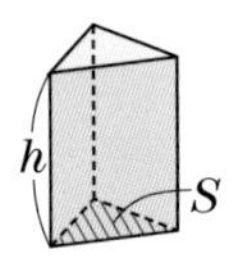

円柱の体積

$V=\pi r^2 h$

（底面の半径r）

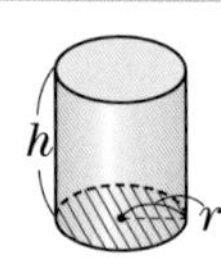

■ 角錐・円錐の体積

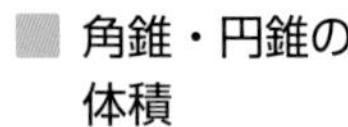

角錐の体積

$V=\frac{1}{3}Sh$

（底面積S，高さh，体積V）

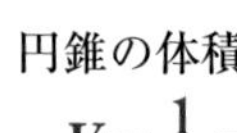

円錐の体積

$V=\frac{1}{3}\pi r^2 h$

（底面の半径r）

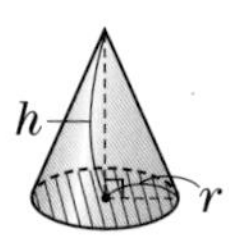

立体の表面積

［例題25～例題27，例題29～例題32］

立体の**すべての面の面積の和**を**表面積**といい，展開図の面積と等しくなります。また，**側面全体の面積**を**側面積**，1**つの底面の面積**を**底面積**といいます。

■ 角柱・円柱の表面積

表面積＝**側面積＋底面積×2**

（底面は2つある）

▶側面積＝**高さ×底面の周の長さ**

（展開図で側面は長方形）

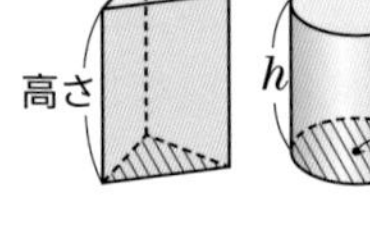

▶円柱の表面積…$S=2\pi rh+2\pi r^2$

（底面の半径r，高さh，表面積S）

■ 角錐・円錐の表面積

表面積＝**側面積＋底面積**

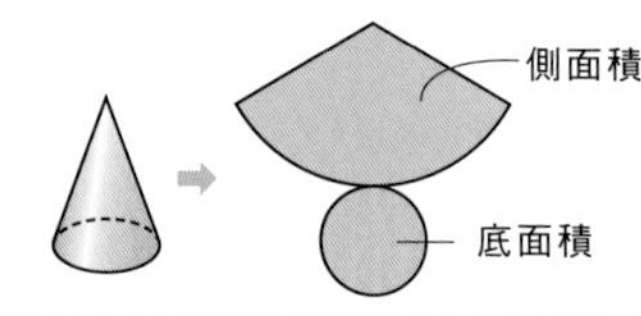

球の計量

［例題28，例題31］

■ 球の体積と表面積

体積…$V=\frac{4}{3}\pi r^3$

表面積…$S=4\pi r^2$

（半径r，体積V，表面積S）

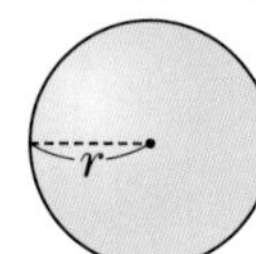

例題 22 角柱・円柱の体積 Level ★★★

次の四角柱と円柱の体積を求めなさい。

(1)

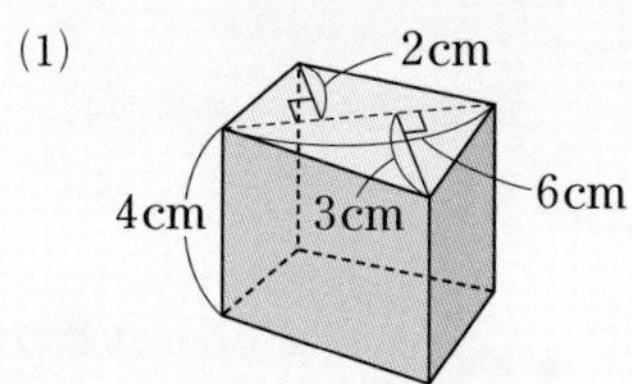

(2)

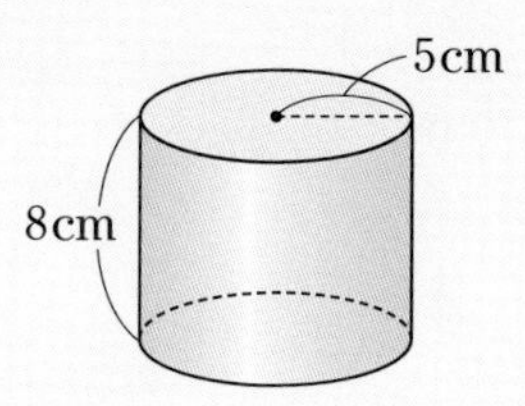

解き方

(1) 底面積は，

底面積を求める ▶ $\frac{1}{2}\times6\times2+\frac{1}{2}\times6\times3=15(\text{cm}^2)$

高さは4cm

したがって，体積は，

角柱の体積 ＝底面積×高さ ▶ $15\times4=60(\text{cm}^3)$

（15：底面積　4：高さ）

答 60cm^3

(2) 底面積は，半径 5 cm の円の面積で，

底面積を求める ▶ $\pi\times5^2=25\pi(\text{cm}^2)$

高さは8cmだから，体積は，

円柱の体積 ＝底面積×高さ ▶ $25\pi\times8=200\pi(\text{cm}^3)$

（25π：底面積　8：高さ）

答 $200\pi\text{cm}^3$

確認 角柱・円柱の体積

底面積を S，高さを h，体積を V とすると，$V=Sh$

特に，円柱では，底面の円の半径を r とすると，$V=\pi r^2h$

図解 底面積は2つの三角形の面積の和

四角形ABCDの面積は，

△ABDの面積＋△BCDの面積

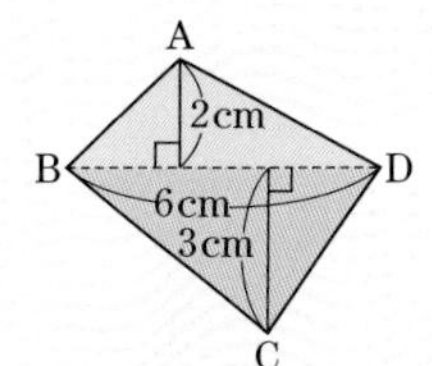

角柱・円柱の体積は底面積×高さだよ。

6章／空間図形

4／立体の体積と表面積

練習

解答 別冊p.35

22 次の角柱，円柱の体積を求めなさい。

(1)

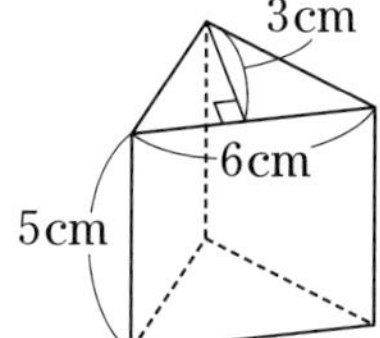

(2)

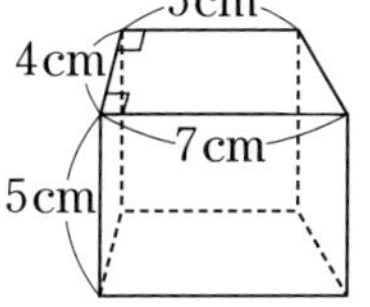

(3)

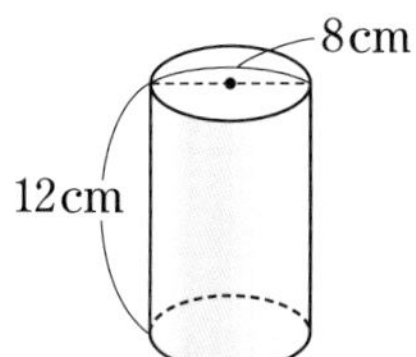

例題 23 角錐・円錐の体積　Level ★★☆

次の正四角錐と円錐の体積を求めなさい。

(1)

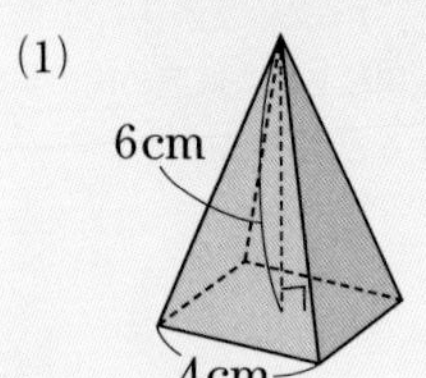

(2)

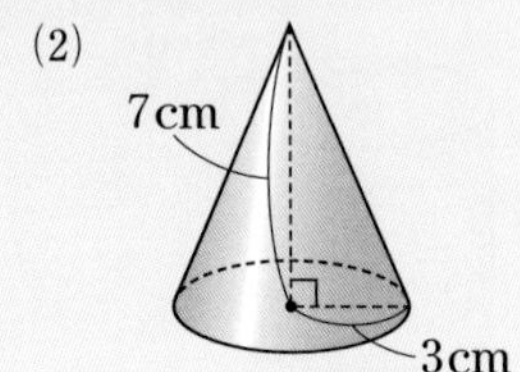

解き方

(1) 底面積は，1辺が4cmの正方形の面積で，

底面積を求める ▶ $4\times4=16(\mathrm{cm}^2)$

高さは6cm

したがって，体積は，

角錐の体積 $=\frac{1}{3}\times$底面積$\times$高さ ▶ $\frac{1}{3}\times\underset{底面積}{16}\times\underset{高さ}{6}=32(\mathrm{cm}^3)$

答　$32\mathrm{cm}^3$

(2) 底面積は，半径3cmの円の面積で，

底面積を求める ▶ $\pi\times3^2=9\pi(\mathrm{cm}^2)$

高さは7cm

したがって，体積は，

円錐の体積 $=\frac{1}{3}\times$底面積$\times$高さ ▶ $\frac{1}{3}\times\underset{底面積}{9\pi}\times\underset{高さ}{7}=21\pi(\mathrm{cm}^3)$

答　$21\pi\mathrm{cm}^3$

✔確認　角錐・円錐の体積

底面積をS，高さをh，体積をVとすると，$V=\frac{1}{3}Sh$

特に，円錐では，底面の円の半径をrとすると，$V=\frac{1}{3}\pi r^2h$

参考　正角錐でない角錐の体積

下の図の三角錐で，△BCDを底面とみると，頂点Aと面BCDとの距離，つまり，ADが高さになる。

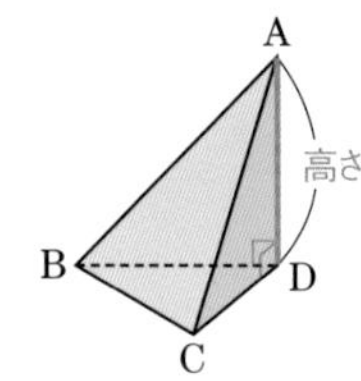

したがって，この三角錐の体積は，

$\frac{1}{3}\times$△BCDの面積$\times$AD

で求めることができる。

練習　　解答 ▶ 別冊p.35

23　次の角錐，円錐の体積を求めなさい。

(1)

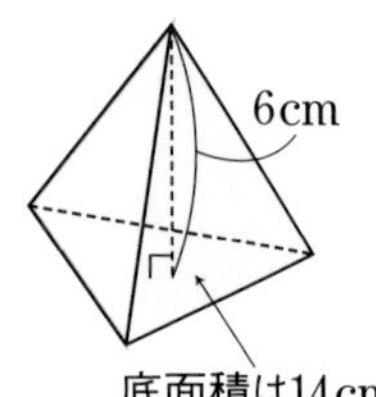

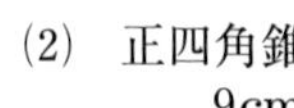

(2) 正四角錐

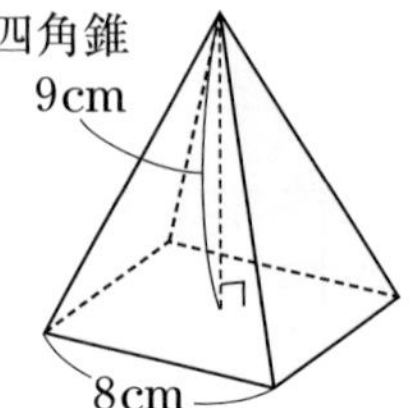

(3)

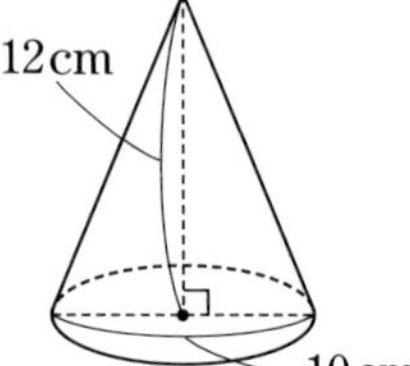

例題 24 立体の一部の体積 思考

縦6cm，横8cm，高さ4cmの直方体の形をしたふたのない容器に，水がいっぱいに入っています。この容器を右の図のように傾けて，水面が頂点A，B，Cを通る平面になるように水をこぼしました。こぼした水の体積を求めなさい。

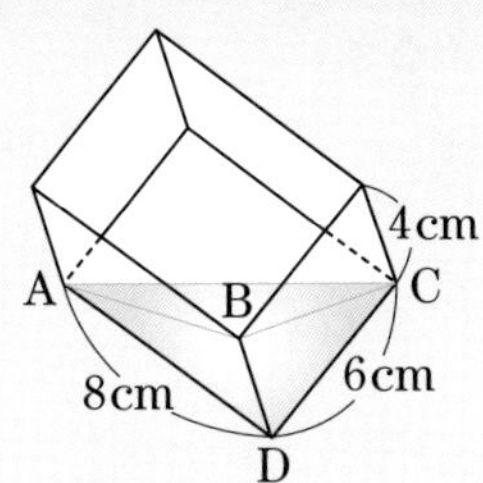

解き方

右の図のように，残った水は，底面が△ADC，高さがBDの三角錐になる。その体積は，

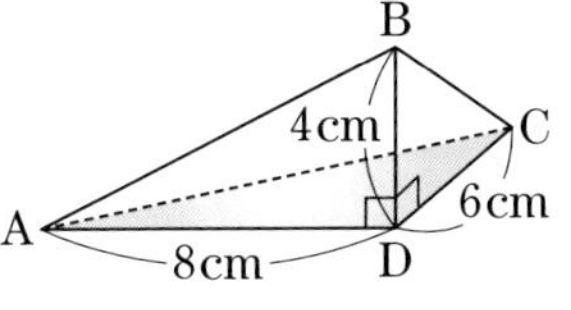

残った水の体積を求める ▶ $\frac{1}{3}\times\frac{1}{2}\times6\times8\times4=32(\text{cm}^3)$

（$\frac{1}{2}\times6\times8$：底面積，4：高さ）

はじめに，容器に入っていた水の体積は，

はじめに入っていた水の体積を求める ▶ $6\times8\times4=192(\text{cm}^3)$

（縦×横×高さ）

したがって，こぼした水の体積は，

はじめに入っていた水の体積－残った水の体積 ▶ $192-32=160(\text{cm}^3)$

答 160cm^3

くわしく **傾けていない図で表すと**

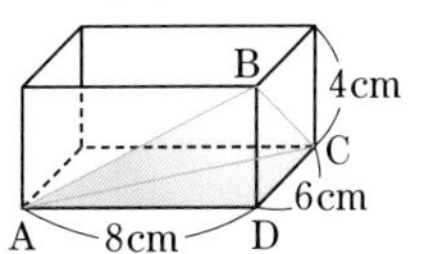

テストで注意 **正角錐でない角錐の体積も**

$\frac{1}{3}\times$底面積$\times$高さ

で求められる!

三角錐B-ADCで，底面を△ADC，高さをBDとすると，その体積は，

$\frac{1}{3}\times\triangle ADC\times BD$

練習 解答 別冊p.35

24 右の図は，1辺の長さが2cmの立方体ABCD-EFGHです。この立方体を3点C，F，Hを通る平面で2つに分けるとき，点Aをふくむ側の立体の体積を求めなさい。

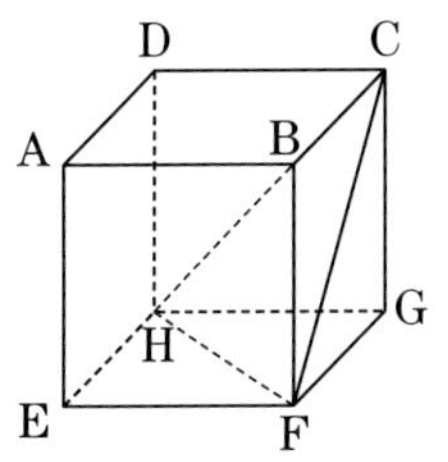

例題 25 角柱・円柱の表面積 Level ★★

次の三角柱と円柱の表面積を求めなさい。

(1)

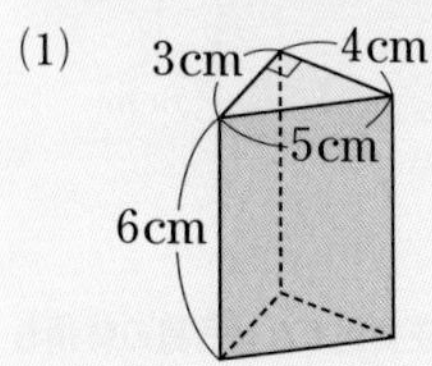

(2)

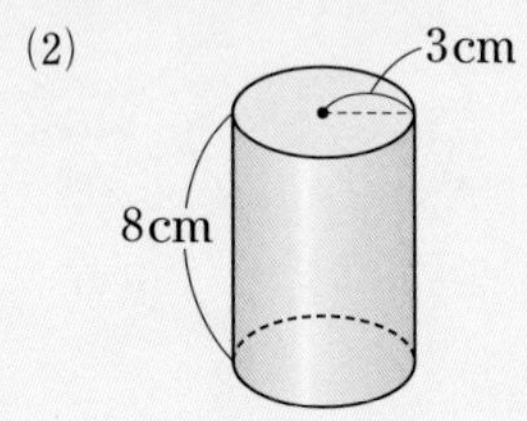

解き方

側面積を求める ▶ (1) 側面積は，$6\times(3+4+5)=72(\text{cm}^2)$
（6：高さ，3+4+5：底面の周の長さ）

底面積を求める ▶ 底面積は，$\frac{1}{2}\times3\times4=6(\text{cm}^2)$
（直角三角形の面積）

したがって，表面積は，

表面積＝側面積＋底面積×2 ▶ $72+6\times2=84(\text{cm}^2)$

答 **84cm²**

(2) 側面積は，$8\times(2\pi\times3)=48\pi(\text{cm}^2)$
（8：高さ，2π×3：底面の円周の長さ）

底面積は，$\pi\times3^2=9\pi(\text{cm}^2)$
（半径3cmの円の面積）

したがって，表面積は，

$48\pi+9\pi\times2=66\pi(\text{cm}^2)$

答 **66πcm²**

Point
側面積＝高さ×底面の周の長さ
表面積＝側面積＋底面積×2

図解 展開図で考える

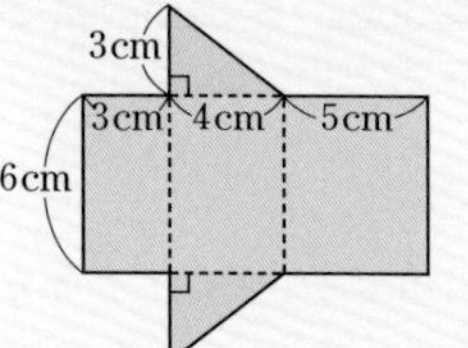

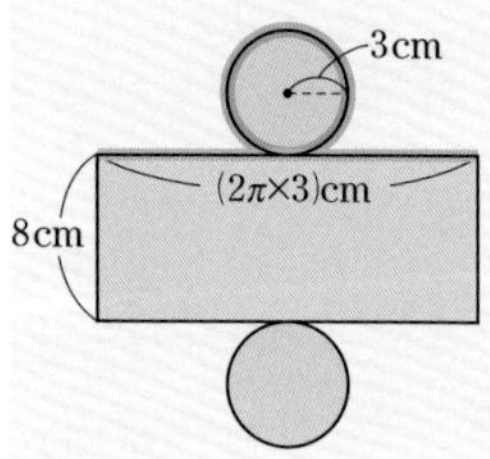

参考 1つの式にまとめて計算できる

慣れてきたら，側面積，底面積を求める式を1つにまとめて，次のように表面積を求めてもよい。

(2) $8\times(2\pi\times3)+\pi\times3^2\times2$
（側面積　底面積）
$=48\pi+18\pi$
$=66\pi(\text{cm}^2)$ … 答

練習

解答 別冊p.35

25 次の四角柱と円柱の表面積を求めなさい。

(1)

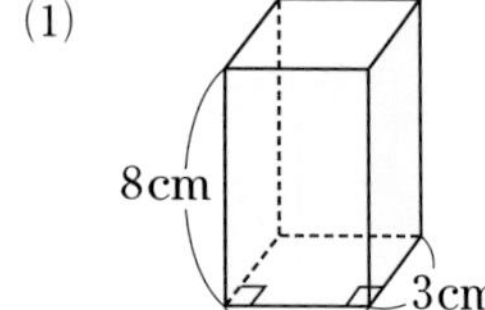

(2)

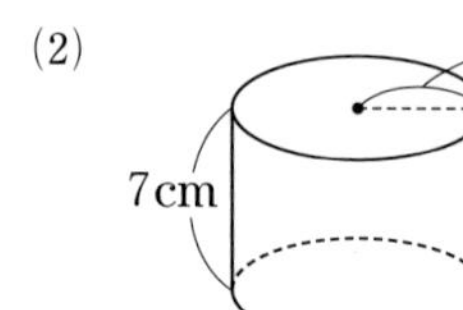

例題 26 角錐の表面積　Level ★★

右の正四角錐の表面積を求めなさい。

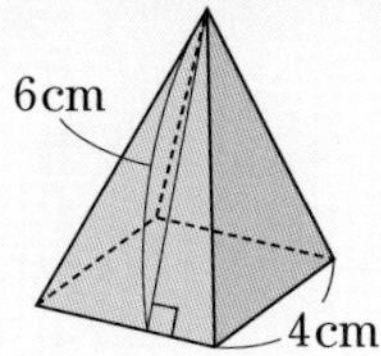

解き方

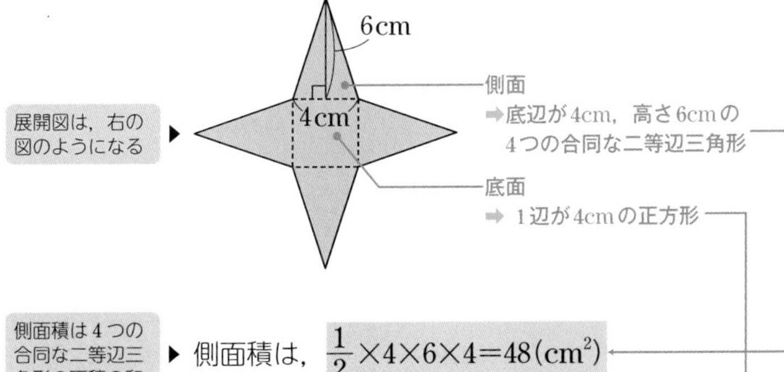

展開図は，右の図のようになる ▶

側面積は4つの合同な二等辺三角形の面積の和 ▶ 側面積は，$\frac{1}{2}\times4\times6\times4=48(\mathrm{cm}^2)$

（$\frac{1}{2}\times4\times6$：1つの側面の面積　$\times4$：側面の数）

底面積を求める ▶ 底面積は，$4\times4=16(\mathrm{cm}^2)$

したがって，表面積は，

表面積＝側面積＋底面積 ▶ $48+16=64(\mathrm{cm}^2)$

答　$64\ \mathrm{cm}^2$

Point　角錐の表面積＝側面積＋底面積

参考　正角錐でない角錐の表面積

下の図のような，底面が長方形の四角錐では，側面の4つの三角形はすべて合同にはならない。

このような角錐では，側面のそれぞれの三角形の面積を求めて，その和を側面積とする。

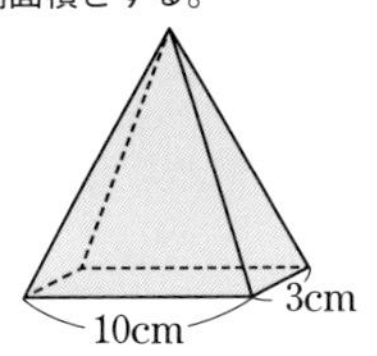

練習　解答 ▶ 別冊p.35

26　次の正四角錐の表面積を求めなさい。

(1)

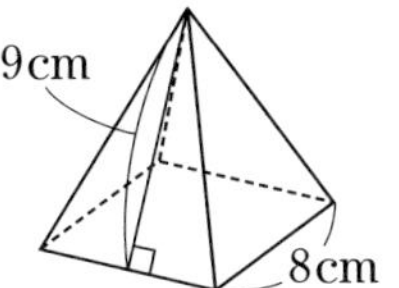

(2)

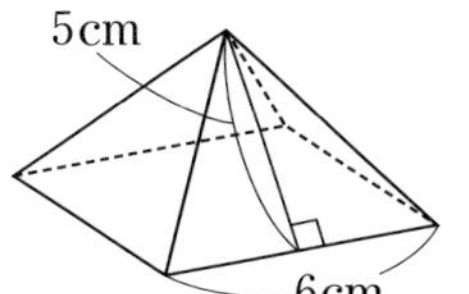

例題 27 円錐の表面積　Level ★★☆

右の円錐の表面積を求めなさい。

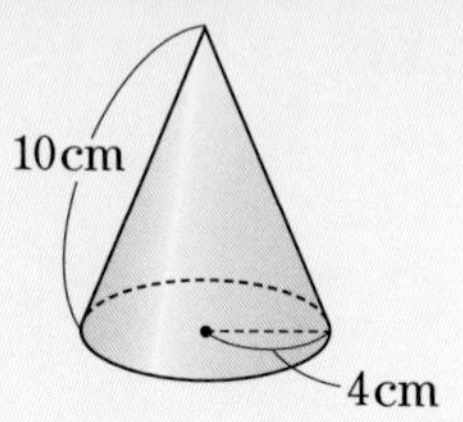

解き方

1つの円で，おうぎ形の弧の長さは中心角に比例するから，中心角$=360\times\dfrac{\text{弧の長さ}}{\text{円の円周}}$で中心角を求める。

右の展開図で，$\overset{\frown}{AB}$は，底面の円O′の円周に等しいから，

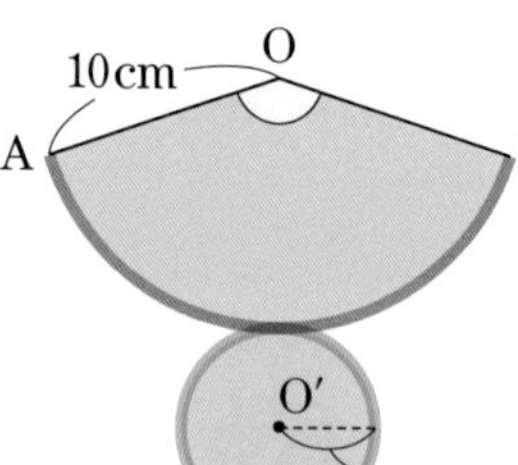

▶ $\overset{\frown}{AB}$の長さを求める　$\overset{\frown}{AB}=2\pi\times4=8\pi$(cm)

また，円Oの円周は，

▶ 円Oの円周を求める　$2\pi\times10=20\pi$(cm)

$\overset{\frown}{AB}$は円Oの円周の$\dfrac{8\pi}{20\pi}=\dfrac{2}{5}$

おうぎ形の弧の長さは中心角に比例するから，

▶ 中心角を求める　中心角は，$360\times\dfrac{2}{5}=144$より，144°

▶ 側面積は半径10cmの円の面積の$\dfrac{144}{360}$　側面積は，$\pi\times10^2\times\dfrac{144}{360}=40\pi$(cm^2)

▶ 底面積は半径4cmの円の面積　底面積は，$\pi\times4^2=16\pi$(cm^2)

したがって，表面積は，

$40\pi+16\pi=56\pi$(cm^2)

答　56πcm^2

別解　中心角の求め方

（おうぎ形の弧の長さ）:（円周）=（中心角）: 360

より，中心角をx°とすると，

$(2\pi\times4):(2\pi\times10)=x:360$

これを解いて，$x=144$

別解　側面積の求め方①

おうぎ形の弧の長さは中心角に比例するから，側面積は，

$\pi\times10^2\times\dfrac{2\pi\times4}{2\pi\times10}=40\pi$(cm^2)

別解　側面積の求め方②

公式$S=\dfrac{1}{2}\ell r$を利用して側面積を求める。

半径10 cm，弧の長さ$2\pi\times4$(cm)のおうぎ形の面積だから，

$\dfrac{1}{2}\times2\pi\times4\times10=40\pi$(cm^2)

練習

解答 ▶ 別冊p.35

27　右の円錐の表面積を求めなさい。

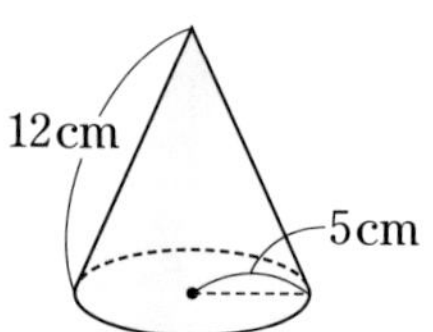

例題 28 球の体積と表面積

Level ★★☆

次の問いに答えなさい。

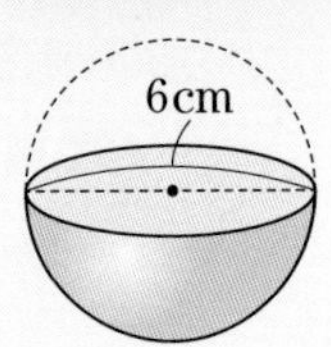

(1) 半径5cmの球の体積と表面積を求めなさい。

(2) 右の図のように，直径6cmの球を，その中心を通る平面で切った半球の体積と表面積を求めなさい。

解き方

半径 r の球の体積を V，表面積を S とすると，

$V=\frac{4}{3}\pi r^3$，$S=4\pi r^2$

$V=\frac{4}{3}\pi r^3$ ▶ (1) 体積は，$\frac{4}{3}\pi\times5^3=\frac{500}{3}\pi(\text{cm}^3)$

$S=4\pi r^2$ ▶ 表面積は，$4\pi\times5^2=100\pi(\text{cm}^2)$

答 体積…$\frac{500}{3}\pi$**cm³**，表面積…**100πcm²**

(2) この立体の体積は，半径3cmの球の体積の半分だ

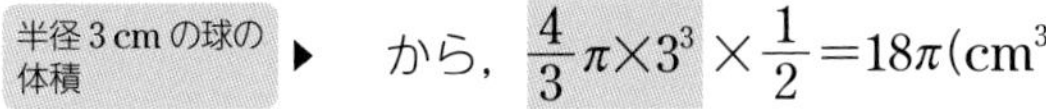

半径 3 cm の球の体積 ▶ から，$\frac{4}{3}\pi\times3^3\times\frac{1}{2}=18\pi(\text{cm}^3)$

この立体の曲面の部分の面積は，半径3cmの球の表面積の半分だから，

半径3cmの球の表面積 ▶ $4\pi\times3^2\times\frac{1}{2}=18\pi(\text{cm}^2)$

平面の部分

曲面の部分

また，平面の部分の面積は，半径3cmの円の面積だから，

$\pi\times3^2=9\pi(\text{cm}^2)$

曲面の部分の面積＋平面の部分の面積 ▶ したがって，表面積は，$18\pi+9\pi=27\pi(\text{cm}^2)$

答 体積…**18πcm³**，表面積…**27πcm²**

参考 球の体積と表面積の公式の覚え方

● 体積 ⇒ $\frac{4}{3}\pi r^3$

身の上に心配あるから参上（身の上に $\frac{4}{3}$，心配 π，ある r，参上 3乗）

● 表面積 ⇒ $4\pi r^2$

心配ある事情（心 4，配 π，ある r，事情 2乗）

テストで注意 平面の部分の面積を忘れずに！

半球の表面積を，球の表面積の半分とカンちがいしやすい。

切り口の円の面積を加えることを忘れないようにしよう。

練習

解答 別冊p.36

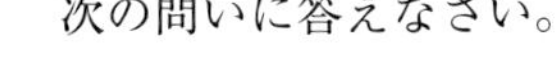

28 次の問いに答えなさい。

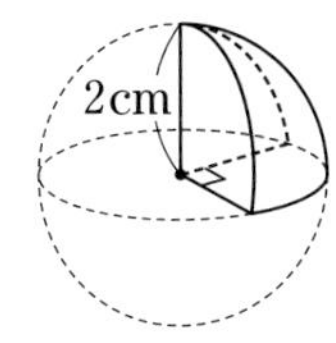

(1) 直径8cmの球の体積と表面積を求めなさい。

(2) 右の図のように，半径2cmの球を，その中心を通る3つの垂直な平面で切って8等分した立体の体積と表面積を求めなさい。

例題 29 回転体の体積と表面積(1)

Level ★★☆

右の図の長方形ABCDについて，次の問いに答えなさい。

(1) 辺BCを軸として，1回転させてできる回転体の体積を求めなさい。

(2) 辺DCを軸として，1回転させてできる回転体の表面積を求めなさい。

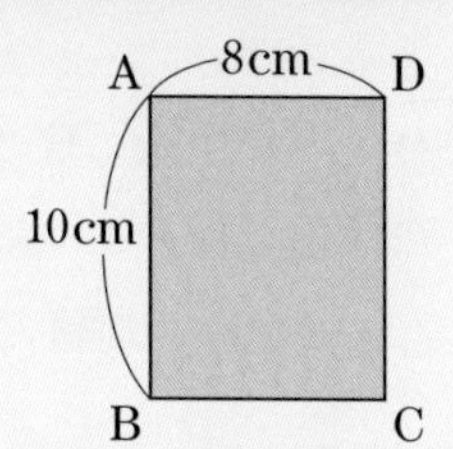

解き方

見取図をかいて立体の形を調べる ▶ (1) できる立体は，右の図のような円柱である。

したがって，体積は，

円柱の体積＝底面積×高さ ▶ $\pi\times10^2\times8=800\pi(\mathrm{cm}^3)$

答 $800\pi\ \mathrm{cm}^3$

見取図をかいて立体の形を調べる ▶ (2) できる立体は，右の図のような円柱である。

側面積は，

側面積＝高さ×底面の円周 ▶ $10\times2\pi\times8=160\pi(\mathrm{cm}^2)$

↑ 長方形の横の長さ＝底面の円周の長さ

底面積は，$\pi\times8^2=64\pi(\mathrm{cm}^2)$

したがって，表面積は，

表面積＝側面積＋底面積×2 ▶ $160\pi+64\pi\times2=288\pi(\mathrm{cm}^2)$

答 $288\pi\ \mathrm{cm}^2$

参考 2つの円柱の体積，表面積を比べると

(1)の円柱の側面積は，

$8\times2\pi\times10=160\pi(\mathrm{cm}^2)$

底面積は，

$\pi\times10^2=100\pi(\mathrm{cm}^2)$

したがって，表面積は，

$160\pi+100\pi\times2=360\pi(\mathrm{cm}^2)$

(2)の円柱の体積は，

$\pi\times8^2\times10=640\pi(\mathrm{cm}^3)$

このように，同じ長方形を回転させてできる回転体でも，どの辺を軸にするのかによって，表面積や体積はちがってくる。

練習

解答 別冊p.36

29 右の図の長方形ABCDについて，次の問いに答えなさい。

(1) 辺BCを軸として1回転させてできる回転体の体積を求めなさい。

(2) 辺DCを軸として1回転させてできる回転体の表面積を求めなさい。

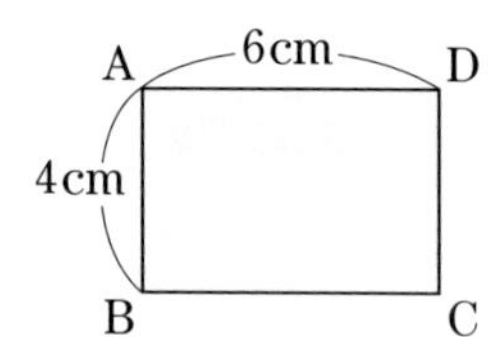

例題 30 回転体の体積と表面積(2)

Level ★★★

右の図のような△OABを，辺OBを軸として1回転させてできる回転体について，次の問いに答えなさい。

(1) この立体の体積を求めなさい。

(2) この立体の表面積を求めなさい。

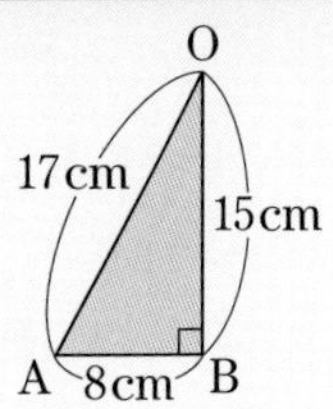

解き方

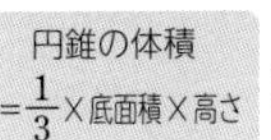

見取図をかいて立体の形を調べる ▶ (1) できる立体は，右の図のような円錐である。

したがって，体積は，

円錐の体積 $=\frac{1}{3}\times$底面積×高さ ▶

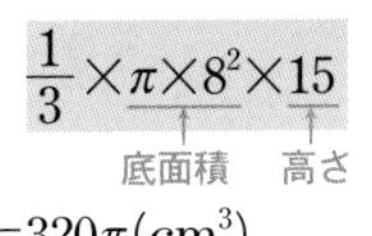

$$\frac{1}{3}\times\pi\times8^2\times15$$

底面積　高さ

$=320\pi(\text{cm}^3)$

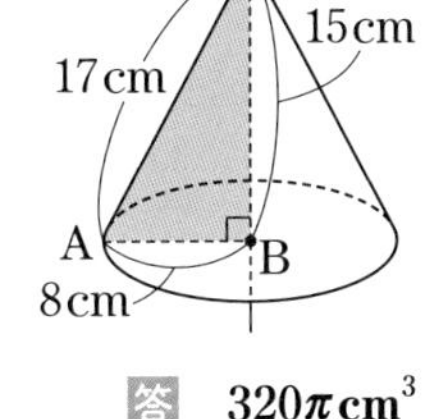

答 $320\pi\,\text{cm}^3$

円錐の展開図をかく ▶ (2) 展開図は，右の図のようになる。

円Oの円周に対する$\overset{\frown}{AA'}$の長さの割合は，

$$\frac{2\pi\times8}{2\pi\times17}=\frac{8}{17}$$

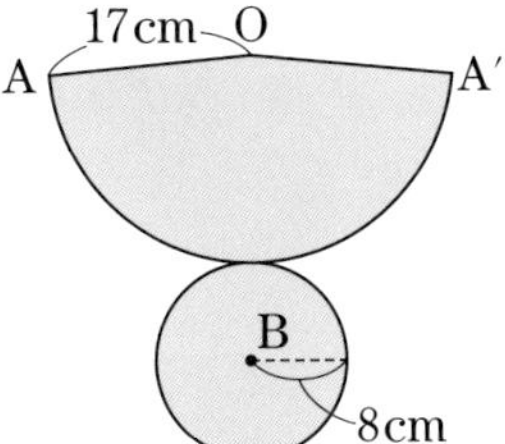

弧の長さの割合を利用して，側面積を求める ▶ 側面積は，$\pi\times17^2\times\frac{8}{17}=136\pi(\text{cm}^2)$

したがって，表面積は，

表面積＝側面積＋底面積 ▶ $136\pi+\pi\times8^2=200\pi(\text{cm}^2)$

答 $200\pi\,\text{cm}^2$

くわしく 弧の長さの割合は面積の割合に等しい

おうぎ形の弧の長さと面積は，どちらも中心角に比例するから，次の関係が成り立つ。

$$\frac{\text{おうぎ形の弧の長さ}}{\text{円の円周の長さ}}=\frac{\text{おうぎ形の面積}}{\text{円の面積}}$$

参考 円周に対する弧の長さの割合を利用する

(2) 円Oの円周に対する$\overset{\frown}{AA'}$の長さの割合は，

$$\frac{2\pi\times8}{2\pi\times17}=\frac{8}{17}$$ ←底面の半径 ←母線の長さ

つまり，側面のおうぎ形の面積は，

$$\text{円Oの面積}\times\frac{\text{底面の半径}}{\text{母線の長さ}}$$

で求めることができる。

練習

解答 別冊p.36

30 右の図の台形ABCDを，辺ABを軸として1回転させてできる立体の体積を求めなさい。

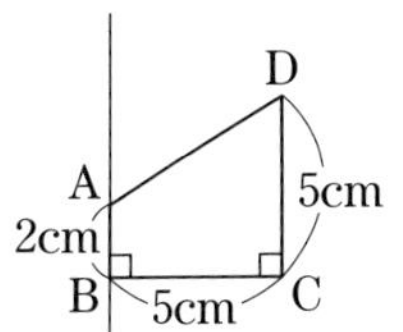

例題 31 円柱・円錐・球の体積，表面積の関係

Level ★★★

右の図のように，底面の半径が3cm，高さが6cmの円柱と，その円柱にちょうど入る大きさの円錐と球があります。次の問いに答えなさい。

(1) 円柱，円錐，球の体積の比を最も簡単な整数の比で表しなさい。

(2) 円柱の側面積と球の表面積を比べなさい。

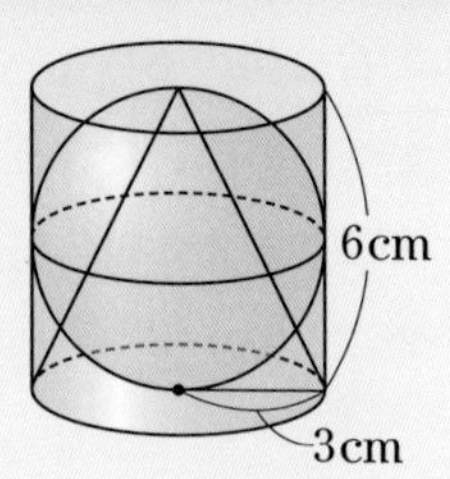

解き方

円柱の体積＝底面積×高さ ▶ (1) 円柱の体積は，$\pi\times3^2\times6=54\pi(\mathrm{cm}^3)$

円錐の体積＝$\frac{1}{3}$×底面積×高さ ▶ 円錐の体積は，$\frac{1}{3}\times\pi\times3^2\times6=18\pi(\mathrm{cm}^3)$

$V=\frac{4}{3}\pi r^3$ ▶ 球の体積は，$\frac{4}{3}\times\pi\times3^3=36\pi(\mathrm{cm}^3)$

したがって，円柱，円錐，球の体積の比は，

$54\pi:18\pi:36\pi$

$=54:18:36$

$=\mathbf{3:1:2}$ …答

円柱の側面積＝高さ×底面の円周 ▶ (2) 円柱の側面積は，$6\times2\pi\times3=36\pi(\mathrm{cm}^2)$

$S=4\pi r^2$ ▶ 球の表面積は，$4\pi\times3^2=36\pi(\mathrm{cm}^2)$

したがって，

円柱の側面積と球の表面積は等しい。 …答

確認 球の体積と表面積

半径rの球の体積をV，表面積をSとすると，

$V=\frac{4}{3}\pi r^3$，$S=4\pi r^2$

球の半径は円柱の底面の半径と等しいよ。円錐の高さは円柱の高さと等しいよ。

練習

解答 別冊p.36

31 右の図のように，底面の半径が$a$cm，高さが$2a$cmの円柱と，その円柱にちょうど入る大きさの円錐と球があります。

このとき，(円錐の体積)＋(球の体積)＝(円柱の体積)になることを確かめなさい。

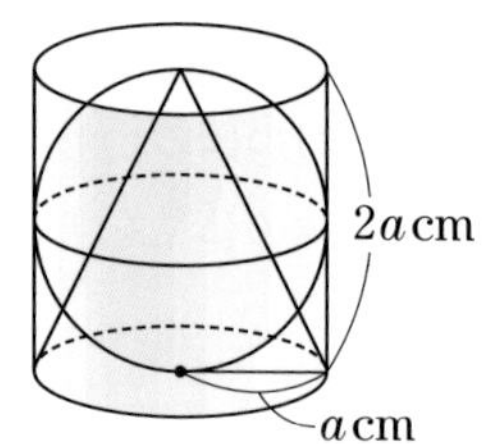

例題 32 転がした円錐の問題

右の図のように，底面の半径が6cmの円錐を，頂点Oを中心として平面上で転がしたところ，3回転してもとの位置にもどりました。次の問いに答えなさい。

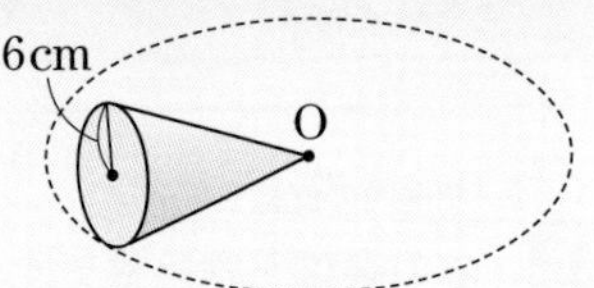

(1) 円錐の母線の長さを求めなさい。

(2) 円錐の表面積を求めなさい。

解き方

(1) 円錐の底面が転がった部分は，円錐の母線の長さを半径とする円になる。

この円の周の長さは，円錐の底面の円周の3倍になるから，

円錐の底面の転がった部分の長さを求める ▶ $2\pi\times6\times3=36\pi$(cm)

したがって，円錐の母線の長さをℓcmとすると，

ℓについての方程式をつくり，解く ▶

$2\pi\times\ell=36\pi$

$\ell=18$

答 18cm

(2) 円錐の側面積は，

おうぎ形の面積の公式を利用 ▶ $\frac{1}{2}\times2\pi\times6\times18=108\pi(\text{cm}^2)$

底面積を求める ▶ 底面積は，$\pi\times6^2=36\pi(\text{cm}^2)$

したがって，表面積は，

表面積＝側面積＋底面積 ▶ $108\pi+36\pi=144\pi(\text{cm}^2)$

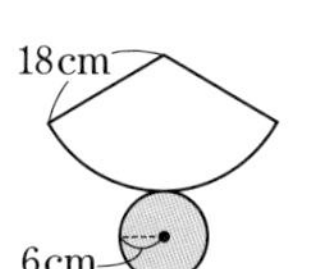

答 144πcm^2

くわしく 転がった長さ

円錐が3回転してもとの位置にもどったことから，円錐の底面が転がった部分の長さは，**底面の円周の長さの3倍**になる。

したがって，転がった部分の長さは，半径6cmの円の周の長さの3倍になる。

確認 おうぎ形の面積の公式

半径r，弧の長さℓのおうぎ形の面積をSとすると，

$S=\frac{1}{2}\ell r$

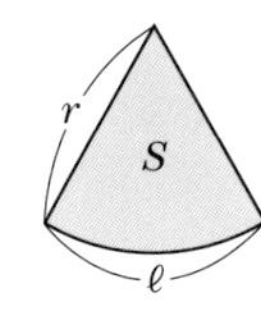

練 習

解答 別冊p.36

32 右の図のように，母線の長さが13cmの円錐を，頂点Oを中心として平面上で転がしたところ，$2\frac{3}{5}$回転してもとの位置にもどりました。次の問いに答えなさい。

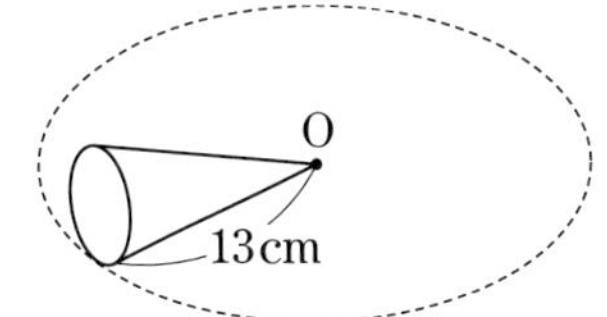

(1) 円錐の底面の円の半径を求めなさい。

(2) 円錐の表面積を求めなさい。

定期テスト予想問題 ①

時間 40分
解答 別冊 p.36

得点 ／100

2／空間内の直線や平面

1 右の図は正六角柱です。この立体について，次の問いに答えなさい。

【5点×6】

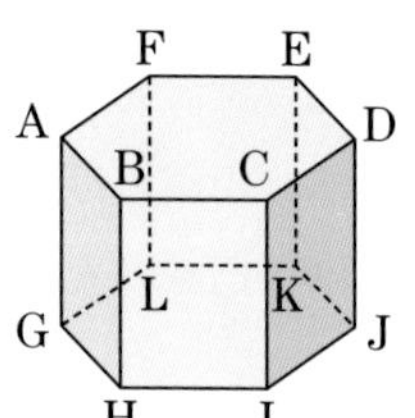

(1) 辺 AG と平行な辺はいくつありますか。〔　　　　〕

(2) 辺 AG と垂直な面はいくつありますか。〔　　　　〕

(3) 辺 AG とねじれの位置にある辺はいくつありますか。〔　　　　〕

(4) 面 BHIC と平行な辺はいくつありますか。〔　　　　〕

(5) 面 BHIC と垂直な面はいくつありますか。〔　　　　〕

(6) 2つの平面が平行であるといえる組は何組ありますか。〔　　　　〕

1／いろいろな立体

2 右の図は，ある立体の展開図です。この展開図を組み立ててできる立体について，次の問いに答えなさい。【5点×3】

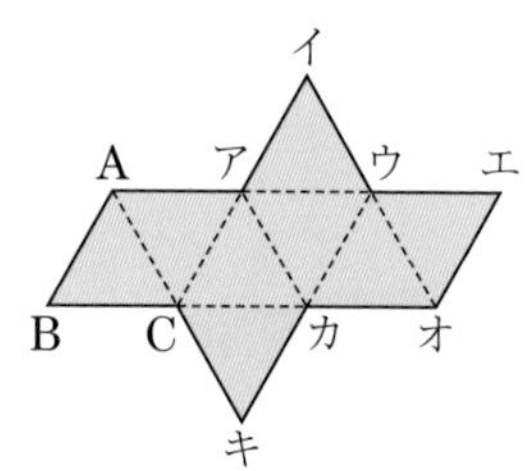

(1) この立体は何という立体ですか。〔　　　　〕

(2) この立体の辺の数はいくつですか。〔　　　　〕

(3) 辺 AB と重なる辺はどれですか。〔　　　　〕

3／立体のいろいろな見方

3 右の図は，ある立体の投影図です。次の㋐～㋓のうちのどの立体の投影図と考えられますか。考えられるものをすべて選び，記号で答えなさい。

【5点】

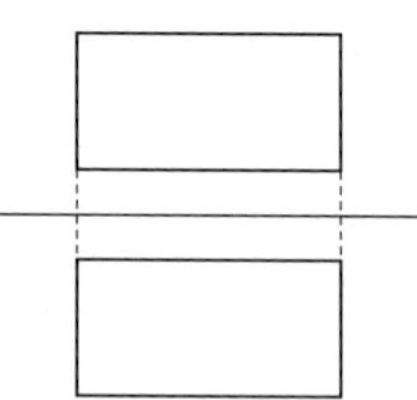

㋐ 三角錐　　㋑ 四角柱　　㋒ 四角錐　　㋓ 円柱

〔　　　　〕

4／立体の体積と表面積

4 次の立体の体積と表面積を求めなさい。　【5点×4】

(1)　四角柱

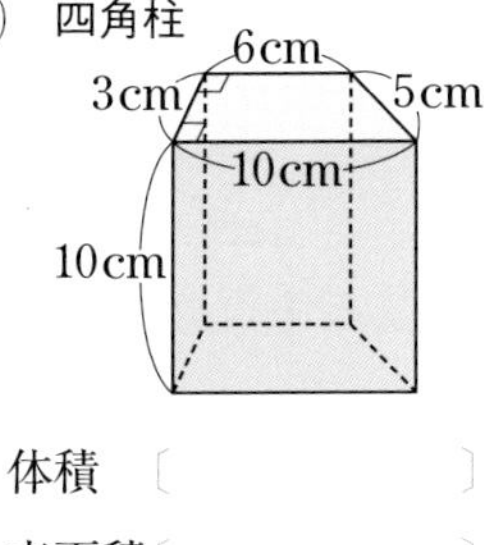

体積〔　　　　〕
表面積〔　　　　〕

(2)　球

18cm

体積〔　　　　〕
表面積〔　　　　〕

4／立体の体積と表面積

5 右の図のような△ABC を，辺 AC を軸として 1 回転させてできる立体について，次の問いに答えなさい。　【6点×3】

(1)　できる立体の見取図をかきなさい。

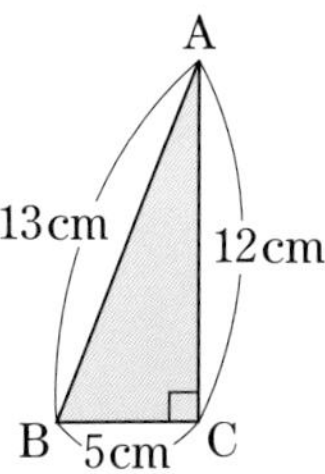

(2)　できる立体の体積を求めなさい。

〔　　　　〕

(3)　できる立体の表面積を求めなさい。

〔　　　　〕

思考
4／立体の体積と表面積

6 図 1 のような 1 辺が 6 cm の正方形の折り紙があります。辺 BC，CD の中点をそれぞれ M，N とし，線分 AM，MN，AN で折り曲げ，3 点 B，C，D が重なるようにして，図 2 のような立体をつくります。次の問いに答えなさい。　【6点×2】

図1

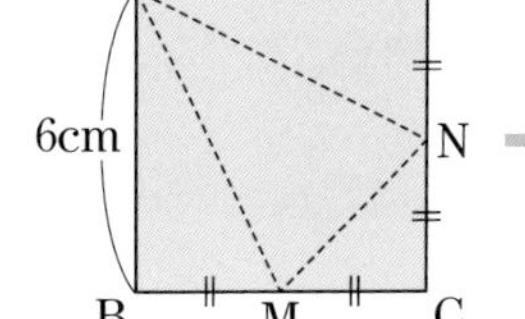

図2

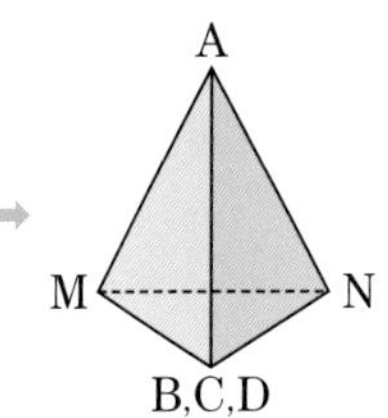

(1)　この立体の体積を求めなさい。

〔　　　　〕

(2)　この立体で，△AMN を底面としたときの高さを求めなさい。　〔　　　　〕

定期テスト予想問題 ②

時間 40分
解答 別冊 p.37

得点 /100

1／いろいろな立体　3／立体のいろいろな見方

1 右の図は正三角柱です。この立体について，次の問いに答えなさい。　【6点×3】

(1) 何面体ですか。　〔　　　　〕

(2) 投影図の続きをかきなさい。

(3) 次の中から正しいものをすべて選びなさい。

㋐ 三角形の1辺を回転の軸として1回転させてできた立体である。

㋑ 三角形をその面に垂直な方向に，一定の距離だけ平行に動かしてできた立体である。

㋒ 側面は，三角形の辺上に垂直に立てた線分をその周にそって1周りさせてできたものである。

〔　　　　〕

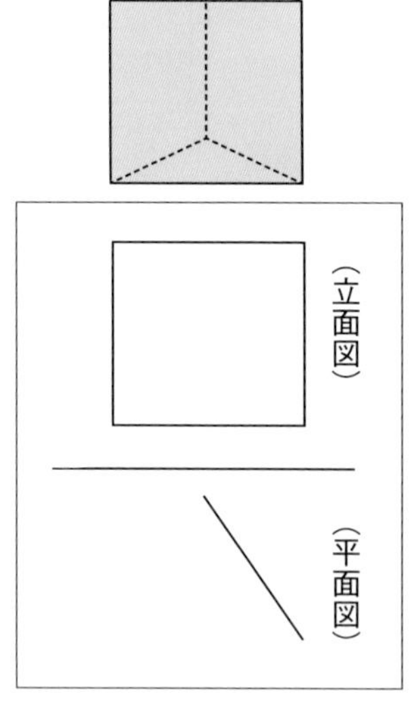

1／いろいろな立体

2 図1のように，頂点Aから頂点Cを通り，頂点Eまで立方体の表面にひもをかけます。ひもの長さを最も短くするには，どのようにひもをかければよいですか。このときのひものようすを，図2の展開図にかき入れなさい。　【6点】

図1

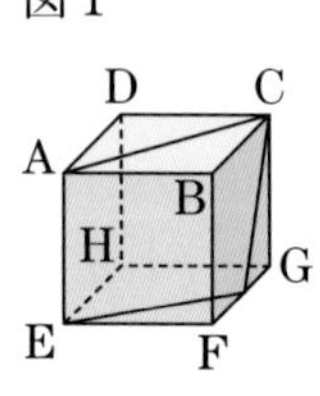

図2

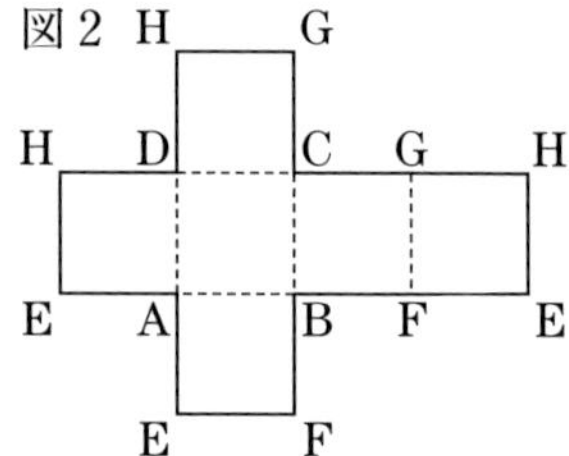

2／空間内の直線や平面

3 空間にある異なる直線を ℓ，m，n，異なる平面をP，Q，Rとするとき，次のことがらで，正しいものには○を，正しくないものには×を書きなさい。　【6点×3】

(1) $\ell \perp m$，$\ell \perp n$ ならば，$m \parallel n$　〔　　　　〕

(2) $P \parallel R$，$Q \perp R$ ならば，$P \perp Q$　〔　　　　〕

(3) $\ell \parallel P$，$m \parallel P$ ならば，$\ell \parallel m$　〔　　　　〕

4／立体の体積と表面積

4 次の立体の体積と表面積を求めなさい。 【7点×4】

(1) 円柱

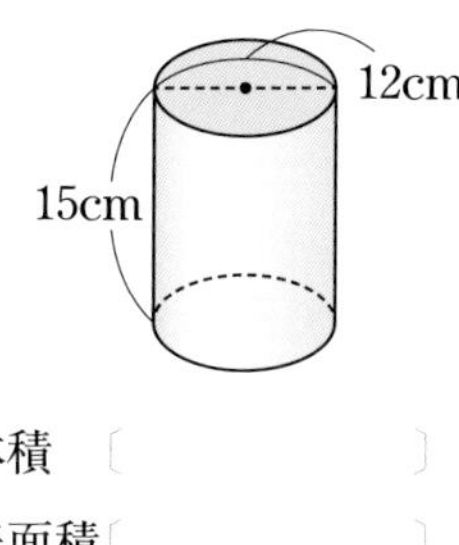

体積〔　　　　〕

表面積〔　　　　〕

(2) 正四角錐

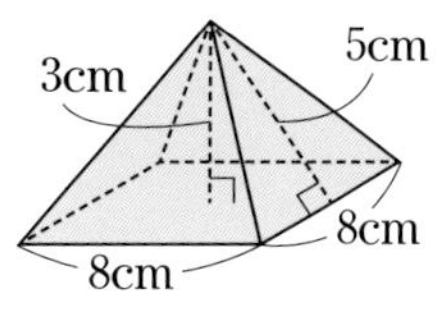

体積〔　　　　〕

表面積〔　　　　〕

思考 4／立体の体積と表面積

5 右の図のように，底面の半径が4cmの円錐を，頂点Oを中心として平面上で転がしたところ，$1\frac{1}{4}$回転してもとの位置にもどりました。円錐の表面積を求めなさい。 【10点】

〔　　　　〕

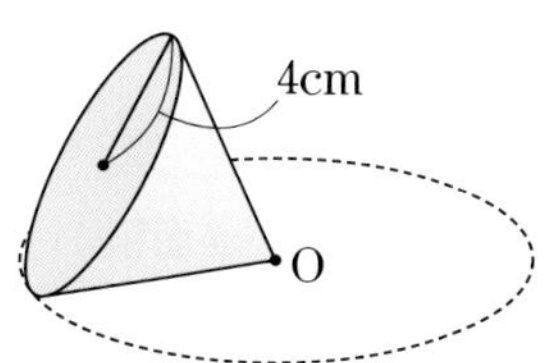

思考 4／立体の体積と表面積

6 容積が1200mLの立方体の容器いっぱいに水を入れ，右の図のようになるまで，水をこぼします。

こぼした水の量は何mLですか。また，こぼした水の量は，はじめに入っていた水の量の何倍ですか。

【10点×2】

〔　　　　mL〕

〔　　　　倍〕

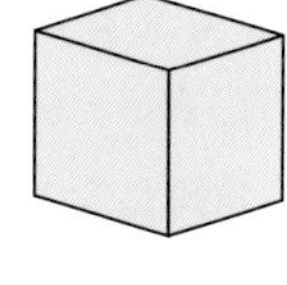

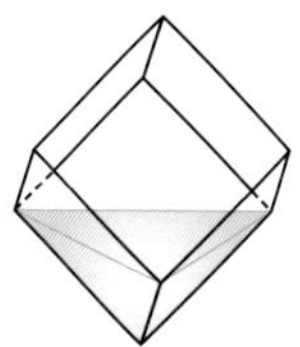

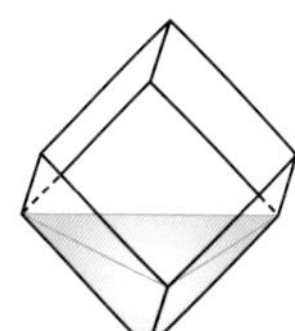

球の表面積の公式の導き方

球の体積と表面積の間には，どのような関係があるだろうか？
半径rの球の体積Vを求める公式$V=\frac{4}{3}\pi r^3$を利用して，球の表面積を導いてみよう。

① 球の表面積の公式$S=4\pi r^2$は，こうして導ける！

まず，図1のように球の表面を，地球の経線(縦線)と緯線(横線)のような線で分割する。

分割した球の表面の1つ1つの部分の面積を

S_1，S_2，S_3，…

とすると，

$S_1+S_2+S_3+\cdots=$球の表面積

になる。

図1

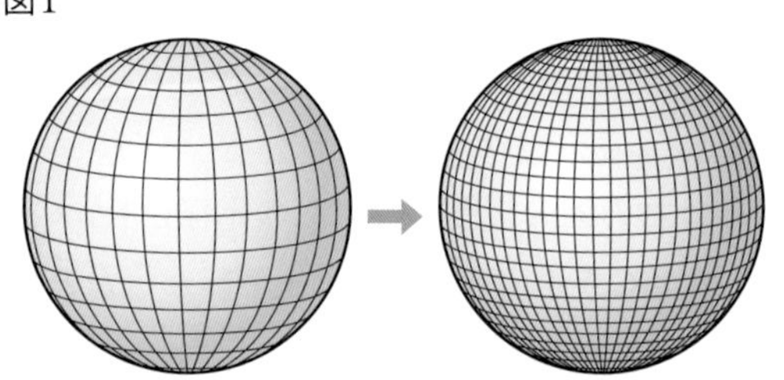

次に，図2のようにS_1，S_2，S_3，…を底面とする角錐を考える。

球の中心をOとすると，1つ1つの角錐は，Oを頂点とし，S_1，S_2，S_3，…のそれぞれを底面，球の半径rを高さとする角錐になる。

これらの角錐の体積の和は，球の体積になることから，

角錐の体積の和

$=\frac{1}{3}\times S_1\times r+\frac{1}{3}\times S_2\times r+\frac{1}{3}\times S_3\times r+\cdots$

$=\frac{1}{3}\times(S_1+S_2+S_3+\cdots)\times r$

$=\frac{1}{3}\times$(球の表面積)$\times r$

球の表面積をSとすると，$\frac{4}{3}\pi r^3=\frac{1}{3}Sr$となり，この式から，

球の表面積の公式$S=4\pi r^2$を導くことができる。

図2

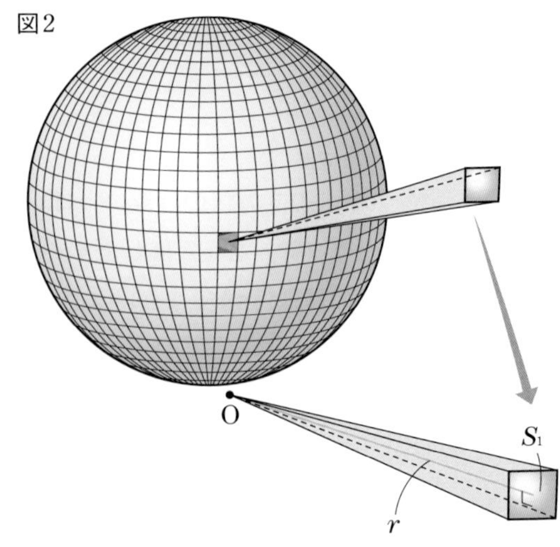

球を，たくさんの角錐が集まったものとみているんだね。

立方体の切り口の形

立方体を平面で切ると，その切り方によって切り口がいろいろな形になる。立方体をどのように切ると，どのような形になるのか，調べてみよう。

1 切り口の形が三角形や四角形になる切り方は？

2点A，Cを必ず通るとき，辺BF上の点を通ると三角形，辺EF上の点を通ると四角形になる。

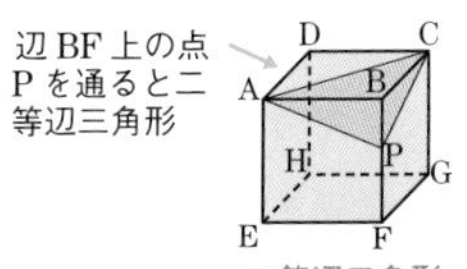

二等辺三角形

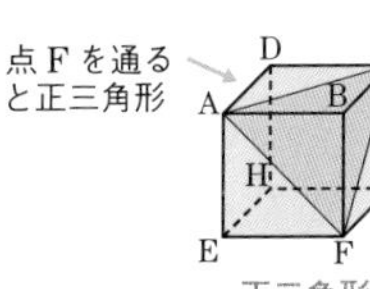

正三角形

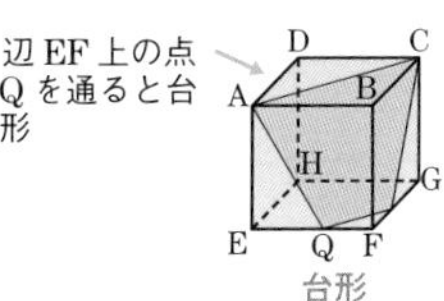

台形

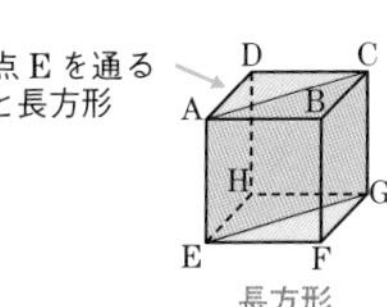

長方形

2 切り口の形が正方形や平行四辺形，ひし形になる切り方は？

次のような切り方が考えられる。

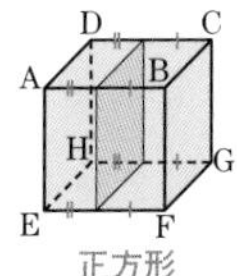
正方形

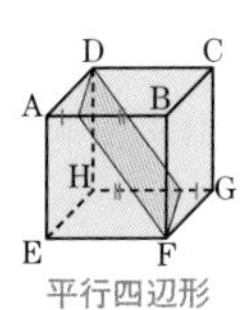
平行四辺形

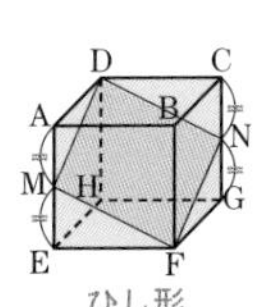

ひし形

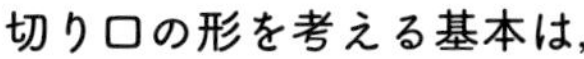

切り口の形を考える基本は，

・切り口の辺は，必ず立体の平面上にある。

・平行な平面上にある切り口の，向かい合う辺は平行である。

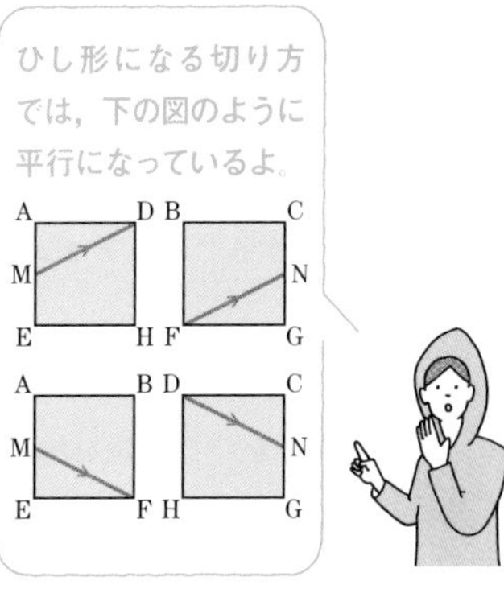

3 切り口の形が五角形，正六角形になるような切り方は？

次のような切り方が考えられる。

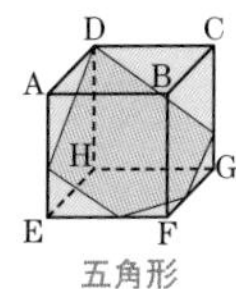
五角形

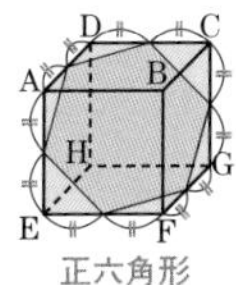
正六角形

中学生のための

勉強・学校生活アドバイス

テストのときに気をつけること

「テスト中ってすごく緊張しちゃって、いつもあせっちゃうんです。」

「もしかしたらテストの受け方が悪いのかも。テストが始まって、勢いよく最初から順に問題を解いていったりしてない？」

「そうしてますけど、ダメなんですか？」

「それは慣れていない人の受け方だね。」

「ええ！？」

「**テストが始まったら“これ覚えるのに苦労した”という自分にとってやっかいな問題をまず解こう。**最初から解いていると、ど忘れすることもあるから。」

「なるほど。」

「やっかいな問題を解いたら、あとは前から順に解いていくんだけど、**できない問題・できなさそうな問題は、印だけつけておいて飛ばしちゃおう。**」

「え、飛ばしちゃうんですか？」

「**できる問題からどんどん解いて、解き終わったら飛ばした問題に挑戦すればいい。**そうすれば解ける問題を解かずに時間切れになることがなくなるよ。」

「まずは覚えるのに苦労した問題を解く。そのあと順に解いていくけど、できない問題を飛ばし、できる問題をまず片付ける。このやり方ならあわてずに解けるかも。」

「解き終わったら、しっかり見直しをしよう。数学の場合は特に、解き直しもしてほしい。解いている途中の計算ミスは、軽く見直すだけでは気づかないから。」

「俺、前回計算ミスで10点くらい損したので、次はもっと気をつけて解き直しします。」

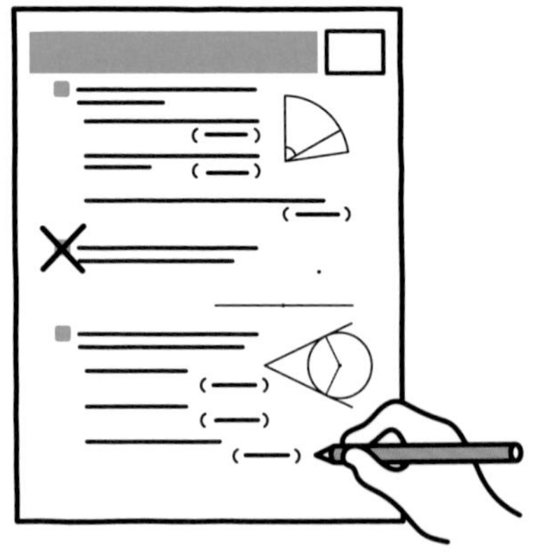

7章

データの活用

1 データの分析

データの分布の表し方

[例題1～例題6]

データをいくつかの区間ごとに分けて整理した**度数分布表**や，**ヒストグラム**を使って，データの分布のようすをわかりやすく整理します。

■ 度数分布表と累積(るいせき)度数

階級…データを整理するための区間。

度数…データの個数。

累積度数…最初の階級からその階級までの度数の合計。

ハンドボール投げの記録

階級(m)	度数(人)	累積度数(人)
以上　未満		
10 ～ 15	3	3
15 ～ 20	8	11
20 ～ 25	9	20
25 ～ 30	6	26
30 ～ 35	4	30
合計	30	

■ ヒストグラムと度数折れ線(度数分布多角形(どすうぶんぷたかくけい))

度数折れ線(度数分布多角形)

…ヒストグラムの各長方形の上の辺の中点を結んでできた折れ線。

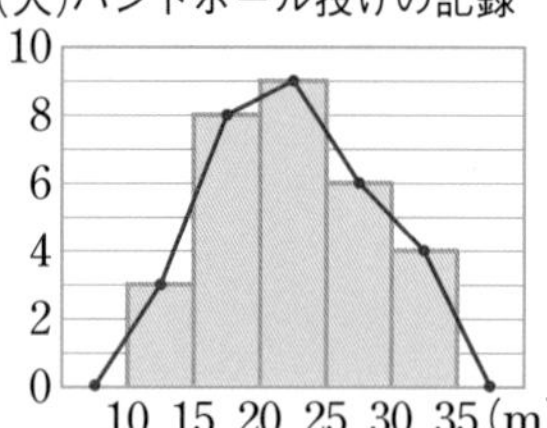

■ 範囲(はんい)(レンジ)と代表値

範囲(レンジ)＝最大値－最小値 ←データの散らばりぐあいを調べるのに使われる。

階級値…度数分布表で，それぞれの階級のまん中の値。

例　20m以上25m未満の階級の階級値は，$\dfrac{20+25}{2}=22.5$(m)

代表値…平均値・中央値・最頻値(さいひんち)といった，データ全体の特徴を示す値。

■ 相対度数と累積相対度数

相対度数＝$\dfrac{\text{その階級の度数}}{\text{度数の合計}}$

累積相対度数…最初の階級からその階級までの相対度数の合計。

相対度数と確率

[例題7]

ことがらの起こりやすさの程度を表す数を，そのことがらの起こる**確率**といいます。

■ 起こりやすさの表し方

相対度数＝$\dfrac{\text{あることがらの起こった回数}}{\text{全体の回数}}$ ←同じ実験を多数回繰り返し行ったとき，相対度数が限りなく近づく値が確率

例題 1 度数分布表と累積度数

Level ★☆☆

右の表は，ある中学校の1年生40人の通学時間を調べ，度数分布表に整理したものです。次の問いに答えなさい。

(1) 度数が最も多い階級はどの階級ですか。また，その度数を答えなさい。

(2) 表に累積度数をかき入れなさい。

(3) 通学時間の短いほうから数えて30番目の生徒は，どの階級に入りますか。

通学時間

階級(分)	度数(人)	累積度数(人)
以上　未満		
0 ～ 5	3	
5 ～ 10	5	
10 ～ 15	7	
15 ～ 20	14	
20 ～ 25	9	
25 ～ 30	2	
合計	40	

解き方

(1) 度数が最も多い階級は，**15分以上20分未満の階級**。度数は**14** …答

(2)

各階級の度数を順にたしていく ▶

通学時間

階級(分)	度数(人)	累積度数(人)
以上　未満		
0 ～ 5	3	3
5 ～ 10	5	8
10 ～ 15	7	15
15 ～ 20	14	29
20 ～ 25	9	38
25 ～ 30	2	40
合計	40	

等しい

答 **左の表**

累積度数から読みとる ▶ (3) 累積度数から，30番目の生徒が入る階級は，**20分以上25分未満の階級** …答

確認 度数分布表

度数分布表…データをいくつかの階級に分け，階級ごとにその度数を示した表。

階級…データを整理するための区間。

階級の幅(はば)…区間の幅。

度数…それぞれの階級に入っているデータの個数。

累積度数…最初の階級からその階級までの度数の合計。

練習

解答 別冊p.38

1 例題1の度数分布表について，次の問いに答えなさい。

(1) 通学時間が15分未満の生徒は何人ですか。

(2) 通学時間が13分の生徒は，通学時間が短いほうから数えて何番目から何番目にいると考えられますか。

例題 2 ヒストグラムと度数折れ線 Level ★★★

右の表は，ある中学校の1年生の女子30人の50m走の記録を調べ，度数分布表に整理したものです。次の問いに答えなさい。

(1) この度数分布表をヒストグラムに表しなさい。

(2) ヒストグラムをもとにして，度数折れ線をかきなさい。

50m走の記録

階級(秒)	度数(人)
以上　未満	
7.0 ～ 7.5	2
7.5 ～ 8.0	4
8.0 ～ 8.5	5
8.5 ～ 9.0	9
9.0 ～ 9.5	7
9.5 ～ 10.0	3
合計	30

解き方

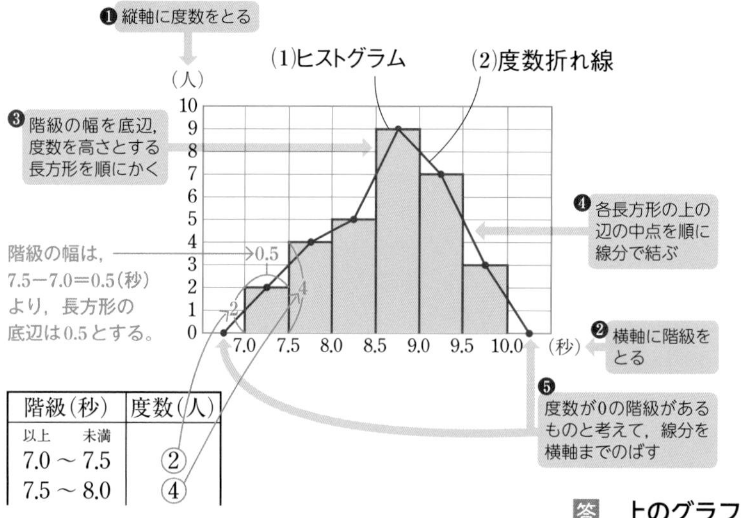

階級(秒)	度数(人)
以上　未満	
7.0 ～ 7.5	②
7.5 ～ 8.0	④

答 上のグラフ

くわしく 階級の幅

同じデータでも，階級の幅によってヒストグラムの形に差がでる。目的に応じて特徴がよりわかりやすい階級の幅を選ぶ必要がある。

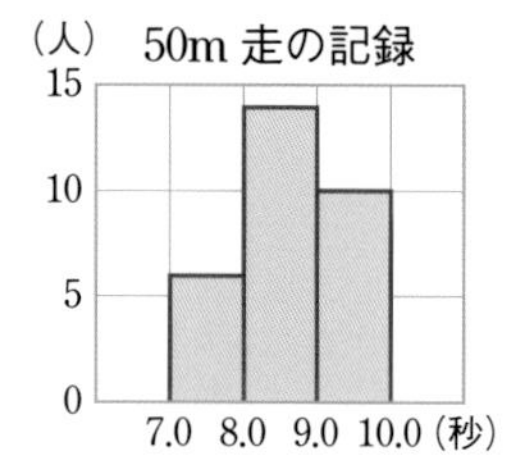

練習 解答 ▶ 別冊 p.38

2 前ページの 例題 1 の度数分布表について，次の問いに答えなさい。

(1) この度数分布表をヒストグラムに表しなさい。

(2) ヒストグラムをもとにして，度数折れ線をかきなさい。

例題 3 相対度数と累積相対度数

Level ★★☆

右の表は，Aチームのハンドボール投げの記録を調べ，度数分布表に整理したものです。次の問いに答えなさい。

(1) 表の空らんにあてはまる数をかき入れなさい。

(2) 20m未満の人は全体の何％ですか。

(3) 相対度数の折れ線をかきなさい。

ハンドボール投げの記録

階級(m)	Aチーム		
	度数(人)	相対度数	累積相対度数
以上　未満 10 ～ 15	10	0.20	0.20
15 ～ 20	18	0.36	0.56
20 ～ 25	14	□	□
25 ～ 30	8	□	□
合計	50	1.00	

解き方

(1) 相対度数$=\dfrac{\text{その階級の度数}}{\text{度数の合計}}$より，

20m以上25m未満の階級の相対度数は，$\dfrac{14}{50}=0.28$ ←相対度数には単位をつけない

同様に，25m以上30m未満の相対度数は，$\dfrac{8}{50}=0.16$

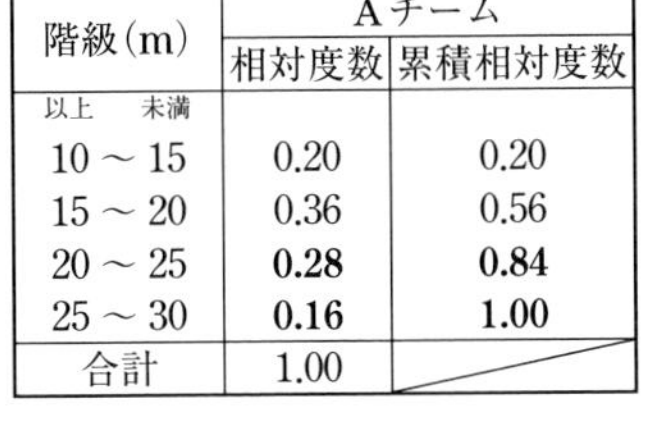

階級(m)	Aチーム	
	相対度数	累積相対度数
以上　未満 10 ～ 15	0.20	0.20
15 ～ 20	0.36	0.56
20 ～ 25	**0.28**	**0.84**
25 ～ 30	**0.16**	**1.00**
合計	1.00	

累積相対度数は，最初の階級からその階級までの相対度数の合計をかいていく。

答 上の表

(2) 15m以上20m未満の累積相対度数は0.56であるから，

56％ …**答**

(3) **答** 右のグラフ

縦軸に相対度数をとる

相対度数

0.40 0.35 0.30 0.25 0.20 0.15 0.10 0.05 0

10 15 20 25 30 (m)

参考 相対度数折れ線で比べる

度数の合計が異なるデータを比べるときには，**相対度数折れ線で比べる**とよい。

相対度数折れ線を重ねて，分布が右側にかたよっているほうが記録がよいとわかる。

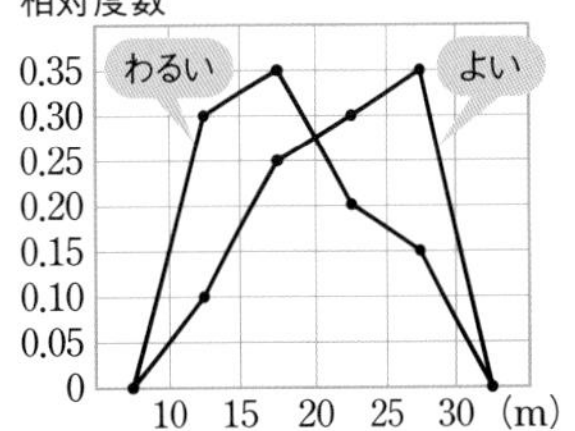

練習

解答 別冊p.38

3 右の表は，Bチームのハンドボール投げの記録を調べ，度数分布表に整理したものです。各階級の相対度数と累積相対度数を求め，表に整理しなさい。また，相対度数の折れ線を例題3(3)のグラフにかき，Aチームと比べて記録がよいか悪いか，答えなさい。

階級(m)	Bチーム		
	度数(人)	相対度数	累積相対度数
以上　未満 10 ～ 15	1		
15 ～ 20	4		
20 ～ 25	8		
25 ～ 30	7		
合計	20		

例題 4 範囲と代表値

Level ★★☆

下のデータは，生徒14人の数学のテストの得点です。次の問いに答えなさい。

68	70	54	94	76	85	68	87	85	68	92	73	65	79	(点)

(1) 範囲(はんい)を求めなさい。

(2) 平均値，中央値，最頻値(さいひんち)を求めなさい。

解き方

最大値と最小値を見つける ▶ (1) 最大値は94点，最小値は54点

範囲＝最大値－最小値より，

94－54＝**40(点)** …答

(2) 平均値＝$\frac{\text{データの値の合計}}{\text{度数の合計}}$だから，

(68＋70＋54＋94＋76＋85＋68＋87＋85＋68＋92＋73＋65＋79)÷14＝76(点)

したがって，平均値は，**76点** …答

データを小さい順に並べると，

データを大きさの順に並べる ▶ 54，65，68，68，68，70，73，76，79，85，85，87，92，94

中央にある2つの値の平均値を求める ▶ データの個数は14で偶数だから，中央値は7番目と8番目の値の平均値になる。

したがって，中央値は

(73＋76)÷2＝**74.5(点)** …答

最も多く出てくる値を見つける ▶ データの中で最も多く出てくる値は68だから，

最頻値は，**68点** …答

確認 範囲（レンジ）

データの最大の値と最小の値の差を分布の**範囲**という。

確認 代表値

平均値・中央値・最頻値のようにデータの値全体を代表する値を**代表値**という。

- 平均値

平均値＝$\frac{\text{データの値の合計}}{\text{度数の合計}}$

- 中央値（メジアン）

データの値を大きさの順に並べたときの**中央の値**。

- 最頻値（モード）

データの値の中で，**最も多く出てくる値**。

練 習

解答 別冊p.39

4 右のデータは，10人の垂直とびの記録です。範囲，平均値，中央値，最頻値を求めなさい。

40	46	47	41	38
40	51	44	48	35(cm)

例題 5 度数分布表の代表値

Level ★★☆

あるクラスでゲームを行いました。右の表は，生徒40人の得点を度数分布表に整理したものです。次の問いに答えなさい。

(1) 最頻値を求めなさい。

(2) (階級値)×(度数)の合計を記録の総和とみなして，40人の得点の平均値を求めなさい。

階級(点)	度数(人)
以上　未満	
10 ～ 15	4
15 ～ 20	16
20 ～ 25	12
25 ～ 30	8
合計	40

解き方

度数が最も多い階級を見つける ▶ (1) 度数分布表で，度数が最も多い階級は，15点以上20点未満の階級。

最頻値は，この階級の階級値になるから，

階級値を求める ▶ $\dfrac{15+20}{2}=\mathbf{17.5}$**(点)** …答

(2) 各階級の(階級値)×(度数)を求めると下の表のようになる。

階級(点)	階級値(点)	度数(人)	階級値×度数
以上　未満			
10 ～ 15	12.5	4	50
15 ～ 20	17.5	16	280
20 ～ 25	22.5	12	270
25 ～ 30	27.5	8	220
合計		40	820

記録の総和は，

50＋280＋270＋220＝820

平均値は，820÷40＝**20.5(点)** …答

確認 最頻値

度数分布表では，度数が最も多い階級の階級値。

確認 階級値

各階級の**まん中の値**。

たとえば，10点以上15点未満の階級値は，

$\dfrac{10+15}{2}=\dfrac{25}{2}=12.5$(点)

階級
10　15
階級値

練習

解答 別冊p.39

5 右の表は，30個の卵の重さを度数分布表に整理したものです。この表のあいているところにあてはまる数を入れ，30個の卵の重さの平均値を，四捨五入して小数第1位まで求めなさい。また，最頻値を求めなさい。

階級(g)	階級値(g)	度数(個)	階級値×度数
以上　未満			
40 ～ 45	42.5	2	85
45 ～ 50		6	
50 ～ 55		12	
55 ～ 60		10	
合計		30	

例題 6 データの比較と代表値

Level ★★★

下のA，B，Cの3つのヒストグラムを見て，次の問いに答えなさい。

A

B

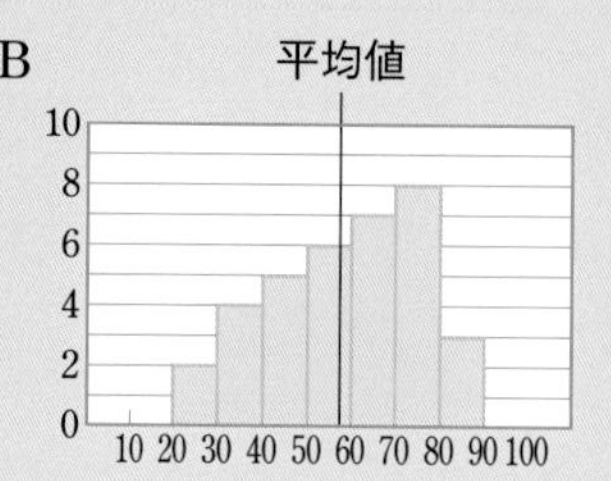

C

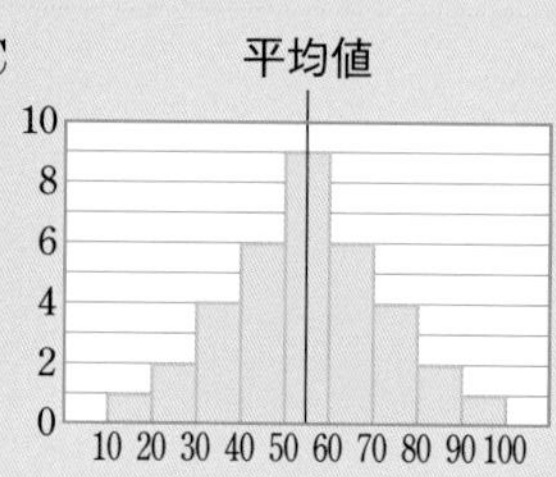

(1) 平均値と中央値と最頻値がほとんど同じになるものはどれですか。

(2) 中央値が平均値よりも小さくなるものはどれですか。

(3) 最頻値が平均値よりも大きくなるものはどれですか。

解き方

A，B，Cの中央値，最頻値は，次のようになる。

A

グラフの山型が左にかたよっているとき，中央値と最頻値は平均値より小さくなる。

B

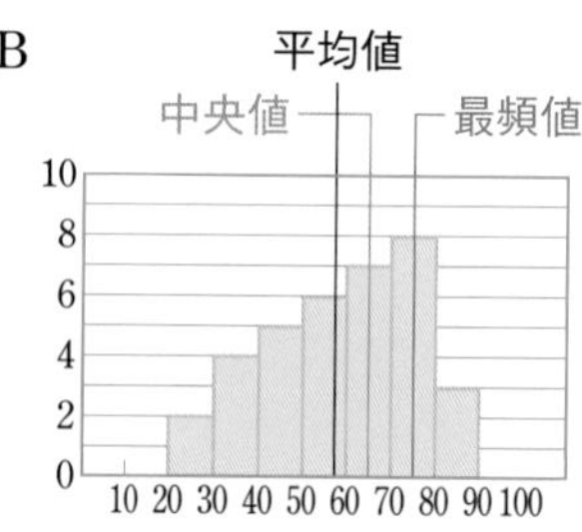

グラフの山型が右にかたよっているとき，中央値と最頻値は平均値より大きくなる。

C

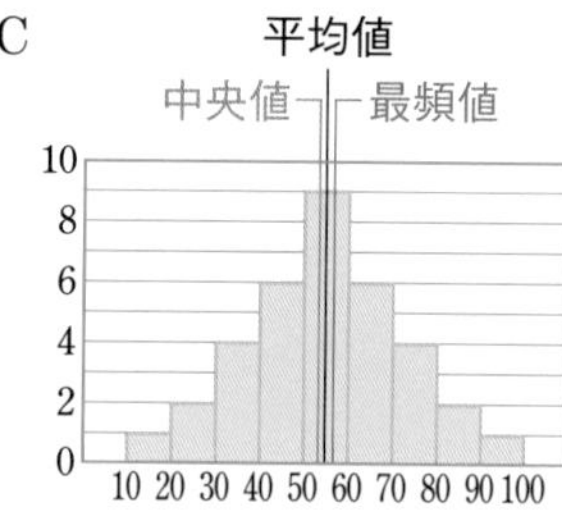

グラフが左右対称な山型のとき，平均値，中央値，最頻値はすべて近い値になる。

答 (1)**C** (2)**A** (3)**B**

練 習

解答 別冊p.39

6 右のヒストグラムで，①～③は，平均値，中央値，最頻値のいずれかを表しています。それぞれ，何を表しているか答えなさい。

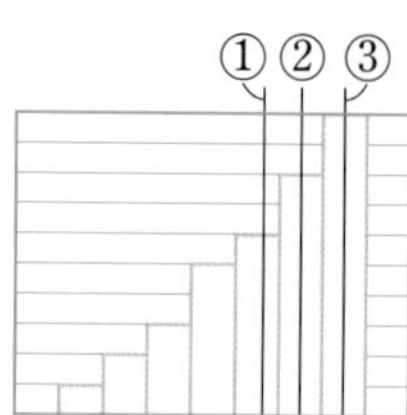

例題 7 相対度数と確率

Level ★★☆

右の表は，あるコインを投げたときの表が出た結果です。次の問いに答えなさい。

投げた回数(回)	表が出た回数(回)
50	20
100	41
300	127
500	213
800	346

(1) 表が出る相対度数は，どんな値に近づいていますか。小数第2位まで求めなさい。

(2) 表が出る確率と裏が出る確率は，どちらのほうが大きいといえますか。

(3) 1000回投げたとき，表は何回出ると予想できますか。

解き方

(1) 相対度数を求めると，次のようになる。

投げた回数(回)	相対度数
50	0.4
100	0.41
300	0.423…
500	0.426
800	0.4325

← 相対度数＝$\frac{表が出た回数}{全体の回数}$

したがって，表が出る相対度数は0.43に近づいている。

答 0.43

(2) (1)より，表が出る確率は0.43と考えられる。
したがって，表が出る確率は43％で，裏が出る確率は57％だから，裏が出る確率のほうが大きい。

↑ 100−43

答 裏が出る確率

(3) 1000×0.43＝430(回)

答 430回

くわしく 裏が出た回数

裏が出た回数と相対度数は

投げた回数(回)	裏が出た回数(回)	相対度数
50	30	0.6
100	59	0.59
300	173	0.576…
500	287	0.574
800	454	0.5675

裏が出る確率は0.57と考えられる。

練 習

解答 別冊p.39

7 右の表は，A，B2種類のボタンを投げて上向きになった回数をまとめたものです。どちらのほうが，上向きになりやすいといえますか。

	上向き	投げた回数
A	987	1800
B	1336	2500

定期テスト予想問題

時間 40分
解答 別冊 p.39

得点 /100

1／データの分析

1 右の表は，A中学校の1年生男子50人の握力を調べ，その結果をまとめたものです。次の問いに答えなさい。

階級(kg)	度数(人)	累積度数(人)	相対度数	累積相対度数
以上 未満				
20 ～ 25	4	4	**ウ**	0.08
25 ～ 30	8	**ア**	0.16	**カ**
30 ～ 35	10	22	**エ**	0.44
35 ～ 40	13	**イ**	0.26	**キ**
40 ～ 45	9	44	**オ**	0.88
45 ～ 50	6	50	0.12	1.00
合計	50		1.00	

(1) **ア**～**キ**にあてはまる数を入れなさい。【(1)，(2)3点×8，(3)，(4)6点×2】

ア〔　　〕 **イ**〔　　〕 **ウ**〔　　〕

エ〔　　〕 **オ**〔　　〕 **カ**〔　　〕

キ〔　　〕

(2) 握力が30kgの生徒は，どの階級に入りますか。

〔　　〕

(3) 最頻値を求めなさい。

〔　　〕

(4) この度数分布表をヒストグラムに表し，度数折れ線もかき入れなさい。

(人) 14 12 10 8 6 4 2 0
20 25 30 35 40 45 50(kg)

1／データの分析

2 右のデータは，10個のじゃがいもの重さをはかったものです。範囲，平均値，中央値を求めなさい。【6点×3】

93	75	128	95	62	
101	80	78	86	96	(g)

範囲…〔　　〕 平均値…〔　　〕 中央値…〔　　〕

1／データの分析

3 右の表は，びんのふたを投げる実験をして，表が出た回数をまとめたものです。【6点×2】

投げた回数(回)	表が出た回数(回)
300	199
500	334
1000	671

(1) 表が出る相対度数は，どんな数に近づいていますか。小数第２位まで求めなさい。〔　　〕

(2) 2000回投げたとき，表は何回出ると予想できますか。

〔　　〕

1／データの分析

4 右のグラフは，AチームとBチームのハンドボール投げの記録を調べ，ヒストグラムに表したものです。次の問いに答えなさい。

【(1)2点×2，(2)〜(4)6点×3】

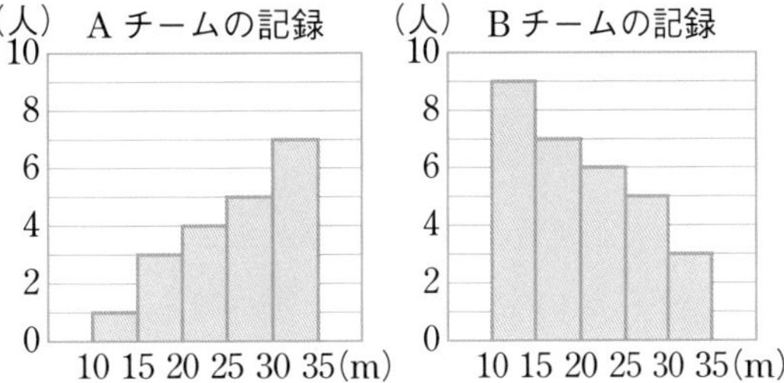

(1) Aチーム，Bチームはそれぞれ何人ですか。

Aチーム〔　　　　〕 Bチーム〔　　　　〕

(2) 記録が20m以上30m未満の人の人数の割合が多いのは，どちらのチームですか。

〔　　　　〕

(3) Aチームの平均値とBチームの平均値では，どちらが大きいと考えられますか。

〔　　　　〕

(4) 中央値と最頻値が平均値よりも小さくなるのは，どちらのチームですか。

〔　　　　〕

思考 1／データの分析

5 ある店では，Tシャツを3000枚仕入れる予定です。どの値段のものを何枚仕入れたらよいかを考えるため，この店で先月1か月間に販売したTシャツの枚数とその値段のデータを，表とグラフに表しました。【6点×2】

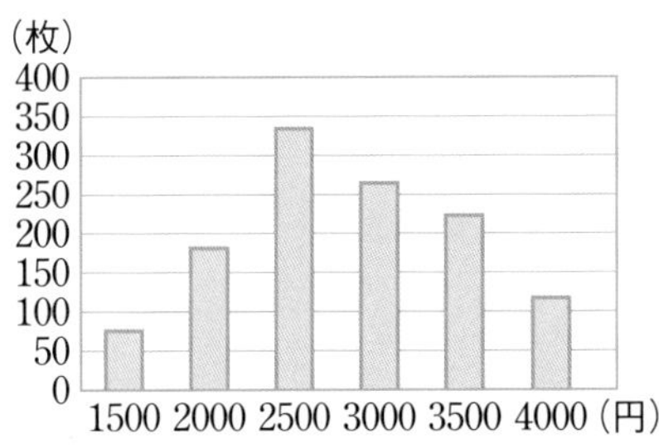

値段(円)	度数(枚)
1500	75
2000	182
2500	336
3000	265
3500	224
4000	118
合計	1200

(1) 6種類の値段のTシャツをそれぞれ500枚ずつ仕入れることは適切ではありません。その理由を上の図をもとに説明しなさい。

〔　　　　〕

(2) 2500円のTシャツは何枚仕入れればよいですか。

〔　　　　〕

2つの数量の関係

組になった2種類の数値に関係があるかどうかをみるときに適したグラフを相関図または散布図という。相関図から2つの数量の関係を調べてみよう。

1 コーヒーの売れ方と気温の関係

下の図は，ある自動販売機の1年間のアイスコーヒーの販売本数と気温の関係を表している。

たとえば，ある日の気温が28度で，66本売れた場合は，(28，66)の点をとる。

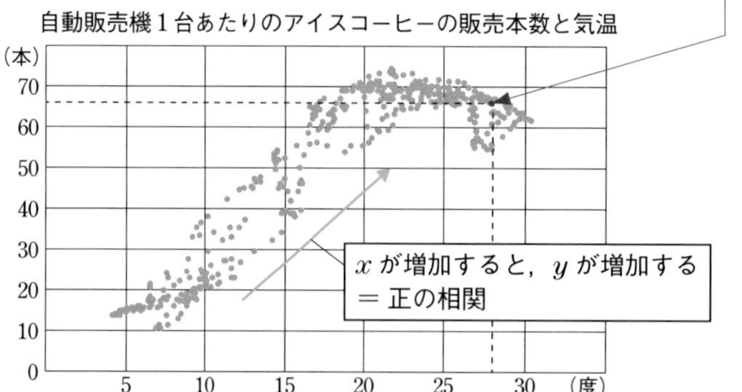

気温が高くなると，アイスコーヒーがたくさん売れるようになるんだね。

下の図は，ある自動販売機の1年間のホットコーヒーの販売本数と気温の関係を表している。

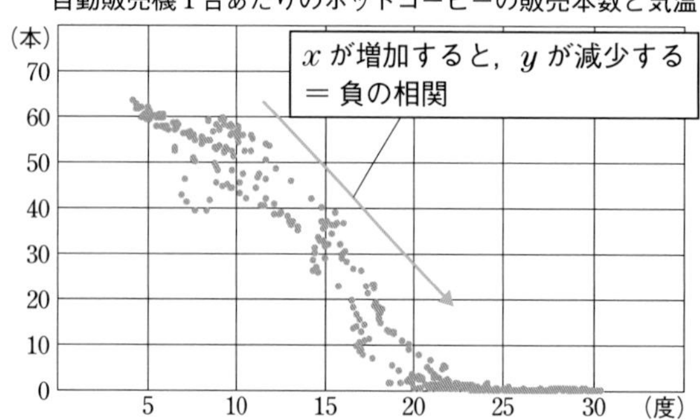

気温が高くなると，ホットコーヒーは売れなくなることがわかるよ。

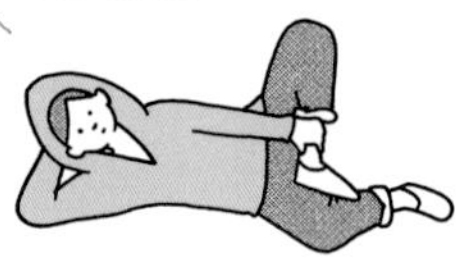

2つの数量について，一方が増えるにつれて他方も増えるという傾向や，一方が増えるにつれて他方が減るという傾向があるとき，この2つの数量の間には相関関係があるという。

いろいろなデータをグラフ化してみよう。意外な相関関係が見つかるかもしれない。

参考：一般社団法人全国清涼飲料連合会

ビッグデータの活用

インターネットを通じて大量のデータがやり取りされる現代社会において，わたしたちの行動すべてが「データ」であるといっても過言ではない。

1 ビッグデータとは

ビッグデータとは，わたしたちの身のまわりにあるパソコンやスマートフォン，ICカードやカーナビなどのさまざまな電子機器から発信される膨大（ぼうだい）な量のデジタルデータのことである。

これらのビッグデータは，わたしたちの暮らしや社会をよりよくするために活用されている。

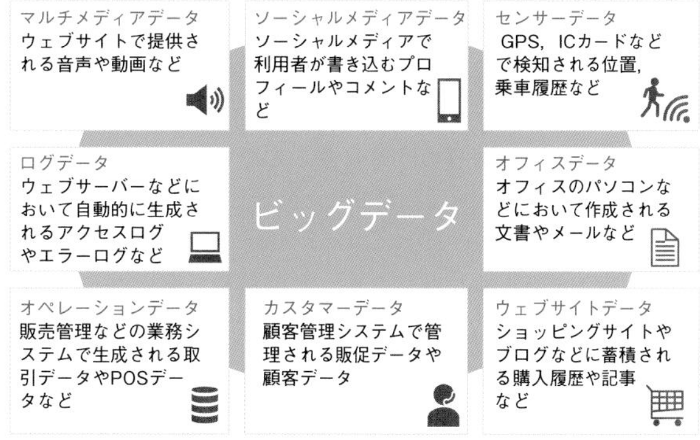

2 ビッグデータの活用

人間の行動だけでなく，自然現象も重要なビッグデータである。気象データの身近な活用例の1つに「天気予報」がある。下の図は，現在，気象庁で行っている天気予報のしくみである。

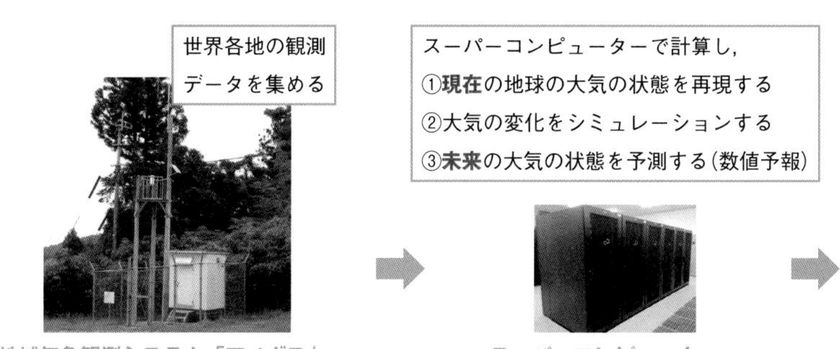

数値予報の予測結果をもとに，予報官が天気予報を作成する

地域気象観測システム「アメダス」
©PIXTA

スーパーコンピューター
提供：気象庁

台風の進路予想図
提供：気象庁

気象レーダーやコンピューターの技術革新にともなって，天気予報の精度は飛躍的に向上している。気象災害の発生を正確に予測し，被害をおさえることができる時代も近いことだろう。

①参考：総務省HP　②参考：気象庁「気象業務はいま2020」「未来の天気を計算：数値予報」

中学生のための

勉強・学校生活アドバイス

テストの復習は絶対にしよう！

「テストが終わったときの解放感って最高！『勉強終わった、部活できる～』って。」

「その気持ちはわかるよ。でも、**テストの復習はできればその日のうちにやるようにしよう**ね。」

「え、その日のうちにやるんですか？　どうやって？」

「テスト中に解けなかった問題や、解けたか自信がない問題を、問題集やプリントなどを調べて答えを確認するんだ。」

「テストが返却(へんきゃく)されてから復習するのではダメですか？」

「テストが返却されるまでには1・2週間ほど間が空くでしょ。それまでテストの内容を覚えていられる？」

「返却されるころには、すっかり過去のことになって忘れていますね。」

「そうでしょう。**テスト直後は解けなかった悔(くや)しさや、正解を知りたいという熱意がある。そういう状態で復習するとしっかりと知識が定着する**んだ。」

「わかりました！」

「テストが返却されると点数ばかりに目がいくかもしれないけど、**勉強のやり方も振(ふ)り返るように**。」

「勉強のやり方の振り返り？」

「目標に達しなかった教科はやり方をどう変えるべきか、各教科の勉強時間の配分はよかったかなど、しっかりと振り返って次回のテストに備えようね。」

「テストはやりっぱなしじゃダメなんですね。しっかり復習・振り返りをするようにします！」

中学生のための

勉強・学校生活アドバイス

「やればできる」は最強の合言葉！

「成績が伸びる人には、精神的な部分で特長があるんだ。なんだかわかる？」

「精神的な部分でですか？　うーん…。」

「**成績が伸びる人は『自分はやればできる』っていう、自信がちゃんと根底にある**んだ。君たちにもあるから大丈夫だよ。」

「たしかにあります。俺、やればできる子なんで。」

「根拠のない自信ね。」

「根拠のない自信でもいいんだよ。まずは自分の可能性を信じることが大事。」

「そうですよね！」

「逆に成績が伸びるまでに苦労するのは『どうせできない、無理』って思ってしまう人。そうやって**心を閉じてしまっていると、なかなか成績は上がらない。**」

「自分で自分にブレーキをかけちゃってる感じですね。」

「それまで勉強したけどうまくいかなくて、イヤになっちゃったのかも。」

「そうかもしれないね。そういう人はまずは小さい成功体験を積んでいって、『自分もやればできるかも』って思えるようになってほしいね。」

「**勉強をするうえではメンタルがとても大事**なんですね。」

「もちろんちゃんと勉強を“やる”のも大事だよ。自分の可能性を信じたうえでちゃんと行動すれば、結果はあとから絶対についてくるんだ。」

入試レベル問題

解答 別冊 p.41

1章／正負の数　2章／文字と式

1 次の計算をしなさい。

(1) $2\times(-4)+(-6)\div3$ 〔　　〕

(2) $\frac{5}{8}-\frac{1}{6}\times9$ 〔　　〕

(3) $(-2)^2\div\frac{2}{5}+\left(3-\frac{1}{2}\right)^2$ 〔　　〕

(4) $7(a+10)-8(3a+7)$ 〔　　〕

(5) $\frac{2x-1}{4}-\frac{x+6}{10}$ 〔　　〕

(6) $18\left(\frac{2-3a}{9}+\frac{5a-4}{6}\right)$ 〔　　〕

2章／文字と式

2 $x=-\frac{1}{3}$のとき，$6(2x-1)-\frac{3}{4}(8x+12)$の値を求めなさい。

〔　　〕

3章／方程式

3 次の方程式，比例式を解きなさい。

(1) $4x-5=6x+3$ 〔　　〕

(2) $0.2x-0.89=1-0.01x$ 〔　　〕

(3) $\frac{3x-1}{2}-\frac{x-4}{3}=5x-3$ （東京電機大学高等学校） 〔　　〕

(4) $4:0.5=(x+2):(7-x)$ 〔　　〕

3章／方程式

4 3％の食塩水300 gに7％の食塩水を混ぜて4％の食塩水を作りたい。7％の食塩水は何g混ぜたらよいか求めなさい。

（駿台甲府高等学校）

〔　　〕

3章／方程式

5 外周が1500 m の池があります。この外周を A さんは分速 70 m，B さんは分速80 m で歩きます。2 人が同じ地点から逆向きに出発して，2 人が再び出会うのは何分後ですか。

（大阪教育大学付属高等学校平野校舎）

〔　　　　　　　　〕

4章／比例と反比例

6 次の表が，y が x に反比例する関数を表しているとき，表の［ア］にあてはまる数を求めなさい。ただし，表の×印は，$x=0$ を除いて考えることを示している。

（兵庫県）

表

x	…	-2	-1	0	1	2	…	4	…
y	…	8	16	×	-16	-8	…	［ア］	…

〔　　　　　　　　〕

4章／比例と反比例

7 右の図で，点 P は台形 ABCD の辺 AD 上を，A から D まで毎秒 2 cm の速さで動き，点 Q は辺 BC 上を，B から C まで毎秒 3 cm の速さで動きます。2 点 P，Q は同時にそれぞれ A，B を出発します。出発してから x 秒後の台形 ABQP の面積を y cm^2 とするとき，次の問いに答えなさい。

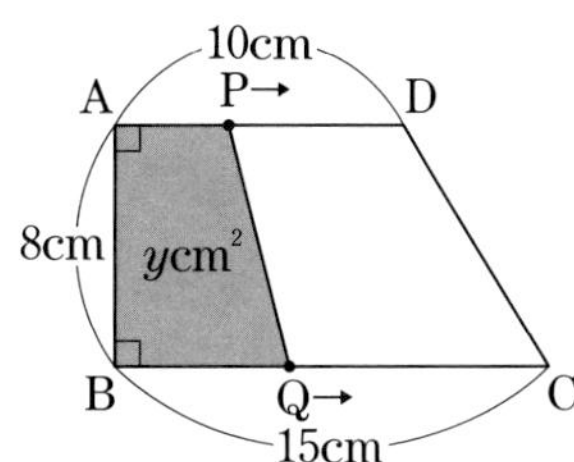

(1) y を x の式で表しなさい。また，x の変域も表しなさい。ただし，$x=0$ のとき，$y=0$ とします。

〔　　　　　　　　〕

(2) 台形 ABQP の面積が台形 ABCD の面積の半分になるのは何秒後ですか。

〔　　　　　　　　〕

入試レベル問題

5章／平面図形

8 右の図のような，三角形 ABC がある。∠B の二等分線上にあって，点 A からの距離が最も短い点Pを，定規とコンパスを使い，作図によって求めなさい。ただし，定規は直線をひくときに使い，長さを測ったり角度を利用したりしないこととする。なお，作図に使った線は消さずに残しておくこと。

（高知県）

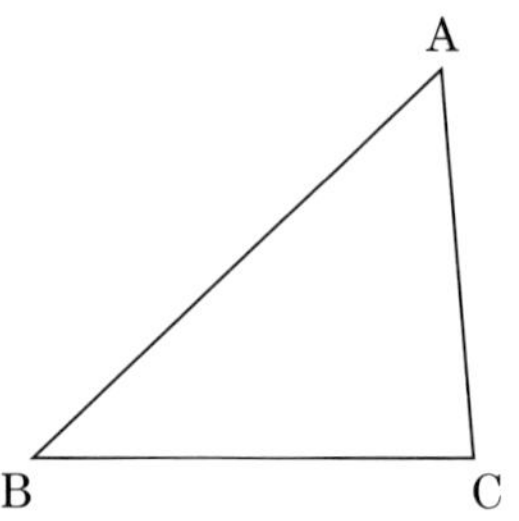

5章／平面図形

9 右の図のように，長方形 ABCD を，直線 ℓ 上をすべらないように転がして，㋐の位置から順に㋑，㋒，㋓，㋔の位置へ移動させました。AB＝4 cm，BC＝3 cm，AC＝5 cm のとき，次の問いに答えなさい。円周率は π とします。

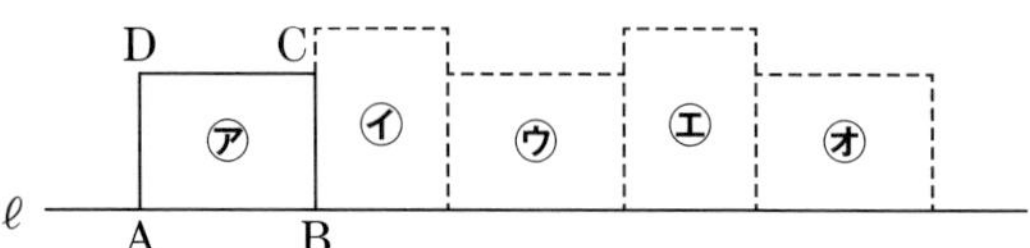

(1) 長方形 ABCD を，㋐の位置から㋔の位置まで移動させるとき，点 A はどんな線をえがきますか。上の図にかき入れなさい。

(2) 点 A がえがいた線全体の長さを求めなさい。

〔　　　　〕

(3) 点 A がえがいた線と直線 ℓ で囲まれた部分の面積を求めなさい。

〔　　　　〕

6章／空間図形

10 右の図の斜線部分は AB＝5 cm，AC＝3 cm，BC＝4 cm の直角三角形ABCから中心角90° で半径 2 cm のおうぎ形を取りのぞいた図形です。この図形を直線 BC を軸として 1 回転させてできる立体の体積と表面積を求めなさい。

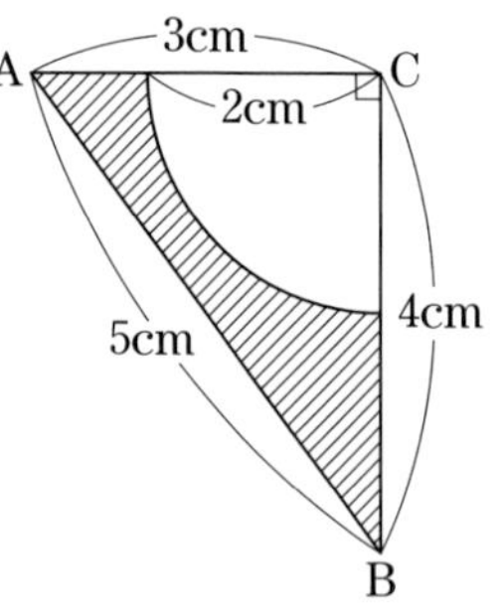

ヒント **9** (3) おうぎ形と直角三角形の部分に分けて，それぞれの面積を求める。

6章／空間図形

11 右の図は，1 辺の長さが 4 cm の立方体である。この立体について，次の問いに答えなさい。

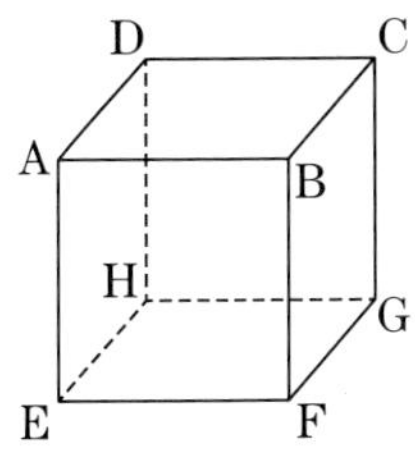

(1) 辺AEとねじれの位置にあり，面 ABCD と平行である辺はどれか。すべて答えなさい。 (静岡県)

〔　　　　　　　　　　　〕

(2) 辺 AB，DC の中点をそれぞれ P，Q としたとき，4 点 P，Q，E，H を通る平面で 2 つに分けるとき，点 B をふくむ側の立体の体積を求めなさい。

〔　　　　　　　　　　　〕

7章／データの活用

12 右の図は，あるクラスの生徒30人が 4 月と 5 月に図書室で借りた本の冊数をそれぞれヒストグラムに表したものである。たとえば，借りた本の冊数が 0 冊以上 2 冊未満の生徒は，4 月では 6 人，5 月では 3 人であることを示している。このとき，次の問いに答えなさい。 (和歌山県)

(人)
12 10 8 6 4 2 0
0 2 4 6 8 10(冊)
4月

(1) 4 月と 5 月のヒストグラムを比較した内容として正しいものを，次の**ア**～**オ**の中からすべて選び，その記号をかきなさい。

ア 階級の幅は等しい。
イ 最頻値は 4 月の方が大きい。
ウ 中央値は 5 月の方が大きい。
エ 4 冊以上 6 冊未満の階級の相対度数は 5 月の方が大きい。
オ 借りた冊数が 6 冊未満の人数は等しい。

〔　　　　　　　　　　　〕

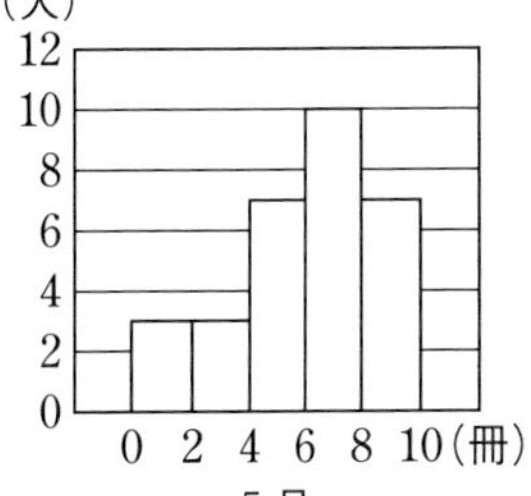

5月

(2) 5 月に借りた本の冊数の平均値を求めなさい。

〔　　　　　　　　　　　〕

ここでおさらい！ 小学校算数の要点整理

小学校算数で学習してきたことをまとめてあります。
中学校の数学を学ぶうえでの基本となるので，しっかり確認しましょう。

いろいろな計算

小数の計算

◎**たし算・ひき算**…小数のたし算・ひき算は，位をそろえて計算する。

例
```
  5.1     8.2
+ 1.3   - 1.4
-----   -----
  6.4     6.8
```

◎**かけ算**…小数のかけ算は，小数点がないものとみて計算し，積(せき)の小数点から下のけた数が，かけられる数とかける数の小数点から下のけた数の和(わ)になるように，積の小数点をうつ。

例
```
  1.8 …1けた
× 3.6 …1けた
-----
  1 0 8
  5 4
-------
  6.4 8 …2けた  (1+1)
```

◎**わり算**…小数のわり算は，わる数が整数になるように，わる数とわられる数の小数点を同じだけ右に移して計算し，わられる数の移した小数点にそろえて，商(しょう)の小数点をうつ。

例
```
        2.7
1.6 ) 4.3 2
      3 2
      -----
      1 1 2
      1 1 2
      -----
          0
```

分数の計算

◎**たし算・ひき算**…分母のちがう分数のたし算・ひき算は，**通分**して計算する。

例 $\frac{1}{4}+\frac{2}{3}=\frac{3}{12}+\frac{8}{12}=\frac{11}{12}$

◎**かけ算**…分数のかけ算は分子どうし，分母どうしをそれぞれかける。

例 $\frac{5}{6}\times\frac{2}{3}=\frac{5\times\overset{1}{\cancel{2}}}{\underset{3}{\cancel{6}}\times3}=\frac{5}{9}$ ←約分する

$$\frac{b}{a}\times\frac{d}{c}=\frac{b\times d}{a\times c}$$

◎**わり算**…分数のわり算は，わる数の逆数をかける。

例 $\frac{5}{6}\div\frac{2}{3}=\frac{5}{6}\times\frac{3}{2}=\frac{5\times\overset{1}{\cancel{3}}}{\underset{2}{\cancel{6}}\times2}=\frac{5}{4}$ ←約分する（$\frac{2}{3}$ と $\frac{3}{2}$：逆数）

$$\frac{b}{a}\div\frac{d}{c}=\frac{b}{a}\times\frac{c}{d}$$

分数と小数・整数の関係

- **分数を小数に表す**…分数は，分子÷分母で小数に表すことができる。
- **整数・小数を分数に表す**…整数・小数は，$1=\frac{1}{1}$，$0.1=\frac{1}{10}$，$0.01=\frac{1}{100}$であることから，分数に表すことができる。

例　$\frac{4}{5}=4\div5=0.8$　$3=\frac{3}{1}$　$0.3=\frac{3}{10}$　$0.03=\frac{3}{100}$

計算の順序ときまり

- **計算の順序**…①かっこの中 ➡ ②×や÷ ➡ ③＋や－

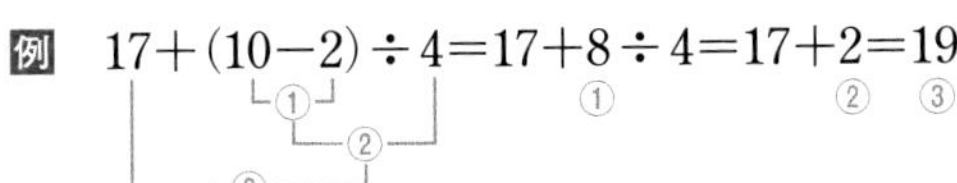

- **計算のきまり**

●＋■＝■＋●　　●×■＝■×●

(●＋■)＋▲＝●＋(■＋▲)　　(●×■)×▲＝●×(■×▲)

(●＋■)×▲＝●×▲＋■×▲　　(●－■)×▲＝●×▲－■×▲

倍数と約数

倍数・公倍数

▶ nに整数をかけてできる数をnの**倍数**といい，nとmに共通な倍数をnとmの**公倍数**という。公倍数のうち，いちばん小さい数を**最小公倍数**という。

例　3の倍数は，3，6，9，12,…

4の倍数は，4，8，12，…

3と4の公倍数は，12，24，36，…と無数にあり，最小公倍数は12

約数・公約数

▶ nをわり切ることができる整数を，nの**約数**といい，nとmの共通の約数をnとmの**公約数**という。公約数のうち，いちばん大きい数を**最大公約数**という。

例　12の約数は，1，2，3，4，6，12

18の約数は，1，2，3，6，9，18

12と18の公約数は，1，2，3，6　　最大公約数は6

単位量あたりの大きさ

速さ

- **速さ＝道のり÷時間**
- **道のり＝速さ×時間**
- **時間＝道のり÷速さ**

時速…1時間あたりに進む道のりで表した速さ　　時速1800m
分速…1分間あたりに進む道のりで表した速さ　　分速　30m
秒速…1秒間あたりに進む道のりで表した速さ　　秒速　0.5m
(÷60，÷60)

例　144kmを2時間で進む自動車の速さは，$\frac{144}{2}=72$

時速72km　分速1.2km（1200m）　秒速0.02km（20m）

割合

- **割合＝比べる量÷もとにする量**
- **比べる量＝もとにする量×割合**
- **もとにする量＝比べる量÷割合**

割合を表す小数	1	0.1	0.01	0.001
百分率（%）	100	10	1	0.1

例　2400円の20％引きの代金は，2400×（1−0.2）＝1920（円）

比

比

- **比の値**…$a:b$の比で，bをもとにしてaがどれだけの割合かを表したものを，$a:b$の**比の値**といい，$a÷b$で求められる。

例　2：8の比の値は，$2÷8=\frac{2}{8}=\frac{1}{4}$　←約分して，比を簡単にする

- **等しい比の関係**…$a:b$の両方の数に同じ数をかけたり，同じ数でわったりしてできる比は，$a:b$に等しい。

例

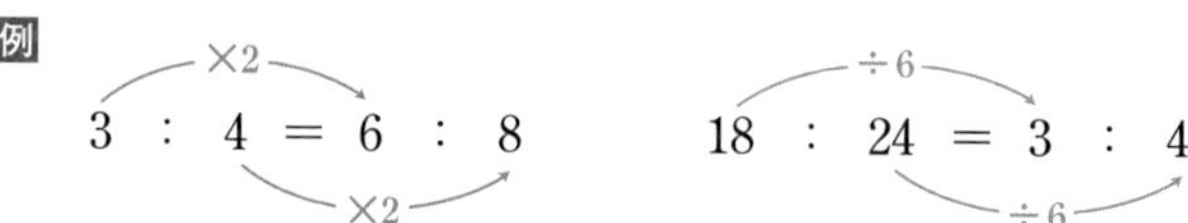

図形

線対称・点対称

● **線対称**…1本の直線を折り目にして二つ折りにしたとき，折り目の両側がぴったり重なる図形は**線対称**であるといい，折り目の直線を**対称の軸**という。対応する2つの点を結ぶ直線は対称の軸と垂直に交わる。対称の軸と交わった点から，対応する2つの点までの長さは等しい。

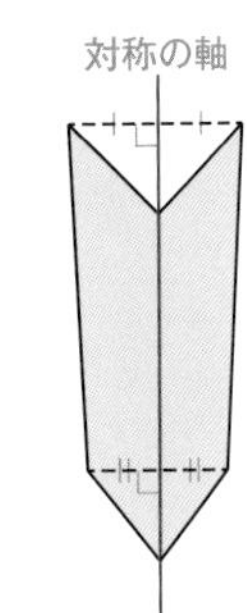

● **点対称**…ある点を中心にして180°回転すると，もとの形にぴったり重なる図形は**点対称**であるといい，回転の中心にした点を**対称の中心**という。対応する2つの点を結ぶ直線は対称の中心を通る。対称の中心から，対応する2つの点までの長さは等しい。

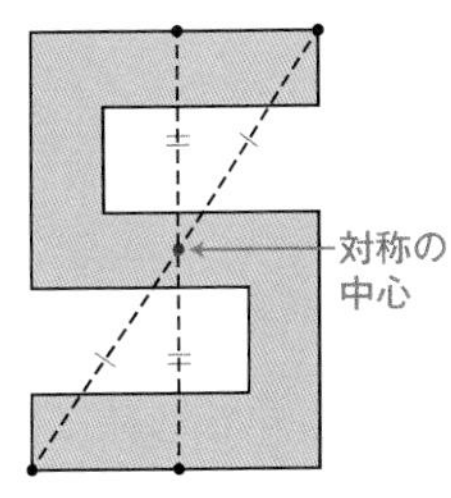

円

● **円周＝直径×円周率＝半径×2×円周率**

円の直径が2倍，3倍，……になると，それにともなって円周も2倍，3倍，……になる。円周は直径に比例する。

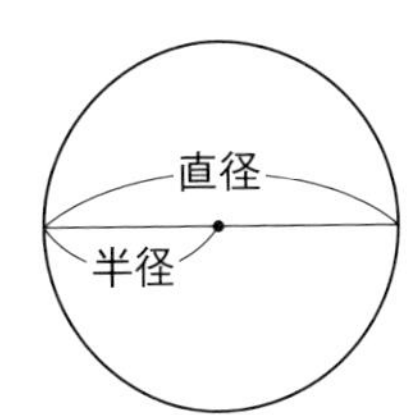

例　直径が30cmの円の円周は，直径が10cmの円の円周の30÷10＝3(倍)である。

● **円の面積＝半径×半径×円周率**

例　半径4cmの円で，

円周率を3.14とすると，

円周は，4×2×3.14＝25.12(cm)

面積は，4×4×3.14＝50.24(cm^2)

三角形・四角形の面積

◉三角形

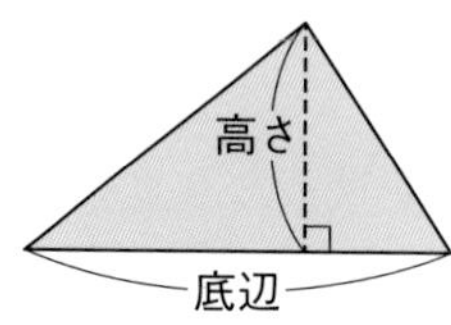

三角形の面積＝底辺×高さ÷2

◉平行四辺形

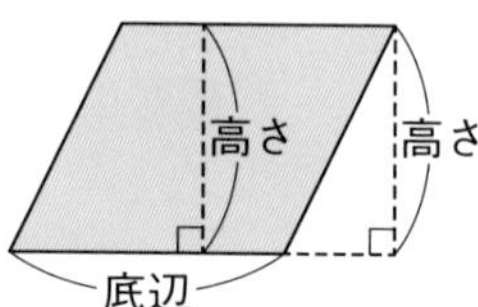

平行四辺形の面積＝底辺×高さ

◉台形

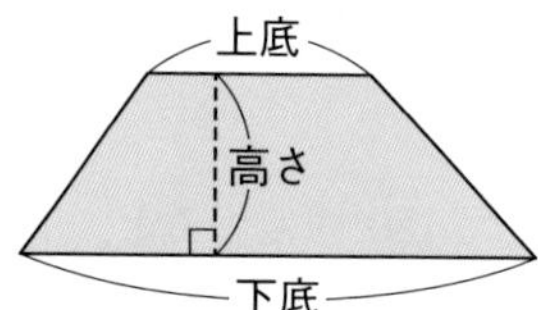

台形の面積＝(上底＋下底)×高さ÷2

◉ひし形

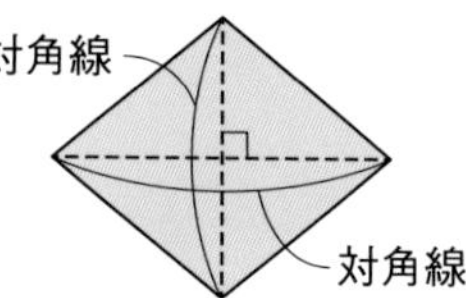

ひし形の面積＝対角線×対角線÷2

体積

◉角柱

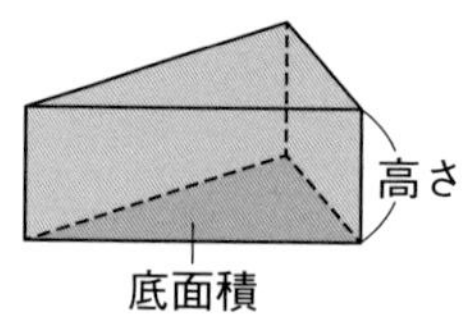

◉円柱

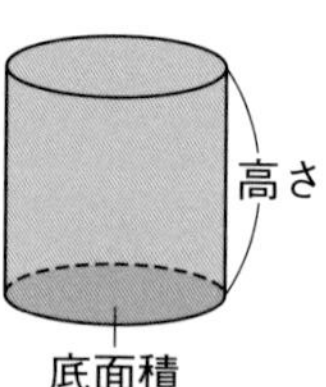

角柱・円柱の体積＝底面積×高さ

単位の関係

長さ

◉ 1cm＝10mm　　1m＝100cm　　1km＝1000m

面積

◉ $1m^2$＝$10000cm^2$　　$1km^2$＝$1000000m^2$

$1a$＝$100m^2$　　$1ha$＝$10000m^2$

体積

◉ $1m^3$＝$1000000cm^3$　　1L＝$1000cm^3$＝10dL＝1000mL

1dL＝100mL

重さ

◉ 1t＝1000kg　　1kg＝1000g

資料の整理

代表値

- **平均値**…資料の値の平均

平均値＝資料の値の合計÷資料の個数

- **中央値（メジアン）**…資料の値を大きさの順に並べたとき，ちょうどまん中の値。
- **最頻値**（さいひんち）**（モード）**…資料の値の中で，最も多い値。

例　右の表は，あるチームのソフトボール投げの結果を表したものです。

番号	距離(m)	番号	距離(m)
①	23	⑧	31
②	25	⑨	25
③	34	⑩	35
④	22	⑪	26
⑤	26	⑫	13
⑥	15	⑬	25
⑦	39	⑭	32

平均値は

$$\frac{23+25+34+22+26+15+39+31+25+35+26+13+25+32}{14}=26.5(\mathrm{m})$$

ドットプロットで表すと，下のようになる。

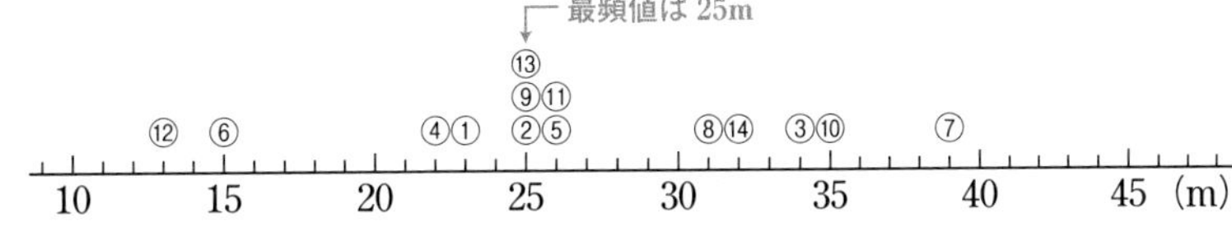

中央値は，25と26の平均で25.5m

度数分布表とヒストグラム

- **度数分布表**…資料をいくつかの階級に分けて整理した表。
- **ヒストグラム**…階級の幅を底辺，度数を高さとする長方形を順にかいて度数の分布のようすを表したグラフ。

例　上の資料を度数分布表とヒストグラムに表すと，下のようになる。

ソフトボール投げの記録

距離(m) 以上　未満	人数(人)
10～15	1
15～20	1
20～25	2
25～30	5
30～35	3
35～40	2
合計	14

(人)ソフトボール投げの記録

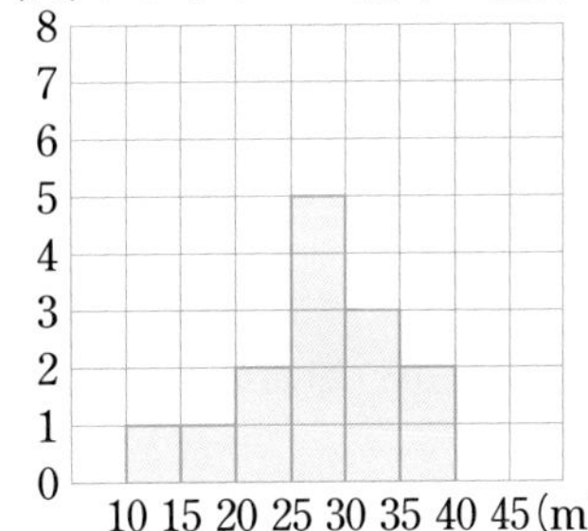

さくいん

な

は

ま

や

ら

わ

カバーイラスト・マンガ	456
ブックデザイン	next door design（相京厚史，大岡喜直）
	株式会社エデュデザイン
本文イラスト	加納徳博，有限会社熊アート
写真	出典は写真そばに記載。
編集協力	鈴木伊都子（SYNAPS），田中優子
マンガシナリオ協力	株式会社シナリオテクノロジー ミカガミ
データ作成	株式会社明昌堂
	データ管理コード：23-2031-2312（CC2020）
製作	ニューコース製作委員会
	（伊藤なつみ，宮﨑純，阿部武志，石河真由子，小出貴也，野中綾乃，大野康平，澤田未来，中村円佳，渡辺純秀，相原沙弥，佐藤史弥，田中丸由季，中西亮太，髙橋桃子，松田こずえ，山下順子，山本希海，遠藤愛，松田勝利，小野優美，近藤想，中山敏治）

学研ニューコース　中1数学

学研の書籍・雑誌についての新刊情報・詳細情報は，下記をご覧ください。
［学研出版サイト］https://hon.gakken.jp/

この本は下記のように環境に配慮して製作しました。
●製版フィルムを使用しないCTP方式で印刷しました。
●環境に配慮して作られた紙を使っています。

【学研ニューコース】

中1数学

［別冊］

解答と解説

Gakken

1章　正負の数

1 正負の数と絶対値

p.29 **1** (1) **+24**　(2) $-\frac{3}{4}$

p.29 **2** **A…−3.5**　**B…+1.5**

解説　点Aは0から左へ3.5，点Bは0から右へ1.5進んだところにある。

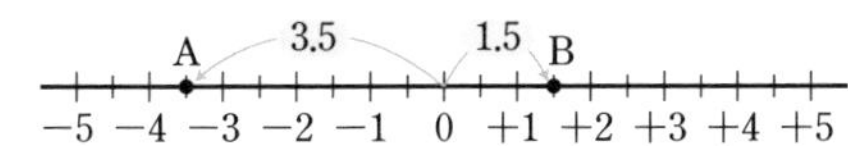

p.30 **3** (1) **−6.5m**　(2) **−9°C低い**
(3) **3kg増える**

解説 (1)　4m東 ➡ +4m
6.5m西 ➡ −6.5m
(2)　9℃高い ➡ −9℃低い
(3)　−3kg減る ➡ 3kg増える

p.30 **4** **C…−2，D…0，E…+8**

解説　Cの体重は平均より2kg軽い。Dの体重は平均と同じ。Eの体重は平均より8kg重い。

p.31 **5** (1) **18**　(2) **4**　(3) **3.6**　(4) $\frac{3}{8}$

解説　絶対値は，**+，−の符号をとりさった数**と考えればよい。

p.31 **6** **8個**

解説　絶対値が2以上5以下の整数は，絶対値が2，3，4，5になる数である。

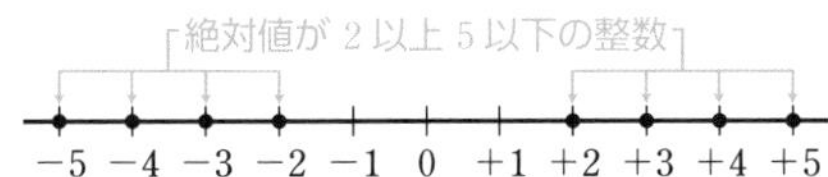

p.32 **7** (1) **−4.2<2.8**
(2) $0>-\frac{1}{20}$
(3) $-\frac{5}{6}<-\frac{7}{9}$
(4) **−0.1<−0.01<+0.2**

解説 (1)(2) **負の数<0<正の数**
(3)　絶対値$\frac{5}{6}$と$\frac{7}{9}$を通分して比べると，
$\frac{5}{6}=\frac{15}{18}$，$\frac{7}{9}=\frac{14}{18}$で，$\frac{15}{18}>\frac{14}{18}$
負の数は，**絶対値が大きいほど小さい**から，
$-\frac{15}{18}<-\frac{14}{18}$より，$-\frac{5}{6}<-\frac{7}{9}$
(4)　+0.2は正の数だから，最も大きい。あとは，−0.01と−0.1の大小を比べればよい。

p.33 **8** $-1\frac{3}{4}$，**−1.5，0，**$2\frac{1}{3}$，**2.5**

解説　正の数は，$2\frac{1}{3}$，2.5
$2\frac{1}{3}=\frac{3\times2+1}{3}=\frac{7}{3}=7\div3=2.33\cdots$だから，$2\frac{1}{3}<2.5$
負の数は，−1.5，$-1\frac{3}{4}$
$1\frac{3}{4}=\frac{4\times1+3}{4}=\frac{7}{4}=7\div4=1.75$だから，
$-1\frac{3}{4}<-1.5$

2 加法・減法

p.35 **9** (1) **+35**　(2) **−33**

解説　同符号の2数の和は，**絶対値の和に，共通の符号をつける。**
(1)　$(+16)+(+19)=+(16+19)=+35$
(2)　$(-25)+(-8)=-(25+8)=-33$

p.35 **10** (1) **−8**　(2) **+8**

解説　異符号の2数の和は，**絶対値の差に，絶対値の大きいほうの符号をつける。**
(1)　$(+19)+(-27)=-(27-19)=-8$
(2)　$(-6)+(+14)=+(14-6)=+8$

p.36 **11** (1) **−7.2**　(2) **−2.7**
(3) $+\frac{7}{20}$　(4) $-\frac{7}{5}$（または，−1.4）

解説 (1)　$(-4.7)+(-2.5)=-(4.7+2.5)=-7.2$
(2)　$(+1.3)+(-4)=-(4-1.3)=-2.7$
(3)　$\left(-\frac{2}{5}\right)+\left(+\frac{3}{4}\right)=\left(-\frac{8}{20}\right)+\left(+\frac{15}{20}\right)$
$=+\left(\frac{15}{20}-\frac{8}{20}\right)=+\frac{7}{20}$
(4)　$\left(-\frac{4}{5}\right)+(-0.6)=\left(-\frac{4}{5}\right)+\left(-\frac{6}{10}\right)$
小数を分数に直す
$=\left(-\frac{4}{5}\right)+\left(-\frac{3}{5}\right)=-\left(\frac{4}{5}+\frac{3}{5}\right)=-\frac{7}{5}$
別解　$\left(-\frac{4}{5}\right)+(-0.6)=(-0.8)+(-0.6)$
分数を小数に直す
$=-(0.8+0.6)=-1.4$

p.37 **12** (1) **0** (2) **0**

解説 絶対値が等しい異符号の2数の和は0

p.37 **13** (1) **+17** (2) **−8.5** (3) $-\dfrac{8}{3}$

解説 0との和はその数自身になる。

p.38 **14** (1) **−3** (2) **+8**
(3) **−8** (4) **−30**
(5) **+13** (6) **−16**
(7) **+25** (8) **0**

解説 減法は，**ひく数の符号を変えて加法に直して**計算する。

(1) $(+4)-(+7)=(+4)+(-7)=-3$

(2) $(+3)-(-5)=(+3)+(+5)=+8$

(3) $(+6)-(+14)=(+6)+(-14)=-8$

(4) $(-21)-(+9)=(-21)+(-9)=-30$

(5) $(-24)-(-37)=(-24)+(+37)=+13$

(6) $(-8)-(+8)=(-8)+(-8)=-16$

(7) $(+17)-(-8)=(+17)+(+8)=+25$

(8) $(-15)-(-15)=(-15)+(+15)=0$

p.39 **15** (1) **+2** (2) **+1.6**
(3) $-\dfrac{11}{9}$ (4) $-\dfrac{1}{24}$
(5) $-\dfrac{9}{10}$（または，−0.9） (6) $+\dfrac{1}{12}$

解説 (1) $(+0.4)-(-1.6)=(+0.4)+(+1.6)=+2$

(2) $(-1.2)-(-2.8)=(-1.2)+(+2.8)=+1.6$

(3) $\left(-\dfrac{5}{9}\right)-\left(+\dfrac{2}{3}\right)=\left(-\dfrac{5}{9}\right)+\left(-\dfrac{2}{3}\right)$
$=\left(-\dfrac{5}{9}\right)+\left(-\dfrac{6}{9}\right)=-\dfrac{11}{9}$

(4) $\left(+\dfrac{5}{6}\right)-\left(+\dfrac{7}{8}\right)=\left(+\dfrac{5}{6}\right)+\left(-\dfrac{7}{8}\right)$
$=\left(+\dfrac{20}{24}\right)+\left(-\dfrac{21}{24}\right)=-\dfrac{1}{24}$

(5) $(-0.4)-\left(+\dfrac{1}{2}\right)=(-0.4)+\left(-\dfrac{1}{2}\right)$
$=\left(-\dfrac{4}{10}\right)+\left(-\dfrac{1}{2}\right)=\left(-\dfrac{4}{10}\right)+\left(-\dfrac{5}{10}\right)=-\dfrac{9}{10}$

別解 $(-0.4)-\left(+\dfrac{1}{2}\right)=(-0.4)+\left(-\dfrac{1}{2}\right)$
$=(-0.4)+(-0.5)=-0.9$

(6) $\left(-\dfrac{2}{3}\right)-(-0.75)=\left(-\dfrac{2}{3}\right)+(+0.75)$
$=\left(-\dfrac{2}{3}\right)+\left(+\dfrac{75}{100}\right)=\left(-\dfrac{2}{3}\right)+\left(+\dfrac{3}{4}\right)$
$=\left(-\dfrac{8}{12}\right)+\left(+\dfrac{9}{12}\right)=+\dfrac{1}{12}$

p.40 **16** (1) **−1.5** (2) **−28**

解説 (2) $0-(+28)=0+(-28)=-28$

p.40 **17** (1)正の項…**+13，+4**
負の項…**−10，−27**
(2)正の項…**+19，+38**
負の項…**−25，−12**

解説 (1) 加法だけの式に直すと，
$(-10)-(-13)+(+4)-(+27)$
$=(-10)+(+13)+(+4)+(-27)$

(2) ＋，−の前で区切ると，19｜−25｜−12｜+38

p.41 **18** (1) **+4** (2) **+4.2** (3) **−2** (4) $+\dfrac{7}{12}$

解説 (1) $(+6)-(+8)+(-12)-(-3)-(-15)$
$=(+6)+(-8)+(-12)+(+3)+(+15)$
$=(+6)+(+3)+(+15)+(-8)+(-12)$
$=(+24)+(-20)=+4$

(2) $(-2.4)-(-3.5)-(-4.7)+(-1.6)$
$=(-2.4)+(+3.5)+(+4.7)+(-1.6)$
$=(-2.4)+(-1.6)+(+3.5)+(+4.7)$
$=(-4)+(+8.2)=+4.2$

(3) $\left(-\dfrac{7}{9}\right)-\left(+\dfrac{2}{3}\right)-\left(+\dfrac{4}{3}\right)-\left(-\dfrac{7}{9}\right)$
$=\left(-\dfrac{7}{9}\right)+\left(-\dfrac{2}{3}\right)+\left(-\dfrac{4}{3}\right)+\left(+\dfrac{7}{9}\right)$
$=\left(-\dfrac{7}{9}\right)+\left(+\dfrac{7}{9}\right)+\left(-\dfrac{2}{3}\right)+\left(-\dfrac{4}{3}\right)$
$=0+\left(-\dfrac{6}{3}\right)=0+(-2)=-2$

(4) $1-\left(+\dfrac{1}{2}\right)-\left(-\dfrac{1}{3}\right)+\left(-\dfrac{1}{4}\right)$
$=1+\left(-\dfrac{1}{2}\right)+\left(+\dfrac{1}{3}\right)+\left(-\dfrac{1}{4}\right)$ 加法に直す
$=1+\left(+\dfrac{1}{3}\right)+\left(-\dfrac{1}{2}\right)+\left(-\dfrac{1}{4}\right)$ 正の項，負の項を集める
$=\dfrac{12}{12}+\left(+\dfrac{4}{12}\right)+\left(-\dfrac{6}{12}\right)+\left(-\dfrac{3}{12}\right)$ 通分する
$=\left(+\dfrac{16}{12}\right)+\left(-\dfrac{9}{12}\right)=+\dfrac{7}{12}$

p.42 **19** (1) **−7** (2) **−1** (3) **−5**
(4) **−3** (5) **−7.8** (6) $\dfrac{13}{24}$

解説 (2) $6-5-2=6-7=-1$

(3) $-15+9+18-17=-15-17+9+18$
$=-32+27=-5$

(4) $7-8+6-10+2=7+6+2-8-10=15-18=-3$

(5) $4.6-3.9-6.1+2.8-5.2$
$=4.6+2.8-3.9-6.1-5.2=7.4-15.2=-7.8$

(6) $1-\frac{1}{3}-\frac{1}{4}+\frac{1}{8}=1+\frac{1}{8}-\frac{1}{3}-\frac{1}{4}$
$=\frac{24}{24}+\frac{3}{24}-\frac{8}{24}-\frac{6}{24}=\frac{27}{24}-\frac{14}{24}=\frac{13}{24}$

p.43 **20** (1) **33**　(2) **−0.5**　(3) $\frac{7}{15}$　(4) $-\frac{26}{15}$

解説　+(　)➡そのまま，かっこをはずす。
+(+■)=+■，+(−■)=−■
−(　)➡かっこの中の数の符号を変えて，かっこをはずす。
−(+■)=−■，−(−■)=+■

(1) $-14-(-25)-(-37)+(-6)-9$
$=-14+25+37-6-9=-14-6-9+25+37$
$=-29+62=33$

(2) $0.8-(+0.6)-1.2-(-0.5)$
$=0.8-0.6-1.2+0.5=0.8+0.5-0.6-1.2$
$=1.3-1.8=-0.5$

(3) $1-\left(-\frac{2}{5}\right)+\left(-\frac{14}{15}\right)=1+\frac{2}{5}-\frac{14}{15}$
$=\frac{15}{15}+\frac{6}{15}-\frac{14}{15}=\frac{21}{15}-\frac{14}{15}=\frac{7}{15}$

(4) $-3+\frac{7}{15}-(-0.8)=-3+\frac{7}{15}+0.8$
$=-3+\frac{7}{15}+\frac{8}{10}=-3+\frac{7}{15}+\frac{4}{5}=-\frac{45}{15}+\frac{7}{15}+\frac{12}{15}$
$=-\frac{45}{15}+\frac{19}{15}=-\frac{26}{15}$

3 乗法・除法

p.45 **21** (1) **+36**　(2) **+54**　(3) **+150**

解説　同符号の2数の積は，**絶対値の積に，正の符号+をつける。**

(1) $(-9)\times(-4)=+(9\times4)=+36$
(2) $(+18)\times(+3)=+(18\times3)=+54$
(3) $(-25)\times(-6)=+(25\times6)=+150$

p.45 **22** (1) **−24**　(2) **−120**　(3) **−81**

解説　異符号の2数の積は，**絶対値の積に，負の符号−をつける。**

(1) $(-4)\times(+6)=-(4\times6)=-24$
(2) $(+15)\times(-8)=-(15\times8)=-120$
(3) $(-9)\times9=-(9\times9)=-81$

p.46 **23** (1) **−2.8**　(2) **14**　(3) $-\frac{2}{3}$　(4) $-\frac{24}{5}$

解説　(1) $(+3.5)\times(-0.8)=-(3.5\times0.8)=-2.8$
(2) $-0.7\times(-20)=+(0.7\times20)=14$
(3) $\left(-\frac{5}{6}\right)\times\left(+\frac{4}{5}\right)=-\left(\frac{5}{6}\times\frac{4}{5}\right)=-\frac{2}{3}$
(4) $\frac{8}{15}\times(-9)=-\left(\frac{8}{15}\times9\right)=-\frac{24}{5}$

p.47 **24** (1) **0**　(2) **17**　(3) **−38**

解説　(1)　どんな数に0をかけても，0にどんな数をかけても**積は0**になる。
(2)(3)　−1との積は，その数の**符号を変えた数**になる。
■×(−1)=−■，(−1)×■=−■

p.47 **25** (1) **−7000**　(2) **93**

解説　乗法では，どの2数から計算しても，計算の結果は変わらない。

(1) $(+7)\times(+125)\times(-8)$
$=(+7)\times\{(+125)\times(-8)\}$
$=(+7)\times(-1000)=-7000$

(2) $(-2.5)\times(-9.3)\times4=(-2.5)\times4\times(-9.3)$
$=(-10)\times(-9.3)=93$

p.48 **26** (1) **−270**　(2) **840**　(3) **15**　(4) $-\frac{3}{10}$

解説　まず，積の符号を決めてから絶対値の積を求める。積の符号は，負の数が { **偶数個➡+** / **奇数個➡−** }

(1) $(-3)\times(-2)\times5\times(-9)$ ←負の数が3個
$=-(3\times2\times5\times9)=-270$

(2) $(-4)\times(-5)\times(+6)\times(-1)\times(-7)$ ←負の数が4個
$=+(4\times5\times6\times1\times7)=840$

(3) $\frac{5}{6}\times(-4)\times\left(-\frac{3}{8}\right)\times12$ ←負の数が2個
$=+\left(\frac{5}{6}\times4\times\frac{3}{8}\times12\right)=15$

(4) $-0.5\times\left(-\frac{2}{3}\right)\times(-0.9)$ ←負の数が3個
$=-\left(0.5\times\frac{2}{3}\times0.9\right)=-\left(\frac{5}{10}\times\frac{2}{3}\times\frac{9}{10}\right)=-\frac{3}{10}$

p.49 **27** (1) **−1000**　(2) **64**　(3) **100**

解説　(1) $(-10)^3=(-10)\times(-10)\times(-10)$
$=-(10\times10\times10)=-1000$

(2) $-(-4)^3=-\{(-4)\times(-4)\times(-4)\}$
$=-\{-64\}=64$

(3) $(2\times5)^2=10^2=100$

別解 $(2\times5)^2=(2\times5)\times(2\times5)=10\times10=100$

p.49 **28** (1) **−63**　(2) **200**

解説 (1) $(-7)\times(-3)^2$
$=(-7)\times\{(-3)\times(-3)\}=(-7)\times9=-63$

(2) $(-5^2)\times(-2)^3$
$=-(5\times5)\times\{(-2)\times(-2)\times(-2)\}$
$=-25\times(-8)=200$

p.50 **29** (1) **7**　(2) **6**　(3) $\mathbf{\frac{3}{8}}$

解説 同符号の2数の商は，**絶対値の商に，正の符号＋をつける**。

(1) $(-49)\div(-7)=+(49\div7)=7$

(2) $5.4\div(+0.9)=+(5.4\div0.9)=6$

(3) $(-3)\div(-8)=+(3\div8)=\frac{3}{8}$

p.50 **30** (1) **−7**　(2) **−8**　(3) $\mathbf{-\frac{2}{3}}$

解説 異符号の2数の商は，**絶対値の商に，負の符号−をつける**。

(1) $28\div(-4)=-(28\div4)=-7$

(2) $(-56)\div(+7)=-(56\div7)=-8$

(3) $(-6)\div9=-(6\div9)=-\frac{2}{3}$

p.51 **31** (1) **0**　(2) **0**　(3) **0**

解説 0をどんな数でわっても**商は0**になる。

p.51 **32** (1) $\mathbf{-\frac{5}{7}}$　(2) **−9**　(3) $\mathbf{-\frac{1}{8}}$　(4) $\mathbf{-\frac{2}{5}}$

解説 (1)(2) **符号はそのまま**で，分母と分子を入れかえる。

(3) $-8=-\frac{8}{1}$，$-\frac{8}{1}$の逆数だから，$-\frac{1}{8}$

(4) $-2.5=-\frac{25}{10}=-\frac{5}{2}$，$-\frac{5}{2}$の逆数だから，$-\frac{2}{5}$

p.52 **33** (1) $\mathbf{\frac{1}{8}}$　(2) $\mathbf{-\frac{32}{3}}$
(3) $\mathbf{\frac{8}{3}}$　(4) **−36**

解説 わる数を**逆数**にして，除法を**乗法に直して**計算する。

(1) $-\frac{3}{4}\div(-6)=-\frac{3}{4}\times\left(-\frac{1}{6}\right)=+\left(\frac{3}{4}\times\frac{1}{6}\right)=\frac{1}{8}$

(2) $(-12)\div\frac{9}{8}=(-12)\times\frac{8}{9}=-\left(12\times\frac{8}{9}\right)=-\frac{32}{3}$

(3) $\left(-\frac{3}{2}\right)\div\left(-\frac{9}{16}\right)=\left(-\frac{3}{2}\right)\times\left(-\frac{16}{9}\right)$
$=+\left(\frac{3}{2}\times\frac{16}{9}\right)=\frac{8}{3}$

(4) $24\div\left(-\frac{2}{3}\right)=24\times\left(-\frac{3}{2}\right)=-\left(24\times\frac{3}{2}\right)=-36$

p.53 **34** (1) **9**　(2) $\mathbf{-\frac{4}{3}}$
(3) **10**　(4) **−1**

解説 (1) $-18\times4\div(-8)=-18\times4\times\left(-\frac{1}{8}\right)$
$=+\left(18\times4\times\frac{1}{8}\right)=9$

(2) $-2\div(-3)\times12\div(-6)=-2\times\left(-\frac{1}{3}\right)\times12\times\left(-\frac{1}{6}\right)$
$=-\left(2\times\frac{1}{3}\times12\times\frac{1}{6}\right)=-\frac{4}{3}$

(3) $-4\div\left(-\frac{18}{5}\right)\times9=-4\times\left(-\frac{5}{18}\right)\times9$
$=+\left(4\times\frac{5}{18}\times9\right)=10$

(4) $\frac{8}{15}\div\left(-\frac{4}{9}\right)\times\frac{5}{6}=\frac{8}{15}\times\left(-\frac{9}{4}\right)\times\frac{5}{6}$
$=-\left(\frac{8}{15}\times\frac{9}{4}\times\frac{5}{6}\right)=-1$

p.54 **35** (1) **4**　(2) $\mathbf{-\frac{1}{42}}$

解説 (1) $(-4)^2\times(-6)\div(-24)$
$=16\times(-6)\div(-24)=16\times(-6)\times\left(-\frac{1}{24}\right)$
$=+\left(16\times6\times\frac{1}{24}\right)=4$

(2) $\frac{6}{7}\div(-2^2)\times\left(-\frac{1}{3}\right)^2=\frac{6}{7}\div(-4)\times\frac{1}{9}$
$=\frac{6}{7}\times\left(-\frac{1}{4}\right)\times\frac{1}{9}=-\left(\frac{6}{7}\times\frac{1}{4}\times\frac{1}{9}\right)=-\frac{1}{42}$

4 いろいろな計算

p.56 **36** (1) **18**　(2) **−34**　(3) **−2**
(4) **17**　(5) **2**　(6) **−28**

解説 **まず乗除，次に加減**を計算する。

(1) $-18-(-9)\times4=-18-(-36)=-18+36=18$

(2) $-30+(-20)\div5=-30+(-4)=-30-4$
$=-34$

(3) $4\times(-3)+(-2)\times(-5)=-12+10=-2$

(4) $24\div(-6)-7\times(-3)=-4-(-21)=-4+21$
$=17$

(5) $-2+(-8)\times3\div(-6)=-2+(-24)\div(-6)$
$=-2+(+4)=-2+4=2$

(6) $-8\times6-12\div3\times(-5)=-48-4\times(-5)$
$=-48-(-20)=-48+20=-28$

p.57 **37** (1) **−13** (2) **24**

解説 **かっこの中を先**に計算する。

(1) $-9+(23-7)\div(-4)=-9+16\div(-4)$
$=-9+(-4)=-9-4=-13$

(2) $(-3)\times\{16\div(5-7)\}=(-3)\times\{16\div(-2)\}$
$=(-3)\times(-8)=24$

p.57 **38** (1) **45** (2) **−25** (3) **28** (4) **−12**

解説 **累乗を先**に計算する。

(1) $7^2-8\div2=49-4=45$

(2) $(-3)^2\times(-2)+(-7)=9\times(-2)+(-7)$
$=(-18)+(-7)=-18-7=-25$

(3) $100-2^3\times(-3)^2=100-8\times9=100-72=28$

(4) $20\times(-1)^5-4^2\div(-2)=20\times(-1)-16\div(-2)$
$=-20-(-8)=-20+8=-12$

p.58 **39** (1) **−20** (2) **44** (3) **−8** (4) **−14**

解説 **かっこの中・累乗➡乗除➡加減**の順に計算する。

(1) $25-(3-6)^2\times5=25-(-3)^2\times5=25-9\times5$
$=25-45=-20$

(2) $4\times(-3)^2-(3-27)\div3=4\times9-(-24)\div3$
$=36-(-8)=36+8=44$

(3) $-6^2\div(6-3\times5)\times(-2)=-36\div(6-15)\times(-2)$
$=-36\div(-9)\times(-2)=4\times(-2)=-8$

(4) $(-2)^3+(-12)\div\{18-(-4)^2\}$
$=(-8)+(-12)\div(18-16)$
$=(-8)+(-12)\div2=(-8)+(-6)=-14$

p.59 **40** (1) **−23** (2) **−2** (3) **3700** (4) **−314**

解説 **分配法則$(a+b)\times c=a\times c+b\times c$を利用**する。

(1) $\left(\frac{4}{9}+\frac{5}{6}\right)\times(-18)=\frac{4}{9}\times(-18)+\frac{5}{6}\times(-18)$
$=-8+(-15)=-23$

(2) $(-48)\times\left(\frac{5}{8}-\frac{7}{12}\right)=(-48)\times\frac{5}{8}+(-48)\times\left(-\frac{7}{12}\right)$
$=(-30)+(+28)=-30+28=-2$

(3) $-23\times37+123\times37=(-23+123)\times37$
$=100\times37=3700$

(4) $3.14\times197-3.14\times297=3.14\times(197-297)$
$=3.14\times(-100)=-314$

p.60 **41** (1) **A…+3, B…−5, C…0, D…−9, E…−6, F…+8**
(2) **48.5kg**

解説 (2) 基準との差の平均は，
$\{(+3)+(-5)+0+(-9)+(-6)+(+8)\}\div6$
$=(-9)\div6=-1.5$(kg)
したがって，6人の体重の平均は，
$50+(-1.5)=48.5$(kg)
基準との差の平均を求めるとき，基準との差が0kgのCを除いてしまい，
$\{(+3)+(-5)+(-9)+(-6)+(+8)\}\div5$
$=(-9)\div5=-1.8$(kg)
とするミスが多いので注意すること。

5 数の集合

p.62 **42**

	加法	減法	乗法	除法
自然数	○	×	○	×
整数	○	○	○	×
数全体	○	○	○	○

p.63 **43** **29, 47**

p.63 **44** (1) **$56=2^3\times7$** (2) **$72=2^3\times3^2$**
(3) **$132=2^2\times3\times11$** (4) **$270=2\times3^3\times5$**

p.64 **45** (1) **1, 2, 3, 6, 7, 14, 21, 42**
(2) **1, 2, 4, 5, 8, 10, 16, 20, 40, 80**

解説 (1) 42を素因数分解すると，$42=2\times3\times7$
これより，42の約数は，1，2，3，$2\times3=6$，7，$2\times7=14$，$3\times7=21$，$2\times3\times7=42$

(2) 80を素因数分解すると，$80=2^4\times5$
これより，80の約数は，1，2，$2^2=4$，5，$2^3=8$，$2\times5=10$，$2^4=16$，$2^2\times5=20$，$2^3\times5=40$，$2^4\times5=80$

p.65 **46** (1) **2** (2) **15**

解説 (1) 72を素因数分解すると，$72=2^3\times3^2$
したがって，これに**2をかける**と，
$(2^3\times3^2)\times2=2^4\times3^2=(2^2\times3)^2=12^2$

(2) 375を素因数分解すると，$375=3\times5^3$
したがって，これを**3×5でわる**と，
$(3\times5^3)\div(3\times5)=5^2$

定期テスト予想問題 ①

66～67ページ

1 (1) **−2.5**　(2) **点D**

解説

(1) 点Bにあたる数は−3.5とまちがえやすいので注意する。

(2) 負の数だから0より左にあり，0からの距離が0.5である点を見つける。

2 (1) **−5kgの減少**
(2) **$-0.1<-0.05$**
(3) **−3，−2，−1，0，+1，+2，+3**

解説

(1) +5kgの増加 ➡ −5kgの減少（符号を反対に／反対の意味）

(2) $0.1>0.05$で，負の数は，絶対値が大きいほど小さいから，$-0.1<-0.05$

(3) 絶対値が3.5になる数は，−3.5と+3.5だから，絶対値が3.5より小さい整数は，下の図のようになる。

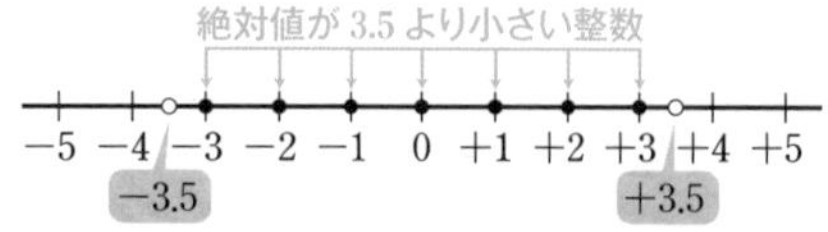

3 (1) **−22**　(2) **0.7**
(3) **$-\frac{11}{18}$**　(4) **−7**

解説

(1) $(-8)+(-14)=-(8+14)=-22$

(2) $-4.6+5.3=+(5.3-4.6)=0.7$

(3) $\frac{5}{9}-\frac{7}{6}=\frac{10}{18}-\frac{21}{18}=-\left(\frac{21}{18}-\frac{10}{18}\right)=-\frac{11}{18}$

(4) $-12+5-7+13-6$
$=-12-7-6+5+13$
$=-25+18=-7$

4 (1) **54**　(2) **−14**
(3) **$\frac{1}{12}$**　(4) **$-\frac{5}{4}$**

解説

(1) $(-6)\times(-9)=+(6\times9)=54$

(2) $70\div(-5)=-(70\div5)=-14$

分数をふくむ**除法は乗法に直し，積の符号を決めてから**，絶対値を計算する。

(3) $-\frac{5}{18}\div\left(-\frac{10}{3}\right)=-\frac{5}{18}\times\left(-\frac{3}{10}\right)$
$=+\left(\frac{5}{18}\times\frac{3}{10}\right)=\frac{1}{12}$

(4) $-12\times\left(-\frac{5}{8}\right)\div(-6)$
$=-12\times\left(-\frac{5}{8}\right)\times\left(-\frac{1}{6}\right)$
$=-\left(12\times\frac{5}{8}\times\frac{1}{6}\right)=-\frac{5}{4}$

5 (1) **30**　(2) **−6**　(3) **−20**　(4) **3**

解説

かっこの中・累乗➡乗除➡加減の順に計算する。

(1) $12-2\times(-9)=12-(-18)=12+18=30$

(2) $-30\div\{-3-(-4)\times2\}=-30\div\{-3-(-8)\}$
$=-30\div\{-3+8\}=-30\div5=-6$

(3) $(-2)^3-3\times2^2=-8-3\times4=-8-12=-20$

(4) $\left(\frac{3}{4}-\frac{5}{6}\right)\times(-36)=\frac{3}{4}\times(-36)-\frac{5}{6}\times(-36)$
$=-27-(-30)=-27+30=3$

6 (1) **17点**　(2) **27点**　(3) **44点**

解説

(1) $(+7)-(-10)=(+7)+(+10)=17$(点)

(2) 得点が最も高いのはGの+14点，得点が最も低いのはDの−13点だから，その差は，
$(+14)-(-13)=(+14)+(+13)=27$(点)

(3) 基準との差の平均は，
$\{(-10)+(+7)+(+4)+(-13)+(+4)+(-5)+(+14)+(-9)\}\div8=(-8)\div8=-1$(点)
したがって，8人の得点の平均は，
$45+(-1)=44$(点)

7 **ア…○　イ…○　ウ…○　エ…×**

解説

エ　たとえば，$2\div5$の計算の結果は，$2\div5=\frac{2}{5}(=0.4)$となり整数ではない。

8 (1) **$12=2^2\times3$**
(2) **$275=5^2\times11$**

解説

小さい素数から順にわっていき，商が素数になるまで続ける。

(1)
$$\begin{array}{r|l} 2 & 12 \\ \hline 2 & 6 \\ \hline & 3 \end{array}$$

(2)
$$\begin{array}{r|l} 5 & 275 \\ \hline 5 & 55 \\ \hline & 11 \end{array}$$

定期テスト予想問題 ②

68～69ページ

1 (1) **27，15，38，2**　(2) **-14**
(3) **38**

解説

(1)　正の整数を選ぶ。0は自然数ではないことに注意する。
(2)　負の数で絶対値が一番大きい数を選ぶ。
(3)　符号をとった数が一番大きい数を選ぶ。

2 (1) **19個**　(2) **$-0.5<\frac{1}{5}<\frac{3}{4}$**

解説

(1)　絶対値が9以下の整数は，絶対値が1から9までの数であるから，-9，-8，-7，-6，-5，-4，-3，-2，-1，0，1，2，3，4，5，6，7，8，9の19個。
(2)　負の数＜正の数であるから，一番小さい数は-0.5。
$\frac{1}{5}$と$\frac{3}{4}$を通分して大きさを比べる。
$\frac{1}{5}=\frac{4}{20}$，$\frac{3}{4}=\frac{15}{20}$で，$\frac{4}{20}<\frac{15}{20}$
よって，$\frac{1}{5}<\frac{3}{4}$

3 (1) **-13**　(2) **-11**　(3) **$\frac{3}{5}(0.6)$**　(4) **12**

解説

(1)　$(+5)+(-18)=-(18-5)=-13$
(2)　$0-(+11)=0+(-11)=-11$
(3)　$\left(-\frac{3}{5}\right)-(-1.2)=\left(-\frac{3}{5}\right)+(+1.2)$
$=\left(-\frac{3}{5}\right)+\left(+\frac{12}{10}\right)=\left(-\frac{3}{5}\right)+\left(+\frac{6}{5}\right)=\frac{3}{5}$
(4)　$(+6)+(-13)-(-19)=6-13+19=12$

4 (1) **-28**　(2) **-4**
(3) **-50**　(4) **$\frac{21}{4}$**

解説

(1)　$(-4)\times(+7)=-(4\times7)=-28$
(2)　$(+32)\div(-8)=-(32\div8)=-4$
(3)　$(-45)\div\left(+\frac{9}{10}\right)=(-45)\times\left(+\frac{10}{9}\right)$
$=-\left(45\times\frac{10}{9}\right)=-50$
(4)　$\left(+\frac{3}{16}\right)\times(-24)\div\left(-\frac{6}{7}\right)$
$=\left(+\frac{3}{16}\right)\times(-24)\times\left(-\frac{7}{6}\right)=+\left(\frac{3}{16}\times24\times\frac{7}{6}\right)$
$=\frac{21}{4}$

5 (1) **-23**　(2) **-13**
(3) **1**　(4) **-22**

解説

(1)　$17+(-8)\times5=17+(-40)=-23$
(2)　$-6-(37-9)\div4=-6-28\div4$
$=-6-7=-13$
(3)　$5^2-8\times2+(-2)^3=25-16+(-8)$
$=25-16-8=1$
(4)　$24\times\left(-\frac{3}{4}-\frac{1}{6}\right)$
$=24\times\left(-\frac{3}{4}\right)+24\times\left(-\frac{1}{6}\right)$
$=-18+(-4)=-18-4=-22$

6 (1) **正しくない。(例)$a=-2$，$b=3$など**
(2) **正しくない。(例)$a=2$，$b=3$など**
(3) **正しい。**

解説

(1)　異符号どうしの積は負の整数になる。
(2)　商が自然数になるのはaがbの倍数であるときだけである。
(3)　自然数の減法では，その差は正の整数や0や負の整数になる。

7 3, 11, 59

解説

0, 1は素数ではないことに注意する。1とその数自身しか約数がないものが素数であるから，
8=2×2×2, 91=7×13より，8と91は素数ではない。

8 14

解説

350を素因数分解すると，

$$\begin{array}{r} 2\underline{)350} \\ 5\underline{)175} \\ 5\underline{)\ \ 35} \\ 7 \end{array}$$

350=2×5×5×7
　=2×5^2×7

したがって，これを2×7でわると，
350÷(2×7)=(2×5^2×7)÷(2×7)=5^2

9 (1)65個　(2)66個

解説

(1) Aらんが78のとき，Bらんが+13であることから，基準としている数は
78−13=65であることがわかる。

(2) 基準とする数が65であることから，表の空らんをうめると下のようになる。

A	69	50	78	53	64	82
B	+4	−15	+13	−12	−1	+17

AらんとBらんのどちらかの空らんをうめれば，答えを求めることができる。
Bらんより，基準との差の平均は，
{(+4)+(−15)+(+13)+(−12)+(−1)+(+17)}÷6=6÷6=1(個)
したがって，平均は，65+1=66(個)

別解

Aらんより，平均は
(69+50+78+53+64+82)÷6
=396÷6=66(個)

2章　文字と式

1 文字を使った式と表し方

p.75 **1** (1)**150×x+50(円)**
(2)**a÷6(m)**
(3)**m×5+n(枚)**

解説 (1) 代金=ケーキの代金(150×x(円))+箱代(50円)

(2) 1つ分の長さ=全体の長さ(a(m))÷等分した数(6)

別解 1つ分の長さ=全体の長さ×$\frac{1}{6}$より，
$a\times\frac{1}{6}$(m)としてもよい。

(3) 画用紙の枚数=配った数(m×5(枚))+余った枚数(n枚)

p.76 **2** (1)**$4ab$**　(2)**$-9x$**
(3)**$-\frac{3}{4}m$**　(4)**$5(p-2)$**

解説 (1) 記号**×をはぶいて**，文字はアルファベット順に書く。

(2)(3) **数は文字の前**に書く。負の数のかっこは書かない。

(4) かっこのついた式はひとまとまりとみて，数をかっこの前に書く。

p.76 **3** (1)**$7m^3$**　(2)**$-x^2y^2$**

解説 同じ文字の積は，**累乗の指数**を使って書く。

(1) $m\times m\times7\times m=7m^3$ ← mが3個

(2) $y\times x\times(-1)\times x\times y=-x^2y^2$ ← xが2個，yが2個，−1の1ははぶく

p.77 **4** (1)**$\frac{4x}{5}$** $\left(\frac{4}{5}x\right)$　(2)**$-\frac{m}{7}$** $\left(-\frac{1}{7}m\right)$
(3)**$\frac{x-y}{4}$** $\left(\frac{1}{4}(x-y)\right)$

解説 記号**÷を使わずに，分数の形**で書く。

(3) かっこのついた式はひとまとまりとみて分数の形で表し，かっこをはずす。

p.77 **5** (1)**$\frac{8m}{5}$**　(2)**$-\frac{xy}{6}$**
(3)**$-\frac{4}{mn}$**　(4)**$\frac{3(a-4)}{b}$**

解説 **左から順**に，×や÷の記号をはぶく。

(1) $8\times m\div 5=8m\div 5=\frac{8m}{5}$

(2) $x\div 6\times(-y)=\frac{x}{6}\times(-y)=-\frac{xy}{6}$

(3) $4\div(-m)\div n$

$=-\frac{4}{m}\div n=-\frac{4}{m}\times\frac{1}{n}=-\frac{4}{mn}$

わる数を逆数にしてかける

(4) $(a-4)\times 3\div b=3(a-4)\div b=\frac{3(a-4)}{b}$

p.78 **6** (1)$\boldsymbol{4a-b}$ (2)$\boldsymbol{8x-5y}$

(3)$\boldsymbol{\frac{x}{3}-7y}$ (4)$\boldsymbol{-4a+\frac{b}{3}}$

(5)$\boldsymbol{7t^2-t}$ (6)$\boldsymbol{\frac{5}{x}+\frac{y-1}{4}}$

解説 (1) $a\times 4-b=4a-b$ ←ーは，はぶけない

(2) $x\times 8-y\times 5=8x-5y$

左から順に計算して，

$x\times 8-y\times 5=8x-y\times 5=(8x-y)\times 5$

$=5(8x-y)$としないように注意。

(3) $x\div 3-y\times 7=\frac{x}{3}-7y$

(4) $a\times(-4)+b\div 3=-4a+\frac{b}{3}$

(5) $t\times t\times 7-t=t^2\times 7-t=7t^2-t$

(6) $5\div x+(y-1)\div 4=\frac{5}{x}+\frac{y-1}{4}$

p.79 **7** (1)$\boldsymbol{-3\times a\times b\times c}$

(2)$\boldsymbol{4\times x\div 9}$

(3)$\boldsymbol{(a-b)\div 8}$

(4)$\boldsymbol{x\div 2-5\times y\times y}$

解説 (2) $\frac{4x}{9}=4x\div 9=4\times x\div 9$

(3) $\frac{a-b}{8}=(a-b)\div 8$ ←( )をつける

(4) $\frac{x}{2}-5y^2=x\div 2-5\times y^2=x\div 2-5\times y\times y$

y を 2 個かけ合わせる

2 数量の表し方，式の値

p.81 **8** **1000－6*x*－3*y* (円)**

解説 ことばの式をつくり，その式に文字や数をあてはめる。

おつり＝出した金額－クッキーの代金－プリンの代金

$1000 - x\times 6 - y\times 3$

$1000 - 6x - 3y$

p.81 **9** (1)$\boldsymbol{\frac{a}{4}}$**時間** (2)$\boldsymbol{b-5x}$ **(km)**

解説 (1) 時間＝道のり÷速さ

$a \div 4$

(2) 残りの道のり＝全体の道のり－進んだ道のり

速さ×時間

$b - x\times 5$

p.82 **10** (1)$\boldsymbol{a+100b+c}$ **(cm)** (2)$\boldsymbol{x-\frac{y}{1000}}$ **(L)**

解説 (1) 単位を cm にそろえる。

b m＝$100b$ cm だから，三角形の周の長さは，

$a+100b+c$(cm)

(2) 単位を L にそろえる。

1 mL＝$\frac{1}{1000}$L だから，飲んだ牛乳の量は，

$\frac{1}{1000}\times y=\frac{y}{1000}$(L)

p.83 **11** (1)$\boldsymbol{\frac{3}{20}x}$**g (0.15*x* g)**

(2)$\boldsymbol{\frac{2}{5}y}$ **L (0.4*y* L)**

(3)$\boldsymbol{\frac{ab}{100}}$ **g (0.01*ab* g)**

(4)$\boldsymbol{\frac{4}{5}p}$ **円(0.8*p* 円)**

解説 (1) 15％＝$\frac{15}{100}$だから，

$x\times\frac{15}{100}=x\times\frac{3}{20}=\frac{3}{20}x$(g)

もとにする量 割合

別解 15％＝0.15 だから，$x\times 0.15=0.15x$(g)

(2) 4 割＝$\frac{4}{10}$だから，$y\times\frac{4}{10}=y\times\frac{2}{5}=\frac{2}{5}y$(L)

別解 4 割＝0.4 だから，$y\times 0.4=0.4y$(L)

(3) a％＝$\frac{a}{100}$(＝$0.01a$)

食塩の重さ＝食塩水の重さ×濃度

$b \times\frac{a}{100}$

(4)　2割引きということは，$1-\frac{2}{10}=\frac{8}{10}$より，

定価の$\frac{8}{10}$にあたる金額が代金になる。

したがって，$p\times\frac{8}{10}=p\times\frac{4}{5}=\frac{4}{5}p$(円)

p.84　**12**　$\frac{3a+5b+2c}{10}$点

解説　**平均点＝合計点÷人数**

10人の合計点は，

$a\times3+b\times5+c\times2=3a+5b+2c$(点)

したがって，平均点は，

$(3a+5b+2c)\div10=\frac{3a+5b+2c}{10}$(点)

p.84　**13**　**$100a+50+b$**

解説

百の位	十の位	一の位
a	5	b

100がa個　10が5個　1がb個

$100\times a+10\times5+1\times b$

$100a+50+b$

p.85　**14**　(1)**直方体の体積，単位…cm³**

(2)**直方体の辺の長さの和，単位…cm**

解説　(1)　$abc=a\times b\times c$

縦×横×高さ

↓

直方体の体積

(2)　$4(a+b+c)=4\times a+4\times b+4\times c$

4×縦＋4×横＋4×高さ

↓

直方体の辺の長さの和

p.86　**15**　6の倍数…$6n$　20の倍数…$20n$

解説　nを整数として，aの倍数は**$a\times n=an$**と表せる。

p.86　**16**　**$3n-1$**

解説　2，5，8，…は3ずつ大きくなっていて，

$2=3-1$，$5=6-1$，$8=9-1$，…と表せるから，

1番目→　$2=3-1=3\times1-1$

2番目→　$5=6-1=3\times2-1$

3番目→　$8=9-1=3\times3-1$

4番目→$11=12-1=3\times4-1$

5番目→$14=15-1=3\times5-1$

⋮　　　⋮

n番目→　　$3\times n-1$

p.87　**17**　**$8n-4$(cm)**

解説　たとえば，2番目の図形で，右の図のように，8つの辺を矢印のように動かすと，1辺が3cmの正方形になる。もとの図形の周の長さは，この正方形の周の長さと同じになる。

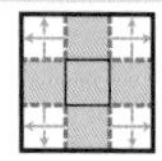

同様に，3番目の図形で，右の図のように，16の辺を矢印のように動かすと，1辺が5cmの正方形になる。もとの図形の周の長さは，この正方形の周の長さと同じになる。

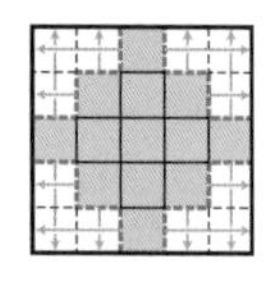

このように考えると，もとの図形の周の長さは，

1番目…1辺が1cmの正方形の周→$1\times4=4$

2番目…1辺が3cmの正方形の周→$3\times4=12$

3番目…1辺が5cmの正方形の周→$5\times4=20$

4番目…1辺が7cmの正方形の周→$7\times4=28$

⋮

これより，番目の数と周の長さとの関係を表に表すと，次のようになる。

番目	1	2	3	4	…
周の長さ	4	12	20	28	…

+8　+8　+8

上の表から，番目の数が1ずつ増えると，周の長さは8ずつ増えるから，周の長さを8の倍数を使って表すことを考えると，

1番目→$4=8-4=8\times1-4$

2番目→$12=16-4=8\times2-4$

3番目→$20=24-4=8\times3-4$

4番目→$28=32-4=8\times4-4$

⋮　　⋮

n番目→　$8\times n-4=8n-4$(cm)

p.88　**18**　(1)**33**

(2)**−11**

(3)$\frac{5}{2}$

解説　(1)　$5x+3=5\times x+3=5\times6+3=30+3$

$=33$

(2)　$7-3x=7-3\times x=7-3\times6=7-18=-11$

(3)　$\frac{15}{x}=\frac{15}{6}=\frac{5}{2}$

p.88 **19** (1)**13** (2)**−19** (3)**−13**

解説 (1) $-x+9=-(-4)+9=4+9=13$

負の数はかっこをつけて代入

(2) $3x-7=3\times x-7=3\times(-4)-7=-12-7=-19$

(3) $\dfrac{16}{x}-9=\dfrac{16}{-4}-9=-4-9=-13$

p.89 **20** (1)**−63** (2)**9** (3)**27**

解説 (1) $-7x^2=-7\times x^2=-7\times(-3)^2$

$=-7\times 9=-63$

(2) $(-x)^2=\{-(-3)\}^2=3^2=9$

(3) $-x^3=-(-3)^3=-(-27)=27$

p.89 **21** (1)**2** (2)$\boldsymbol{-\dfrac{1}{4}}$ (3)$\boldsymbol{\dfrac{1}{2}}$

解説 (1) $8x^2=8\times x^2=8\times\left(-\dfrac{1}{2}\right)^2=8\times\dfrac{1}{4}=2$

(2) $-x^2=-\left(-\dfrac{1}{2}\right)^2=-\dfrac{1}{4}$

(3) $-4x^3=-4\times\left(-\dfrac{1}{2}\right)^3=-4\times\left(-\dfrac{1}{8}\right)=\dfrac{1}{2}$

p.90 **22** (1)**−5** (2)$\boldsymbol{\dfrac{4}{5}}$

解説 (1) $-\dfrac{6}{a}-20=-6\div a-20$

$=-6\div\left(-\dfrac{2}{5}\right)-20=-6\times\left(-\dfrac{5}{2}\right)-20$

$=15-20=-5$

(2) $\dfrac{a}{4}+\dfrac{9}{10}=a\div 4+\dfrac{9}{10}=-\dfrac{2}{5}\div 4+\dfrac{9}{10}$

$=-\dfrac{2}{5}\times\dfrac{1}{4}+\dfrac{9}{10}=-\dfrac{1}{10}+\dfrac{9}{10}=\dfrac{8}{10}=\dfrac{4}{5}$

p.90 **23** (1)**−30** (2)**7**

解説 (1) $4x-3y=4\times x-3\times y$

$=4\times(-3)-3\times 6=-12-18=-30$

(2) $-x+\dfrac{2}{3}y=-x+\dfrac{2}{3}\times y=-(-3)+\dfrac{2}{3}\times 6$

$=3+4=7$

3 式の加減

p.92 **24** (1)項…$\boldsymbol{2a}$，$\boldsymbol{b}$

aの係数…**2**，bの係数…**1**

(2)項…$\boldsymbol{\dfrac{x}{6}}$，$\boldsymbol{-5y}$

xの係数…$\boldsymbol{\dfrac{1}{6}}$，$y$の係数…**−5**

解説 (1) $b=1\times b$だから，bの係数は1

(2) $\dfrac{x}{6}-5y=\dfrac{x}{6}+(-5y)$

項

$\dfrac{x}{6}=\dfrac{1}{6}x$だから，$\dfrac{x}{6}$の係数は$\dfrac{1}{6}$

p.92 **25** ㋐，㋑，㋔

解説 ㋐…$7x+y+8$ ➡ 1次式

1次の項　数の項

㋑…$-a+4$ ➡ 1次式

1次の項　数の項

㋒…$-ab$ ➡ 1次式ではない

文字が2つ

㋓…$y^2+3=y\times y+3$ ➡ 1次式ではない

文字が2つ

㋔…$-9b$ ➡ 1次式

1次の項

p.93 **26** (1)$\boldsymbol{-5x}$ (2)$\boldsymbol{-a}$ (3)$\boldsymbol{\dfrac{2}{3}a}$ (4)$\boldsymbol{6b}$

解説 文字の部分が同じ項は，$mx+nx=(m+n)x$より，係数どうしを計算して1つにまとめる。

(1) $2x-7x=(2-7)x=-5x$

(2) $8a+(-9a)=(8-9)a=-a$

(3) $\dfrac{1}{6}a+\dfrac{1}{2}a=\left(\dfrac{1}{6}+\dfrac{1}{2}\right)a=\left(\dfrac{1}{6}+\dfrac{3}{6}\right)a=\dfrac{4}{6}a=\dfrac{2}{3}a$

(4) $3b-4b+7b=(3-4+7)b=6b$

p.93 **27** (1)$\boldsymbol{5x-3}$ (2)$\boldsymbol{-7y-3}$ (3)$\boldsymbol{-3a-4}$ (4)$\boldsymbol{-\dfrac{2}{3}x+\dfrac{6}{5}}$

解説 同じ文字の項どうし，数の項どうしをそれぞれまとめる。

(1) $4x-5+x+2=4x+x-5+2=(4+1)x-5+2$

$=5x-3$

(2) $y+6-8y-9=y-8y+6-9=(1-8)y+6-9$

$=-7y-3$

(3) $a+5-8a-9+4a=a-8a+4a+5-9$

$=(1-8+4)a+5-9=-3a-4$

(4) $2+\dfrac{1}{3}x-x-\dfrac{4}{5}=\dfrac{1}{3}x-x+2-\dfrac{4}{5}$

$=\left(\dfrac{1}{3}-1\right)x+2-\dfrac{4}{5}=\left(\dfrac{1}{3}-\dfrac{3}{3}\right)x+\dfrac{10}{5}-\dfrac{4}{5}$

$=-\dfrac{2}{3}x+\dfrac{6}{5}$

p.94 **28** (1)$\boldsymbol{7a-9}$　(2)$\boldsymbol{5x-9}$　(3)$\boldsymbol{-x+9}$　(4)$\boldsymbol{-8y+5}$

解説　まず，かっこをはずして，文字の項どうし，数の項どうしをそれぞれまとめる。

(1)　$3a+(4a-9)=3a+4a-9=7a-9$

＋(　)➡そのままかっこをはずす

(2)　$7x-4+(-2x-5)=7x-4-2x-5$
$=7x-2x-4-5=5x-9$

(3)　$(5x+7)+(-6x+2)=5x+7-6x+2$
$=5x-6x+7+2=-x+9$

(4)　$(y-3)+(8-9y)=y-3+8-9y$
$=y-9y-3+8=-8y+5$

p.94 **29** (1)$\boldsymbol{-2x+7}$　(2)$\boldsymbol{7a-6}$　(3)$\boldsymbol{-3x-10}$　(4)$\boldsymbol{11y-13}$

解説　(1)　$4x-(6x-7)=4x-6x+7=-2x+7$

－(　)➡各項の符号を変えて，かっこをはずす

(2)　$5a-3-(-2a+3)=5a-3+2a-3$
$=5a+2a-3-3=7a-6$

(3)　$(-x-9)-(2x+1)=-x-9-2x-1$
$=-x-2x-9-1=-3x-10$

(4)　$(6y-5)-(8-5y)=6y-5-8+5y$
$=6y+5y-5-8=11y-13$

p.95 **30** (1)たす…$\boldsymbol{5a+4}$，　ひく…$\boldsymbol{3a+10}$
(2)たす…**2**，　ひく…$\boldsymbol{12x-16}$

解説　(1)　2式をたすと，
$(4a+7)+(a-3)=4a+7+a-3=4a+a+7-3$
$=5a+4$
左の式から右の式をひくと，
$(4a+7)-(a-3)=4a+7-a+3=4a-a+7+3$
$=3a+10$

(2)　2式をたすと，
$(6x-7)+(-6x+9)=6x-7-6x+9$
$=6x-6x-7+9=2$
左の式から右の式をひくと，
$(6x-7)-(-6x+9)=6x-7+6x-9$
$=6x+6x-7-9=12x-16$

4 式の乗除

p.97 **31** (1)$\boldsymbol{32a}$　(2)$\boldsymbol{5x}$　(3)$\boldsymbol{-16a}$

解説　数どうしの積を求め，それに文字をかける。

(1)　$4a\times8=4\times a\times8=4\times8\times a=32a$

(2)　$(-x)\times(-5)=(-1)\times x\times(-5)$
$=(-1)\times(-5)\times x=5x$

(3)　$\frac{4}{5}a\times(-20)=\frac{4}{5}\times a\times(-20)=\frac{4}{5}\times(-20)\times a$
$=-16a$

p.97 **32** (1)$\boldsymbol{-4x}$　(2)$\boldsymbol{\frac{1}{18}a}$　(3)$\boldsymbol{-\frac{5}{2}x}$

解説　分数の形にして約分する。または，わる数を逆数にして，**除法を乗法に直して**計算する。

(1)　$28x\div(-7)=\frac{28x}{-7}=-4x$

別解　$28x\div(-7)=28x\times\left(-\frac{1}{7}\right)$
$=28\times x\times\left(-\frac{1}{7}\right)=28\times\left(-\frac{1}{7}\right)\times x=-4x$

(2)　$-\frac{4}{9}a\div(-8)=-\frac{4}{9}a\times\left(-\frac{1}{8}\right)$
$=-\frac{4}{9}\times a\times\left(-\frac{1}{8}\right)=-\frac{4}{9}\times\left(-\frac{1}{8}\right)\times a=\frac{1}{18}a$

(3)　$3x\div\left(-\frac{6}{5}\right)=3x\times\left(-\frac{5}{6}\right)=3\times x\times\left(-\frac{5}{6}\right)$
$=3\times\left(-\frac{5}{6}\right)\times x=-\frac{5}{2}x$

p.98 **33** (1)$\boldsymbol{-10a-45}$　(2)$\boldsymbol{4x-28}$　(3)$\boldsymbol{20x-9}$

解説　**分配法則を利用**して，かっこをはずす。

(1)　$-5(2a+9)=-5\times2a+(-5)\times9=-10a-45$

(2)　$(-x+7)\times(-4)=-x\times(-4)+7\times(-4)$
$=4x-28$

(3)　$\left(\frac{5}{6}x-\frac{3}{8}\right)\times24=\frac{5}{6}x\times24-\frac{3}{8}\times24=20x-9$

p.98 **34** (1)$\boldsymbol{3a+5}$　(2)$\boldsymbol{-2x+3}$　(3)$\boldsymbol{-20x+15}$

解説　(1)　$(18a+30)\div6=\frac{18a+30}{6}=\frac{18a}{6}+\frac{30}{6}$
$=3a+5$

別解　$(18a+30)\div6=(18a+30)\times\frac{1}{6}$
$=18a\times\frac{1}{6}+30\times\frac{1}{6}=3a+5$

(2)　$(6x-9)\div(-3)=-\frac{6x-9}{3}$
$=-\frac{6x}{3}+\frac{9}{3}=-2x+3$

(3)　$(8x-6)\div\left(-\frac{2}{5}\right)=(8x-6)\times\left(-\frac{5}{2}\right)$
$=8x\times\left(-\frac{5}{2}\right)-6\times\left(-\frac{5}{2}\right)=-20x+15$

p.99 **35** (1) $\boldsymbol{-9a-21}$　(2) $\boldsymbol{20x-12}$

解説　(1)　$\frac{3a+7}{4}\times(-12)=\frac{(3a+7)\times(-12)}{4}$
$=(3a+7)\times(-3)=3a\times(-3)+7\times(-3)$
$=-9a-21$

(2)　$8\left(\frac{5x-3}{2}\right)=\frac{8\times(5x-3)}{2}=4(5x-3)=20x-12$

p.99 **36** (1) $\boldsymbol{6a+13}$　(2) $\boldsymbol{-\frac{1}{6}x+1}$

解説　分配法則を使ってかっこをはずし，文字の項，数の項をそれぞれまとめる。

(1)　$5(2a+1)-4(a-2)=10a+5-4a+8$
$=10a-4a+5+8=6a+13$

(2)　$\frac{1}{3}(x-9)-\frac{1}{2}(x-8)=\frac{1}{3}x-3-\frac{1}{2}x+4$
$=\frac{1}{3}x-\frac{1}{2}x-3+4=\frac{2}{6}x-\frac{3}{6}x+1=-\frac{1}{6}x+1$

5 関係を表す式

p.101 **37** (1) $\boldsymbol{a-7b=5}$　(2) $\boldsymbol{\frac{x}{4}+\frac{y}{5}=\frac{5}{6}}$

解説　ことばの式に数や文字をあてはめて，等しい数量を表す式を等号で結ぶ。

(1)　［全部のあめの個数］と［配ったあめの個数］の差は［5個］に等しい。

［全部のあめの個数］－［配ったあめの個数］＝［5個］
$a\quad-\quad7\times b\quad=\quad5$

(2)　［AからBまでかかった時間］と［BからCまでかかった時間］の和は［50分］に等しい。

［AからBまでかかった時間］＋［BからCまでかかった時間］＝［50分］
$x\div4\quad+\quad y\div5\quad=\quad\frac{50}{60}$
単位は時間　分を時間に直す

p.102 **38** (1) $\boldsymbol{\ell=2(a+b)}$　(2) $\boldsymbol{S=\frac{1}{2}ab}$
(3) $\boldsymbol{V=abc}$　(4) $\boldsymbol{V=x^3}$

解説　(1)　長方形の周の長さ＝(縦＋横)×2
$\ell\quad=(a+b)\times2$
$\ell\quad=2(a+b)$
または，$\ell=2a+2b$ としてもよい。

(2)　右の図のように，ひし形の面積は，その2本の対角線の長さを2辺とする長方形の面積の半分になる。

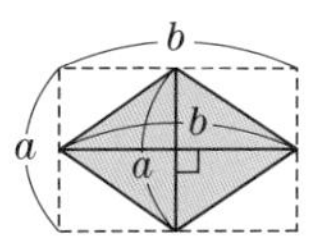

ひし形の面積＝対角線×対角線÷2
$S\quad=\quad a\quad\times\quad b\quad\div2$

(3)　直方体の体積＝縦×横×高さ
$V\quad=a\times b\times c$

(4)　立方体の体積＝1辺×1辺×1辺
$V\quad=\quad x\times x\times x$

p.103 **39** $\boldsymbol{S=\pi a^2-\pi b^2}$

解説　**円の面積＝半径×半径×円周率**

［色のついた部分の面積］＝［大きい円の面積］－［小さい円の面積］
$S\quad=\quad a\times a\times\pi\quad-\quad b\times b\times\pi$

p.104 **40** (1) $\boldsymbol{3a+6b\leqq1000}$　(2) $\boldsymbol{3x+8<4x-6}$

解説　数量の大小関係を読み取り，ことばの式に数や文字をあてはめて，不等号で結ぶ。

(1)　［ノートの代金］と［鉛筆の代金］の合計は［1000円以下］
$a\times3\quad+\quad b\times6\quad\leqq1000$

(2)　［xの3倍に8をたした数］は［xの4倍から6をひいた数より小さい］
$x\times3+8\quad<x\times4-6$

p.105 **41** (1) **姉がはらった代金は妹がはらった代金より多い。**
(2) **姉の残金は1200円。**
(姉が2000円でノート5冊を買ったときの残金は1200円だった。)
(3) **姉の残金は妹の残金の3倍以下である。**

解説　(1)　$5a\quad>\quad b$
［1冊a円のノート5冊の代金］＞［b円の筆箱の代金］
姉がはらった代金 ＞ 妹がはらった代金

(2)　$2000\quad-\quad5a\quad=1200$
［姉がはじめに持っていた金額］－［姉がはらった代金］＝1200
姉の残金　＝1200

(3)　$2000-5a\quad\leqq\quad3(1000-b)$
［姉の残金］≦［妹の残金の3倍］

定期テスト予想問題 ①

106～107ページ

1 (1) $-ab$　(2) $\frac{m-n}{7}$

解説

(1) $b\times(-1)\times a=-ab$ ←文字はアルファベット順

記号×ははぶく／−1の1は書かない

(2) $(m-n)\div 7=\frac{m-n}{7}$

ひとまとまりとみる／記号÷を使わずに，分数の形に

2 (1) $-6\times a\times b\times c$　(2) $(x-y)\div 2$

解説

(2) $\frac{x-y}{2}=(x-y)\div 2$

かっこをつける

3 (1) $3a+6b$(円)　(2) $80+x$

解説

(1) 代金の合計＝りんごの代金＋みかんの代金

$a\times 3 \quad + \quad b\times 6$

(2)

十の位	一の位
8	x

$10\times 8 \quad + \quad 1\times x=80+x$

4 (1) 面積　単位…cm^2

(2) 周の長さ　単位…cm

解説

(1) $2a^2-\frac{\pi a^2}{2}$

└─(長方形の面積−半円の面積)cm^2

(2) $\pi a+4a$

└─半円の弧の長さ(cm)

5 (1) 17　(2) −80

解説

(1) $9-2x=9-2\times x=9-2\times(-4)=9+8=17$

(2) $-5x^2=-5\times x^2=-5\times(-4)^2=-5\times 16=-80$

6 (1) $a-7$　(2) $5x-2$　(3) $-18x$

(4) $-42a$　(5) $7a+3$

解説

(1) $4a-1-6-3a=4a-3a-1-6$

$=(4-3)a-1-6=a-7$

(2) $(7x-5)+(3-2x)=7x-5+3-2x$

$=7x-2x-5+3=5x-2$

(3) $3x\times(-6)=3\times x\times(-6)=3\times(-6)\times x$

$=-18x$

(4) $(-28a)\div\frac{2}{3}=(-28a)\times\frac{3}{2}=-28\times\frac{3}{2}\times a$

$=-42a$

(5) $2(2a+5)-\frac{1}{3}(-9a+21)$

$=4a+10+3a-7=4a+3a+10-7=7a+3$

7 (1) $50-8a=b$

(2) $\frac{9}{10}x<500$ ($0.9x<500$)　(3) $\frac{3}{x}+\frac{3}{y}=\frac{9}{20}$

解説

(1) 50枚 − 配った枚数 ＝ 余り

$50 \quad - \quad a\times 8 \quad = \quad b$

(2) おつりがあったということは，品物の代金は500円未満であったということである。

定価 x 円の1割引きの値段は，

$x\times\left(1-\frac{1}{10}\right)=x\times\frac{9}{10}=\frac{9}{10}x$(円)

この値段が500円未満だから，$\frac{9}{10}x<500$

(3) **時間＝道のり÷速さ**より，

行きにかかった時間は，$3\div x=\frac{3}{x}$(時間)

帰りにかかった時間は，$3\div y=\frac{3}{y}$(時間)

27分を時間で表すと，$\frac{27}{60}=\frac{9}{20}$

よって，かかった時間を式にすると，

$\frac{3}{x}+\frac{3}{y}=\frac{9}{20}$

8 (1) $n+2$

(2) ⑤まで進むと n が消えて2だけ残るから。

解説

(1) はじめに思いうかべた数を n として④まで手順通りに進める。

② $3n$ ←思いうかべた数を3倍する。

③ $3n+6$ ←②の数に6をたす。

④ $\frac{3n+6}{3}=n+2$ ←③の数を3でわる。

(2) ⑤ $n+2-n=2$ ←④の数からはじめに思いうかべた数をひく。

n をふくまないから，n がどんな数でも答えはつねに2。

定期テスト予想問題 ②

108～109ページ

1 (1) $12\times x\times y$　(2) $3\times x\times x\div 5$
(3) $(a+b)\div 6-4\times c$

解説

(2) $\frac{3}{5}x^2=3x^2\div 5=3\times x\times x\div 5$

(3) $\frac{a+b}{6}-4c=(a+b)\div 6-4\times c$　かっこをつける

2 (1) $\frac{3}{4}x$km　(2) $\frac{a}{13}$g

解説

(1) **距離＝速さ×時間**より，45分を時間で表すと，
$\frac{45}{60}=\frac{3}{4}$(時間)　よって，$\frac{3}{4}x$km

(2) 1個あたりの重さは，平均の重さだから，
平均＝合計÷個数より，$\frac{a}{13}$g

3 (1) **1mあたりの値段は赤いリボンが青いリボンより30円高い。**
(1mあたりの値段は青いリボンが赤いリボンより30円安い。)
(2) **赤いリボンを6m，青いリボンを7m買ったときの代金は1500円より高い。**

解説

(2) 赤いリボン6mの代金　青いリボン7mの代金　1500円より高い
$6x + 7y > 1500$

4 (1) -2　(2) -4

解説

(1) $xy^3=\left(-\frac{1}{4}\right)\times 2^3=\left(-\frac{1}{4}\right)\times 8=-2$
負の数はかっこをつけて代入

(2) $6x-\frac{5}{y}=6\times\left(-\frac{1}{4}\right)-5\div 2=-\frac{3}{2}-\frac{5}{2}=-4$

5 $22x-5$

解説

$4A-5B=4(3x-5)-5(-2x-3)$
$=12x-20+10x+15=12x+10x-20+15=22x-5$

6 (1) $8x+3$　(2) $-\frac{8}{3}x$　(3) $-\frac{5}{4}x+\frac{1}{6}$
(4) $12x+20$　(5) $10a-1$

解説

(1) $5x+11-(-3x+8)=5x+11+3x-8$
$=5x+3x+11-8=8x+3$

(2) $-\frac{4}{9}x\times 6=-\frac{4}{9}\times 6\times x=-\frac{8}{3}x$

(3) $(15x-2)\div(-12)=(15x-2)\times\left(-\frac{1}{12}\right)$
$=15x\times\left(-\frac{1}{12}\right)-2\times\left(-\frac{1}{12}\right)=-\frac{5}{4}x+\frac{1}{6}$

(4) $\frac{3x+5}{4}\times 16=\frac{(3x+5)\times 16}{4}=(3x+5)\times 4$
$=12x+20$

(5) $3(2a-7)+4(a+5)=6a-21+4a+20$
$=6a+4a-21+20=10a-1$

7 (1) $4x-20>5$　(2) $a\left(1-\frac{b}{100}\right)\leqq 350$
(3) $x-3y=12$

解説

(2) $b\%=\frac{b}{100}(=0.01b)$より，$a$人の$b$%減った人数は$a\left(1-\frac{b}{100}\right)$(人)となる。

$a\left(1-\frac{b}{100}\right) \leqq 350$
今年の人数　350人以下

8 (1) $4n+1$(個)　(2) ㊁

解説

(1) 碁石を真ん中の1個とまわりの4個に分けて考えると，1番目は$4\times 1+1$(個)
2番目は$4\times 2+1$(個)
3番目は$4\times 3+1$(個)
……
よって，n番目の数は$4n+1$と考えられる。

(2) ㊁は右の図のように，対称に並ぶ左右の縦2個の列に着目すると，

$2n \times 2 + 1$
左半分は2個がn列　左右対称　真ん中の1個

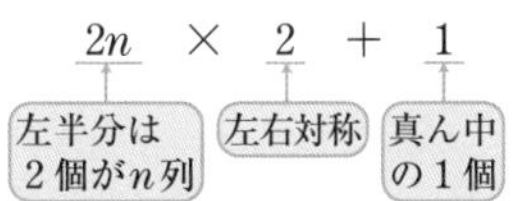

という式になる。

3章 方程式

1 方程式とその解

p.115 **1** (1) **1** (2) **0**

解説 -1, 0, 1をxに代入して，(左辺)=(右辺)が成り立つかどうか調べる。

(1) $x=-1$のとき，左辺$=6\times(-1)-1=-7$

$x=0$のとき，左辺$=6\times0-1=-1$

$x=1$のとき，左辺$=6\times1-1=5$

したがって，$x=1$のとき，(左辺)=(右辺)が成り立つから，この方程式の解は1

p.115 **2** ㋑

解説 ㋐～㋒の方程式に，$x=-2$を代入して，(左辺)=(右辺)が成り立つものを選ぶ。

㋐… 左辺$=3\times(-2)+5=-1$ / 右辺$=2$

㋑… 左辺$=-2+8=6$ / 右辺$=-3\times(-2)=6$ 　等しい

㋒… 左辺$=-2-3=-5$ / 右辺$=4\times(-2)+2=-6$

p.116 **3** (1) $\boldsymbol{x=17}$ (2) $\boldsymbol{x=-5}$

解説 (1) 両辺に8をたすと，

$x-8+8=9+8$, $x=17$

(2) 両辺に5をたすと，

$x-5+5=-10+5$, $x=-5$

p.116 **4** (1) $\boldsymbol{x=-4}$ (2) $\boldsymbol{x=-11}$

解説 (1) 両辺から6をひくと，

$x+6-6=2-6$, $x=-4$

(2) 両辺から8をひくと，

$8+x-8=-3-8$, $x=-11$

p.117 **5** (1) $\boldsymbol{x=-18}$ (2) $\boldsymbol{x=30}$ (3) $\boldsymbol{x=27}$

解説 (1) 両辺に2をかけると，

$\frac{1}{2}x\times2=-9\times2$, $x=-18$

(2) 両辺に-5をかけると，

$-\frac{x}{5}\times(-5)=-6\times(-5)$, $x=30$

(3) 両辺に$\frac{3}{2}$をかけると，

$\frac{2}{3}x\times\frac{3}{2}=18\times\frac{3}{2}$, $x=27$

p.117 **6** (1) $\boldsymbol{x=5}$ (2) $\boldsymbol{x=-4}$ (3) $\boldsymbol{x=-\frac{5}{2}}$

解説 (1) 両辺を3でわると，$\frac{3x}{3}=\frac{15}{3}$, $x=5$

別解 両辺に$\frac{1}{3}$をかけると考えることもできる。

$3x\times\frac{1}{3}=15\times\frac{1}{3}$, $x=5$

(2) 両辺を-5でわると，$\frac{-5x}{-5}=\frac{20}{-5}$, $x=-4$

(3) 両辺を-4でわると，$\frac{-4x}{-4}=\frac{10}{-4}$, $x=-\frac{5}{2}$

2 方程式の解き方

p.119 **7** (1) $\boldsymbol{x=-16}$ (2) $\boldsymbol{x=12}$ (3) $\boldsymbol{x=9}$ (4) $\boldsymbol{x=-9}$

解説 (1) $x+8=-8$ 　+8を移項する

$x=-8-8$

$x=-16$

(2) -9を移項すると，$x=3+9$, $x=12$

(3) 2を移項すると，$x=11-2$, $x=9$

(4) -6を移項すると，$x=-15+6$, $x=-9$

p.120 **8** (1) $\boldsymbol{x=4}$ (2) $\boldsymbol{x=-3}$

解説 (1) $7x-5=23$ 　−5を移項する

$7x=23+5$ 　$ax=b$の形にする

$7x=28$ 　両辺を7でわる

$x=4$

(2) 2を移項すると，

$-3x=11-2$, $-3x=9$, $x=-3$

p.120 **9** (1) $\boldsymbol{x=-7}$ (2) $\boldsymbol{x=-6}$

解説 (1) $3x=5x+14$ 　$5x$を移項する

$3x-5x=14$ 　$ax=b$の形にする

$-2x=14$ 　両辺を−2でわる

$x=-7$

(2) $-x$を移項すると，

$-4x+x=18$, $-3x=18$, $x=-6$

p.121 **10** (1) $\boldsymbol{x=8}$ (2) $\boldsymbol{x=-3}$

解説 (1) $6x+8=7x$ 　+8，$7x$を移項する

$6x-7x=-8$ 　$ax=b$の形にする

$-x=-8$ 　両辺を−1でわる

$x=8$

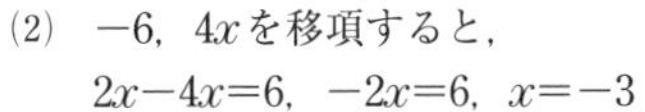

(2)　-6，$4x$を移項すると，
$2x-4x=6$，$-2x=6$，$x=-3$

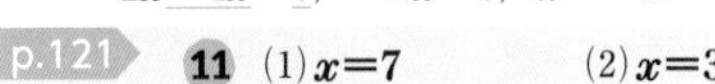

p.121　**11**　(1) $\boldsymbol{x=7}$　　(2) $\boldsymbol{x=3}$

解説　(1)
$$7x-4=5x+10$$
（-4，$5x$を移項する）
$$7x-5x=10+4$$
（$ax=b$の形にする）
$$2x=14$$
（両辺を2でわる）
$$x=7$$

(2)　5，$2x$を移項すると，
$-6x-2x=-19-5$，$-8x=-24$，$x=3$

p.122　**12**　(1) $\boldsymbol{x=9}$　　(2) $\boldsymbol{x=-8}$
(3) $\boldsymbol{x=2}$　　(4) $\boldsymbol{x=3}$

解説　まず**分配法則を利用**して，かっこをはずす。

(1)
$$4(x-1)=3x+5$$
（かっこをはずす）
$$4x-4=3x+5$$
（-4，$3x$を移項する）
$$4x-3x=5+4$$
$$x=9$$

(2)　かっこをはずすと，$3x-8=8x+32$，
$3x-8x=32+8$，$-5x=40$，$x=-8$

(3)　かっこをはずすと，$5x-1=6-3x+9$，
$5x+3x=6+9+1$，$8x=16$，$x=2$

(4)　かっこをはずすと，$-6+4x=15-3x$，
$4x+3x=15+6$，$7x=21$，$x=3$

p.123　**13**　(1) $\boldsymbol{x=13}$　　(2) $\boldsymbol{x=8}$
(3) $\boldsymbol{x=-8}$　　(4) $\boldsymbol{x=-\frac{7}{60}}$

解説　係数に小数がある方程式は，まず**両辺に10，100，…をかけて**，係数を整数にする。

(1)
$$1.4x-3.5=0.9x+3$$
（両辺に10をかける）
$$(1.4x-3.5)\times10=(0.9x+3)\times10$$
（-35，$9x$を移項する）
$$14x-35=9x+30$$
$$14x-9x=30+35$$
$$5x=65$$
$$x=13$$

(2)　両辺に100をかけると，
$(0.75x-1)\times100=(0.5x+1)\times100$，$75x-100=50x+100$，
$75x-50x=100+100$，$25x=200$，$x=8$

(3)　両辺に100をかけると，
$(0.2x+0.16)\times100=(0.13x-0.4)\times100$，
$20x+16=13x-40$，$20x-13x=-40-16$，
$7x=-56$，$x=-8$

(4)　両辺に1000をかけると，
$(0.3x+0.04)\times1000=0.005\times1000$，
$300x+40=5$，$300x=5-40$，$300x=-35$，$x=-\frac{7}{60}$

p.124　**14**　(1) $\boldsymbol{x=10}$　　(2) $\boldsymbol{x=\frac{20}{7}}$
(3) $\boldsymbol{x=21}$　　(4) $\boldsymbol{x=-8}$

解説　係数に分数がある方程式は，まず**両辺に分母の最小公倍数をかけて**，分母をはらう。

(1)
$$\frac{2}{3}x-5=\frac{x}{6}$$
（両辺に6をかける）
$$\left(\frac{2}{3}x-5\right)\times6=\frac{x}{6}\times6$$
$$4x-30=x$$
（-30，xを移項する）
$$4x-x=30$$
$$3x=30$$
$$x=10$$

(2)　両辺に4をかけると，
$\left(\frac{3}{4}x+3\right)\times4=(8-x)\times4$，$3x+12=32-4x$，
$3x+4x=32-12$，$7x=20$，$x=\frac{20}{7}$

(3)　両辺に21をかけると，
$\left(\frac{8}{7}x-6\right)\times21=\left(\frac{2}{3}x+4\right)\times21$，
$24x-126=14x+84$，$24x-14x=84+126$，
$10x=210$，$x=21$

(4)　両辺に12をかけると，
$\left(\frac{x}{4}-\frac{2}{3}\right)\times12=\left(12+\frac{11}{6}x\right)\times12$，
$3x-8=144+22x$，$3x-22x=144+8$，
$-19x=152$，$x=-8$

p.125　**15**　(1) $\boldsymbol{x=2}$　　(2) $\boldsymbol{x=48}$

解説　(1)
$$\frac{1}{2}x-1=\frac{x-2}{6}$$
（両辺に6をかける）
$$\left(\frac{1}{2}x-1\right)\times6=\frac{x-2}{6}\times6$$
$$3x-6=x-2$$
（-6，xを移項する）
$$3x-x=-2+6$$
$$2x=4$$
$$x=2$$

(2)　両辺に20をかけると，
$\frac{x+2}{5}\times20=\frac{x-8}{4}\times20$，
$(x+2)\times4=(x-8)\times5$，
$4x+8=5x-40$，$4x-5x=-40-8$，
$-x=-48$，$x=48$

p.126 **16** (1) $x=-4$　(2) $x=4$

解説 (1) $0.3(x+1)-1.9=0.7x$

$\{0.3(x+1)-1.9\}\times10=0.7x\times10$ 　両辺に10をかける

$3(x+1)-19=7x$ 　かっこをはずす

$3x+3-19=7x$

$3x-7x=-3+19$

$-4x=16$

$x=-4$

(2) 両辺に100をかけると，

$0.05(3x-6)\times100=\{0.5-0.2(x-3)\}\times100$,

$5(3x-6)=50-20(x-3)$, $15x-30=50-20x+60$,

$15x+20x=50+60+30$, $35x=140$, $x=4$

別解 両辺に20をかけて，$3x-6=10-4(x-3)$としてから解いてもよい。

p.127 **17** (1) $x=15$　(2) $x=8$
(3) $x=9$　(4) $x=8$

解説 比例式の性質**$a:b=c:d$ならば，$ad=bc$**を利用して，xについての方程式をつくって解く。

(1) $x:20=3:4$ → ($x\times4=20\times3$) $4x=60$, $x=15$

(2) 比例式の性質から，$6\times28=21x$, $x=8$

(3) 比例式の性質から，$\frac{2}{3}x=6$, $x=9$

(4) 比例式の性質から，$18x=12(x+4)$
かっこをはずして，
$18x=12x+48$, $6x=48$, $x=8$

3 方程式の利用

p.129 **18** 2100円

解説 サンドイッチを買う前のそうたさんの所持金をx円とすると，かなさんの所持金は$3400-x$(円)

買った後の2人の所持金は，
そうた…$x-500$(円)，かな…$3400-x-500$(円)
だから，方程式は，

$x-500=2(3400-x-500)$

$x-500=2(2900-x)$

$x-500=5800-2x$

$x+2x=5800+500$

$3x=6300$

$x=2100$

そうたさんのサンドイッチを買う前の所持金2100円は，問題にあてはまる。

p.130 **19** 43本

解説 生徒の人数をx人とすると，
4本ずつ配ったときの鉛筆の本数は，$4x+7$(本)
5本ずつ配ったときの鉛筆の本数は，$5x-2$(本)

鉛筆の本数 ＝ 4×人数 ＋ 7
鉛筆の本数 ＝ 5×人数 － 2

したがって，方程式は，$4x+7=5x-2$
これを解くと，$x=9$
これより，鉛筆の本数は，$4\times9+7=43$(本)
これは問題にあてはまる。

別解 鉛筆の本数をx本とすると，生徒の人数の関係から，$\frac{x-7}{4}=\frac{x+2}{5}$
これを解くと，$5(x-7)=4(x+2)$,
$5x-35=4x+8$, $5x-4x=8+35$, $x=43$

p.131 **20** 300m

解説 家からA地点までの道のりをxmとすると，A地点から学校までの道のりは$900-x$(m)

これより，速さ，道のり，時間の関係は，下の表のようになる。

	家からA地点	A地点から学校
速さ(m/min)	100	60
道のり(m)	x	$900-x$
時間(分)	$x\div100$	$(900-x)\div60$

家から学校まで行くのにかかった時間は，13(分)だから，方程式は，

$$\frac{x}{100}+\frac{900-x}{60}=13$$

両辺に300をかけると，$3x+5(900-x)=3900$,
$3x+4500-5x=3900$, $3x-5x=3900-4500$,
$-2x=-600$, $x=300$

家からA地点までの道のり300mは問題にあてはまる。

p.132 **21** (1) $x=-10$　(2) 49

解説 (1) 方程式は，$5x+2=3(x-6)$
これを解くと，$5x+2=3x-18$,
$5x-3x=-18-2$, $2x=-20$, $x=-10$
これは問題にあてはまる。

(2) 2けたの整数は十の位の数をxとすると，$10x+9$と表せる。
したがって，方程式は，$10x+9=4(x+9)-3$
これを解くと，$10x+9=4x+36-3$,
$10x-4x=36-3-9$, $6x=24$, $x=4$

求める整数は，十の位の数が4，一の位の数が9だから，49

これは問題にあてはまる。

p.133 **22 7年前**

解説 現在からx年後に4倍になるとすると，

x年後の父の年齢は，$39+x$(歳)

x年後の長男の年齢は，$12+x$(歳)

x年後の次男の年齢は，$10+x$(歳)

したがって，方程式は，

$39+x=4(12+x+10+x)$

これを解くと，$39+x=4(2x+22)$，$39+x=8x+88$，$x-8x=88-39$，$-7x=49$，$x=-7$

-7年後とは7年前のことだから，これは問題にあてはまる。

別解 現在からx年前に4倍になったとすると，

x年前の父の年齢は，$39-x$(歳)

x年前の長男の年齢は，$12-x$(歳)

x年前の次男の年齢は，$10-x$(歳)

したがって，方程式は，

$39-x=4(12-x+10-x)$

これを解くと，$x=7$

p.134 **23 8個**

解説 移した玉の個数をx個とすると，移した後のAの箱の玉の個数は$32-x$(個)，Bの箱の玉の個数は$32+x$(個)だから，

$(32-x):(32+x)=3:5$

比例式の性質から，$5(32-x)=3(32+x)$，$160-5x=96+3x$，$-5x-3x=96-160$，$-8x=-64$，$x=8$

移した玉の個数8個は問題にあてはまる。

p.135 **24** (1) $\boldsymbol{a=7}$ (2) $\boldsymbol{a=-2}$

解説 (1) $ax-2=4x+a$ に$x=3$を代入すると，

$a\times3-2=4\times3+a$，$3a-2=12+a$

これをaについて解くと，

$3a-a=12+2$，$2a=14$，$a=7$

(2) $a+\dfrac{x}{4}=\dfrac{x+a}{2}$ に$x=-4$を代入すると，

$a+\dfrac{-4}{4}=\dfrac{-4+a}{2}$，$a-1=\dfrac{a-4}{2}$

これをaについて解くと，

$2(a-1)=a-4$，$2a-2=a-4$，$a=-2$

定期テスト予想問題 ①

136～137ページ

1 (1) **等式の性質…イ，C…8**

(または，等式の性質…ア，C…-8)

(2) **等式の性質…エ，C…3**

(または，等式の性質…ウ，C…$\dfrac{1}{3}$)

解説

$$\begin{aligned}3x+8&=14\\3x+8-8&=14-8\\3x&=6\\\frac{3x}{3}&=\frac{6}{3}\\x&=2\end{aligned}$$

両辺から8をひく

両辺を3でわる

(1)は両辺に-8をたす，(2)は両辺に$\dfrac{1}{3}$をかけると考えてもよい。

2 (1) $\boldsymbol{x=9}$ (2) $\boldsymbol{x=-18}$

(3) $\boldsymbol{x=3}$ (4) $\boldsymbol{x=-6}$

解説

(2) 両辺に$\dfrac{3}{2}$をかけると，

$\dfrac{2}{3}x\times\dfrac{3}{2}=-12\times\dfrac{3}{2}$，$x=-18$

(3) 移項すると，$-x-4x=-15$，$-5x=-15$，$x=3$

(4) 移項すると，$9x-5x=-17-7$，$4x=-24$，$x=-6$

3 (1) $\boldsymbol{x=12}$ (2) $\boldsymbol{x=-5}$

(3) $\boldsymbol{x=3}$ (4) $\boldsymbol{x=-\dfrac{3}{2}}$

解説

(1) かっこをはずすと，

$4x-36=x$，$4x-x=36$，

$3x=36$，$x=12$

(2) かっこをはずすと，

$x-6x-9=16$，

$x-6x=16+9$，$-5x=25$，$x=-5$

(3) 両辺に10をかけると，

$(1.3x+2.7)\times10=(9-0.8x)\times10$，

$13x+27=90-8x$，$21x=63$，$x=3$

(4) 両辺に6をかけると，

$\left(\frac{3}{2}x-1\right)\times6=\left(\frac{x}{6}-3\right)\times6$，$9x-6=x-18$，

$9x-x=-18+6$，$8x=-12$，$x=-\frac{3}{2}$

4 (1) $x=8$　(2) $x=10$

解説

(1) 比例式の性質から，$28\times2=7x$，$x=8$

(2) 比例式の性質から，$15(x-2)=12x$，

$15x-30=12x$，$15x-12x=30$，$3x=30$，$x=10$

5 $a=2$

解説

$2x+a=3a-2$に$x=1$を代入すると，

$2\times1+a=3a-2$，$2+a=3a-2$

これをaについて解くと，$a=2$

6 (1) **10円玉…25枚，50円玉…15枚**

(2) **17，19，21**　(3) **2100 m**

解説

(1) 10円玉をx枚とすると，50円玉は$40-x$(枚)

方程式は，$10x+50(40-x)=1000$

これを解くと，$10x+2000-50x=1000$，

$10x-50x=1000-2000$，$-40x=-1000$，$x=25$

これより，50円玉は，$40-25=15$(枚)

これらは問題にあてはまる。

(2) 連続する3つの奇数をx，$x+2$，$x+4$とすると，

方程式は，$x+(x+2)+(x+4)=57$

これを解くと，$3x+6=57$，$3x=51$，$x=17$

残りの2つの奇数は，$17+2=19$，$17+4=21$

これらは問題にあてはまる。

(3) Aさんの家から公園までの道のりをxmとすると，

時間の関係から，$\frac{x}{60}-\frac{x}{70}=5$(分)

両辺に420をかけると，$7x-6x=2100$，$x=2100$

この道のり2100mは問題にあてはまる。

7 (1) **14**　(2) $x=-1$

解説

(1) $3*(-1)=3-4\times3\times(-1)+(-1)$

$=3+12-1=14$

(2) $2*x=2-4\times2\times x+x=2-8x+x$

$=2-7x$

$2*x=9$より，

$2-7x=9$，$-7x=9-2$，$-7x=7$

$x=-1$

定期テスト予想問題 ②

138～139ページ

1 ㋑

解説

㋐～㋒の方程式に，$x=4$を代入して，

(左辺)＝(右辺)が成り立つかどうか調べる。

㋐… 左辺$=4-4=0$
右辺$=8$

㋑… 左辺$=6\times4=24$
右辺$=3\times4+12=24$　等しい

㋒… 左辺$=2\times4-5=3$
右辺$=4-7=-3$

2 (1) $x=-32$　(2) $x=7$

(3) $x=-1$　(4) $x=\frac{5}{2}$

解説

(1) 両辺に$-\frac{8}{5}$をかけると，

$-\frac{5}{8}x\times\left(-\frac{8}{5}\right)=20\times\left(-\frac{8}{5}\right)$，$x=-32$

(2) 移項すると，

$3x=29-8$，$3x=21$，$x=7$

(3) 移項すると，

$-9x-2x=11$，$-11x=11$，$x=-1$

(4) 移項すると，

$-13x+7x=25-40$，$-6x=-15$，$x=\frac{5}{2}$

3 (1) $x=-6$　(2) $x=1$

(3) $x=-3$　(4) $x=4$

(5) $x=-2$　(6) $x=7$

解説

(1) かっこをはずすと，$2x-6=4x+6$，

$2x-4x=6+6$，$-2x=12$，$x=-6$

(2) かっこをはずすと，$3x+3=9-5x+2$

$3x+5x=9+2-3$，$8x=8$，$x=1$

(3) 両辺に100をかけると，

$0.8x\times100+0.57\times100=0.01x\times100-1.8\times100$

$80x+57=x-180$，$80x-x=-180-57$，

$79x=-237$，$x=-3$

(4) 両辺に10をかけると，

$0.2(x+3)\times10=0.7(6-x)\times10$，

$2(x+3)=7(6-x)$，$2x+6=42-7x$，

$2x+7x=42-6$，$9x=36$，$x=4$

(5) 両辺に24をかけると，

$\left(\frac{3}{8}x+1\right)\times24=\left(\frac{x}{6}+\frac{7}{12}\right)\times24$，$9x+24=4x+14$

$9x-4x=14-24$，$5x=-10$，$x=-2$

(6) 両辺に20をかけると，$\frac{x-2}{5}\times20=\frac{x-3}{4}\times20$，

$4(x-2)=5(x-3)$，$4x-8=5x-15$，

$4x-5x=-15+8$，$-x=-7$，$x=7$

4 (1) $\boldsymbol{x=7}$　(2) $\boldsymbol{x=\frac{25}{2}}$

解説

(1) 比例式の性質から，$x\times18=9\times14$，$x=7$

(2) 比例式の性質から，$10\times\frac{1}{2}=x\times\frac{2}{5}$，$5=\frac{2}{5}x$

$x=\frac{25}{2}$

5 $\boldsymbol{a=-\frac{2}{7}}$

解説

$x-2a=ax+7$に$x=5$を代入すると，

$5-2a=a\times5+7$，$5-2a=5a+7$

これをaについて解くと，

$-2a-5a=7-5$，$-7a=2$，$a=-\frac{2}{7}$

6 (1) **兄…30枚，弟…18枚**　(2) **38人**
(3) **9年前**

解説

(1) 兄と弟の枚数の比が5：3だから，全体は
$5+3=8$となる。

兄の枚数をx枚とすると，$48:x=8:5$

比例式の性質から，$48\times5=8\times x$，$x=30$

これより，弟の枚数は，$48-30=18$(枚)

これらは問題にあてはまる。

別解　兄の枚数をx枚とすると，弟の枚数は
$48-x$(枚)だから，$x:(48-x)=5:3$

比例式の性質から，$3x=5(48-x)$，

$3x=240-5x$，$3x+5x=240$，$8x=240$，$x=30$

(2) クラスの人数をx人とすると，費用の関係から，

$400x-200=350x+1700$

これを解くと，$400x-350x=1700+200$，

$50x=1900$，$x=38$

クラスの人数38人は問題にあてはまる。

(3) 現在からx年後に2倍になるとすると，

x年後のAさんの年齢は，$15+x$(歳)

x年後のお兄さんの年齢は，$21+x$(歳)

したがって，方程式は，

$21+x=2(15+x)$，$21+x=30+2x$

$x-2x=30-21$，$-x=9$，$x=-9$

-9年後は9年前を表す。これは，問題にあてはまる。

別解　現在からx年前に2倍になったとすると，

x年前のAさんの年齢は，$15-x$(歳)

x年前のお兄さんの年齢は，$21-x$(歳)

したがって，方程式は，

$21-x=2(15-x)$，$21-x=30-2x$

$-x+2x=30-21$，$x=9$

7 (1) ㋒　(2) **2km**

解説

(1) 走った道のりを$x$kmとすると，速さ，道のり，時間の関係は下の表のようになる。

	走った区間	歩いた区間
速さ(km/h)	12	4
道のり(km)	x	$10-x$
時間	$x\div12$	$(10-x)\div4$

1時間10分$=1\frac{10}{60}$時間$=1\frac{1}{6}$時間より，**時間の関係**を方程式にすると，

$\frac{x}{12}+\frac{10-x}{4}=1\frac{1}{6}$

(2) (1)の方程式を解く。

両辺に12をかけると，

$\left(\frac{x}{12}+\frac{10-x}{4}\right)\times12=\frac{7}{6}\times12$，

$x+3(10-x)=14$，$x+30-3x=14$，

$-2x=-16$，$x=8$

走った道のりが8kmであるから，歩いた道のりは

$10-8=2$(km)

4章　比例と反比例

1 比例

p.145　**1** **y は x の関数といえる。**
x は y の関数といえない。

解説　たとえば，ある自然数 x を6とすると，6の約数は1，2，3，6の4個に決まるから，x の値を決めると，y の値はただ1つに決まる。逆に，約数の個数 y が4個となるような自然数は6のほかに，8，10，…などがあるから，y の値を決めても，x の値はただ1つに決まらない。

p.146　**2** (1) $-4<x<9$　(2) $-3 \leqq x \leqq 7$

p.147　**3** (1) $y=150x$　(2) $y=\dfrac{8}{x}$　(3) $y=8x$
(4) $y=\dfrac{1}{4}x$　(5) $y=4\pi x^2$
y が x に比例するもの…(1)，(3)，(4)
比例定数…(1) 150，(3) 8，(4) $\dfrac{1}{4}$

解説　(3)　くぎの重さ＝1本の重さ×本数
└→ $80 \div 10=8$(g)

(4)　正方形の1辺の長さ＝周の長さ×$\dfrac{1}{4}$

(5)　円の面積＝半径×半径×円周率

p.148　**4** $y=\dfrac{1}{2}x$

解説　y は x に比例するから，比例定数を a とすると，$y=ax$ とおける。　$x=-8$ のとき $y=-4$ だから，
$-4=a\times(-8)$，$a=\dfrac{1}{2}$
したがって，式は，$y=\dfrac{1}{2}x$

p.148　**5** $y=8$

解説　y は x に比例するから，比例定数を a とすると，$y=ax$ とおける。　$x=-9$ のとき $y=6$ だから，
$6=a\times(-9)$，$a=-\dfrac{2}{3}$
したがって，式は，$y=-\dfrac{2}{3}x$
この式に $x=-12$ を代入すると，
$y=-\dfrac{2}{3}\times(-12)=8$

p.149　**6** **ア** 12　**イ** 3　**ウ** 6　**エ** 10

解説　y は x に比例するから，比例定数を a とすると，$y=ax$ とおける。　$x=4$ のとき $y=-6$ だから，
$-6=a\times4$，$a=-\dfrac{3}{2}$
したがって，式は，$y=-\dfrac{3}{2}x$

ア… $y=-\dfrac{3}{2}\times(-8)=12$

イ… $y=-\dfrac{3}{2}\times(-2)=3$

ウ… $-9=-\dfrac{3}{2}\times x$，$x=6$

エ… $-15=-\dfrac{3}{2}\times x$，$x=10$

p.150　**7** (1) $y=4x$　(2) $0 \leqq x \leqq 5$

解説　(1)　道のり＝速さ×時間
y ＝ 4 × x

(2)　Aさんが B町まで行くのにかかる時間は，
$y=4x$ に $y=20$ を代入して，$20=4x$，$x=5$(時間)
したがって，x のとりうる値の範囲は，0以上5以下となる。

2 座標と比例のグラフ

p.152　**8** P$(-4,\ 3)$　Q$(2,\ -5)$
R$(-3,\ 0)$　S$(0,\ 1)$

p.153　**9**

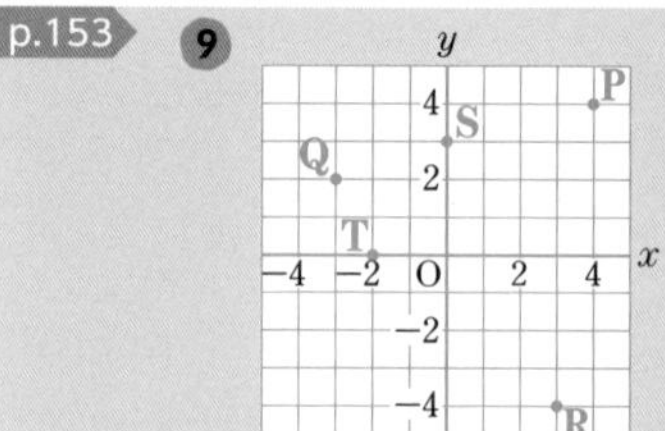

解説　座標が $(a,\ b)$ の点➡ x 座標が a，y 座標が b

p.154　**10** (1) B$(5,\ 2)$　(2) C$(-5,\ -2)$
(3) D$(-5,\ 2)$　(4) E$(7,\ -5)$

解説

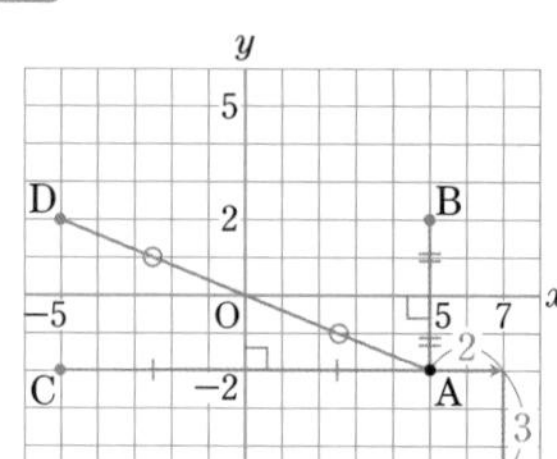

(4)　x 軸の正の方向へ2だから，点Aから右へ2進み，y 軸の負の方向へ3だから，さらに下へ3進んだ点がEになる。

p.155 **11** **24cm²**

解説 右の図のように，三角形ABCを囲む長方形PQCRをつくる。

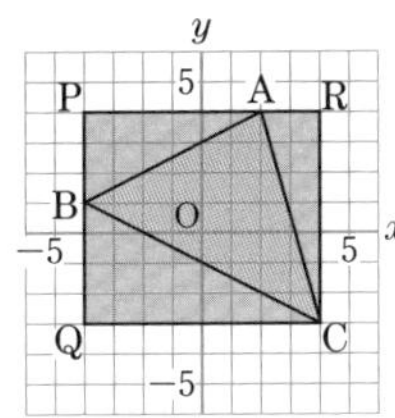

三角形ABCの面積は，長方形PQCRの面積から3つの直角三角形PBA，BQC，ACRの面積をひいたものだから，

$$\underset{\text{長方形PQCRの面積}}{7\times8}-\left(\underset{\text{三角形PBAの面積}}{\frac{1}{2}\times6\times3}+\underset{\text{三角形BQCの面積}}{\frac{1}{2}\times8\times4}+\underset{\text{三角形ACRの面積}}{\frac{1}{2}\times2\times7}\right)$$

$=56-(9+16+7)=56-32=24$

p.156 **12**

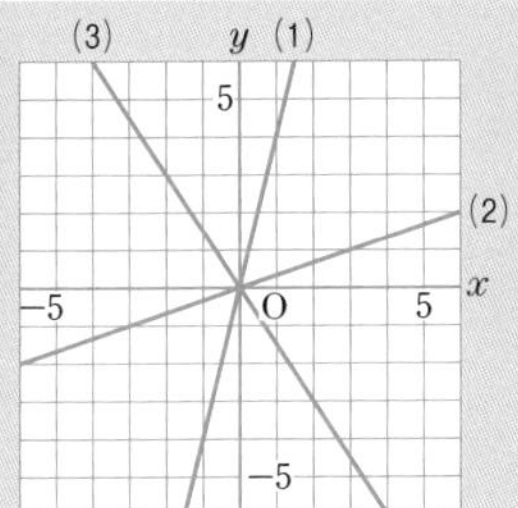

解説 (1) $x=1$のとき，$y=4\times1=4$

したがって，原点と点(1, 4)を通る直線をひく。

(2) 原点と点(3, 1)を通る直線をひく。

点(6, 2)，(−3, −1)，(−6, −2)でもよい

(3) 原点と点(2, −3)を通る直線をひく。

点(4, −6)，(−2, 3)，(−4, 6)でもよい

p.157 **13** (1) **①yは3ずつ増加する。**

②yは3ずつ減少する。

(2) $\boldsymbol{y=-\frac{5}{2}x}$

解説 (1) xとyの増減のようすは，右の図のようになる。

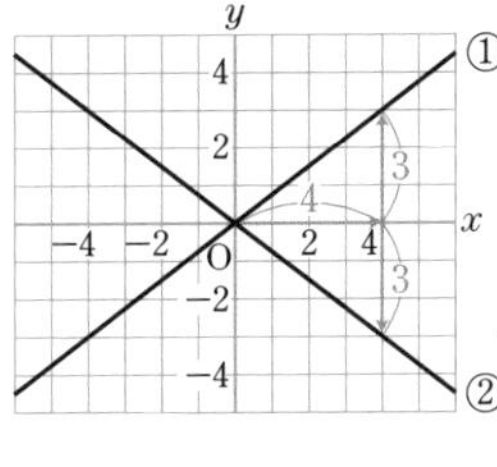

(2) xの値が2増加するとyの値が5減少するということは，比例定数は，$\frac{-5}{2}=-\frac{5}{2}$になる。

p.158 **14** (1) $\boldsymbol{y=\frac{4}{3}x}$ (2) $\boldsymbol{y=-\frac{1}{2}x}$

解説 (1) グラフは，点(3, 4)を通るから，$y=ax$に$x=3$，$y=4$を代入すると，$4=a\times3$，$a=\frac{4}{3}$

したがって，式は，$y=\frac{4}{3}x$

(2) グラフは，点(2, −1)を通るから，$y=ax$に$x=2$，$y=-1$を代入して，aの値を求める。

3 反比例

p.160 **15** (1) $\boldsymbol{y=\frac{60}{x}}$ (2) $\boldsymbol{y=10-x}$ (3) $\boldsymbol{y=\frac{36}{x}}$

yがxに反比例するもの…(1)，(3)

比例定数…(1) 60，(3) 36

解説 (1) 1本分のテープの長さ

＝全体のテープの長さ÷等分した本数

(2) 長方形の横の長さ＝周の長さ÷2−縦の長さ

(3) 平行四辺形の高さ＝面積÷底辺

p.161 **16** (1) $\boldsymbol{y=-\frac{6}{x}}$ (2) $\boldsymbol{y=5}$

解説 (1) yはxに反比例するから，比例定数をaとすると，$y=\frac{a}{x}$とおける。

$x=-2$のとき$y=3$だから，$3=\frac{a}{-2}$，$a=-6$

したがって，式は，$y=-\frac{6}{x}$

(2) yはxに反比例するから，比例定数をaとすると，$y=\frac{a}{x}$とおける。

$x=2$のとき$y=10$だから，$10=\frac{a}{2}$，$a=20$

したがって，式は，$y=\frac{20}{x}$

この式に$x=4$を代入すると，$y=\frac{20}{4}=5$

p.162 **17** **ア** 8 **イ** −2 **ウ** −12 **エ** 6

解説 yはxに反比例するから，比例定数をaとすると，$y=\frac{a}{x}$とおける。

$x=3$のとき$y=-16$だから，

$-16=\frac{a}{3}$，$a=-48$

したがって，式は，$y=-\frac{48}{x}$

ア…$y=-\frac{48}{-6}=8$ **イ**…$24=-\frac{48}{x}$，$x=-2$

ウ…$y=-\frac{48}{4}=-12$ **エ**…$-8=-\frac{48}{x}$，$x=6$

p.163 **18**

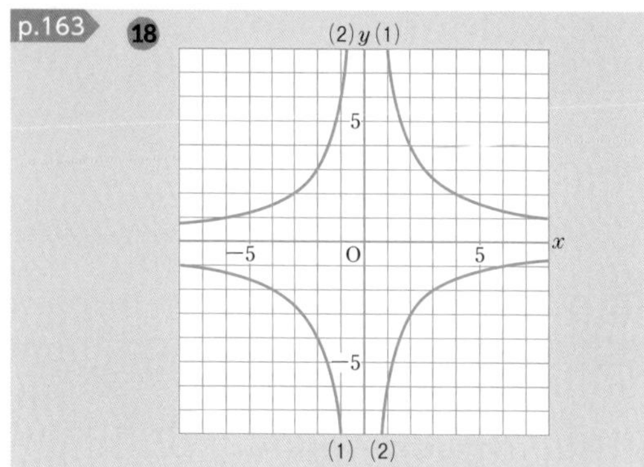

解説　対応するx, yの値は，下の表のようになる。

(1)

x	…	−8	−4	−2	−1	0	1	2	4	8	…
y	…	−1	−2	−4	−8	×	8	4	2	1	…

(2)

x	…	−6	−3	−2	−1	0	1	2	3	6	…
y	…	1	2	3	6	×	−6	−3	−2	−1	…

上の表の対応するx, yの値の組を座標とする点をとり，それらの点をなめらかな2つの曲線で結ぶ。

p.164 **19** (1) $\boldsymbol{y=\frac{10}{x}}$　(2) $\boldsymbol{y=-\frac{8}{x}}$

解説　反比例のグラフの式だから，$\boldsymbol{y=\frac{a}{x}}$とおける。

(1)　グラフは，点(2, 5)を通るから，$y=\frac{a}{x}$に$x=2$, $y=5$を代入すると，$5=\frac{a}{2}$, $a=10$

したがって，式は，$y=\frac{10}{x}$

(2)　グラフは，点(2, −4)を通るから，$y=\frac{a}{x}$に$x=2$, $y=-4$を代入すると，$-4=\frac{a}{2}$, $a=-8$

したがって，式は，$y=-\frac{8}{x}$

4 比例と反比例の利用

p.166 **20** **450g**

解説　針金xmの重さをygとすると，yはxに比例するから，$y=ax$

針金4mの重さが72gだから，$x=4$, $y=72$を代入すると，$72=a\times4$, $a=18$

したがって，式は，$y=18x$

この式に$x=25$を代入して，$y=18\times25=450$(g)

p.167 **21** (1) **2時間24分**　(2) **36分**

解説　(1)　x本の管で水を入れたとき，水そうがいっぱいになるまでにy分かかるとすると，

$x\times y=3\times48$

したがって，式は，$y=\frac{144}{x}$

この式に$x=1$を代入して，$y=\frac{144}{1}=144$(分)

1時間＝60分だから，

144分＝(60×2＋24)分＝2時間24分

(2)　(1)で求めた式に$x=4$を代入して，

$y=\frac{144}{4}=36$(分)

p.168 **22** **4cm**

解説　$x\times y=a\times b$で，$a=6$, $b=30$とすると，

$x\times y=6\times30$

したがって，式は，$y=\frac{180}{x}$

この式に$y=45$を代入して，$45=\frac{180}{x}$, $x=4$

p.169 **23** (1) **兄…家から300m，弟…家から200m**
2人は100m離れている。
(2) **200m**

解説　(1)　**例題23**(1)で求めた式から，$x=4$のときのyの値を求める。

兄は，$y=75\times4=300$，弟は，$y=50\times4=200$

(2)　グラフから兄が駅に着いたのは出発してから8分後。

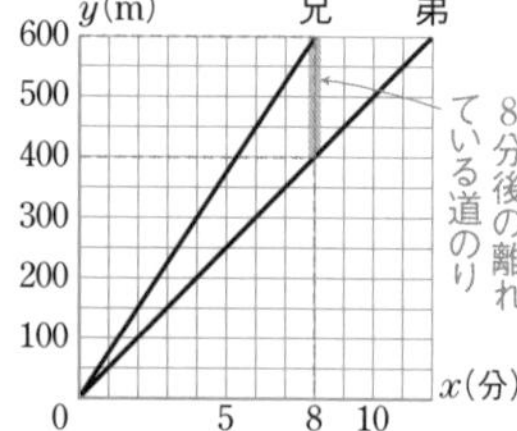

このとき，弟が進んだ道のりは，

50×8＝400(m)

したがって，弟は駅の手前，600−400＝200(m)の地点にいる。

p.170 **24** $\boldsymbol{a=-\frac{1}{2}}$, $\boldsymbol{b=-32}$

解説　①のグラフは，点A(−6, 3)を通るから，$y=ax$に$x=-6$, $y=3$を代入して，

$3=a\times(-6)$, $a=-\frac{1}{2}$

①のグラフは，点Bも通るから，Bのy座標は，

$y=-\frac{1}{2}x$に$x=8$を代入して，$y=-\frac{1}{2}\times8=-4$

②のグラフは，点B(8, −4)を通るから，

$y=\frac{b}{x}$に$x=8$, $y=-4$を代入して，

$-4=\frac{b}{8}$, $b=-32$

p.171 **25** (1) $\boldsymbol{y=3x}$

(2) $\boldsymbol{0 \leqq x \leqq 8}$

(3)

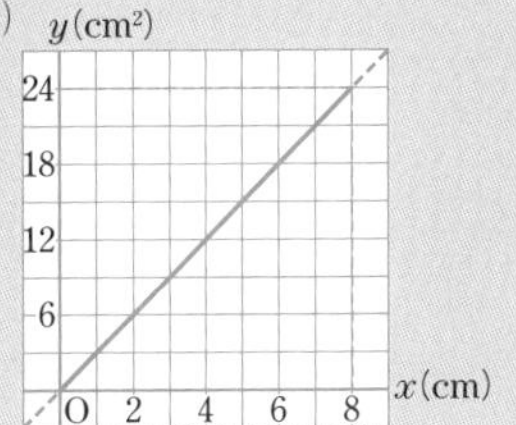

解説 (2) 点PはBからCまで進むから,

$0 \leqq \mathrm{BP} \leqq 8$より，$x$の変域は，$\underline{0} \leqq x \leqq \underline{8}$

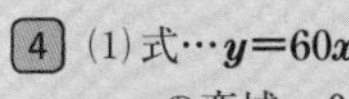

定期テスト予想問題 ①

172～173ページ

1 (1) **式…$\boldsymbol{y=\frac{10}{x}}$，△**

(2) **式…$\boldsymbol{y=5x}$，○**

(3) **式…$\boldsymbol{y=1000-4x}$，×**

2 (1) $\boldsymbol{y=15}$　　(2) $\boldsymbol{y=-3}$

解説

(1) yはxに比例するから，比例定数をaとすると，$y=ax$とおける。$x=8$のとき$y=-6$だから，

$-6=a\times8$，$a=-\frac{3}{4}$

したがって，式は，$y=-\frac{3}{4}x$

この式に$x=-20$を代入すると，

$y=-\frac{3}{4}\times(-20)=15$

(2) yはxに反比例するから，比例定数をaとすると，$y=\frac{a}{x}$とおける。$x=2$のとき$y=9$だから，

$9=\frac{a}{2}$，$a=18$

したがって，式は，$y=\frac{18}{x}$

この式に$x=-6$を代入すると，

$y=\frac{18}{-6}=-3$

3 (1) ① $\boldsymbol{y=\frac{3}{2}x}$　　② $\boldsymbol{y=-\frac{12}{x}}$

(2) **$\boldsymbol{y}$は$\boldsymbol{\frac{3}{2}}$増加する。**

(3) **$\boldsymbol{y}$の値は増加する。**

解説

(1)② グラフは，点(2, −6)，(3, −4)，(4, −3)，(6, −2)などを通るから，$y=\frac{a}{x}$にいずれかの点の座標の値を代入して，aの値を求める。

4 (1) **式…$\boldsymbol{y=60x}$**

xの変域…$\boldsymbol{0 \leqq x \leqq 15}$

(2)

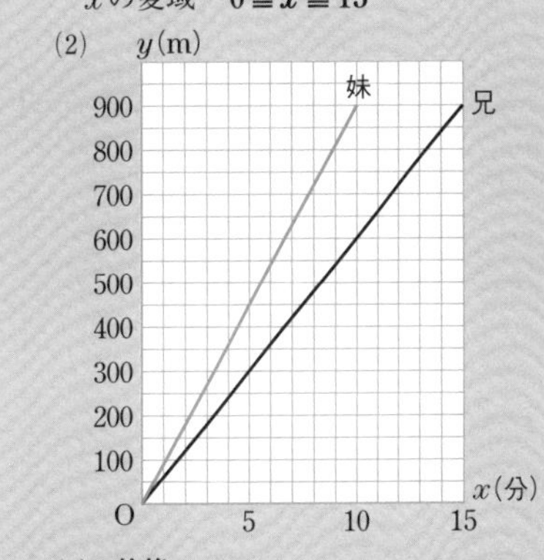

(3) **5分後**

(4) **300 m**

解説

(1) グラフは原点を通る直線だから，yはxに比例し，$y=ax$と表される。

兄は15分間に900m進んでいるから，兄の速さは，$900\div15=60$(m/min)より，$y=60x$

(2) 妹は分速90mの速さで進むから，式は$y=90x$

$y=900$を代入すると，$900=90x$，$x=10$だから，原点と点(10, 900)を通る直線をひく。

(3) 出発してからx分後の2人が進む道のりは，

兄…$60x$m，妹…$90x$m

したがって，2人が150m離れるのは，

$90x-60x=150$，$30x=150$，$x=5$(分後)

(4) (2)より，妹は出発してから10分後に900m離れた図書館に着くから，このとき，兄は家から，$y=60\times10=600$(m)の地点にいる。

したがって，兄は図書館から，

$900-600=300$(m)手前の地点にいる。

5 イ

解説

底面積に着目する。水そうに入れるブロックの数が多くなるほど，水そうの底面積は小さくなり，同じ量の水を入れる場合，底面積が小さいほど水位は高くなる。したがって，底面積が小さい水そうのグラフほど，傾きが急になる。よって，ブロックの数が0個の水そう①のグラフはエ，1個の水そう②のグラフはウ，2個の水そう③のグラフはイ，3個の水そう④のグラフはアとなる。

定期テスト予想問題 ②

174〜175ページ

1 (1) 関数　(2) 変数　(3) 比例定数

2 (1) $y=5x$　(2) $y=-\dfrac{16}{x}$

解説

(1) yはxに比例するから，比例定数をaとすると，
$y=ax$とおける。$x=4$のとき$y=20$だから，
$20=a\times4$，$a=5$
したがって，式は，$y=5x$

(2) yはxに反比例するから，比例定数をaとすると，
$y=\dfrac{a}{x}$とおける。$x=2$のとき$y=-8$だから，
$-8=\dfrac{a}{2}$，$a=-16$
したがって，式は，$y=-\dfrac{16}{x}$

3 (1) A$(4,\ -3)$
B$(-2,\ 5)$
C$(-4,\ 0)$

(2)

4

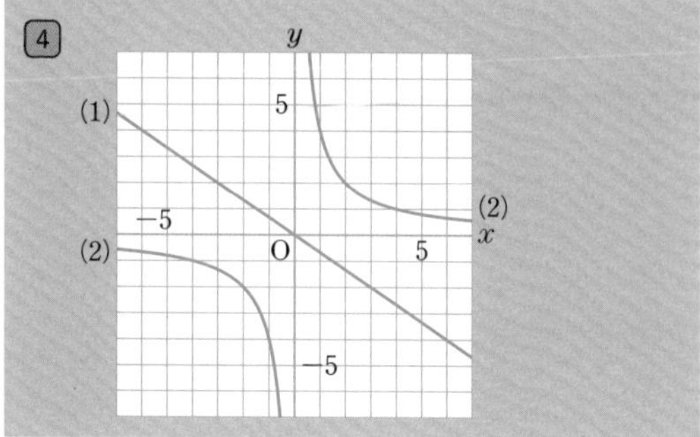

解説

x，y座標がともに整数になるような点をとる。

(1) 原点と点$(3,\ -2)$を通る直線をひく。

(2) $(1,\ 4)$，$(2,\ 2)$，$(4,\ 1)$などをとり，なめらかな曲線を2つかく。

5 (1) $y=\dfrac{72}{x}$　(2) 9L

解説

(1) $x\times y=4\times18=72$より，式は，$y=\dfrac{72}{x}$

6 (1) 16cm^2　(2) $0\leqq x\leqq7$
(3) $y=8x$

解説

(1) AP$=2\times2=4$(cm)，AB$=8$cmだから，
三角形ABPの面積は，$\dfrac{1}{2}\times4\times8=16(\text{cm}^2)$

(2) 点PがDまで進むのは，$14\div2=7$(秒後)
だから，xの変域は，$0\leqq x\leqq7$

(3) AP$=2x$cm，AB$=8$cmだから，
$y=\dfrac{1}{2}\times2x\times8$，$y=8x$

5章　平面図形

1 直線と角

p.181 **1** **線分BD上…3個，半直線DC上…4個**

解説　線分BD上にある点は，
点B，C，D
　半直線DC上にある点は，
点A，B，C，D

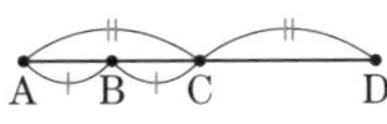

p.181 **2** **11cm**

p.182 **3** **AD＋CD＝2BD**
(または，$\frac{1}{2}$(AD＋CD)＝BD)

解説　4つの点の関係を図に表すと，右のようになる。

p.183 **4** **△ABC，△ACD，△ABD**

p.183 **5** **㋐の角…∠BAC(または，∠CAB)**
㋑の角…∠ACD(または，∠DCA)

p.184 **6** (1) **AB⊥BC**　(2) **AB∥DC**
(3) **AD∥BC**　(4) **BC⊥CD**

解説　長方形のとなり合う辺は垂直，向かい合う辺は平行である。

p.185 **7** **最も短い点…点F，最も長い点…点D**

解説　各点から直線mまでひいた垂線の長さを調べると，
点A…3めもり，点B…1.5めもり，点C…3めもり，点D…4めもり，点E…2めもり，点F…1めもり

p.185 **8**

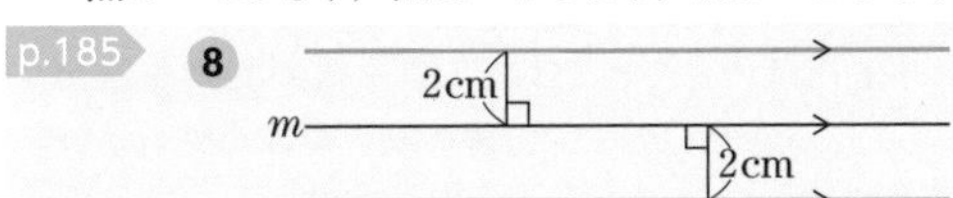

2 図形の移動

p.187 **9**

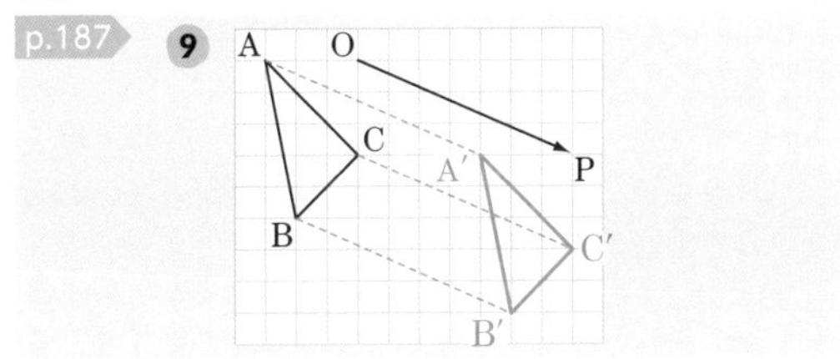

解説　点Pは，点Oを右へ7めもり，下へ3めもり移動させた点である。
　同様に，点A，B，Cを右へ7めもり，下へ3めもり移動させた点をそれぞれA′，B′，C′とする。

p.188 **10**

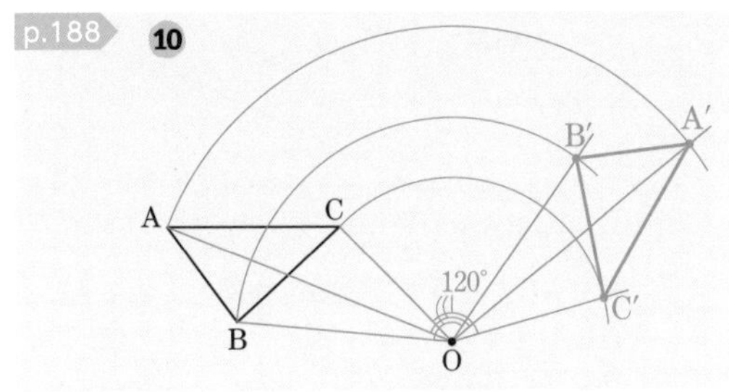

解説　❶点Oを中心として，半径OAの円をかく。
❷∠AOA′＝120°となる点A′をとる。
❸同様にして，点Bに対応する点B′，点Cに対応する点C′をとる。
❹3点A′，B′，C′を結ぶ。

p.189 **11**

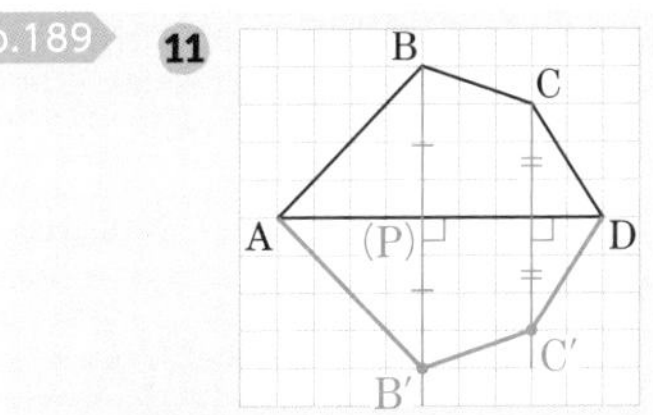

解説　❶点Bから直線ADへ垂線BPをひく。
❷この直線上にBP＝B′Pとなる点B′をとる。
❸同様にして，点Cに対応する点C′をとる。
❹4点A，B′，C′，Dを順に結ぶ。

p.190 **12** **(例)まず，△AEOを点Oを中心として時計の針の回転と反対に90°回転させる。次に，HFを対称の軸として対称移動させる。**

解説　移動の方法は，例以外にも何通りかある。
　たとえば，まず，ACを対称の軸として対称移動させる。次に，180°回転させても，△CFOと重ね合わせることができる。

3 図形と作図

p.192 **13**

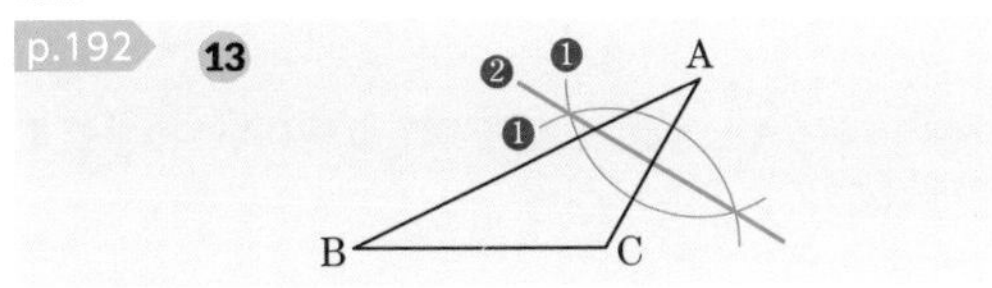

解説 【作図の手順】

❶A，Cを中心として，等しい半径の円をかく。

❷2つの円の交点を通る直線をひく。

p.192 **14** **右の図の点M**

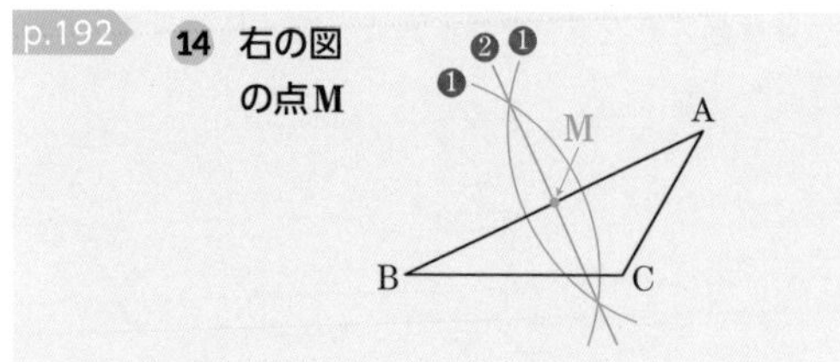

解説 線分ABの垂直二等分線を作図し，線分ABとの交点をMとする。

p.193 **15** **右の図の点P**

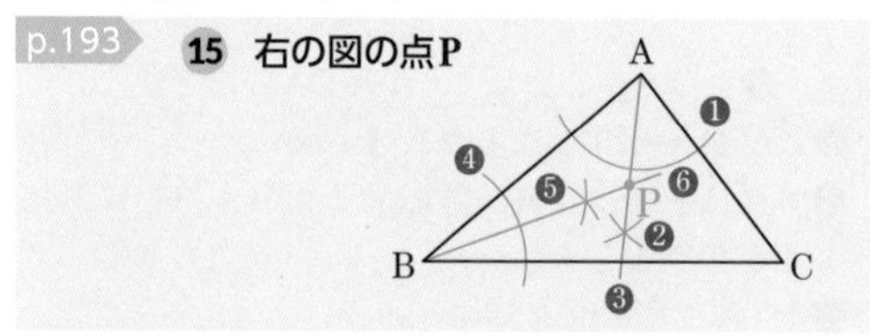

解説 ∠Aの二等分線は，次の順にかく。

❶Aを中心として円をかき，AB，ACとの交点を求める。

❷❶で求めた2点を中心として，等しい半径の円をかき，その交点を求める。

❸点Aから❷で求めた点を通る半直線をひく。

p.194 **16**

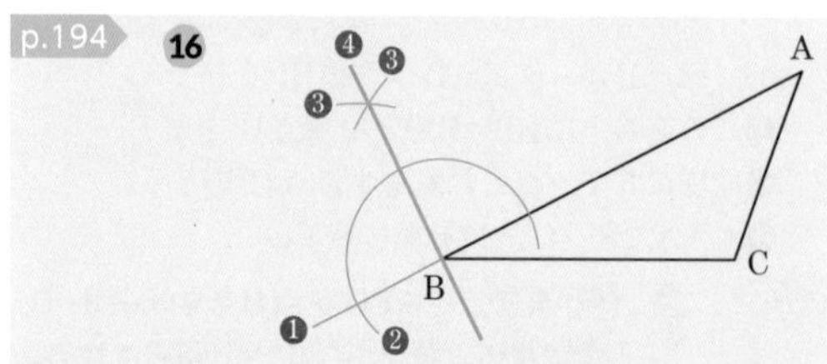

解説 辺ABを延長し，Bを通るABの垂線を作図する。

p.195 **17** **下の図の線分BH**

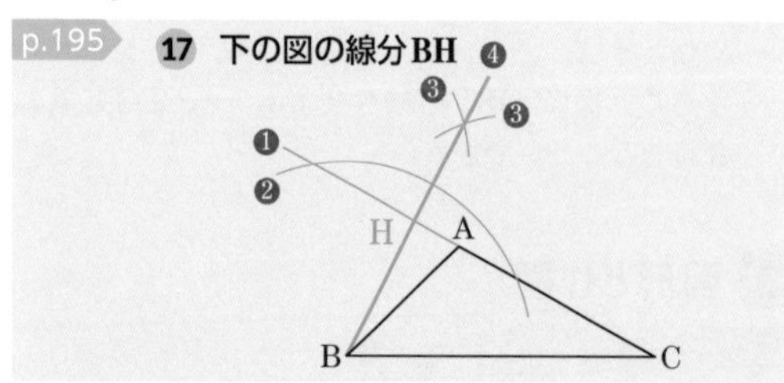

解説 辺CAを延長し，Bを通る直線CAへの垂線を作図する。

p.196 **18** (1) **下の図の∠AOCまたは∠BOC**

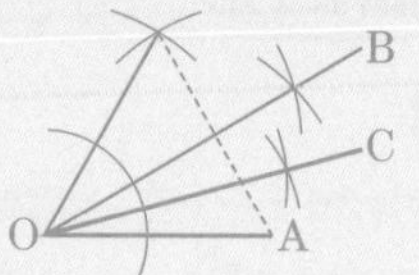

(2) **下の図の∠POQ**

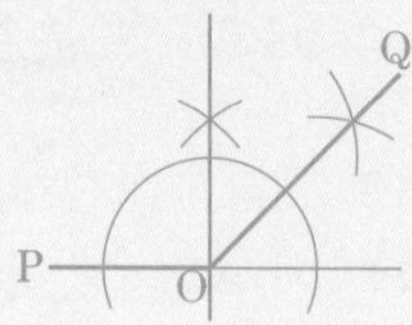

解説 (1) まず，正三角形を作図して60°の角をつくる。次に，60°の角の二等分線を作図して，30°の角をつくる。さらに，30°の角の二等分線を作図して，15°の角をつくる。

(2) 135°＝90°＋45°だから，右の図のような∠POQを作図すればよい。まず，垂線を作図して90°の角をつくる。次に，90°の角の二等分線を作図して，45°の角をつくる。

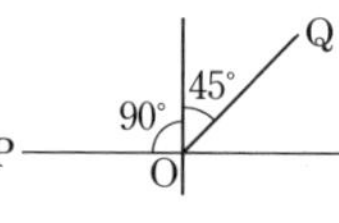

p.197 **19** **右の図の点P**

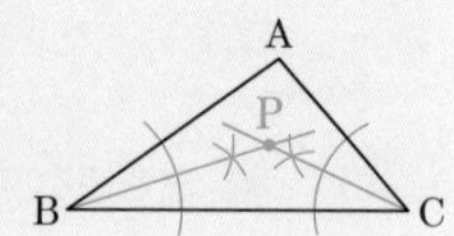

解説 辺AB，BCまでの距離が等しい点は∠Bの二等分線上にあり，辺BC，CAまでの距離が等しい点は∠Cの二等分線上にある。したがって，∠Bと∠Cの二等分線を作図し，その交点を求めればよい。

または，∠Aと∠Bの二等分線の交点を求めても，∠Aと∠Cの二等分線の交点を求めてもよい。

p.197 **20** **右の図の点P**

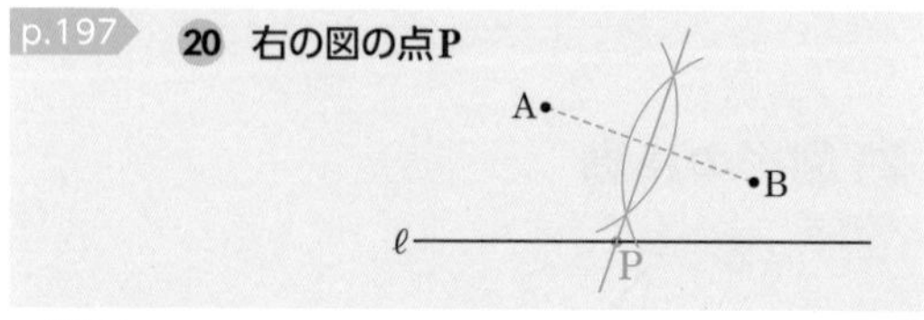

解説 2点A，Bからの距離が等しい点は，線分ABの垂直二等分線上にある。したがって，線分ABの垂直二等分線を作図し，直線ℓとの交点を求めればよい。

p.198 **21 右の図の点P**

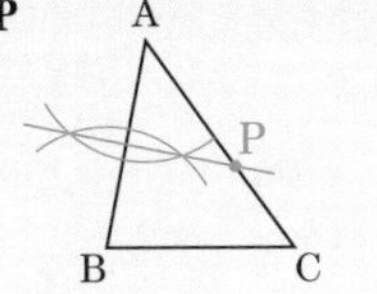

解説　右の図のように，△ABPがDPを対称の軸とする線対称な図形になれば，∠PAB＝∠PBAとなる。したがって，線分ABの垂直二等分線を作図し，ACとの交点をPとすればよい。

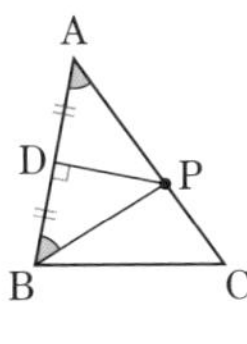

p.199 **22 右の図の点P**

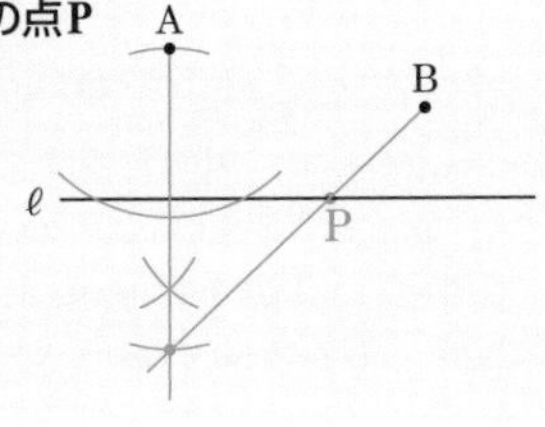

解説　直線ℓについて，点Aと対称な点A′をとり，線分A′Bとℓとの交点をPとすればよい。

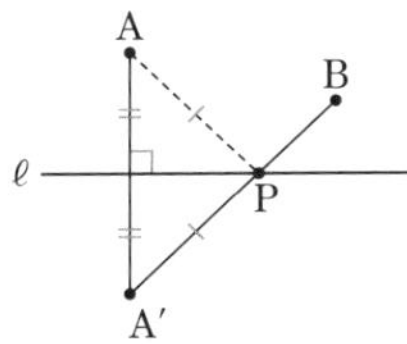

p.200 **23 右の図の点O**

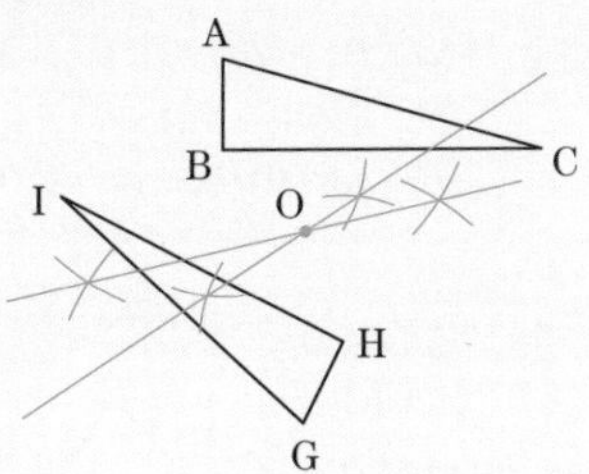

解説　線分AG，線分BH(または線分CI)の垂直二等分線の交点をOとする。

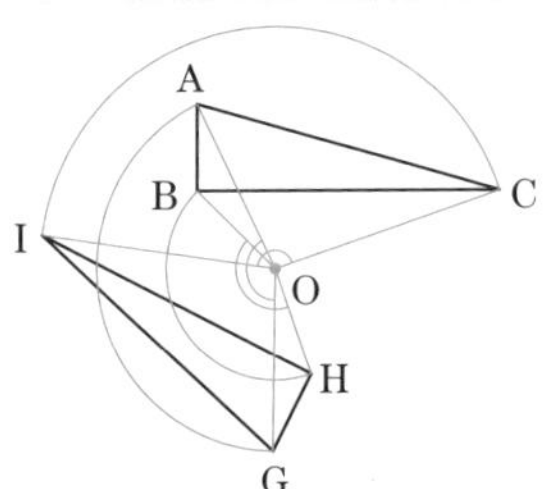

4 円とおうぎ形

p.202 **24**

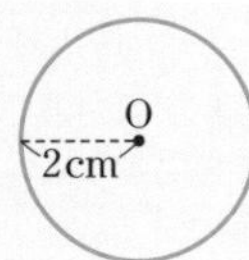

p.202 **25**

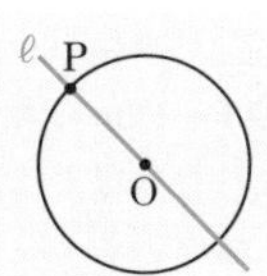

p.203 **26**

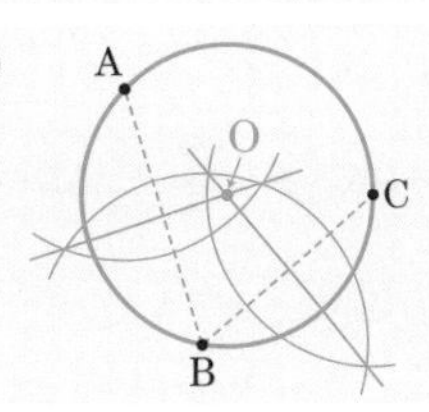

解説　円の中心は，円周上のどの点からも等しい距離にあるから，3点A，B，Cから等しい距離にある点がOとなる。したがって，線分ABの垂直二等分線と線分BCの垂直二等分線との交点をOとし，Oを中心として半径OAの円をかけばよい。

p.204 **27** (1) **線分AQ，BP，BQ**
(2) **∠PBQ**

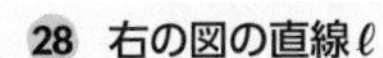

解説　交わる2つの円の半径が等しいとき，2つの円の交点を通る直線についても線対称になる。

(1)　線分AP，AQ，BP，BQは円の半径だからすべて等しい。

(2)　(1)より，4つの辺の長さが等しいから，四角形PAQBはひし形で，線分AB，PQを対称の軸とした線対称な図形。

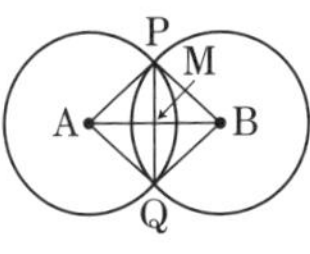

p.204 **28 右の図の直線ℓ**

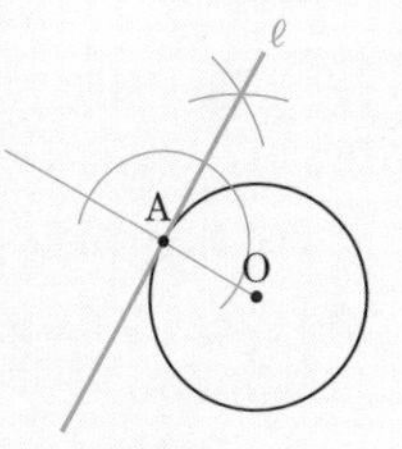

解説　円の接線は，接点を通る半径に垂直だから，直線OAの点Aを通る垂線をかけばよい。

p.205 **29**

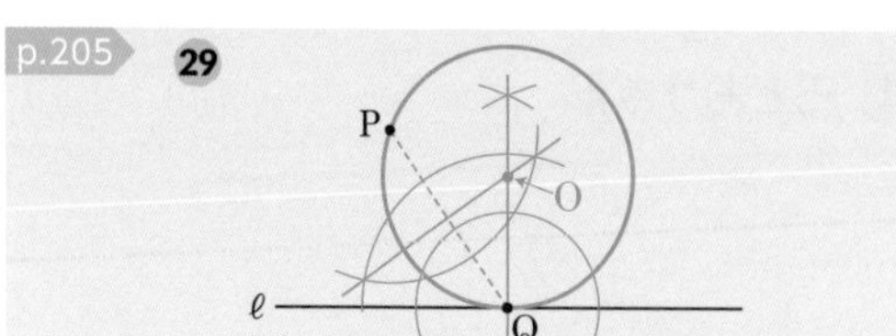

解説　円の接線は，接点を通る半径に垂直だから，円の中心は点Qを通る直線ℓの垂線上にある。

また，円の中心は2点P，Qから等しい距離にあるから，線分PQの垂直二等分線上にある。

したがって，点Qを通る直線ℓの垂線と，線分PQの垂直二等分線を作図し，その交点Oを中心として，半径OQ(OP)の円をかけばよい。

p.206 **30** $\overset{\frown}{AD}=3\overset{\frown}{BC}$ $\left(\text{または，}\frac{1}{3}\overset{\frown}{AD}=\overset{\frown}{BC}\right)$

p.206 **31**

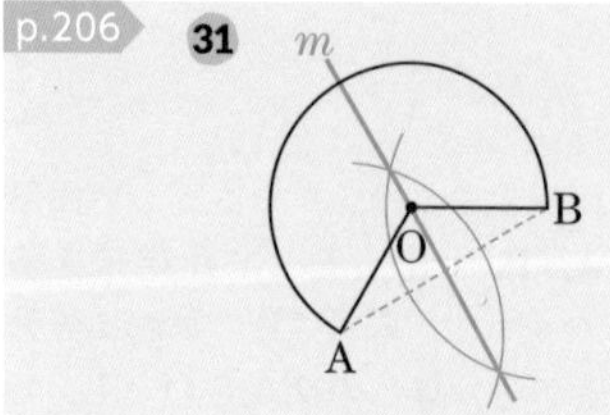

解説　おうぎ形は線対称な図形で，対称の軸は対応する点A，Bを結ぶ線分ABの垂直二等分線である。

p.207 **32** 円周の長さ… **12πcm**　面積… **36πcm^2**

解説　半径は，$12\div2=6$(cm)

円周の長さ…$2\pi\times6=12\pi$(cm)

面積…$\pi\times6^2=36\pi$(cm^2)

p.207 **33** 弧の長さ… **6πcm**　面積… **24πcm^2**

解説　弧の長さ…$2\pi\times8\times\dfrac{135}{360}=6\pi$(cm)

面積…$\pi\times8^2\times\dfrac{135}{360}=24\pi$(cm^2)

p.208 **34** (1) **160°**　(2) **315°**

解説　(1)　弧の長さは中心角に比例するから，

中心角は，$360\times\dfrac{8\pi}{2\pi\times9}=160$より，160°

別解1　(おうぎ形の弧の長さ)：(円の周の長さ)

＝(中心角の大きさ)：360　より，中心角x°は，

$8\pi:(2\pi\times9)=x:360$，$8\pi:18\pi=x:360$

$4:9=x:360$，$4\times360=9x$，$x=160$

別解2　中心角をx°とすると，おうぎ形の弧の長さを求める公式から，$8\pi=2\pi\times9\times\dfrac{x}{360}$，$x=160$

(2)　おうぎ形の面積は中心角に比例するから，

中心角は，$360\times\dfrac{14\pi}{\pi\times4^2}=315$より，315°

別解1　面積は中心角に比例するから，

中心角をx°とすると，

$14\pi:(\pi\times4^2)=x:360$，$14\pi:16\pi=x:360$，

$7:8=x:360$，$7\times360=8x$，$x=315$

別解2　中心角をx°とすると，おうぎ形の面積を求める公式から，$14\pi=\pi\times4^2\times\dfrac{x}{360}$，$x=315$

p.209 **35** 周の長さ… **$5\pi+20$(cm)**

面積… **$100-25\pi$(cm^2)**

解説　周の曲線の部分の長さは，

$2\pi\times10\times\dfrac{90}{360}=5\pi$(cm)←半径10cm，中心角90°のおうぎ形の弧の長さ

したがって，周の長さは，

$5\pi+10\times2=5\pi+20$(cm)

面積は，1辺が10cmの正方形の面積から半径10cm，中心角90°のおうぎ形の面積をひくと考える。

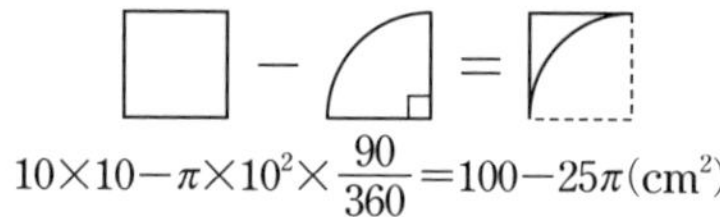

$10\times10-\pi\times10^2\times\dfrac{90}{360}=100-25\pi$(cm^2)

定期テスト予想問題 ①

210～211ページ

1 (1) **AB//DC，AB=DC**　(2) **AC⊥BD**

(3) ㋐… **∠ABC(または，∠CBA)**

㋑… **∠COD(または，∠DOC)**

2 (1) **右の図の△DEF**

(2) **右の図の△GHI**

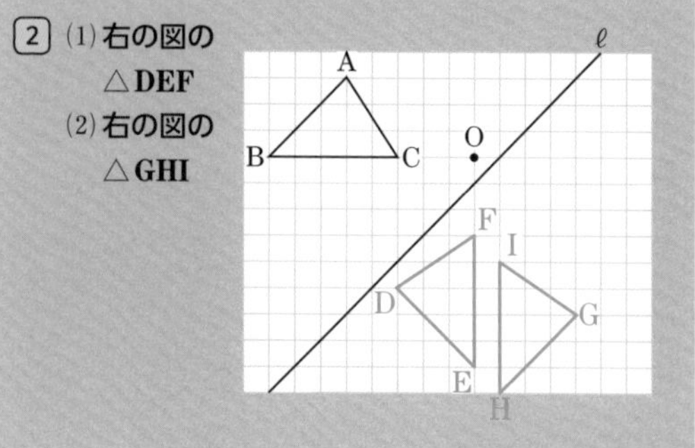

3

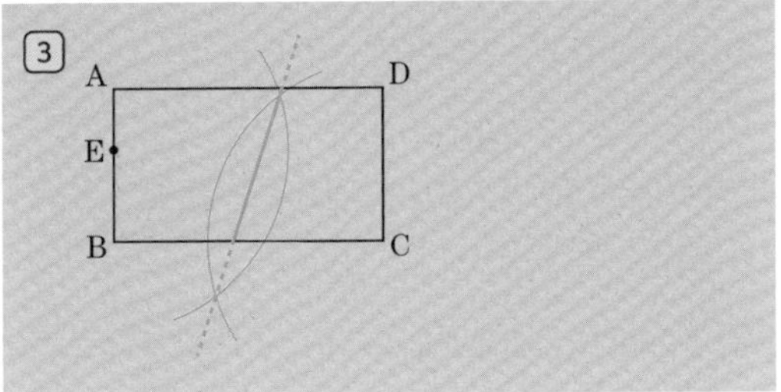

解説　線分ECの垂直二等分線を作図する。長方形の内部を通る線分が折り目の線分である。

4　(1) 弧の長さ…**8πcm**　面積…**36πcm^2**
(2) **240°**

解説

(1)　弧の長さ…$2\pi\times9\times\frac{160}{360}=8\pi$(cm)

面積…$\pi\times9^2\times\frac{160}{360}=36\pi$(cm^2)

(2)　弧の長さは中心角の大きさに比例するから，

中心角は，$360\times\frac{8\pi}{2\pi\times6}=240$より，240°

5　**$25\pi-50$(cm^2)**

解説

円は正方形ABCDにちょうど入っているから，円の直径は正方形の1辺の長さと等しくなる。

また，正方形EFGHは円にちょうど入っているから，正方形EFGHの対角線の長さは円の直径と等しくなる。

したがって，求める面積は，

$\underbrace{\pi\times5^2}_{\text{円の面積}}-\underbrace{\frac{1}{2}\times10\times10}_{\text{正方形EFGHの面積}}$

$=25\pi-50$(cm^2)

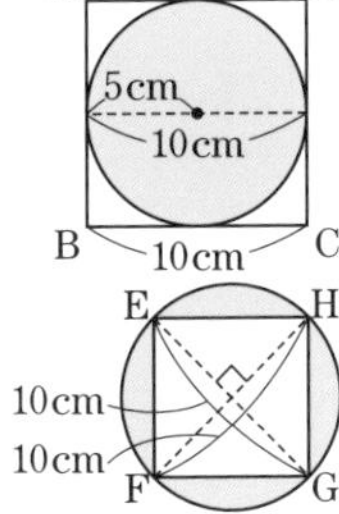

6　下の図の点P

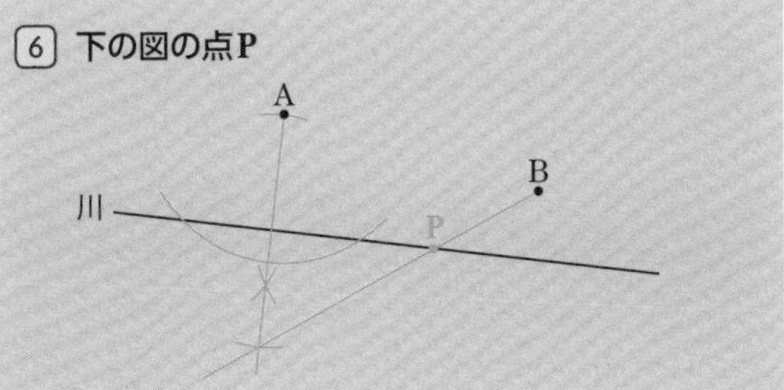

解説　川を対称の軸として，点Aと対称な点A′をとり，直線A′Bと川との交点をPとする。

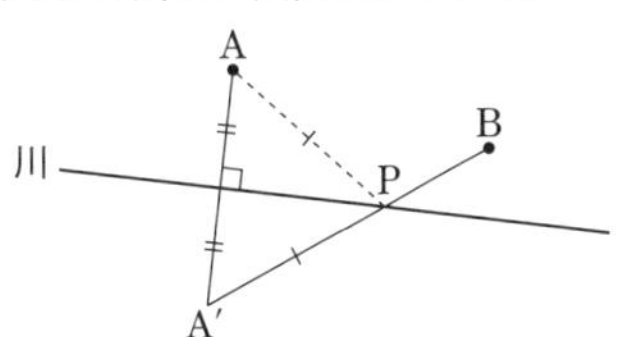

定期テスト予想問題 ②

212～213ページ

1　(1) **△HFG，△BDF**
(2) **△DEF，△HBF**
(3)

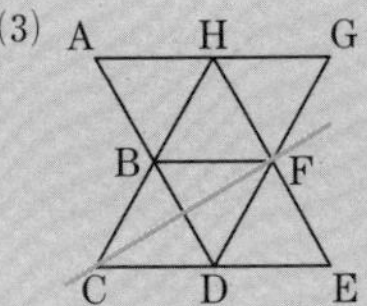

(4) **(例) まず，△ABHを平行移動させて△HFGに重ねる。次に，BFを対称の軸として，対称移動させて△DFEに重ねる。**

解説

(4)　移動のしかたは何通りかある。

たとえば，まず，△ABHを点Bを中心として時計回りに60°回転移動させて△HBFに重ねる。次に，平行移動させて△FDEに重ねると考えることもできる。

2　下の図の点P

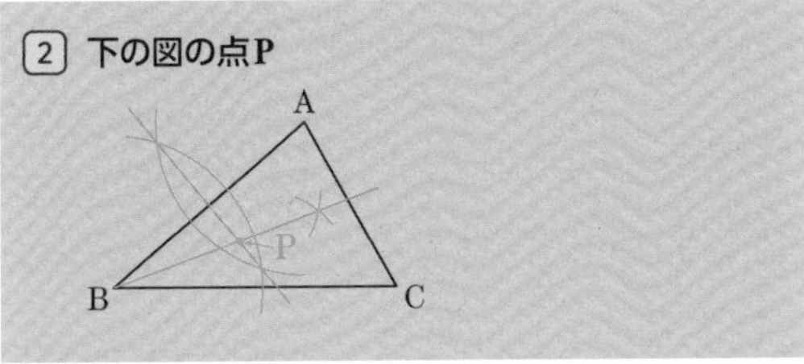

3

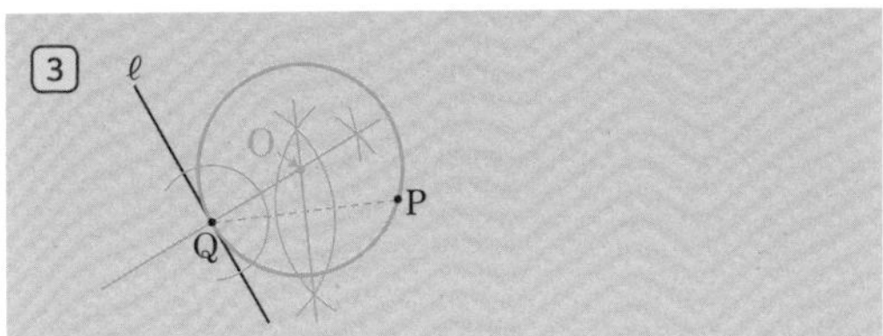

解説

円の中心Oは，点Qを通る直線ℓの垂線上にある。また，中心Oは円周上の2点P，Qからの距離が等しいので，線分PQの垂直二等分線上にあることを利用する。

4 (1) 弧の長さ…**2πcm**　　面積…**3πcm^2**
(2) **150°**

解説

(1)　弧の長さ…$\pi\times6\times\frac{120}{360}=2\pi$(cm)

面積…$\pi\times3^2\times\frac{120}{360}=3\pi$(cm^2)

(2)　弧の長さは中心角の大きさに比例するから，

中心角は，$360\times\frac{10\pi}{2\pi\times12}=150$より，150°

5 **$8\pi-16$(cm^2)**

解説

㋐の部分の面積は，

$\pi\times4^2\times\frac{90}{360}-\frac{1}{2}\times4\times4$

（おうぎ形BACの面積）（△ABCの面積）

$=4\pi-8$(cm^2)

したがって，求める面積は，

$(4\pi-8)\times2=8\pi-16$(cm^2)

6 (1) **下の図の点P**

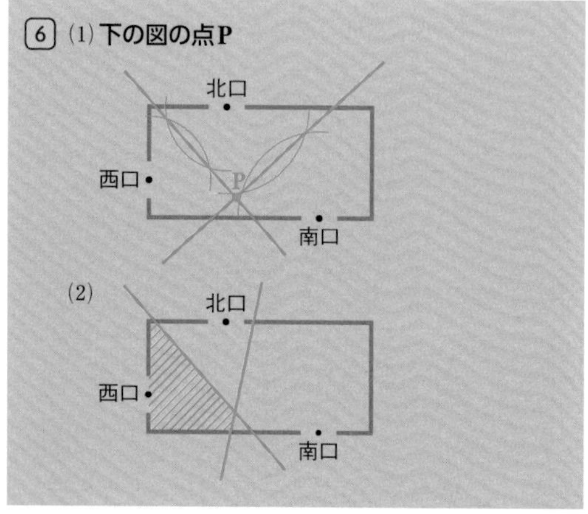

解説

(1)　北口と西口を結ぶ線分の垂直二等分線と，北口と南口(または西口と南口)を結ぶ線分の垂直二等分線の交点がPである。

(2)　右の図1の色の部分は(1)の北口と西口を結ぶ線分の垂直二等分線で，西口と北口で，西口のほうが近い範囲を表している。

図1

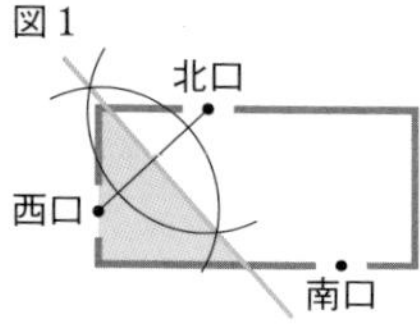

右の図2の色の部分は西口と南口を結ぶ線分の垂直二等分線で，西口と南口で，西口のほうが近い範囲を表している。

図2

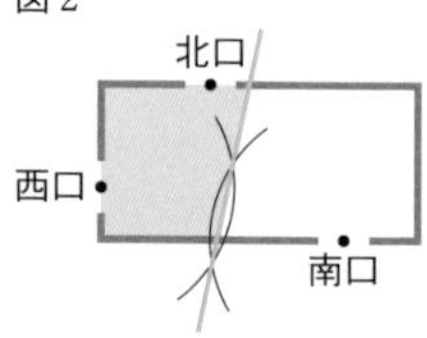

したがって，3つの入り口で西口がもっとも近い範囲は図1，2に共通した範囲となる。

6章　空間図形

1 いろいろな立体

p.219
1 (1) 底面の形…**五角形**,
側面の形…**長方形**,
辺の数…**15**,
面の数…**7**
(2) 底面の形…**六角形**, 側面の形…**三角形**,
辺の数…**12**, 面の数…**7**

p.220
2 (1) **正六面体**　(2) 

解説 (1) 立方体はどの面も合同な正方形でできていて, 面の数は6つあり, どの頂点にも面が3つずつ集まっている。

p.221
3

	面の形	頂点の数	辺の数	面の数
正十二面体	正五角形	20	30	12
正二十面体	正三角形	12	30	20

p.222
4 (例)

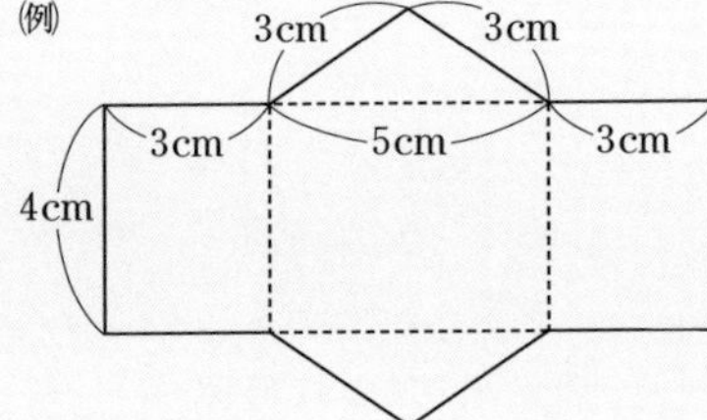

p.223
5 (1) **12πcm**　(2) **180°**

解説 (1) 下の展開図で, 側面のおうぎ形の$\overset{\frown}{AB}$は, 底面の円O′の円周に等しいから,
$\overset{\frown}{AB}=2\pi\times6=12\pi$(cm)

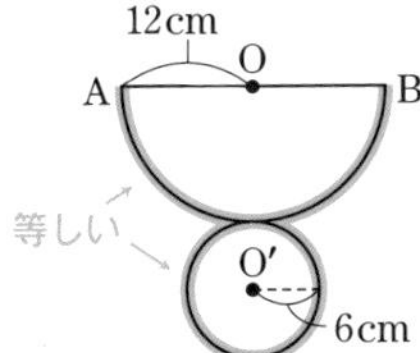

(2) 円Oの円周は, $2\pi\times12=24\pi$(cm)
$\overset{\frown}{AB}$は円Oの円周の$\dfrac{12\pi}{24\pi}=\dfrac{1}{2}$
おうぎ形の弧の長さは中心角に比例するから,
中心角は, $360\times\dfrac{1}{2}=180$より, 180°

別解 側面のおうぎ形の$\overset{\frown}{AB}$は, 底面の円O′の円周に等しいから, おうぎ形の中心角をx°とおくと,
$2\pi\times12\times\dfrac{x}{360}=2\pi\times6$
これを解いて, $x=180$

p.224
6

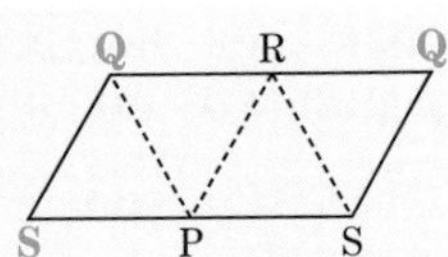

解説 正四面体PQRSの見取図は, 下の図のようになる。

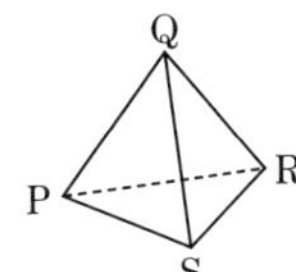

p.225
7

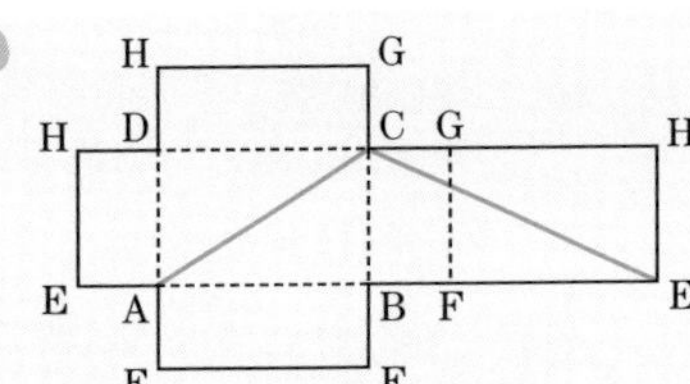

p.226
8 (例)

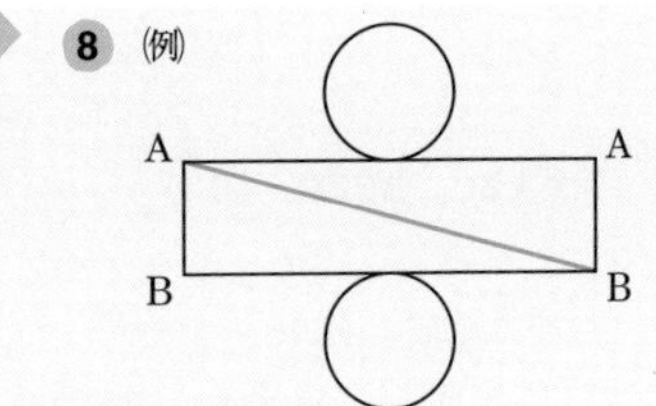

2 空間内の直線や平面

p.228
9 **3つ**

解説 3点(A, B, C), (A, B, D), (A, C, D) を通る3つの平面がある。

p.229
10 **辺AD, 辺EH, 辺CD, 辺GH**

解説 辺BFとねじれの位置にある辺は, 辺BFと平行な辺と, 交わる辺を除いた残りの辺である。

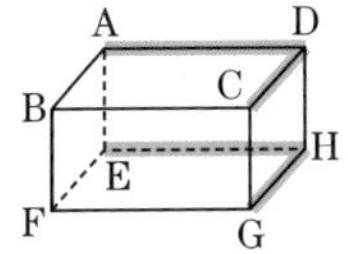

p.230 **11** (1) **正しい。**
(2) **正しいとはいえない。**

解説 (2) 右の直方体で，AD∥BC
ADとAEは垂直に交わっているが，BCとAEは垂直に交わっていない。

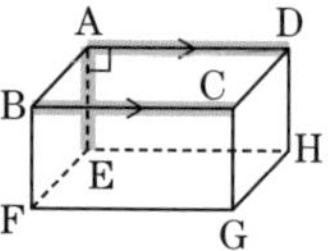

p.231 **12** (1) **直線AB，EF，HG，DC**
(2) **直線DC，CG，GH，HD**

p.232 **13** (1) **正しいとはいえない。**
(2) **正しい。**

解説 (1) 右の直方体で，
AD∥BC，面BFGC∥AD，
BCは面BFGC上にあるから，
平行ではない。
(2) 右の直方体で，AD∥BC，
面ABFE⊥AD，面ABFE⊥BC

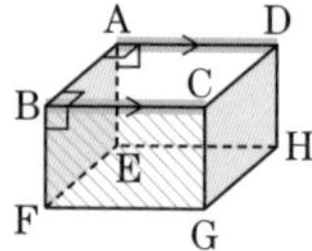

p.233 **14** (1) **平面BFGC**
(2) **平面DCGH**

解説 交わらない平面を探す。

(1)
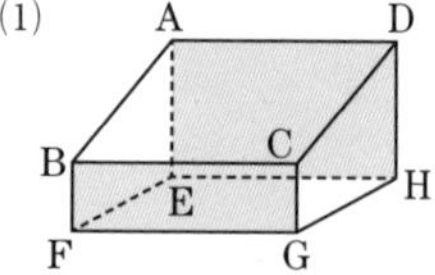

(2)
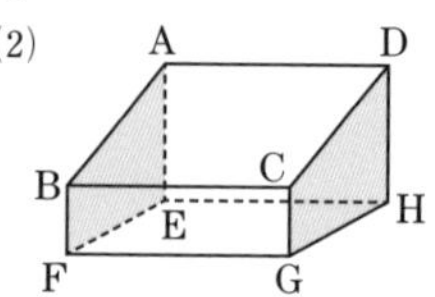

p.234 **15** **平面ABC，BEFC，DEF**

解説 立方体，直方体のとなり合う面のつくる角は90°であり，2面は垂直である。
右の図のように平面ABCは平面ABCGにふくまれ，平面DEFは平面DEFHにふくまれるから，
平面ADEB⊥平面ABC，
平面ADEB⊥平面DEF，
平面ADEB⊥平面BEFC

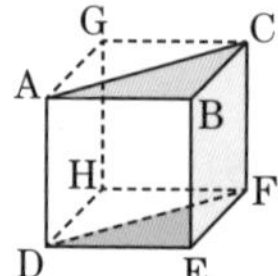

3 立体のいろいろな見方

p.236 **16** (1) **四角形ABCD(EFGH)が，それと垂直な方向に6cmだけ動いてできたもの。**
(2) **円Oが，それと垂直な方向に8cmだけ動いてできたもの。**

p.237 **17**

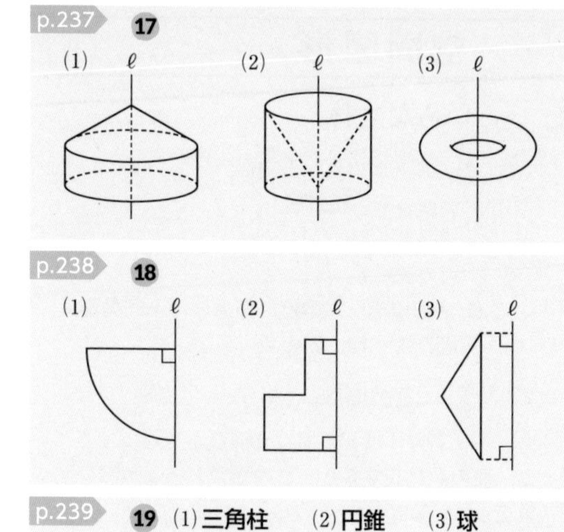

p.238 **18**

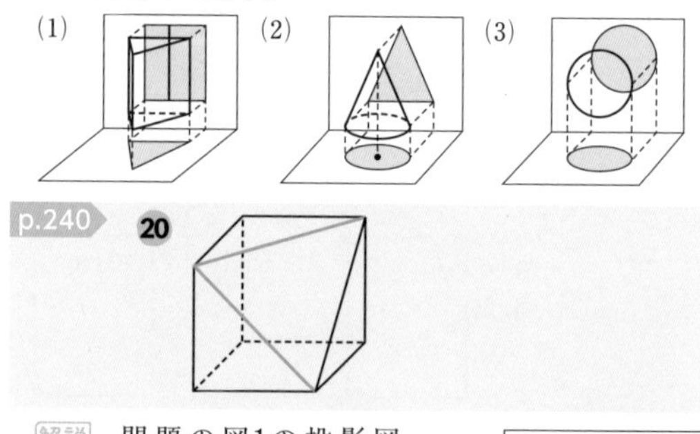

p.239 **19** (1) **三角柱** (2) **円錐** (3) **球**

解説 それぞれの投影図は，立体を次のように見てかいたものである。

(1) (2) (3)

p.240 **20**

解説 問題の図1の投影図は，上の立体を右のように見てかいたものである。

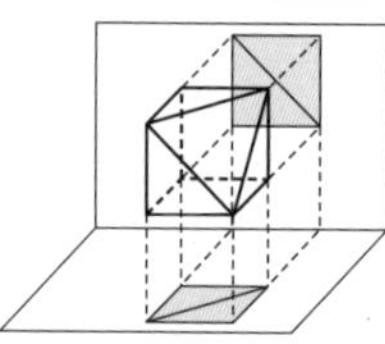

p.241 **21**

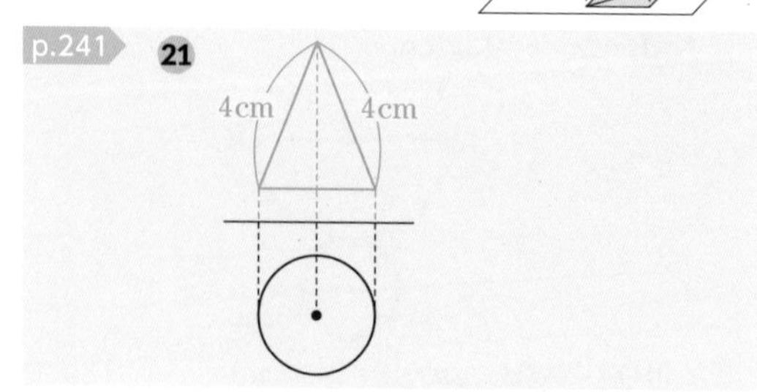

4 立体の体積と表面積

p.243 **22** (1) **45cm^3** (2) **120cm^3** (3) **192πcm^3**

解説 (1) 底面積は，$\frac{1}{2}\times6\times3=9$(cm^2)

高さは5cmだから，体積は，$9\times5=45$(cm^3)

(2) 底面積は，$\frac{1}{2}\times(5+7)\times4=24$(cm^2)

高さは5cmだから，体積は，$24\times5=120$(cm^3)

(3) 底面の半径は4cmだから，

底面積は，$\pi\times4^2=16\pi$(cm^2)

高さは12cmだから，体積は，

$16\pi\times12=192\pi$(cm^3)

p.244 **23** (1) **28cm^3** (2) **192cm^3** (3) **100πcm^3**

解説 (1) $\frac{1}{3}\times14\times6=28$(cm^3)

(2) 底面積は，$8\times8=64$(cm^2)

高さは9cmだから，体積は，

$\frac{1}{3}\times64\times9=192$(cm^3)

(3) 底面の半径は5cmだから，

底面積は，$\pi\times5^2=25\pi$(cm^2)

高さは12cmだから，体積は，

$\frac{1}{3}\times25\pi\times12=100\pi$(cm^3)

p.245 **24** **$\frac{20}{3}$cm^3**

解説 三角錐C-FGHの体積は，

$\frac{1}{3}\times\underline{\frac{1}{2}\times2\times2}\times\underline{2}=\frac{4}{3}$(cm^3)

△FGHの面積　└CG(高さ)

立方体ABCD-EFGHの体積は，

$2\times2\times2=8$(cm^3)

したがって，求める体積は，

$8-\frac{4}{3}=\frac{20}{3}$(cm^3)

p.246 **25** (1) **158cm^2** (2) **120πcm^2**

解説 (1) 側面積…$8\times(\underline{5+3+5+3})=128$(cm^2)

└底面の周の長さ

底面積…$3\times5=15$(cm^2)

表面積…$128+15\times2=158$(cm^2)

(2) 側面積…$7\times(\underline{2\pi\times5})=70\pi$(cm^2)

└底面の円周の長さ

底面積…$\pi\times5^2=25\pi$(cm^2)

表面積…$70\pi+25\pi\times2=120\pi$(cm^2)

p.247 **26** (1) **208cm^2** (2) **96cm^2**

解説 (1) 側面積…$\underline{\frac{1}{2}\times8\times9}\times\underline{4}=144$(cm^2)

1つの側面の面積　└側面の数

底面積…$8\times8=64$(cm^2)

表面積…$144+64=208$(cm^2)

(2) 側面積…$\frac{1}{2}\times6\times5\times4=60$(cm^2)

底面積…$6\times6=36$(cm^2)

表面積…$60+36=96$(cm^2)

p.248 **27** **85πcm^2**

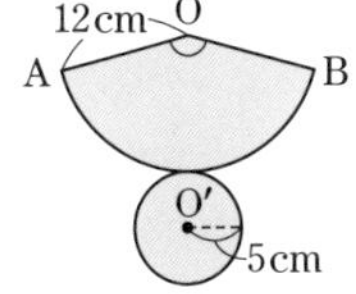

解説 右の展開図で，$\overset{\frown}{AB}$は底面の円O′の円周に等しいから，

$\overset{\frown}{AB}=2\pi\times5=10\pi$(cm)

また，円Oの円周は，

$2\pi\times12=24\pi$(cm)

$\overset{\frown}{AB}$は円Oの$\frac{10\pi}{24\pi}=\frac{5}{12}$

おうぎ形の弧の長さは中心角に比例するから，

中心角は，$360\times\frac{5}{12}=150$より，150°

側面積は，$\pi\times12^2\times\frac{150}{360}=60\pi$(cm^2)

底面積は，$\pi\times5^2=25\pi$(cm^2)

したがって，表面積は，

$60\pi+25\pi=85\pi$(cm^2)

別解 おうぎ形OABの中心角は，次のように求めることもできる。

① (おうぎ形の弧の長さ)：(円周)

＝(中心角の大きさ)：360だから，

中心角をx°とすると，

$(2\pi\times5):(2\pi\times12)=x:360$

これを解いて，$x=150$

② おうぎ形の中心角をx°とすると，

$2\pi\times12\times\frac{x}{360}=2\pi\times5$

これを解いて，$x=150$

別解 おうぎ形OABの面積は，

公式 $S=\frac{1}{2}\ell r$ より，

$\frac{1}{2}\times(2\pi\times5)\times12=60\pi$(cm^2)

p.249

28 (1) 体積… $\frac{256}{3}\pi$ **cm³**

表面積… **64π cm²**

(2) 体積… $\frac{4}{3}\pi$ **cm³**

表面積… **5π cm²**

解説 (1) 体積… $\frac{4}{3}\pi\times4^3=\frac{256}{3}\pi(\mathrm{cm}^3)$

表面積… $4\pi\times4^2=64\pi(\mathrm{cm}^2)$

(2) 体積は，半径2cmの球の体積の$\frac{1}{8}$だから，

$\frac{4}{3}\pi\times2^3\times\frac{1}{8}=\frac{4}{3}\pi(\mathrm{cm}^3)$

曲面の部分の面積は，半径2cmの球の表面積の$\frac{1}{8}$だから，$4\pi\times2^2\times\frac{1}{8}=2\pi(\mathrm{cm}^2)$

平面の部分の面積は，半径2cmの円の面積の$\frac{1}{4}$の3つ分だから，

$\pi\times2^2\times\frac{1}{4}\times3=3\pi(\mathrm{cm}^2)$

したがって，表面積は，

$2\pi+3\pi=5\pi(\mathrm{cm}^2)$

p.250

29 (1) **96π cm³** (2) **120π cm²**

解説 (1) できる立体は，右の図のような円柱である。

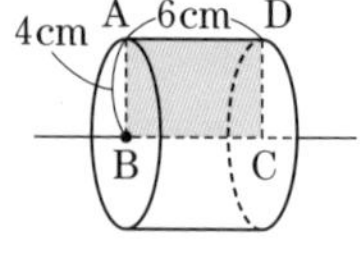

したがって，体積は，

$\pi\times4^2\times6=96\pi(\mathrm{cm}^3)$

(2) できる立体は，右の図のような円柱である。

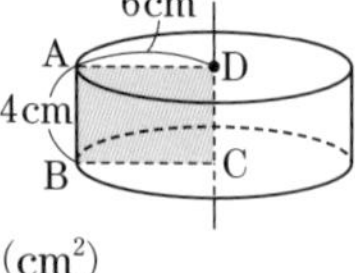

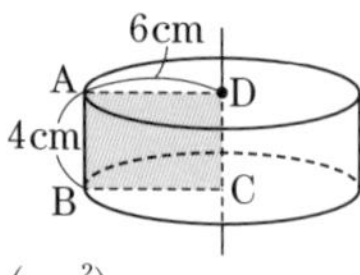

したがって，表面積は，

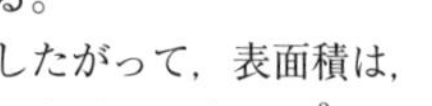

$\underset{\text{側面積}}{\underline{4\times2\pi\times6}}+\underset{\text{底面積}}{\underline{\pi\times6^2}}\times2=120\pi(\mathrm{cm}^2)$

p.251

30 **100π cm³**

解説 できる立体は，右の図のような円柱から円錐を取り除いた立体である。

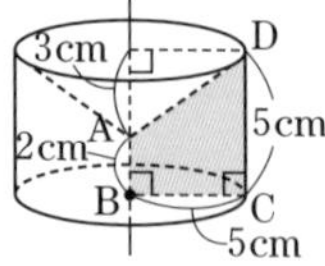

したがって，体積は，

$\underset{\text{円柱の部分の体積}}{\underline{\pi\times5^2\times5}}-\underset{\text{円錐の部分の体積}}{\underline{\frac{1}{3}\times\pi\times5^2\times(5-2)}}=100\pi(\mathrm{cm}^3)$

p.252

31 **円錐の体積は，**

$\frac{1}{3}\times\pi\times a^2\times2a=\frac{2}{3}\pi a^3(\mathrm{cm}^3)$

球の体積は，

$\frac{4}{3}\times\pi\times a^3=\frac{4}{3}\pi a^3(\mathrm{cm}^3)$

(円錐の体積)＋(球の体積)は，

$\frac{2}{3}\pi a^3+\frac{4}{3}\pi a^3=2\pi a^3(\mathrm{cm}^3)$

また，円柱の体積は，

$\pi\times a^2\times2a=2\pi a^3(\mathrm{cm}^3)$

したがって，

(円錐の体積)＋(球の体積)＝(円柱の体積)

p.253

32 (1) **5cm** (2) **90π cm²**

解説 (1) 円Oの円周は，$2\pi\times13=26\pi(\mathrm{cm})$

この円周の長さは，円錐の底面の円の円周の$2\frac{3}{5}$倍だから，底面の円の円周は，

$26\pi\div2\frac{3}{5}=26\pi\times\frac{5}{13}=10\pi(\mathrm{cm})$

底面の円の半径を$r$cmとすると，$2\pi r=10\pi$より，$r=5\mathrm{cm}$

(2) 側面積は，

$\frac{1}{2}\times2\pi\times5\times13$

$=65\pi(\mathrm{cm}^2)$

底面積は，

$\pi\times5^2=25\pi(\mathrm{cm}^2)$

したがって，表面積は，$65\pi+25\pi=90\pi(\mathrm{cm}^2)$

定期テスト予想問題 ①

254～255ページ

1 (1) **5つ** (2) **2つ** (3) **8つ** (4) **6つ** (5) **2つ** (6) **4組**

解説 (1) 辺BH，CI，DJ，EK，FLの5つ。

(2) 面ABCDEF，GHIJKLの2つ。

(3) 辺BC，CD，DE，EF，HI，IJ，JK，KLの8つ。

(4) 辺AG，DJ，EK，FL，EF，KLの6つ。

(5) 面ABCDEF，GHIJKLの2つ。

(6) 面ABCDEFと面GHIJKL，面AGHBと面EKJD，面BHICと面FLKE，面CIJDと面AGLFの4組。

2 (1) **正八面体**　(2) **12**　(3) **辺エオ**

解説　この展開図を組み立てると，右の図のような立体になる。

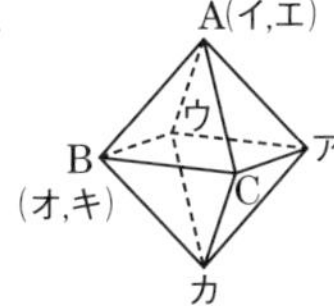

3 **㋑，㋓**

解説　円柱を，右のように見ると，立面図も平面図も長方形になる。

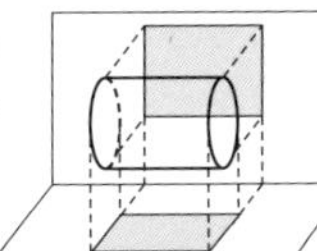

4 (1) 体積…**$240cm^3$**
表面積…**$288cm^2$**
(2) 体積…**$972\pi cm^3$**
表面積…**$324\pi cm^2$**

解説　(1)　底面積…$\frac{1}{2}\times(6+10)\times3=24(cm^2)$
体積…$24\times10=240(cm^3)$
側面積…$10\times(3+10+5+6)=240(cm^2)$
表面積…$240+24\times2=288(cm^2)$
(2)　体積…$\frac{4}{3}\pi\times9^3=972\pi(cm^3)$
表面積…$4\pi\times9^2=324\pi(cm^2)$

5 (1)

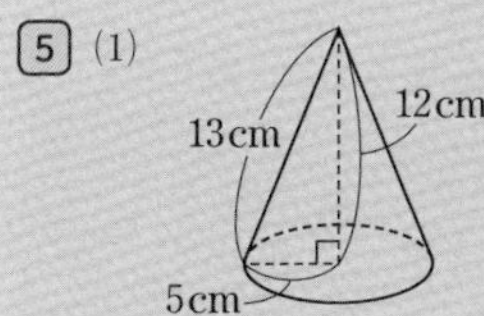

(2) **$100\pi cm^3$**
(3) **$90\pi cm^2$**

解説　(3)　側面積…$\pi\times13^2\times\frac{2\pi\times5}{2\pi\times13}=65\pi(cm^2)$
$\left(\text{または，}\frac{1}{2}\times2\pi\times5\times13=65\pi\right)$
底面積…$\pi\times5^2=25\pi(cm^2)$
表面積…$65\pi+25\pi=90\pi(cm^2)$

6 (1) **$9cm^3$**　(2) **2cm**

解説　(1)　∠ABM＝∠ADN＝90°だから，
AB⊥面MCN
したがって，三角錐A-MCNで，△MCNを底面とみると，高さはABだから，体積は，
$\frac{1}{3}\times\frac{1}{2}\times3\times3\times6=9(cm^3)$
(2)　図1から，
$\triangle AMN=6\times6-\underbrace{\frac{1}{2}\times6\times3\times2}_{\triangle ABM\text{の面積と}\triangle ADN\text{の面積}}-\underbrace{\frac{1}{2}\times3\times3}_{\triangle MCN\text{の面積}}$
$=36-18-\frac{9}{2}=\frac{27}{2}$
求める高さを$x$cmとすると，
$\frac{1}{3}\times\triangle AMN\times x=9$，$\frac{1}{3}\times\frac{27}{2}\times x=9$
これを解いて，$x=2$

定期テスト予想問題 ②

256〜257ページ

1 (1) **五面体**
(2) **右の図**
(3) **㋑，㋒**

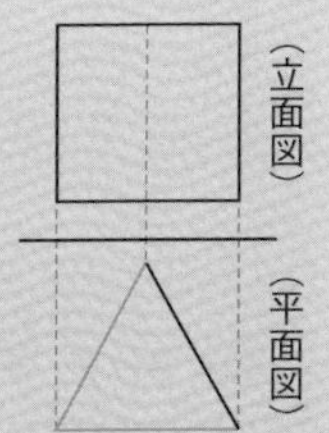

2

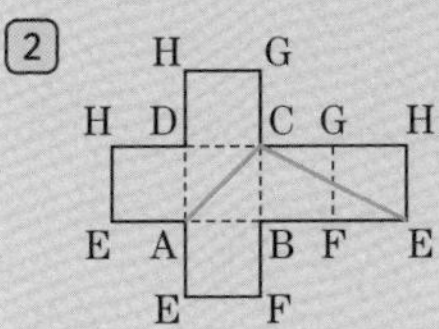

3 (1) ×　(2) ○　(3) ×

解説　右の直方体で，
(1)　$\ell\perp m$，$\ell\perp n$であるが，mとnはねじれの位置にある。
(3)　ℓ//P，m//Pであるが，$\ell\perp m$である。

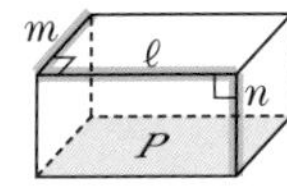

4 (1) 体積… **540πcm^3**
表面積… **252πcm^2**
(2) 体積… **64cm^3**
表面積… **144cm^2**

解説 (1)底面積… $\pi\times6^2=36\pi$(cm^2)
体積… $36\pi\times15=540\pi$(cm^3)
側面積… $15\times12\pi=180\pi$(cm^2)
表面積… $180\pi+36\pi\times2=252\pi$(cm^2)
(2) 底面積… $8\times8=64$(cm^2)
体積… $\frac{1}{3}\times64\times3=64$(cm^3)
表面積… $64+\frac{1}{2}\times8\times5\times4=144$(cm^2)

5 **36πcm^2**

解説 円錐の母線の長さ(転がしてできた円の半径)を$r$cmとすると,
$2\pi\times r=2\pi\times4\times1\frac{1}{4}$, $r=5$
↑ 円錐の底面の円周
円錐の側面積は,
$\frac{1}{2}\times2\pi\times4\times5=20\pi$
↑ おうぎ形の面積の公式 $\frac{1}{2}\ell r$
したがって,表面積は, $\pi\times4^2+20\pi=36\pi$(cm^2)

6 **1000mL, $\frac{5}{6}$倍**

解説 立方体の1辺の長さを$x$cmとすると立方体の体積は, $x\times x\times x=x^3$(cm^3)
残っている水の部分を三角錐と考えると,
その体積は, $\frac{1}{3}\times\left(\frac{1}{2}\times x\times x\right)\times x=\frac{1}{6}x^3$(cm^3)
したがって,残っている水の体積は立方体の容器の$\frac{1}{6}$倍だから,
こぼした水の量は立方体の容器の$\frac{5}{6}$倍で,
$1200\times\frac{5}{6}=1000$(mL)

7章 データの活用

1 データの分析

p.263
1 (1) **15人**
(2) **9番目から15番目**

解説 (1) 10分以上15分未満の累積度数を見る。
(2) 通学時間が13分の生徒は,10分以上15分未満の階級に入る。したがって,累積度数より9番目から15番目。

p.264
2 (1)(2) **下の図**

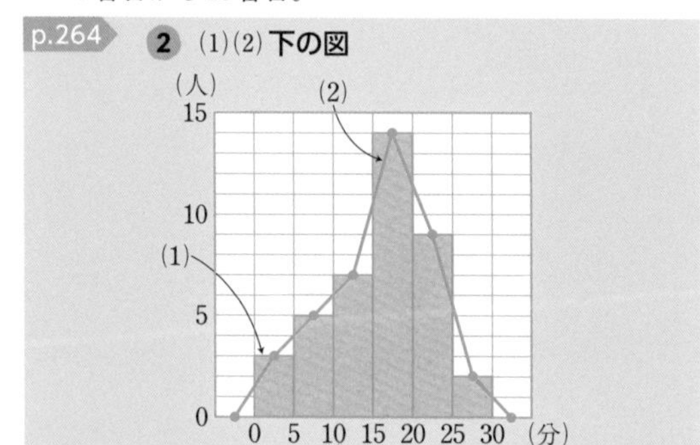

p.265
3

階級(m)	度数(人)	相対度数	累積相対度数
以上　未満			
10 ～ 15	1	0.05	0.05
15 ～ 20	4	0.20	0.25
20 ～ 25	8	0.40	0.65
25 ～ 30	7	0.35	1.00
合計	20	1.00	

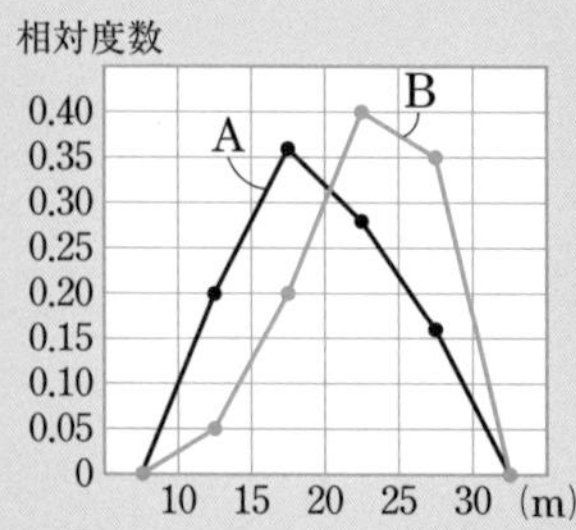

Aチームと Bチームの相対度数の折れ線を比べると,Bチームのほうが右にかたよっている。したがって,BチームはAチームと比べて記録がよいといえる。

解説 度数の合計は20人,10m以上15m未満の度数

は1人だから，この階級の相対度数は

$\frac{1}{20}=0.05$　同様に，各階級の相対度数を求める。

累積相対度数は，

10m以上15m未満は，相対度数と同じで0.05

15m以上20m未満は，0.05に15m以上20m未満の相対度数0.20をたして，0.25

このように順にたしていく。

合計の度数が違う場合は，解答の図のように，相対度数折れ線を同じグラフ上で比べると，より違いがわかる。

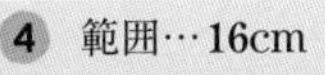

p.266 **4** **範囲…16cm**　**平均値…43cm**
中央値…42.5cm　**最頻値…40cm**

解説　範囲は，最大値51と最小値35の差で

51−35=16(cm)

平均値は，

$$\frac{40+46+47+41+38+40+51+44+48+35}{10}$$

=43(cm)

データを小さい順に並べると，

35　38　40　40　41　44　46　47　48　51

データの個数は10で偶数だから，中央値は5番目と6番目の平均値になる。したがって，

$\frac{41+44}{2}=42.5$(cm)

最頻値は，データの中で最も多く出てくる値の40cm

p.267 **5**

階級(g)	階級値(g)	度数(個)	階級値×度数
以上　未満 40 ～ 45	42.5	2	85
45 ～ 50	47.5	6	285
50 ～ 55	52.5	12	630
55 ～ 60	57.5	10	575
合　計		30	1575

平均値…52.5g
最頻値…52.5g

解説　45g以上50g未満の階級値は，

$\frac{45+50}{2}=47.5$(g)

同様にして，各階級の階級値を求める。

平均値は，(階級値×度数)の合計÷度数の合計より，

1575÷30=52.5(g)

最頻値は，度数が最も多い階級50g以上55g未満の階級値だから，$\frac{50+55}{2}=52.5$(g)

p.268 **6** **①…平均値**
②…中央値
③…最頻値

解説　最頻値は山の頂上だから，③

また，グラフの山型が右にかたよっているので，平均値は中央値，最頻値より小さくなる。

p.269 **7** **A**

解説　投げた回数が違うので，それぞれの相対度数を調べて比べる。

Aのボタンの相対度数

987÷1800=0.54833…　より，約0.548

Bのボタンの相対度数

1336÷2500=0.5344

したがって，Aのほうが上向きになりやすいといえる。

定期テスト予想問題

270～271ページ

1 (1) **ア**　12　**イ**　35　**ウ**　0.08
エ　0.20　**オ**　0.18　**カ**　0.24
キ　0.70

(2) **30kg以上35kg未満**

(3) **37.5kg**

(4)

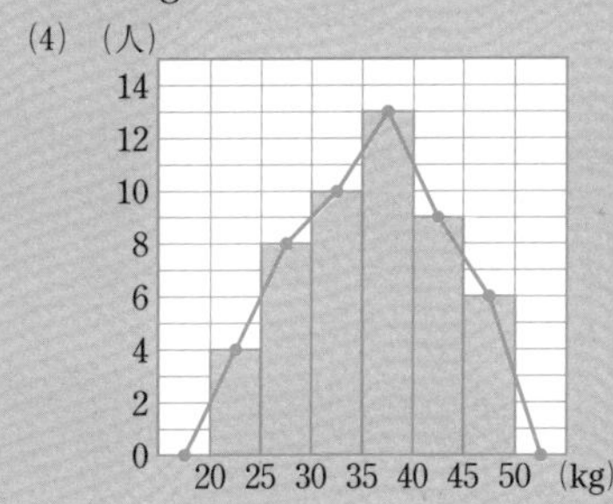

解説　(1) **ア**…4+8 = 12

イ…22+13=35

ウ…$\frac{4}{50}=0.08$

エ…$\frac{10}{50}=0.20$

オ…$\frac{9}{50}=0.18$

カ…0.08+0.16=0.24

キ…0.44+0.26=0.70

(3)　最頻値は度数が最も大きい35kg以上40kg未満の階級値だから，

$\frac{35+40}{2}=37.5$(kg)

2　**範囲…66g**　　**平均値…89.4g**
中央値…89.5g

解説　範囲は，最大値128と最小値62の差で

128−62＝66(g)

平均値は，

$\frac{93+75+128+95+62+101+80+78+86+96}{10}$

＝89.4(g)

データを小さい順に並べると，

62　75　78　80　86　93　95　96　101　128

したがって，中央値は5番目と6番目の平均値だから，

$\frac{86+93}{2}=89.5$(g)

3　(1) **0.67**　　(2) **1340回**

解説　(1)　相対度数を調べると下のようになる。

投げた回数(回)	表が出た回数(回)	相対度数
300	199	0.663…
500	334	0.668
1000	671	0.671

0.67に近づいている。

(2)　(1)より，表が出る確率は67％と考えられるから，

2000×0.67＝1340(回)

4　(1) **Aチーム…20人，Bチーム…30人**
(2) **Aチーム**　(3) **Aチーム**　(4) **Bチーム**

解説　(1)　Aチーム…1+3+4+5+7＝20(人)

Bチーム…9+7+6+5+3＝30(人)

(2)　Aチーム…$\frac{4+5}{20}=0.45$

Bチーム…$\frac{6+5}{30}=0.366\cdots$

(3)　2つのグラフの山型の頂上の位置を比べると，Aチームのほうが Bチームよりも右にかたよっているので，Aチームの平均値のほうが大きくなる。

(4)　グラフの山型が左にかたよっているほうのチームを選ぶ。

実際の中央値・最頻値・平均値の位置は下の図のようになる。

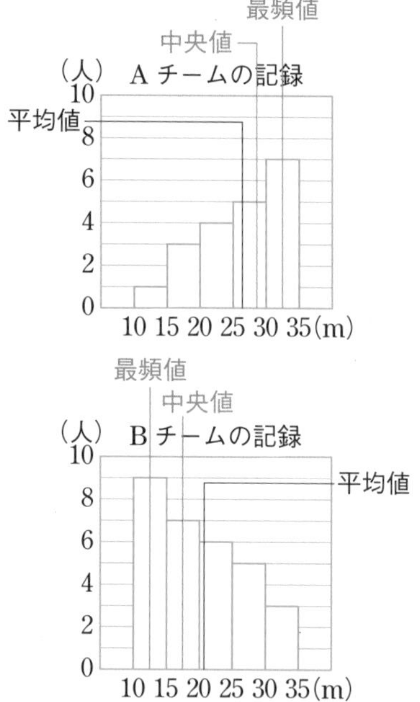

5　(1)　**Tシャツの値段によって売れた枚数がちがうので6種類のTシャツを同じ枚数ずつ仕入れるのは，適切ではない。6種類のTシャツそれぞれの売れた枚数の割合を調べ，3000枚の中でのその割合の分だけ仕入れるとよい。**
(2)　**840枚**

解説　(2)　2500円のTシャツの相対度数は

$\frac{336}{1200}=0.28$

したがって，

3000×0.28＝840(枚)

入試レベル問題

276〜279ページ

1 (1) -10　(2) $-\frac{7}{8}$
(3) $\frac{65}{4}$　(4) $-17a+14$
(5) $\frac{8x-17}{20}$　(6) $9a-8$

解説

(1) $2\times(-4)+(-6)\div3=-8+(-2)$
$=-8-2=-10$

(2) $\frac{5}{8}-\frac{1}{6}\times9=\frac{5}{8}-\frac{3}{2}=\frac{5}{8}-\frac{12}{8}$
$=-\frac{7}{8}$

(3) $(-2)^2\div\frac{2}{5}+\left(3-\frac{1}{2}\right)^2$
$=4\div\frac{2}{5}+\left(\frac{5}{2}\right)^2=4\times\frac{5}{2}+\frac{25}{4}$
$=10+\frac{25}{4}=\frac{65}{4}$

(4) $7(a+10)-8(3a+7)$
$=7a+70-24a-56$
$=-17a+14$

(5) $\frac{2x-1}{4}-\frac{x+6}{10}$
$=\frac{5(2x-1)}{20}-\frac{2(x+6)}{20}$
$=\frac{10x-5-2x-12}{20}$
$=\frac{8x-17}{20}$

(6) $18\left(\frac{2-3a}{9}+\frac{5a-4}{6}\right)$
$=2(2-3a)+3(5a-4)$
$=4-6a+15a-12$
$=9a-8$

2 -17

解説

代入する式を計算して簡単にしてから，xの値を代入する。

$6(2x-1)-\frac{3}{4}(8x+12)$
$=12x-6-6x-9$
$=6x-15$

この式に$x=-\frac{1}{3}$を代入して，
$6x-15=6\times\left(-\frac{1}{3}\right)-15$
$=-2-15=-17$

3 (1) $x=-4$　(2) $x=9$
(3) $x=1$　(4) $x=6$

解説

(1) $4x-5=6x+3$
$4x-6x=3+5$
$-2x=8$
$x=-4$

(2) 両辺に100をかけると，
$(0.2x-0.89)\times100=(1-0.01x)\times100$
$20x-89=100-x$
$20x+x=100+89$
$21x=189$
$x=9$

(3) 両辺に6をかけると，
$\left\{\left(\frac{3x-1}{2}\right)-\left(\frac{x-4}{3}\right)\right\}\times6=(5x-3)\times6$
$3(3x-1)-2(x-4)=6(5x-3)$
$9x-3-2x+8=30x-18$
$9x-2x-30x=-18+3-8$
$-23x=-23$
$x=1$

(4) $a:b=c:d$ならば，$ad=bc$を利用して，
$4(7-x)=0.5(x+2)$
両辺に10をかけると，
$40(7-x)=5(x+2)$
$280-40x=5x+10$
$-40x-5x=10-280$
$-45x=-270$
$x=6$

4 100g

解説

7％の食塩水をxg混ぜるとして，塩の量を方程式で表すと，
$300\times0.03+x\times0.07=(300+x)\times0.04$
$9+0.07x=12+0.04x$
$0.07x-0.04x=12-9$

$0.03x=3$

$x=100$

5 10分後

解説

2人がx分後に出会うとすると，2人が歩いた距離の和は池の外周の長さになるから，

$70x+80x=1500$

$150x=1500$

$x=10$

6 −4

解説

yがxに反比例する関数であるから，$y=\frac{a}{x}$より，$xy=a$で，表より$a=-16$

したがって，$4y=-16$より，$y=-4$

7 (1) $y=20x$ $(0 \leqq x \leqq 5)$

(2) $\frac{5}{2}$秒後（2.5秒後）

解説

(1) x秒後のAPの長さは$2x$ cm，BQの長さは$3x$ cm，高さABは8cmで変わらないから，台形ABQPの面積$y\text{cm}^2$は，

$y=\frac{1}{2}\times(2x+3x)\times8=20x$

$10\div2=5$，$15\div3=5$より，5秒後にPはDに，QはCに着くから，xの変域は，$0 \leqq x \leqq 5$

(2) 台形ABCDの面積は，

$\frac{1}{2}\times(10+15)\times8=100(\text{cm}^2)$

したがって，$20x=100\div2$より，$x=\frac{5}{2}$

8 右の図の点P

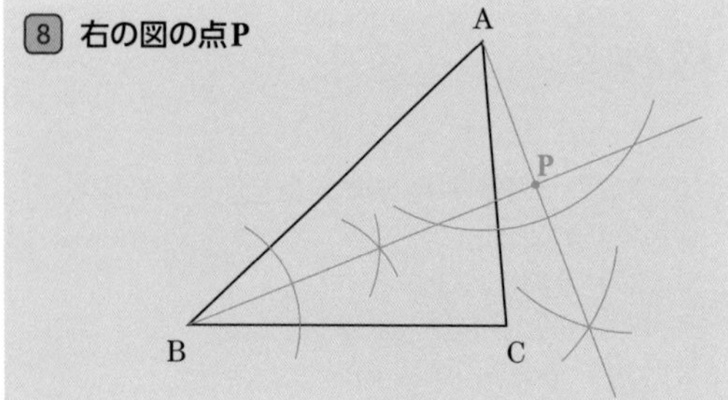

解説

∠Bの二等分線に頂点Aから垂線をひき，その交点をPとする。

9 (1)

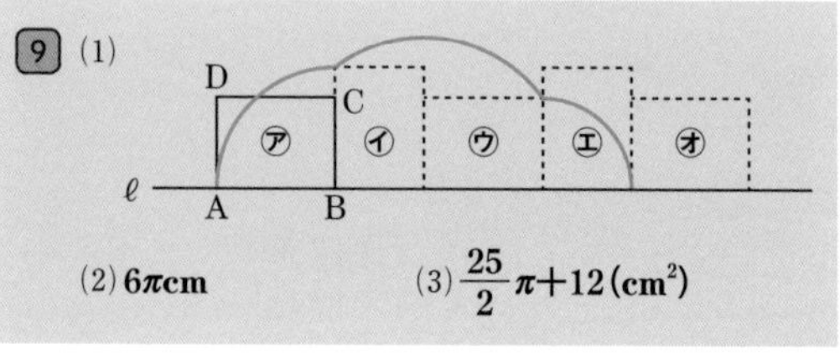

(2) 6πcm　(3) $\frac{25}{2}\pi+12(\text{cm}^2)$

解説

(2) 求める線の長さは，下の図の①，②，③の弧の長さの和になるから，

$2\pi\times4\times\frac{90}{360}+2\pi\times5\times\frac{90}{360}+2\pi\times3\times\frac{90}{360}$

$=2\pi+\frac{5}{2}\pi+\frac{3}{2}\pi=6\pi(\text{cm})$

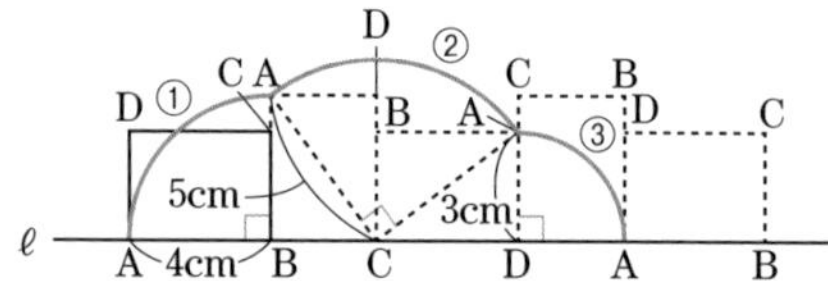

(3) 求める面積は，下の図の3つのおうぎ形の面積と2つの直角三角形の面積の和になるから，

$\pi\times4^2\times\frac{90}{360}+\pi\times5^2\times\frac{90}{360}+\pi\times3^2\times\frac{90}{360}$

$+\frac{1}{2}\times3\times4\times2=4\pi+\frac{25}{4}\pi+\frac{9}{4}\pi+12=\frac{25}{2}\pi+12(\text{cm}^2)$

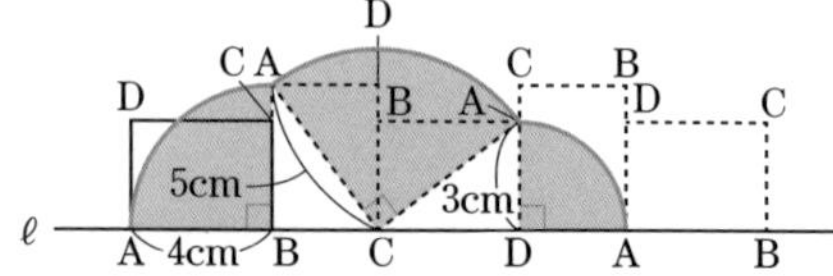

10 体積…$\frac{20}{3}\pi\text{cm}^3$　表面積…$28\pi\text{cm}^2$

解説

三角形ABCを直線BCを軸として，1回転させてできる立体は円錐だから，その体積は，

$\frac{1}{3}\times\pi\times3^2\times4=12\pi(\text{cm}^3)$

取り除かれる半球の体積は，

$\frac{4}{3}\pi\times2^3\times\frac{1}{2}=\frac{16}{3}\pi(\text{cm}^3)$

したがって，求める体積は，

$12\pi-\frac{16}{3}\pi=\frac{20}{3}\pi(\mathrm{cm}^3)$

表面積は3つの部分に分けて求める。

・おうぎ形の面積は弧の長さに比例するから，側面積は

$\pi\times5^2\times\frac{2\pi\times3}{2\pi\times5}=15\pi(\mathrm{cm}^2)$

・半径3cmの円の面積から半径2cmの円の面積をひいて，

$\pi\times3^2-\pi\times2^2=5\pi(\mathrm{cm}^2)$

・半径2cmの球の表面積の半分を求めて，

$4\pi\times2^2\times\frac{1}{2}=8\pi(\mathrm{cm}^2)$

したがって，求める表面積は，

$15\pi+5\pi+8\pi=28\pi(\mathrm{cm}^2)$

$S=\frac{1}{2}\ell r$を使って，側面積を求めると，

$\frac{1}{2}\times6\pi\times5=15\pi(\mathrm{cm}^2)$

11 (1) **辺FG，辺GH**
(2) **48cm^3**

解説

(1) 辺AEとねじれの位置にあるのは，辺BC，FG，CD，GHである。このうち，面ABCDと平行なのは，辺FGと辺GHである。

(2) 下の図のように，立体APE-DQHは三角形AEPを底辺とする三角柱であるから，体積は

$\frac{1}{2}\times4\times2\times4=16(\mathrm{cm}^3)$

したがって，求める体積は，

$4\times4\times4-16=48(\mathrm{cm}^3)$

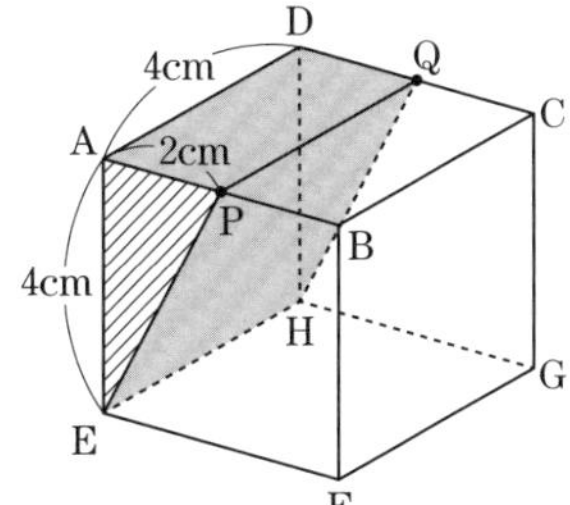

立体PBCQ-EFGHを四角形PEFBを底辺とする四角柱と考えると，

体積は

$(2+4)\times4\times\frac{1}{2}\times4=48(\mathrm{cm}^3)$

（$(2+4)\times4\times\frac{1}{2}$→底面積，4→高さ）

12 (1) **ア，ウ**　(2) **6冊**

解説

(1) **ア** 4月も5月も階級の幅は2冊だから，正しい。

イ 4月の最頻値は3冊，5月の最頻値は7冊で5月の方が大きいから，正しくない。

ウ 小さい方から15番目と16番目の人が入っている階級を調べる。
4月の中央値は2冊か3冊，5月の中央値は6冊か7冊で5月の方が大きいから，正しい。

エ 4冊以上6冊未満の階級は4月が8人，5月が7人。4月の方が人数が多いので，相対度数も大きい。よって，正しくない。
実際の相対度数は，
4月が，$\frac{8}{30}=0.266\cdots$
5月が，$\frac{7}{30}=0.233\cdots$

オ 6冊未満の人数は4月が25人，5月が13人で等しくないから，正しくない。

(2) 平均値$=\frac{(\text{階級値}\times\text{度数})\text{の合計}}{\text{度数の合計}}$より，

$\frac{1\times3+3\times3+5\times7+7\times10+9\times7}{30}=6(\text{冊})$